中 国 国 家 标 准 汇 编

585

GB 29911～29999

（2013 年制定）

中国标准出版社　编

中国标准出版社

北　京

图书在版编目(CIP)数据

中国国家标准汇编:2013年制定.585:
GB 29911～29999/中国标准出版社编.—北京:
中国标准出版社,2014.9
ISBN 978-7-5066-7666-3

Ⅰ.①中… Ⅱ.①中… Ⅲ.①国家标准-
汇编-中国-2013 Ⅳ.①T-652.1

中国版本图书馆CIP数据核字(2014)第187862号

中国标准出版社出版发行
北京市朝阳区和平里西街甲2号(100029)
北京市西城区三里河北街16号(100045)

网址 www.spc.net.cn
总编室:(010)64275323 发行中心:(010)51780235
读者服务部:(010)68523946

中国标准出版社秦皇岛印刷厂印刷
各地新华书店经销

*

开本 880×1230 1/16 印张 45.25 字数 1 391 千字
2014年9月第一版 2014年9月第一次印刷

*

定价 220.00 元

出 版 说 明

1.《中国国家标准汇编》是一部大型综合性国家标准全集。自1983年起，按国家标准顺序号以精装本、平装本两种装帧形式陆续分册汇编出版。它在一定程度上反映了我国建国以来标准化事业发展的基本情况和主要成就，是各级标准化管理机构，工矿企事业单位，农林牧副渔系统，科研、设计、教学等部门必不可少的工具书。

2.《中国国家标准汇编》收入我国每年正式发布的全部国家标准，分为"制定"卷和"修订"卷两种编辑版本。

"制定"卷收入上一年度我国发布的、新制定的国家标准，顺延前年度标准编号分成若干分册，封面和书脊上注明"20××年制定"字样及分册号，分册号一直连续。各分册中的标准是按照标准编号顺序连续排列的，如有标准顺序号缺号的，除特殊情况注明外，暂为空号。

"修订"卷收入上一年度我国发布的、被修订的国家标准，视篇幅分设若干分册，但与"制定"卷分册号无关联，仅在封面和书脊上注明"20××年修订-1,-2,-3,……"字样。"修订"卷各分册中的标准，仍按标准编号顺序排列(但不连续)；如有遗漏的，均在当年最后一分册中补齐。需提请读者注意的是，个别非顺延前年度标准编号的新制定的国家标准没有收入在"制定"卷中，而是收入在"修订"卷中。

读者配套购买《中国国家标准汇编》"制定"卷和"修订"卷则可收齐由我社出版的上一年度我国制定和修订的全部国家标准。

3.由于读者需求的变化，自1996年起，《中国国家标准汇编》仅出版精装本。

4.2013年我国制修订国家标准共1 979项。本分册为"2013年制定"卷第585分册，收入国家标准GB 29911～29999的最新版本。

中国标准出版社

2014年8月

目　　录

ICS 03.220.20;43.080.20
R 11

中华人民共和国国家标准

GB/T 29911—2013

汽车租赁服务规范

Specification for car rental service

2013-11-27 发布　　2014-04-01 实施

中华人民共和国国家质量监督检验检疫总局
中国国家标准化管理委员会　发布

前言

本标准按照GB/T 1.1—2009给出的规则起草。

本标准由中华人民共和国交通运输部提出。

本标准由全国城市客运标准化技术委员会(SAC/TC 529)归口。

本标准起草单位:中国道路运输协会、交通运输部公路科学研究院、神州租车(中国)有限公司、上海一嗨汽车租赁有限公司、深圳至尊汽车租赁有限公司、首汽租赁有限责任公司、大众汽车租赁有限公司、江西省公路运输管理局、辽宁省交通厅运输管理局。

本标准主要起草人:孔卫国、张一兵、吴印龙、姚军红、章瑞平、何伟军、朱树增、费宜和、常庆宪、焦晓芬、于文龙、刘宇鹏、姜春连。

汽车租赁服务规范

1 范围

本标准规定了汽车租赁服务总则,对经营者、租赁汽车和服务人员的要求,以及服务流程和服务评价等。

本标准适用于汽车租赁经营服务。

2 规范性引用文件

下列文件对于本文件的应用是必不可少的。凡是注日期的引用文件,仅注日期的版本适用于本文件。凡是不注日期的引用文件,其最新版本(包括所有的修改单)适用于本文件。

GB 7258 机动车运行安全技术条件

GB 8410 汽车内饰材料的燃烧特性

GB/T 18344 汽车维护、检测、诊断技术规范

GB 18352.3 轻型汽车污染物排放限值及测量方法(中国Ⅲ、Ⅳ阶段)

3 术语和定义

下列术语和定义适用于本文件。

3.1

汽车租赁 car rental

以汽车为租赁物提供租赁服务。

3.2

汽车租赁业 car rental industry

以汽车为租赁物提供租赁服务的行业。

3.3

租赁汽车 rental car

用于汽车租赁经营的运输车辆。不包括九座以上的客运车辆。

3.4

汽车租赁经营者 car rental entities

依法取得汽车租赁经营资格,对车辆拥有合法产权,从事汽车租赁服务经营活动的法人。

3.5

汽车租赁承租人 car rental renter

承租人 renter

向汽车租赁经营者租赁汽车,按照合同约定使用车辆并支付费用的单位或个人。

3.6

汽车租赁担保人 car rental guarantor

按照合同约定代为承租人承担相应责任和义务的第三方单位或个人。

3.7

汽车租赁服务　car rental service

汽车租赁经营者按照合同约定将租赁汽车交给承租人使用和保管，并收取相应费用的经营活动。汽车租赁服务包括短期汽车租赁服务（3.8）和长期汽车租赁服务（3.9）。

3.8

短期汽车租赁服务　short-term car rental service

连续30日（含）以内的汽车租赁服务。

3.9

长期汽车租赁服务　long-term car rental service

连续30日以上的汽车租赁服务。

3.10

汽车租赁服务人员　car rental service personnel

直接或间接为承租人提供汽车租赁服务的人员。包括业务咨询、预定、接待、救援、保险理赔服务等人员。

3.11

汽车租赁门店　station of car rental

汽车租赁经营者为承租人提供汽车租赁服务的经营场所。

3.12

汽车租赁费用　car rental fee

承租人租赁汽车需要支付的费用，包括车辆租金、保险费用、超时费用、超程费用、增值服务费用等。

3.13

车辆租金　rental car use fee

承租人租赁汽车需要支付的车辆使用费用。

3.14

保险费用　insurance fee

承租人按照合同约定支付保险方面的费用。

3.15

超时费用　overtime fee

承租人因使用车辆超过合同约定租期支付的相应费用。

3.16

超程费用　overtravel fee

承租人因使用车辆超过合同约定行驶里程支付的相应费用。

3.17

增值服务费用　value-added service fee

承租人因异地还车、使用车载卫星定位终端系统、使用儿童座椅等个性化需求应支付的相应费用。

3.18

异地还车服务　trans-station return service

汽车租赁经营者为承租人提供不同城市或者同一城市内不同汽车租赁门店（地点）还车的服务。

4　总则

4.1　汽车租赁经营者应依法经营，诚实守信，规范服务，公平竞争。

4.2　汽车租赁经营者应提供便利、安全、优质的汽车租赁服务。

4.3　汽车租赁经营者应遵守国家的有关规定，接受行业管理部门的监督检查。

4.4　鼓励汽车租赁经营者规模化、网络化、品牌化发展。

4.5　汽车租赁经营者应使用符合国家规定的车辆和服务设施。鼓励汽车租赁经营者使用节能环保车辆。

5　汽车租赁经营者要求

5.1　应符合规定的汽车租赁业经营条件。

5.2　应提供合同约定的车辆，提供有效、齐全的相关证件和随车服务手册。

5.3　应按国家法律法规及合同约定购买相应保险。发生事故后，应按责任认定和合同约定承担相应责任，并协助办理保险赔付。

5.4　应提供合同约定的车辆故障维修和救援服务。

5.5　应为承租人有关信息保密。

5.6　应采用信息化手段，提高服务和管理水平。

6　租赁汽车要求

6.1　车辆技术条件应符合 GB 7258 的规定。

6.2　车辆维护、检测、诊断应符合 GB/T 18344 的规定。

6.3　车辆污染物排放限值应符合 GB 18352.3 的规定。

6.4　车辆内饰材料应符合 GB 8410 的规定。

6.5　车辆应取得公安部门核发的机动车牌照和行驶证。机动车行驶证的所有人名称应与汽车租赁经营者工商登记名称一致。

6.6　汽车租赁经营者应按规定对车辆进行维护、保养和安全技术检查，保证车辆技术状况良好。

6.7　车身外观完好。车厢内整洁、卫生，无杂物、异味。

6.8　车辆灯光、喇叭、后视镜、雨刷、轮胎盖、仪表、遮阳板、化妆镜、顶棚齐全完好。

6.9　车门功能正常。车窗玻璃密闭良好，洁净明亮、无遮蔽物，升降功能有效。行李厢照明有效，开启装置完好。

6.10　座椅牢固无塌陷。前排座椅可前后移动，靠背倾度可调。安全带和锁扣齐全、有效。

6.11　注册登记超过 6 年的车辆不宜用于汽车租赁经营。

7　汽车租赁服务人员要求

7.1　应经过岗位和职业技能培训并合格。

7.2　应了解基本的机动车维护保养知识。

7.3　应按规定着装，正确佩戴服务标志。

7.4　应精神饱满、举止文明、礼貌待客、规范服务。

7.5　服务用语应规范准确、文明礼貌。提倡使用普通话；可根据承租人要求，使用地方方言或外语。

7.6　热情、耐心回答承租人问题。

7.7　以书面和口头形式向承租人告知其责任和注意事项。

8 向承租人告知内容

汽车租赁经营者应当向承租人告知如下内容：

a) 应如实提供身份及信用证明资料。

b) 应正确使用和妥善保管车辆和随车物品。

c) 应按照合同约定支付汽车租赁费用和交还车辆。

d) 不得使用车辆从事违法活动。

e) 不得转卖、抵押、典当、转租、破坏车辆及随车物品。

f) 车辆发生损毁、被盗抢或交通事故等情况时，应及时报案，并通知汽车租赁经营者。

g) 承租人在承租期间发生道路交通违法行为的，应到公安部门接受处理。

9 服务流程

9.1 短期汽车租赁服务

9.1.1 预订

汽车租赁经营者通过电话、网络、门店等方式接受租车预订，并与客户确认相关信息。

9.1.2 接待

9.1.2.1 礼貌接待客户，了解客户租车需求。

9.1.2.2 介绍服务项目、收费规则、租车流程和注意事项，并提供相关资料。

9.1.2.3 达成租赁意向后，查验客户的身份证件、驾驶证、信用记录以及担保人相关证件和信息等。

9.1.3 合同签订

9.1.3.1 汽车租赁经营者、承租人和担保人应依法签订汽车租赁合同，明确租赁各方的权利、义务及违约责任，并认真履行合同约定。

9.1.3.2 明确车辆型号、租期、费用、燃油、付费方式、注意事项等相关内容。

9.1.3.3 明确还车地点及是否异地还车。

9.1.3.4 明确保险责任范围和相关保险费用。

9.1.3.5 租赁各方签订合同。

9.1.3.6 按照合同约定，可收取预付费用。

9.1.4 车辆交付

9.1.4.1 汽车租赁经营者应告知承租人车辆查验注意事项。

9.1.4.2 租赁双方共同查验车辆证照、外观、内饰、性能、燃油、随车物品等。随车物品包括灭火器、工具包、备胎、三角警告牌等必备物品，以及按承租人要求配备的车载卫星定位终端系统、儿童座椅等个性化物品。

9.1.4.3 详细、完整记录查验结果。租赁双方共同确认后，签订车辆交付单据。

9.1.4.4 告知承租人车辆操控、服务支持等注意事项。

9.1.4.5 引导承租人驾车离开。

9.1.5 服务支持

9.1.5.1 为承租人提供咨询保障服务。

9.1.5.2 接受承租人投诉并及时处理。

9.1.5.3 车辆出现故障或发生交通事故时，按照合同约定及时提供维修和救援服务。

9.1.5.4 按照承租人需求或合同约定，及时提供替换车辆服务。

9.1.5.5 车辆发生损毁、被盗抢或交通事故等情况时，应积极协助承租人进行处理，并按5.3的规定履行相关责任。

9.1.6 车辆收回

9.1.6.1 汽车租赁经营者可提醒承租人按照合同约定的时间和地点向汽车租赁经营者交还车辆。承租人到期仍继续使用的，汽车租赁经营者可根据情况决定是否接受承租人续租申请。续租的，应办理有关手续。

9.1.6.2 承租人交还车辆时，租赁双方依据车辆交付单据，共同查验车辆。

9.1.6.3 租赁双方共同确认车辆查验结果。对查验结果没有争议的，汽车租赁经营者收回车辆；对查验结果有争议的，租赁双方按照合同约定，依据公平、诚信的原则协商解决。协商不成的，可依法调解、仲裁或诉讼。

9.1.7 费用结算

9.1.7.1 汽车租赁经营者向承租人列示并说明汽车租赁费用明细。

9.1.7.2 租赁双方共同确认汽车租赁费用。

9.1.7.3 按照合同约定的付费方式，收取汽车租赁费用，并开具发票和相关单据。

9.1.7.4 按照合同约定收取预付费用的，结算后结余部分应及时退还，并告知承租人。

9.1.8 车辆整备

9.1.8.1 清洁车辆。

9.1.8.2 宜加满燃油。

9.1.8.3 检查车辆证照，配齐随车物品。

9.1.8.4 及时维修车辆，保证车辆外观、内饰、性能合格。

9.1.8.5 依据车辆使用说明书的有关要求和不同的使用条件，定期保养车辆。

9.1.8.6 按照国家有关规定对车辆进行维护和检测。

9.2 长期汽车租赁服务

9.2.1 根据承租人需求，长期汽车租赁服务在预订、接待、合同签订、车辆交付、服务支持、车辆收回、费用结算和车辆整备等环节与短期汽车租赁相同的，按照9.1的规定执行。

9.2.2 长期汽车租赁服务在维修保养责任、保险、合同变更、合同提前解除、付费方式、担保人要求等方面与短期汽车租赁服务不同的，应在租赁合同中另行约定。

9.2.3 承租人需要租赁指定型号，要求汽车租赁经营者购置新车的，应签订订车协议，并在租赁合同中明确相关的权利、义务及违约责任。

10 服务评价

10.1 基本要求

10.1.1 汽车租赁经营者应定期开展服务质量评价，不断改进服务。

10.1.2 汽车租赁经营者应保证服务质量统计数据和原始记录真实、准确，接受行业管理部门的服务质量信誉考核。

10.1.3 汽车租赁经营者应自觉接受社会监督，按规定设置服务监督机构、公布服务监督电话。接到投诉后，应在 24 h 内处理，10 日内处理完毕，并将处理结果告知投诉人。

10.2 服务评价指标

10.2.1 证照齐备率 100%。

10.2.2 消防器材合格率 100%。

10.2.3 车辆维护保养率 100%。

10.2.4 客户有效投诉率小于 5‰。

10.2.5 客户投诉处理率 100%。

10.2.6 客户满意率大于或等于 85%。

10.2.7 服务评价指标计算方法应符合附录 A 的要求。

附　录　A
（规范性附录）
服务评价指标计算方法

A.1　证照齐备率

车辆证照检查齐备车数与检查总车数之比。按式(A.1)计算：

$$A=\frac{B}{C}\times 100\% \qquad \cdots\cdots(A.1)$$

式中：

A——证照齐备率；

B——车辆证照检查齐备车数；

C——检查总车数。

A.2　消防器材合格率

消防器材检查合格车数与检查总车数之比。按式(A.2)计算：

$$D=\frac{E}{C}\times 100\% \qquad \cdots\cdots(A.2)$$

式中：

D——消防器材合格率；

E——消防器材检查合格车数。

A.3　车辆维护保养率

待租状态车辆维护保养检查合格车数与检查总车数之比。按式(A.3)计算：

$$F=\frac{G}{C}\times 100\% \qquad \cdots\cdots(A.3)$$

式中：

F——车辆维护保养率；

G——待租状态车辆维修保养检查合格车数。

A.4　客户有效投诉率

客户有效投诉次数与总业务次数之比。按式(A.4)计算：

$$H=\frac{I}{K}\times 100\% \qquad \cdots\cdots(A.4)$$

式中：

H——客户有效投诉率；

I——客户有效投诉次数；

K——总业务次数。

A.5 客户投诉处理率

已处理的客户有效投诉次数与客户有效投诉次数总数之比。按式(A.5)计算：

$$L=\frac{M}{N}\times 100\% \qquad \cdots\cdots(\text{A.5})$$

式中：

L——客户投诉处理率；

M——已处理的客户有效投诉次数；

N——客户有效投诉次数总数。

A.6 客户满意率

按第三方设计的客户满意率调查问卷，答复满意问卷数量与调查问卷总数之比。按式(A.6)计算：

$$P=\frac{Q}{R}\times 100\% \qquad \cdots\cdots(\text{A.6})$$

式中：

P——客户满意率；

Q——答复满意问卷数量；

R——调查问卷总数。

ICS 03.220.20
R 12

中华人民共和国国家标准

GB/T 29912—2013

城市物流配送汽车选型技术要求

Technical requirements for lectotype of urban logistics distribution vehicles

2013-11-27 发布 2014-04-01 实施

中华人民共和国国家质量监督检验检疫总局
中国国家标准化管理委员会 发布

前　言

本标准按照 GB/T 1.1—2009 给出的规则起草。

本标准由中华人民共和国交通运输部提出。

本标准由全国道路运输标准化技术委员会(SAC/TC 521)归口。

本标准主要起草单位:交通运输部公路科学研究院。

本标准参与起草单位:南京依维柯汽车有限公司、北汽福田汽车股份有限公司、华晨汽车集团控股有限公司、山东唐骏欧铃汽车制造有限公司、江铃汽车股份有限公司。

本标准主要起草人:张红卫、张学礼、苏家竹、张丽丽、刘莉、车胜新、叶红宇、周刚、黄伟、刘丽娟、马清芝、黄志军、董金松、区传金、姜斌、金元朝、何民爱、孙京学、周长龙。

城市物流配送汽车选型技术要求

1 范围

本标准规定了城市物流配送汽车的类型、主要技术参数以及技术要求。

本标准适用于最大允许总质量1 500 kg(含)以上的城市物流配送汽车(含快递用汽车),不适用于城市危险货物运输车辆。

2 规范性引用文件

下列文件对于本文件的应用是必不可少的。凡是注日期的引用文件,仅注日期的版本适用于本文件。凡是不注日期的引用文件,其最新版本(包括所有的修改单)适用于本文件。

GB 1495 汽车加速行驶车外噪声限值及测量方法

GB 1589 道路车辆外廓尺寸、轴荷及质量限值

GB/T 3730.1 汽车和挂车类型的术语和定义

GB/T 3730.2 道路车辆 质量 词汇和代码

GB/T 3730.3 汽车和挂车的术语及其定义 车辆尺寸

GB 3847 车用压燃式发动机和压燃式发动机汽车排气烟度排放限值及测量方法

GB 7258 机动车运行安全技术条件

GB 11567.2 汽车和挂车后下部防护要求

GB 16170 汽车定置噪声限值

GB/T 17350 专用汽车和专用挂车术语、代号和编制方法

GB 17691 车用压燃式、气体燃料点燃式发动机与汽车排气污染物排放限值及测量方法(中国Ⅲ、Ⅳ、Ⅴ阶段)

GB 18352.3 轻型汽车污染物排放限值及测量方法(中国Ⅲ、Ⅳ阶段)

GB 18565 营运车辆综合性能要求和检验方法

GB 25990 车辆尾部标志板

JT/T 198 营运车辆技术等级划分和评定要求

JT/T 389 厢式挂车技术条件

JT/T 794 道路运输车辆卫星定位系统 车载终端技术要求

QC/T 449 保温车、冷藏车技术条件及试验方法

QC/T 453 厢式运输车

QC/T 699 车用起重尾板

3 术语和定义

GB/T 3730.1、GB/T 3730.2、GB/T 3730.3、GB/T 17350 界定的以及下列术语和定义适用于本文件。

3.1

城市物流配送汽车 urban logistics distribution vehicles

在城市市区内从事货物运输(包括快件接送)服务的厢式货车和封闭式货车。

3.2

厢式货车　cargo van

载货部位的车体结构为封闭厢体且与驾驶室(舱)各自独立的货运汽车,见图1。

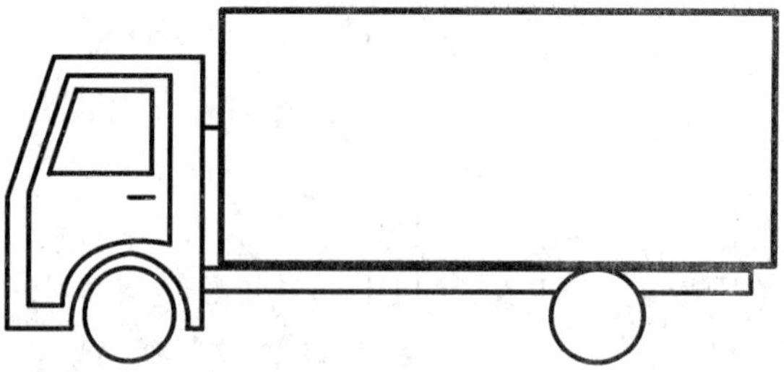

图1　厢式货车

3.3

封闭式货车　close van

载货部位的车体结构为封闭厢体且与驾驶室(舱)联成一体的货运汽车,见图2。

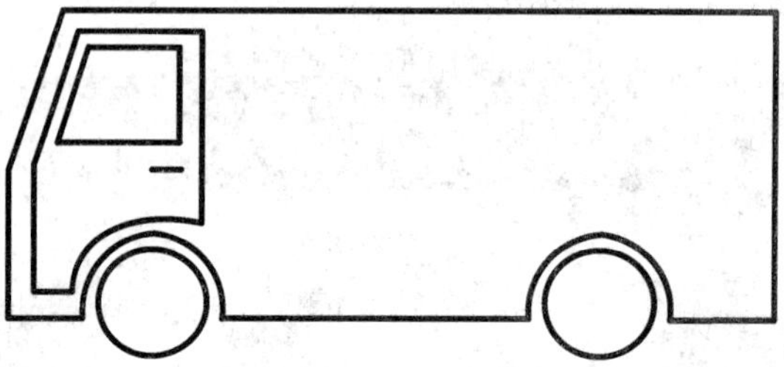

图2　封闭式货车

4　主要技术参数要求

4.1　按照车辆最大允许总质量,厢式货车分为五个系列,主要技术参数应符合表1要求。

4.2　按照车辆最大允许总质量,封闭货车划分为四个系列,主要技术参数应符合表2要求。

4.3　冷藏车、保温车较同系列厢式货车、封闭式货车货箱内部尺寸允许相应减少120 mm,其载质量和载质量利用系数限值相应减小15%、10%。

4.4　电动汽车、气体燃料汽车等新能源车辆较同系列厢式货车、封闭式货车其载质量和载质量利用系数限值相应减小25%、20%。

表1　厢式货车主要技术参数要求

系列	最大允许总质量 G kg	整车总长 mm	货箱内部尺寸/mm			车辆最小转弯直径 m	比功率 kW/t	载质量 kg	载质量利用系数[a]
			长	宽	高				
A	12 000≥G>11 500	≤9 000	≥6 100	≥2 050	≥2 000	≤21	≥8.0	≥6 500	≥1.18
B	8 000≥G>7 500	≤8 000	≥4 900	≥2 050	≥2 000	≤19	≥9.5	≥3 800	≥0.90
C	4 500≥G>3 500	<6 000	≥3 600	≥1 800	≥1 800	≤14	≥14.0	≥1 450	≥0.47
D	3 500≥G>2 500	≤5 500	≥3 050	≥1 600	≥1 600	≤13	≥14.0	≥950	≥0.37
E	1 800≥G≥1 500	<4 500	≥2 300	≥1 400	≥1 550	≤11	≥23.0	≥400	≥0.28

[a] 载质量利用系数为车辆载质量(额定载质量加驾驶室准乘人员质量之和)与车辆整车整备质量的比值。

表 2 封闭式货车主要技术参数要求

系列	最大允许总质量 G kg	整车总长 mm	货箱内部尺寸/mm			车辆最小转弯直径 m	比功率 kW/t	载质量 kg	载质量利用系数[a]
			长	宽	高				
F	6 000≥G>5 500	≤7 000	≥4 500	≥1 700	≥1 700	≤14.0	≥15.0	≥3 000	≥1.10
G	4 500≥G>3 500	≤6 000	≥3 000	≥1 700	≥1 600	≤13.5	≥20.0	≥1 400	≥0.45
H	3 500≥G>2 500	≤5 800	≥2 100	≥1 500	≥1 300	≤13.0	≥23.0	≥1 000	≥0.40
I	1 800≥G≥1 500	≤3 500	≥1 400	≥1 400	≥1 200	≤11.0	≥25.0	≥450	≥0.33
[a] 载质量利用系数为车辆载质量(额定载质量加驾驶室准乘人员质量之和)与车辆整车整备质量的比值。									

5 技术要求

5.1 基本要求

5.1.1 车辆应符合 GB 1589、GB 7258、GB 18565 等的技术要求。

5.1.2 厢式货车和封闭货车应符合 QC/T 453 的规定,其中厢式货车的厢体强度、刚度应符合 JT/T 389 的相关规定,冷藏车、保温车应符合 QC/T 449 的规定。

5.2 外观与配置要求

5.2.1 用于冷藏运输的厢式货车宜选装导流装置,其他厢式货车应在驾驶室顶部装备导流装置。

5.2.2 车辆应装备符合 JT/T 794 规定的卫星定位系统车载终端。

5.2.3 车辆宜配备符合 QC/T 699 要求的车用起重尾板或其他便于货物装卸的附加装置,收起后应包含在整车外廓尺寸内。若尾板或其他附加装置包含后下部防护装置,则应符合 GB 11567.2 的规定。尾板或其他附加装置应使用符合 GB 25990 规定的标志板。

5.2.4 车辆应设后开门:

——A、B 系列宜采用对开门,门框内净宽度应不小于 1 500 mm;

——A、B、C、F、G 系列车辆,宜在车辆右侧加设侧门:

1) A、B、C 系列门框内净宽度应不小于 1 300 mm;

2) F、G 系列门框内净宽度应不小于 1 100 mm。

——车门均应具有锁紧装置。

5.2.5 厢式货车车厢宜使用帘布式结构。

5.2.6 封闭货车驾驶室与货厢之间应具有刚性封闭的隔离装置,如配备观察窗,则应在货厢侧安装坚固可靠的防护装置;无侧窗。驾驶室(舱)与货厢之间可设通道门。

5.2.7 在 A、B 系列车辆上,宜采用后空气悬架装置。

5.2.8 车辆货厢宜设通风换气装置。

5.2.9 车辆应采用子午线轮胎。

5.2.10 车辆应配备助力转向装置。

5.3 性能要求

5.3.1 车辆最高设计车速应不低于 90 km/h。

5.3.2 车辆技术等级应达到 JT/T 198 规定的营运车辆技术等级的一级要求。

5.4 节能与环保要求

5.4.1 最大允许总质量 3.5 t 以上的车辆其燃料消耗量应达到营运货车燃料消耗量限值要求。

5.4.2 车辆污染物排放应符合 GB 17691、GB 18352.3、GB 3847 和相关城市对机动车污染物排放的规定。

5.4.3 车辆的加速行驶车外噪声限值应符合 GB 1495 的规定。

5.4.4 车辆的定置噪声应符合 GB 16170 的规定。

5.4.5 车辆宜采用电动汽车、气体燃料汽车等新能源或清洁能源货运车辆。

5.5 安全要求

5.5.1 车窗玻璃不应粘贴妨碍驾驶员视野的附加物和镜面反光遮阳膜。

5.5.2 车辆应在驾驶室和车厢后门内侧各放置至少一个 1 kg 以上的车用灭火器，灭火器应完好有效、安放牢固且取用方便。

5.5.3 车辆应配备两个便携式停车专用警示灯：

——车辆应设有警示灯安放位置且确保安放牢靠；车辆停车装卸货物时，按规定安放、开启警示灯；

——专用警示灯颜色为琥珀色。

5.5.4 车辆应安装倒车声音提醒装置，宜安装便于驾驶员倒车操作的可视影像或雷达提醒系统。

5.5.5 货厢内应设置栓固装置，且划分载荷分布区域。

5.5.6 车辆应配备至少两个与车辆使用条件相适应的汽车三角木。

ICS 77.140.20
H 40

中华人民共和国国家标准

GB/T 29913.1—2013

风力发电设备用轴承钢 第1部分：偏航、变桨轴承用钢

Bearing steel for wind power equipment—Part 1：Yawing and variable pitch bearing steel

(ISO 683-17：1999，Heat-treated steels，alloy steels and free-cutting steels—Part 17：Ball and roller bearing steels，NEQ)

2013-11-27 发布　　2014-08-01 实施

中华人民共和国国家质量监督检验检疫总局
中国国家标准化管理委员会　发布

前　言

本部分为 GB/T 29913 的第 1 部分。

本部分按 GB/T 1.1—2009 给出的规则起草。

本部分使用重新起草法参考 ISO 683-17:1999《热处理钢、合金钢和易切削钢　第 17 部分:滚珠和滚柱轴承钢》编制,与 ISO 683-17:1999 的一致性程度为非等效。

本部分由中国钢铁工业协会提出。

本部分由全国钢标准化技术委员会(SAC/TC 183)归口。

本部分起草单位:江阴兴澄特种钢铁有限公司、冶金工业信息标准研究院、洛阳轴研科技股份有限公司、湖北新冶钢有限公司。

本部分主要起草人:刘谦、郭艳、栾燕、雷建中、许晓红、傅金明、汪质刚。

风力发电设备用轴承钢
第1部分：偏航、变桨轴承用钢

1 范围

GB/T 29913的本部分规定了风力发电设备中偏航、变桨用轴承钢的尺寸、外形及允许偏差、技术要求、试验方法、检验规则、包装、标志和质量证明书等。

本部分适用于风力发电设备中偏航、变桨轴承用直径大于250 mm的连铸圆坯、直径或边长为200 mm～350 mm的热轧棒材、直径或边长为200 mm～1 100 mm的锻制棒材。本部分亦适用于轴承钢钢锭。

2 规范性引用文件

下列文件对于本文件的应用是必不可少的。凡是注日期的引用文件，仅注日期的版本适用于本文件。凡是不注日期的引用文件，其最新版本(包括所有的修改单)适用于本文件。

GB/T 223.5　钢铁　酸溶硅和全硅含量的测定　还原型硅钼酸盐分光光度法

GB/T 223.9　钢铁及合金　铝含量的测定　铬天青S分光光度法

GB/T 223.11　钢铁及合金　铬含量的测定　可视滴定或电位滴定法

GB/T 223.13　钢铁及合金化学分析方法　硫酸亚铁铵滴定法测定钒含量

GB/T 223.18　钢铁及合金化学分析方法　硫代硫酸钠分离-碘量法测定铜量

GB/T 223.23　钢铁及合金　镍含量的测定　丁二酮肟分光光度法

GB/T 223.26　钢铁及合金　钼含量的测定　硫氰酸盐分光光度法

GB/T 223.58　钢铁及合金化学分析方法　亚砷酸钠-亚硝酸钠滴定法测定锰量

GB/T 223.61　钢铁及合金化学分析方法　磷钼酸铵容量法测定磷量

GB/T 223.68　钢铁及合金化学分析方法　管式炉内燃烧后碘酸钾滴定法测定硫含量

GB/T 223.69　钢铁及合金　碳含量的测定　管式炉内燃烧后气体容量法

GB/T 223.77　钢铁及合金化学分析方法　火焰原子吸收光谱法测定钙量

GB/T 223.82　钢铁　氢含量的测定　惰气脉冲熔融热导法

GB/T 223.84　钢铁及合金　钛含量的测定　二安替比林甲烷分光光度法

GB/T 226　钢的低倍组织及缺陷酸蚀检验法

GB/T 231.1　金属材料　布氏硬度试验　第1部分：试验方法

GB/T 1814　钢材断口检验法

GB/T 1979　结构钢低倍组织缺陷评级图

GB/T 2101　型钢验收、包装、标志及质量证明书的一般规定

GB/T 4162　锻轧钢棒超声检测方法

GB/T 4336　碳素钢和中低合金钢　火花源原子发射光谱分析方法(常规法)

GB/T 6394　金属平均晶粒度测定法

GB/T 6402　钢锻件超声检测方法

GB/T 10561—2005　钢中非金属夹杂物含量的测定　标准评级图显微检验法

GB/T 11260　圆钢涡流探伤方法

GB/T 11261 钢铁 氧含量测定 脉冲加热惰气熔融-红外线吸收法

GB/T 12604.1 无损检测 术语 超声检测

GB/T 12604.5 无损检测 术语 磁粉检测

GB/T 12604.6 无损检测 术语 涡流检测

GB/T 15711 钢材塔形发纹酸浸检验方法

GB/T 20066 钢和铁 化学成分测定用试样的取样和制样方法

YB/T 4149—2006 连铸圆管坯

ASTM E381 钢棒、方钢坯、大钢坯和钢锻件宏观浸蚀测试方法(Standard method of macroetch testing steel bars, billets, blooms, and forgings)

ASTM E588 通过超声波方法检测轴承钢中大颗粒夹杂物的标准(Standard practice for detection of large inclusions in bearing quality steel by the ultrasonic method)

3 订货内容

按照本部分订货的合同或订单,应包括下列技术内容:

a) 本部分编号,如:GB/T 29913.1—2013;

b) 产品名称,如:风力发电设备用轴承钢 第1部分:偏航、变桨轴承用钢;

c) 牌号,如:G42CrMo;

d) 规格,如:ϕ800 mm;

e) 重量或数量,如:60 000 kg;

f) 交货状态,如:热轧;

g) 长度,如:定尺 6 000 mm;

h) 特殊要求,如:低倍采用 ASTM E381 检验。

4 尺寸、外形及允许偏差

4.1 公称尺寸及允许偏差

4.1.1 连铸圆坯的公称直径及允许偏差应符合表1的规定。

表1 连铸圆坯公称直径及允许偏差

单位为毫米

公称直径	允许偏差
>250~350	公称直径的±1.3%
>350~550	公称直径的±1.2%
>550~750	公称直径的±1.1%
>750~950	公称直径的±1.0%
>950	公称直径的±0.9%

4.1.2 热轧棒材的公称尺寸及允许偏差应符合表2的规定。

表2 热轧棒材公称尺寸及允许偏差

单位为毫米

公称直径或边长	允许偏差
>200~350	公称尺寸的±1.2%

4.1.3 锻制棒材的公称尺寸及允许偏差应符合表3的规定。

表3 锻制棒材公称尺寸及允许偏差

单位为毫米

公称直径或边长	允许偏差
>200～300	+7.0,-3.0
>300～400	+10.0,-3.0
>400～500	+13.0,-3.0
>500～600	+16.0,-3.0
>600～700	+20.0,-3.0
>700～800	+23.0,-3.0
>800～900	+26.0,-3.0
>900～1 100	+30.0,-3.0

4.2 长度及允许偏差

4.2.1 连铸圆坯的通常长度为2 000 mm～12 000 mm。按定尺或倍尺长度交货的连铸圆坯,其长度允许偏差为0 mm～+100 mm。

4.2.2 热轧棒材通常长度为3 000 mm～9 000 mm。热轧棒材应在规定长度范围内以齐尺长度交货,每捆中最长与最短钢材的长度差应不大于1 000 mm。按定尺或倍尺长度交货的热轧棒材,其长度允许偏差为0 mm～+50 mm。

4.2.3 锻制棒材通常长度为1 000 mm～6 000 mm。按定尺或倍尺长度交货的锻制棒材,其长度允许偏差为0 mm～+80 mm。

4.2.4 短尺长度的钢材(坯)交货重量不允许超过该批总重量的10%。

4.2.5 经供需双方协商,也可供应其他长度的钢材(坯),定尺或倍尺长度及允许偏差应在合同中注明。

4.3 不圆度

4.3.1 连铸圆坯的不圆度应符合表4的规定。

表4 连铸圆坯的不圆度

单位为毫米

公称直径	不圆度,不大于	
	不避开扁平区测量	避开扁平区测量
>250～350	公称直径的4.0%	公称直径的2.0%
>350～450	公称直径的3.5%	公称直径的2.0%
>450～550	公称直径的3.5%	公称直径的1.9%
>550～650	公称直径的3.4%	公称直径的1.9%
>650～750	公称直径的3.3%	公称直径的1.8%
>750～850	公称直径的3.2%	公称直径的1.7%
>850～950	公称直径的3.1%	公称直径的1.6%
>950	公称直径的3.0%	公称直径的1.5%

注1:不圆度为连铸圆坯同一截面直径的最大值与最小值之差。

注2:扁平区指连铸过程中拉矫辊在圆坯表面压成的平面。

4.3.2　热轧和锻制棒材的不圆度应不大于公称直径的70%。

4.4　弯曲度

钢材(坯)的每米弯曲度应不大于5 mm,总弯曲度应不大于总长度的0.5%。

4.5　扭转

钢材不得有显著扭转。

4.6　端部形状

4.6.1　连铸圆坯

4.6.1.1　连铸圆坯浇注开始的头坯及浇注结束的尾坯的端部缩孔要切除干净,端部切斜量应不超过公称直径的4%。

4.6.1.2　连铸圆坯端部因火焰切割机造成的热影响区,需方在使用前应锯切去除,锯切长度应不小于30 mm。

4.6.2　热轧和锻制棒材

4.6.2.1　热轧和锻制棒材的端部应切割整齐,不允许有马蹄形、飞边、毛刺及影响使用的切斜和压扁。

4.6.2.2　热轧和锻制棒材一般不允许采用气割。

4.7　钢锭

钢锭的尺寸、外形及允许偏差按供需双方签订的技术协议执行。

5　技术要求

5.1　牌号和化学成分

5.1.1　钢的牌号及化学成分(熔炼分析)应符合表5的规定。

表5　牌号和化学成分

牌号	化学成分(质量分数)/%														
	C	Si	Mn	S	P	Cr	Ni	Mo	V	Cu	Al	Ti	Ca	O	H
G50Mn2	0.47~0.55	0.17~0.37	1.20~1.60	≤0.015	≤0.015	—	—	—	—	≤0.25	≤0.050	≤0.003 0	≤0.001 0	≤0.001 5	≤0.000 20
G42CrMo	0.40~0.46	0.17~0.37	0.60~0.90	≤0.015	≤0.015	0.95~1.25	≤0.30	0.15~0.30	—	≤0.25	≤0.050	≤0.003 0	≤0.001 0	≤0.001 5	≤0.000 20
G55CrMnMo	0.50~0.60	0.25~0.60	1.20~1.60	≤0.015	≤0.015	0.60~0.90	≤0.30	0.15~0.30	—	≤0.25	≤0.050	≤0.003 0	≤0.001 0	≤0.001 5	≤0.000 20
G55SiMoV	0.50~0.60	0.80~1.10	0.30~0.60	≤0.015	≤0.015	≤0.30	≤0.30	0.40~0.60	0.20~0.30	≤0.25	≤0.050	≤0.003 0	≤0.001 0	≤0.001 5	≤0.000 20
注:本部分牌号与国外标准牌号的对照表见附录A。															

5.1.2 根据需方要求，并在合同中注明，供方应分析 Sn、As、Sb、Pb 等残余元素，具体指标由供需双方协商确定。

5.1.3 钢产品的化学成分允许偏差应符合表 6 的规定。需方可按炉批对钢产品进行成品分析。

表 6 成品化学成分允许偏差

化学成分(质量分数)/%												
C	Si	Mn	S	P	Cr	Ni	Mo	V	Cu	Al	Ti	Ca
±0.02	±0.02	±0.03	+0.005	+0.005	±0.05	+0.03	±0.03	±0.02	+0.02	+0.003	+ 0.001 0	+ 0.000 5

5.2 冶炼方法

钢应采用电炉(或转炉)冶炼，并应采用炉外精炼和真空脱气处理，不允许向钢中添加钙或钙合金。

5.3 交货状态

5.3.1 连铸圆坯或钢锭以铸态交货，热轧棒材以热轧状态交货，锻制棒材以锻制状态交货。

5.3.2 经供需双方协商，连铸圆坯、热轧棒材、锻制棒材也可以软化退火状态交货，其表面硬度应不大于 240 HBW。

5.4 低倍组织

5.4.1 连铸圆坯

5.4.1.1 连铸圆坯横截面酸浸低倍试片上不应有目视可见的白点、分层、夹杂、翻皮、中间裂纹、皮下裂纹、皮下气泡等缺陷。

5.4.1.2 连铸圆坯的酸浸低倍缺陷的合格级别应符合表 7 的规定。

表 7 连铸圆坯的低倍缺陷合格级别

公称直径/mm	中心疏松	缩孔	中心裂纹
	不大于		
<600	1.5 级	1.5 级	1.0 级
≥600	2.0 级	2.0 级	1.5 级

5.4.2 热轧及锻制棒材

5.4.2.1 热轧及锻制棒材横截面酸浸低倍试片上不应有目视可见的缩孔、气泡、裂纹、夹杂、翻皮、白点、晶间裂纹、一般点状偏析、边缘点状偏析、皮下气泡等有害缺陷。

5.4.2.2 热轧棒材及锻制钢材的酸浸低倍缺陷合格级别应符合表 8 的规定。

表 8 热轧及锻制棒材的酸浸低倍缺陷合格级别

公称直径或边长/mm	缺陷类型 不大于		
	一般疏松	中心疏松	锭型偏析
≤250	1.5 级	1.5 级	1.5 级
>250～500	2.5 级	2.5 级	2.5 级
>500～1 100	3.0 级	3.0 级	3.0 级

5.4.2.3 根据需方要求，并在合同中注明，热轧棒材也可根据 ASTM E381 标准检验低倍组织缺陷，其合格级别由供需双方协商确定。

5.5 奥氏体晶粒度

钢产品的奥氏体晶粒度应为 5 级或更细。若供方可以保证合格，可不做此项检测。

5.6 非金属夹杂物

5.6.1 以连铸圆坯交货的产品，应从公称直径为 100 mm 的锻制(或热轧)钢坯上取样测定非金属夹杂物，其合格级别应符合表 9 的规定。

表 9 非金属夹杂物合格级别

非金属夹杂物类型	合格级别 不大于	
	细系	粗系
A	2.5 级	1.5 级
B	2.0 级	1.0 级
C	0.5 级	0.5 级
D	1.0 级	1.0 级
DS(最大级别)	2.0 级	

5.6.2 热轧及锻制棒材产品，从任意 6 支钢坯或钢材上各取一个试样测定非金属夹杂物，所有试样的 2/3 的检测值和所有试样的平均值应符合表 9 的规定。
5.6.3 若供方可以保证非金属夹杂物的检测值合格，可不做此项检测。

5.7 表面质量

5.7.1 连铸圆坯表面不允许有目视可见的结疤、气孔、针孔、夹杂、重皮及深度超过 0.5 mm 的裂纹。如有上述缺陷必须清除，清理处应圆滑无棱角，清理深度从连铸圆坯的实际尺寸算起，应不大于公称直径的 4%，且最大清理深度应不大于 12 mm，深、宽、长之比应不小于 1∶6∶8，同一横截面上的最大清理深度不应多于一处。允许有深度不大于 3.0 mm 的折皱、凹坑，高度不大于 3.0 mm 的凸筋，深度不大于 2.0 mm 的机械划痕、压痕存在。
5.7.2 热轧棒材表面不允许有目视可见的裂纹、结疤、折叠、耳子及夹杂。如有上述缺陷必须清除，清理深度从棒材实际尺寸算起，应不大于棒材的实际尺寸公差。清理处应圆滑无棱角，清理宽度不小于深度的 5 倍，同一横截面上的最大清理深度不应多于一处。允许有从实际尺寸算起不超过尺寸公差之半的个别细小划痕、压痕、麻点及深度不超过 0.2 mm 的小裂纹存在。

5.7.3 锻制棒材表面不允许有裂纹、结疤、折叠及夹杂。如有上述缺陷必须清除，清理深度从棒材实际尺寸算起，应不大于棒材实际尺寸的 5%，且最大清理深度不大于 15 mm，清理处应圆滑无棱角，清理宽度不小于深度的 5 倍，同一横截面上的最大清理深度不应多于一 处。允许有从实际尺寸算起不超过尺寸公差之半且不影响需方使用的个别细小划痕、压痕及麻点存在。

5.8 特殊要求

5.8.1 宏观非金属夹杂物

根据需方要求，并在合同中注明，热轧及锻制棒材可采用高频超声波试验、塔形试验、蓝脆断口等试验方法之一检验宏观非金属夹杂物，其合格级别由供需双方协商确定。

5.8.2 内部质量

根据需方要求，并在合同中注明，热轧及锻制棒材可采用超声波探伤试验方法逐支检测钢材的内部缺陷，超声波探伤采用的平底孔当量及合格级别，由供需双方协商确定。

5.8.3 表面质量

根据需方要求，并在合同中注明，热轧及锻制棒材可采用无损探伤方法逐支检测钢材的表面质量。

5.9 钢锭

钢锭的技术要求、试验方法，按供需双方签订的技术协议执行。

6 试验方法

6.1 尺寸、外形

钢产品的尺寸和外形测量，采用能保证必要精确度的卡尺或样板进行。测量尺寸时，应注意避开扁平区测量。

6.2 化学成分

6.2.1 化学分析用试样按 GB/T 20066 的规定取样和制样，化学成分分析方法按第 2 章列出的 GB/T 223 的有关方法或 GB/T 4336 进行，仲裁时按第 2 章列出的 GB/T 223 的有关方法进行。

6.2.2 氧含量分析用试样从钢材(坯)半径的 1/2 处截取一个试样，取样方法如下：

a) 连铸圆坯应从锻造加工成直径为 100 mm 的钢坯上截取。

b) 热轧及锻制棒材从任意支钢材的任意端截取。

检验方法按 GB/T 11261 进行。

6.2.3 氢含量分析从任意支钢材(坯)的端部取一个试样，分析方法按 GB/T 223.82 进行。亦可采用熔体试样，在线测定钢中的氢含量。

6.3 低倍组织

6.3.1 连铸圆坯的低倍组织检验，每炉任取一个试样进行，检验方法按 GB/T 226 进行，缺陷评级按 YB/T 4149—2006 附录 A 的评级图进行。

6.3.2 热轧和锻制棒材的低倍组织检验，从任意两支钢材的任意端各取一个试样进行，检验方法按 GB/T 226 进行，缺陷评级按 GB/T 1979 或 ASTM E381 进行。

6.4 奥氏体晶粒度

每批钢产品取一个试样,试验方法按 GB/T 6394 进行。

6.5 非金属夹杂物

6.5.1 非金属夹杂物检验的试样从钢材(坯)半径的 1/2 处截取,取样数量和取样方法如下:

a) 连铸圆坯每炉任取一个试样,在经锻造(或热轧)加工成直径为 100 mm 的钢坯上取样。

b) 热轧和锻制棒材(不小于 3:1 的压缩比)每批任取 6 个试样,在不同支钢材的端部取样。若钢材产品不足 6 支,则逐支取样。

检验方法按 GB/T 10561—2005 中 A 法进行。

6.5.2 宏观非金属夹杂物的检验方法按 GB/T 15711 或 GB/T 1814 或 ASTM E588 执行。

6.6 内部缺陷无损检测

内部缺陷无损探伤的试验方法按 GB/T 4162 或 GB/T 6402 或 GB/T 12604.1 执行。

6.7 表面质量检测

钢产品的表面质量按 GB/T 11260,或 GB/T 12604.5 和 GB/T 12604.6 以及其他有效方法检查。

7 检验规则

7.1 检查与验收

钢产品的质量由供方质量部门进行检验。需方可在钢材上按本部分进行验收。

7.2 组批规则

钢产品应按批进行检查和验收,每批应由同一炉号、同一尺寸、同一轧制制度和同一热处理制度的钢产品组成。

7.3 取样数量和取样部位

每批钢产品的取样数量、取样部位应符合表 10 的规定。

7.4 复验和判定规则

所有检验项目进行中,任一项检验不合格(氢含量、白点、非金属夹杂物除外),可重新在其他钢产品上取样一次,对该不合格项目进行复验,取样数量与初验相同(氧含量除外)。复验合格则该批钢产品判定合格;复验仍不合格,则该批钢产品应判为不合格。

氧含量不合格时,可在其他钢材(坯)上任意取 3 个试样进行复验,其检验结果的平均值应不大于表 5 的规定,其中,允许有一个试样高于上限 0.000 5%。

表 10 检验项目、取样数量、取样部位及检验方法

序号	检验项目	取样数量	取样部位	检验方法的章条号或标准号
1	尺寸外形	逐支	整支钢产品	6.1
2	化学成分	1	GB/T 20066	6.2.1

表 10（续）

序号	检验项目		取样数量	取样部位	检验方法的章条号或标准号
3	氧、氢含量		1	6.2.2、6.2.3	GB/T 11261、GB/T 223.82
4	硬度		3	不同支钢产品	GB/T 231.1
5	低倍组织	连铸圆坯	1	任意流浇注开始或浇注末尾坯	YB/T 4149—2006 附录 A
		热轧和锻制棒材	2	任意支不同支钢产品	GB/T 226、GB/T 1979、ASTM E381
6	奥氏体晶粒度		1	任意支钢产品	GB/T 6394
7	非金属夹杂物	连铸圆坯	1	6.5.1a)	GB/T 10561—2005 中 A 法
		热轧和锻制棒材	6	6.5.1b)	
8	宏观非金属夹杂物	淬火断口	2	任意不同支钢产品	GB/T 1814
9		塔形	2	任意不同支钢产品	GB/T 15711
10		高频超声波 C 扫描探伤	3	任意不同支钢产品	ASTM E588
11	内部质量(热轧和锻制棒材)		逐支	整支钢产品	GB/T 4162、GB/T 6402、GB/T 12604.1
12	表面质量		逐支	整支钢产品	6.7

8 包装、标志和质量证明书

钢产品的包装、标志和质量证明书按 GB/T 2101 的规定。

附 录 A
（资料性附录）
本部分牌号与国际标准牌号对照表

本部分牌号与国际标准牌号对照表见表 A.1。

表 A.1 本部分牌号与国际标准牌号对照表

本部分	ISO 683-17:1999	ASTM A866:2001
G50Mn2	B41:56Mn4	1552
G42CrMo	B43:43CrMo4	B43:43CrMo4

ICS 77.120.99
H 65

中华人民共和国国家标准

GB/T 29914—2013

柴油车排气净化氧化催化剂

Oxidation catalyst for diesel vehicle exhaust purification

2013-11-27 发布　　2014-08-01 实施

中华人民共和国国家质量监督检验检疫总局
中国国家标准化管理委员会　发布

前言

本标准按照 GB/T 1.1—2009 给出的规则起草。

本标准由全国稀土标准化技术委员会(SAC/TC 229)归口。

本标准主要起草单位:昆明贵研催化剂有限责任公司、中国有色金属工业标准计量质量研究所、贵研铂业股份有限公司。

本标准主要起草人:杨冬霞、常仕英、高兰、赵云昆、提运伟、桓源峰、杨文勇、覃庆高。

柴油车排气净化氧化催化剂

1 范围

本标准规定了柴油车排气净化用氧化催化剂的要求、试验方法、检验规则和标志、包装、运输、贮存及质量证明书。

本标准适用于以堇青石蜂窝陶瓷材料作为载体并负载稀土、贵金属或其他金属等活性组份的柴油机排气净化用氧化催化剂。

2 规范性引用文件

下列文件对于本文件的应用是必不可少的。凡是注日期的引用文件，仅注日期的版本适用于本文件。凡是不注日期的引用文件，其最新版本(包括所有的修改单)适用于本文件。

GB/T 2828.1 计数抽样检验程序 第1部分：按接收质量限(AQL)检索的逐批检验抽样计划

GB/T 5181 汽车排放术语和定义

GB/T 8170 数值修约规则与极限数值的表示和判定

GB 17691 车用压燃式、气体燃料点燃式发动机与汽车排气污染物排放限值及测量方法(中国Ⅲ、Ⅳ、Ⅴ阶段)

GB 18352.3 轻型汽车污染物排放限值及测量方法(中国Ⅲ、Ⅳ阶段)

GB 20890 重型汽车排气污染物排放控制系统耐久性要求及试验方法

GB/T 23277 贵金属催化剂化学分析方法 汽车尾气净化催化剂中铂、钯、铑量的测定 分光光度法

JC/T 686 蜂窝陶瓷

HJ 451—2008 环境保护产品技术要求 柴油车排气后处理装置

QC/T 829—2010 柴油车排气后处理装置试验方法

3 术语和定义

GB/T 5181、HJ 451 和 QC/T 829 中界定的以及下列术语和定义适用于本文件。

3.1

轻型柴油车 light-duty diesel vehicle

最大总质量不超过 3 500 kg 的柴油车。

3.2

重型柴油车 heavy-duty diesel vehicle

最大总质量超过 3 500 kg 的柴油车。

3.3

柴油车排气净化催化剂 catalyst for diesel vehicle exhaust purification

安装在柴油车排气系统中用于降低污染物排放的带催化涂层的催化转化器芯体，其主要作用是通过催化氧化还原反应降低柴油车排气排放污染物[一氧化碳(CO)、碳氢化合物(HC)、氮氧化合物(NO_x)和颗粒物质(PM)等]的排放量。

3.4

氧化型催化剂　oxidation catalyst

安装在柴油车发动机排气系统中，通过催化氧化反应，用于降低排气中一氧化碳(CO)、碳氢化合物(HC)和颗粒物(PM)中可溶性有机组分(SOF)等污染物排放量的柴油车排气净化催化剂。

3.5

催化转化效率　catalyst conversion efficiency

排气污染物中某组分在流过催化剂前后的浓度变化值与催化剂入口前的浓度的比值，计算公式如下：

$$\text{催化转化效率}=\frac{\text{催化剂入口污染物}(i)\text{测量数值}-\text{催化剂出口污染物}(i)\text{测量数值}}{\text{催化剂入口污染物}(i)\text{测量数值}}\times 100\%$$

式中：

i——分别代表污染物 CO、HC、NO_x 或 PM 等。

3.6

起燃温度　light-off temperature

催化剂对某一污染物的催化转化效率达到50%时所对应的催化剂入口气体温度。用符号 $T_{50(i)}$ 表示，“T”为摄氏温度，“i” 分别代表污染物 CO、HC、NO_x 或 PM。

3.7

排气背压　back-pressure

在规定的流量条件下，气体通过催化剂前后的压力损失值(kPa)。计算公式如下：

催化剂排气背压(Δp)= 催化剂入口端排气压力($p_{\text{前}}$)－催化剂出口端排气压力($p_{\text{后}}$)

3.8

名义排气背压　nominal back-pressure

产品设计定型时，五个样件的排气背压平均值(kPa)，计算公式如下：

名义排气背压($\Delta p_{\min}$)=($\Delta p_1+\Delta p_2+\Delta p_3+\Delta p_4+\Delta p_5$)/5

3.9

堵孔率　percentage of plugged hole

催化剂横截面的堵塞的孔道数占总孔数的比例，计算公式如下：

$$\text{堵孔率}=\frac{\text{堵塞的孔数量}}{\text{总孔数量}}\times 100\%$$

3.10

贵金属含量　Precious metals content

单位体积催化剂上涂覆的贵金属质量，单位为克每升(g/L)。

4　要求

4.1　基本要求

4.1.1　同一型式的柴油机排气净化氧化催化剂产品应在下列方面一致：

a)　载体结构和材料；

b)　载体容积、外形尺寸、孔数和壁厚；

c)　催化剂设计贵金属含量及其比例。

4.1.2　产品按载体形状和规格分为3个牌号，且应符合表1规定，特殊要求可由供需双方协商确定。

表 1

<table>
<tr><td rowspan="6">陶瓷载体</td><td colspan="2">产品牌号</td><td>201100</td><td>201101</td><td>201102</td></tr>
<tr><td colspan="2">形　状</td><td>圆柱体</td><td>椭圆柱体</td><td>跑道型</td></tr>
<tr><td rowspan="2">规格</td><td>截面尺寸/mm</td><td>ϕ50～ϕ350</td><td>50×40～350×330
（长轴×短轴）</td><td>50×40～350×330
（长轴×短轴）</td></tr>
<tr><td>高度/mm</td><td colspan="3">10～180</td></tr>
<tr><td colspan="2">孔数/(孔/cm^2)</td><td colspan="3">46、54、62、96</td></tr>
<tr><td colspan="2">尺寸偏差要求</td><td colspan="3">应符合 JC/T 686 中的规定</td></tr>
</table>

4.2 催化性能

4.2.1 新鲜催化性能

新鲜状态下，产品催化性能发动机台架检测结果应满足表 2 的要求。

表 2

污染物种类	CO	HC
催化转化效率	≥85%	≥85%
起燃温度	$T_{50(CO)}$≤250 ℃	$T_{50(HC)}$≤260 ℃

4.2.2 快速老化催化性能

快速老化状态下，产品催化性能发动机台架检测结果应满足表 3 的要求。

表 3

污染物种类	CO	HC
催化转化效率	≥70%	≥70%
起燃温度	$T_{50(CO)}$≤350 ℃	$T_{50(HC)}$≤350 ℃
注：催化器快速老化条件参照本标准进行，或由供需双方协商确定。		

4.3 整车(机)排放性能

4.3.1 产品装配轻型柴油车，整车排放性能和耐久性应达到 GB 18352.3 的要求。

4.3.2 产品装配重型柴油车，整机排放性能和耐久性应达到 GB 17691 的要求。

4.4 物理性能

产品的物理性能应符合表 4 中的规定。

表 4

检测项目	性能指标
抗压强度/MPa	A 轴方向(平行于孔道方向)>8 B 轴方向(垂直于孔道方向)>1.5
热膨胀系数(室温~800 ℃)/$℃^{-1}$	$\leqslant 2.2\times 10^{-6}$
软化温度/℃	≥1 100

4.5 外观

产品的外观质量应符合表 5 的规定。

表 5

缺陷名称	缺陷允许范围
边裂纹	载体周边可视裂纹长度不大于 15 mm,深度不大于 4 mm
边棱缺损	最大缺陷尺寸不超过 7 mm×15 mm×20 mm(半径×弧长×高度)
堵孔率	除距离载体边缘 3.2 mm 范围内,孔道堵塞比例小于 5%

4.6 贵金属含量

产品的贵金属含量检测结果应在设计贵金属含量±10%范围内。

4.7 排气背压

产品的排气背压检测结果应在名义排气背压($\Delta p_{\min}$)±10%范围内。

5 试验方法

5.1 尺寸偏差检测方法

产品尺寸偏差检测方法按 JC/T 686 的规定进行。

5.2 催化性能试验方法

5.2.1 产品转化效率、起燃温度台架检测方法应按 QC/T 829—2010 中 5.3.1 的规定进行。

5.2.2 产品快速老化试验应按 HJ 451—2008 中 5.3.2 的规定进行。

5.3 整车(机)排放性能试验方法

5.3.1 产品装配轻型柴油车,整车排放性能和耐久性检测方法应按 GB 18352.3 的规定进行。

5.3.2 产品装配重型柴油车,整机排放性能检测方法应按 GB 17691 的规定进行;耐久性检测方法应按 GB 20890 中的规定进行。

5.4 物理性能试验方法

产品物理性能检测方法应按 JC/T 686 中的规定进行。

5.5 外观检测方法

产品外观检测采用通用量具及目视检查。

5.6 贵金属含量检测方法

产品的贵金属含量检测按 GB/T 23277 的规定进行。

5.7 排气背压检测方法

产品排气背压测试参照附录 A 的规定进行。

5.8 检测结果数据修约规则

检测结果按 GB/T 8170 的规定修约。

6 检验规则

6.1 检查与验收

6.1.1 产品由供方质量检验部门进行检验,保证产品质量符合本标准规定,并填写产品质量证明书。

6.1.2 需方应对收到的产品进行检验,如检验结果与本标准规定不符,应在收到产品之日起 3 个月内向供方提出,由供需双方协商解决。如需仲裁,可委托双方认可的单位进行,仲裁取样在需方共同进行。

6.2 组批

产品应成批提交检验,每批应由同一型式的催化剂产品组成。

6.3 检验项目

6.3.1 每批产品出厂前应进行尺寸偏差、外观、贵金属含量和排气背压检验。

6.3.2 催化性能、整车排放性能、耐久性和产品物理性能检验按客户要求,由供需双方协商确定。

6.4 取样与制样

产品取样应符合表 6 的规定。

表 6

检验项目	取样规定	接收质量限(AQL)	一般检验水平(IL)	要求的章条号	试验方法的章条号
尺寸偏差	按 GB/T 2828.1 的规定	4.0	S-2	表 1	5.1
催化性能	$N=1$,批生产量≤10 000 颗 $N=2$,批生产量>10 000 颗	—	—	4.2	5.2
整车(机)排放性能	由供需双方协商确定	—	—	4.3	5.3
物理性能	由供需双方协商确定	—	—	4.4	5.4
外观	逐个检验	—	—	4.5	5.5

表 6（续）

检验项目	取样规定	接收质量限(AQL)	一般检验水平(IL)	要求的章条号	试验方法的章条号
贵金属含量	$N=1$，批生产量≤10 000 颗 $N=2$，批生产量>10 000 颗	—	—	4.6	5.6
排气背压	$N=3$，批生产量≤10 000 颗 $N=6$，批生产量>10 000 颗	—	—	4.7	5.7
注：N 表示取样数量。					

6.5 检验结果判断

6.5.1 尺寸偏差试验有任一结果不合格时，可按 GB/T 2828.1 中规定的抽样方案进行不合格项目的重复试验，并以此重复试验结果作为该批的最终结果。

6.5.2 催化性能、贵金属含量、排气背压检验结果不符合本标准规定时，取双倍试样进行不合格项目的重复试验，并以此重复试验结果作为该批的最终结果。

6.5.3 物理性能、整车(机)排放性能检验结果不符合本标准规定的，由供需双方协商确定。

6.5.4 外观不符合本标准规定时，按件判定不合格。

7 标志、包装、运输、贮存及质量证明书

7.1 标志

产品包装箱上应注明：

a) 产品名称；

b) 产品规格、批号、数量；

c) 本标准编号；

d) 供方名称、供方地址；

e) 出厂日期；

f) 防水、防酸、防压、防摔等标志。

7.2 包装

包装箱设计应考虑产品防水、防碰撞，保证产品在运输途中不受损伤。

7.3 运输

运输途中严禁强烈震动，防止水或其他液体渗入。

7.4 贮存

产品应装箱贮存于通风、干燥、无腐蚀的仓库内，并定期检查。

7.5 质量证明书

每箱产品应附有产品质量证明书，注明：

a) 供方名称、地址；

b) 产品名称和规格尺寸；

c) 生产批号；

d) 装箱数量；

e) 各项分析检验结果及检验部门印记；

f) 本标准编号；

g) 出厂日期。

附 录 A
（资料性附录）
柴油车排气净化氧化催化剂常温背压测定方法

A.1 范围

本方法规定了柴油车排气净化氧化催化剂排气背压的测试方法。

本方法适用于柴油车排气净化氧化催化剂排气背压值的测试。

A.2 方法提要

催化剂排气背压测定方法即在常温条件下，采用罗茨鼓风机产生一定流量的空气模拟汽车排气，流经催化反应床，分别测定不同流量条件下催化剂前、后端的排气压力，计算出催化剂的压力损失值，测定催化剂排气背压，从而实现对催化剂产品一致性的评价。其工作原理示意图见图 A.1。

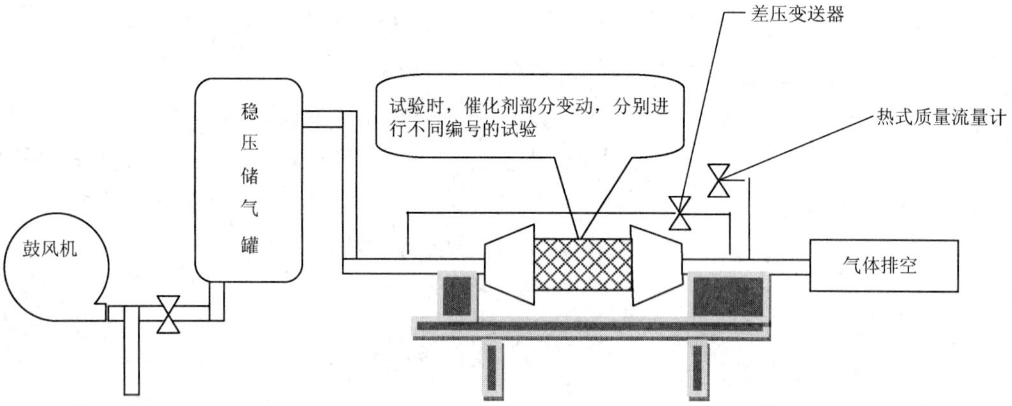

图 A.1 催化剂常规背压测试装置示意图

A.3 仪器、设备

A.3.1 本试验方法推荐使用的分析仪器见表 A.1。

表 A.1

序号	名称	型号
1	罗茨鼓风机	3143WD
2	压力平缓冲罐	非标
3	差压变送器	PMD75-ANA7H21BAAA
4	热式质量流量计	65F50-AE2AGVAABBJ
5	变频控制柜	非标

A.3.2 设备精度要求

所选用的热式质量流量计、差压变送器要符合:精确度:±1.5% F.S;

A.3.3 为保证数据可比性,不同试验数据对比过程中应确认所使用的测量仪器在测试原理和精度等方面应保持一致。

A.4 操作步骤

A.4.1 试验前检查

催化剂背压试验前应检查试验设备处于正常工作状态。

A.4.2 样品安装

将催化剂安装在对应的测试工装中,并锁定工装。

A.4.3 测试

A.4.3.1 启动设备,调整入口流量为 100 kg/h 的流量,稳定运行 2 min,进行密封性检查,并记录初始的流量和差压。

A.4.3.2 按表 A.2 要求设置不同工况点入口流量,稳定运行 5 min,记录各工况点入口流量值和差压值。

表 A.2

工况	1	2	3	4	5
入口流量/[kg/h]	300	400	500	600	700

注 1:各企业可根据产品实际应用环境制定针对性的测试方案,但测试工况点不应少于 5 个点。

注 2:各工况点入口流量实测值应在设定值±2%范围内。

A.4.3.3 测试结束,关闭设备,取出催化剂,切断电源。

A.4.3.4 数据处理。

A.5 分析结果计算与表述

按式(A.1)计算各工况点的排气背压值:

$$\Delta p = p_{前} - p_{后} \qquad \text{(A.1)}$$

式中:

Δp ——催化剂排气背压,单位为千帕斯卡(kPa);

$p_{前}$ ——催化剂前端排气压力,单位为千帕斯卡(kPa);

$p_{后}$ ——催化剂后端排气压力,单位为千帕斯卡(kPa)。

A.6 允许差

同一实验室、同一试样测试结果之间的差值应不大于表 A.3 所列允许差。

表 A.3

测试项目	允许差
排气背压/%	5

ICS 77.120.99
H 65

中华人民共和国国家标准

GB/T 29915—2013

镧 镁 合 金

Lanthanum-magnesium alloy

2013-11-27 发布 2014-08-01 实施

中华人民共和国国家质量监督检验检疫总局
中国国家标准化管理委员会 发布

前言

本标准按照 GB/T 1.1—2009 给出的规则起草。

本标准由全国稀土标准化技术委员会(SAC/TC 229)归口。

本标准主要起草单位:包头稀土研究院、国家稀土产品质量监督检验中心、瑞科稀土冶金及功能材料国家工程研究中心有限公司。

本标准主要起草人:王小青、许涛、陈国华、解萍、侯复生、赵立东、张德平、于雅樵。

镧镁合金

1 范围

本标准规定了镧镁合金的要求、试验方法、检验规则及标志、包装、运输、贮存及质量证明书。

本标准适用于电解法、重熔法生产的供生产耐热镁合金添加剂等用的镧镁中间合金。

2 规范性引用文件

下列文件对于本文件的应用是必不可少的。凡是注日期的引用文件，仅注日期的版本适用于本文件。凡是不注日期的引用文件，其最新版本(包括所有的修改单)适用于本文件。

GB/T 8170 数值修约规则与极限数值的表示和判定

GB/T 29916 镧镁合金化学分析方法

3 要求

3.1 化学成分

镧镁合金产品牌号及化学成分应符合表1的规定。需方如对产品有特殊要求，供需双方可另行协商。

表 1

产品牌号	化学成分(质量分数)/%											
	RE	La/RE 不小于	杂质含量，不大于									Mg
			稀土杂质/RE	非稀土杂质								
				Si	Fe	Al	Ca	Cu	Ni	C	W+Mo	
015030A	30±1	99.9	0.1	0.03	0.10	0.02	0.03	0.005	0.005	0.03	0.03	余量
015030B	30±1	99.5	0.5	0.05	0.10	0.05	0.05	0.005	0.005	0.05	0.05	余量
015025A	25±1	99.9	0.1	0.03	0.10	0.02	0.03	0.005	0.005	0.03	0.03	余量
015025B	25±1	99.5	0.5	0.05	0.10	0.05	0.05	0.005	0.005	0.05	0.05	余量
015020A	20±1	99.9	0.1	0.03	0.10	0.02	0.03	0.005	0.005	0.03	0.03	余量
015020B	20±1	99.5	0.5	0.05	0.10	0.05	0.05	0.005	0.005	0.05	0.05	余量

注 1：RE 表示稀土元素。

注 2：稀土杂质包括 Y、Ce、Pr、Nd、Sm、Eu、Gd、Tb、Dy、Ho、Er、Tm、Yb、Lu。

3.2 外观

3.2.1 产品为铸态合金。

3.2.2 产品表面及其断口均呈银灰色，应洁净，无可见的夹杂物和氧化脱落粉末。

4 试验方法

4.1 化学成分

产品中稀土总量、镁量、碳量、稀土杂质及非稀土杂质的测定按 GB/T 29916 的规定进行，Mg 量为 100 减去稀土总量与非稀土杂质量的总和。

4.2 数值修约

按 GB/T 8170 的规定进行。

4.3 外观质量

用目视检查。

5 检验规则

5.1 检查与验收

5.1.1 产品由供方质量检验部门进行检验，保证产品质量符合本标准规定，并填写质量证明书。

5.1.2 需方应对收到的产品按本标准的规定进行检验，如检验结果与本标准规定不符时，应在收到产品之日起 2 个月内向供方提出，由供需双方协商解决。如需仲裁，可委托双方认可的单位进行，并在需方共同取样。

5.2 组批

产品应成批提交检验，每批应由同一牌号的产品组成。

5.3 检验项目

每批产品应进行化学成分和外观的检验。

5.4 取样与制样

5.4.1 化学成分的仲裁取样件数按表 2 的规定进行。

表 2

每批重量/kg	≤10	>10～50	>50～100	>100～200	>200～500	>500
取样数量/块	2	3	4	5	8	10

5.4.2 化学成分的取样方法按下述规定进行：

取样时，首先将试样打磨干净，用直径 5 mm～10 mm 的钻头在合金锭上、下两面等距离处各钻取 3 点以上，弃去距锭块表面 0.5 mm～1.0 mm 的钻屑，然后钻取试样，取样量不少于 10 g，将所得试样迅速混匀缩分至所需数量，并立即放入带盖的磨口瓶中密封保存。

5.5 检验结果的判定

化学成分分析结果与本标准规定不符时，则从该批产品中取双倍样锭对不合格项目进行重复试验，如仍有不合格项，则判该批产品为不合格。

产品外观质量不合格，则直接判该批产品为不合格。

6 标志、包装、运输、贮存及质量证明书

6.1 标志、包装

6.1.1 包装桶(箱)外应有不褪色标志，注明：

a) 供方名称；
b) 产品名称和牌号；
c) 批号；
d) 净重和毛重；
e) 出厂日期等标志或字样。

6.1.2 产品应装入铁桶中，需方如对包装有特殊要求，由供需双方协商。

6.2 运输、贮存

运输及贮存时，产品需存放干燥处，不得露天放置。

6.3 质量证明书

每批产品应附质量证明书，注明：

a) 供方名称；
b) 产品名称和牌号；
c) 批号；
d) 净重和件数；
e) 各项分析检验结果和质量检验部门印记；
f) 本标准编号；
g) 出厂日期。

ICS 77.120.99
H 14

中华人民共和国国家标准

GB/T 29916—2013

镧镁合金化学分析方法

Chemical analysis methods for lanthanum magnesium alloy

2013-11-27 发布　　2014-08-01 实施

中华人民共和国国家质量监督检验检疫总局
中国国家标准化管理委员会　发布

前　言

本标准按照 GB/T 1.1—2009 给出的规则起草。

本标准由全国稀土标准化技术委员会(SAC/TC 229)归口。

本标准负责起草单位:包头稀土研究院、国家稀土产品质量监督检验中心。

本标准参加起草单位:北京有色金属研究总院、赣州有色冶金研究所、湖南稀土金属材料研究院、包头出入境检验检疫局。

本标准主要起草人:周凯红、龙旭东、郝茜、高励珍、金斯琴高娃、于亚辉、崔爱端、刘荣丽、崔益新、蒋天怡、赵长玉、袁利兵、刘鸿、黎英、钟道国、张立锋、张秀艳、张翼明、刘鹏宇、邵荣珍、刘兵。

镧镁合金化学分析方法

警告——使用本标准的人员应有正规实验室工作的实践经验。本标准并未指出所有可能的安全问题。使用者有责任采取适当的安全和健康措施,并保证符合国家有关法规规定的条件。

1 范围

本标准规定了镧镁合金中23种成分含量的测定方法。

本标准适用于镧镁合金中稀土总量、镁、碳、钇、铈、镨、钕、钐、铕、钆、铽、镝、钬、铒、铥、镱、镥、铝、钙、铜、铁、镍、硅量的测定。

2 总则

2.1 当某成分有两个以上测定方法时,两种方法分析范围重叠的部分以方法2为仲裁分析方法。

2.2 除非另有说明,在分析中仅使用确认的分析纯试剂;所用水为蒸馏水或去离子水或相当纯度的水。

2.3 所用仪器均应在检定周期内,其性能应达到检定要求的技术参数指标;普通实验室仪器,包括滴定管、单标线容量瓶、单标线吸量管。

3 稀土总量的测定 重量法

3.1 测定范围

稀土总量的测定范围为15.00%～30.00%。

3.2 方法原理

试料以盐酸溶解,氨水沉淀稀土,分离钙、镁等。沉淀溶解冒烟脱硅后,用草酸沉淀稀土分离铁,将沉淀于950 ℃灼烧成氧化物,恒重,冷却后称量测定稀土总量。

3.3 试剂和材料

3.3.1 氯化铵。

3.3.2 盐酸(ρ=1.19 g/mL)。

3.3.3 盐酸(1+1)。

3.3.4 过氧化氢(30%)。

3.3.5 氨水(1+1)。

3.3.6 氯化铵溶液:2 g氯化铵(3.3.1)溶于100 mL水中,以氨水(3.3.5)调至pH值9～10。

3.3.7 硝酸(ρ=1.42 g/mL)。

3.3.8 高氯酸(ρ=1.67 g/mL)。

3.3.9 盐酸(2+98)。

3.3.10 草酸溶液(100 g/L)。

3.3.11 草酸溶液(20 g/L)。

3.3.12 间甲酚紫溶液(1 g/L,乙醇溶液)。

3.3.13 pH 试纸(0.5～5.0)。

3.3.14 pH 试纸(0～14)。

3.4 仪器

3.4.1 分析天平,感量 0.1 mg。

3.4.2 高温炉,1 000 ℃

3.4.3 铂金坩埚,30 mL。

3.5 试样

将块状试样去掉表面氧化层,处理成屑状,取样后立即称量。

注:加工、处理试样时,确保试样清洁,防止污染。

3.6 分析步骤

3.6.1 试料

称取 10 g 试样(3.5),精确至 0.000 1 g。

3.6.2 测定数量

称取两份试料(3.6.1)进行平行测定,取其平均值。

3.6.3 测定

3.6.3.1 将试料(3.6.1)置于 300 mL 烧杯中,缓慢加入 125 mL 浓盐酸(3.3.2)和 1 mL 过氧化氢(3.3.4)加热至溶解完全,冷却至室温后移入 250 mL 容量瓶中,以水稀释至刻度,混匀。

3.6.3.2 根据稀土总量的含量,按表 1 进行移取(如试样溶解不清,可干过滤后分取)。

表 1

稀土总量含量/%	称样量/g	分取体积/mL
15.00～20.00	10	20
>20.00～30.00	10	10

3.6.3.3 移取试液(3.6.3.2)于 300 mL 烧杯中,加热水至 120 mL,并加入 2 g 氯化铵(3.3.1),用氨水(3.3.5)调出少量沉淀后,过量 20 mL[此时 pH 值约 9～10,以 pH 试纸(3.3.14)检验],加 1 mL 过氧化氢(3.3.4),加热煮沸,取下,使 pH 值始终保持在约 9～10[以 pH 试纸(3.3.14)检验]。用中速滤纸过滤,用氯化铵溶液(3.3.6)洗烧杯 2 次～3 次,洗沉淀 7 次～8 次,将滤纸取下放回原烧杯。

3.6.3.4 于上述烧杯(3.6.3.3)中加入 20 mL 硝酸(3.3.7)和 5 mL 高氯酸(3.3.8),盖上表面皿,加热冒烟至近干,加入 5 mL 盐酸(3.3.3)溶解盐类,并用少量水冲洗表面皿及杯壁,加热后,用中速滤纸过滤,用热的盐酸(3.3.9)洗烧杯 2 次～3 次,洗沉淀 7 次～8 次,在滤液中加入 2 g 氯化铵(3.3.1),以下操作按(3.6.3.3)相应步骤进行。

3.6.3.5 于上述烧杯(3.6.3.4)中,加入 20 mL 盐酸(3.3.3)、2 mL 过氧化氢(3.3.4)将滤纸破坏成纸浆,加热水至 120 mL,加入 25 mL 热的草酸溶液(3.3.10)、2 滴～3 滴间甲酚紫溶液(3.3.12)使溶液呈红色,以氨水(3.3.5)调至溶液变为橙黄色[以 pH 试纸(3.3.13)检验 pH 值 1.8～2.0 之间],保温放置 2 h,冷却,以慢速滤纸过滤,用草酸溶液(3.3.11)洗烧杯 2 次～3 次,洗沉淀 7 次～8 次,取出沉淀放入预先已恒重的铂金坩埚中灰化，于 950 ℃高温炉中灼烧 40 min，取出置于干燥器中，冷却至室温称量，重复此操作直至恒重，计算结果。

3.7 分析结果的计算与表述

按式(1)计算稀土总量的质量分数 w(%)：

$$w=\frac{(m_1-m_2)V_1\times 0.852\,7}{m_3V_2}\times 100\% \qquad \cdots\cdots(1)$$

式中：

m_1 ——沉淀与坩埚的质量，单位为克(g)；

m_2 ——空坩埚的质量，单位为克(g)；

V_1 ——试样溶液的总体积，单位为毫升(mL)；

0.852 7——氧化镧换算成金属镧的系数；

m_3 ——试料称取的质量，单位为克(g)；

V_2 ——分取试样溶液体积的数值，单位为毫升(mL)。

3.8 精密度

3.8.1 重复性

在重复性条件下获得的两次独立测试结果的测定值，在以下给出的平均值范围内，这两个测试结果的绝对差值不超过重复性限(r)，超过重复性限(r)的情况不超过 5%，重复性限(r)按表 2 数据采用线性内插法求得。

表 2

稀土总量质量分数/%	重复性限(r)/%
13.37	0.27
22.35	0.29
28.06	0.32
注：重复性限(r)为 2.8×Sr，Sr 为重复性标准差。	

3.8.2 允许差

实验室之间分析结果的差值应不大于表 3 所列允许差。

表 3

稀土总量质量分数/%	允许差/%
15.00～20.00	0.30
>20.00～30.00	0.40

3.9 质量保证和控制

每周用自制的控制标样(如有国家级或行业级标样时，应首先使用)校核一次本标准分析方法的有效性。当过程失控时，应找出原因，纠正错误，重新进行校核。

4 镁量的测定 EDTA 容量法

4.1 测定范围

镁量的测定范围为70.00%～85.00%。

4.2 方法原理

试料以稀盐酸溶解，经两次氨水分离稀土，以三乙醇胺、硫化钠作掩蔽剂，铬黑T为指示剂，在pH≈10时，用EDTA标准滴定溶液滴定镁量。

4.3 试剂和材料

4.3.1 氯化铵。

4.3.2 盐酸羟胺。

4.3.3 盐酸(ρ= 1.19 g/mL)。

4.3.4 盐酸(1+1)。

4.3.5 氨水(ρ=0.90 g/mL)。

4.3.6 氨水(1+1)。

4.3.7 氯化铵溶液(20 g/L)：2 g氯化铵(4.3.1)溶于100 mL水中，以氨水(4.3.6)调pH值至9～10。

4.3.8 三乙醇胺(1+1)。

4.3.9 硫化钠(50 g/L)。

4.3.10 无水乙醇。

4.3.11 铬黑T指示剂：称取0.5 g铬黑T溶于100 mL无水乙醇(4.3.10)中，使用前现配。

4.3.12 氨性缓冲溶液：称取67.5 g氯化铵(4.3.1)溶于水中，加570 mL氨水(4.3.5)，以水稀释至1 L，混匀(pH≈10)。

4.3.13 EDTA标准滴定溶液[c(EDTA)≈0.010 mol/L](用等浓度的基准锌标液标定后，确定EDTA标准滴定溶液的浓度)。

4.3.14 pH试纸(1～14)。

4.4 仪器

4.4.1 分析天平，感量0.1 mg。

4.4.2 滴定管，容量25 mL，其他均为普通实验室仪器。

4.5 试样

将块状试样去掉表面氧化层，处理成屑状，取样后立即称量。

注： 加工、处理试样时，确保试样清洁，防止污染。

4.6 分析步骤

4.6.1 试料

称取2.5 g试样(4.5)，精确到0.000 1 g。

4.6.2 测定数量

称取两份试料(4.6.1)进行平行测定，取其平均值。

4.6.3 空白试验

随同试料(4.6.1)做空白试验。

4.6.4 测定

4.6.4.1 将试料(4.6.1)置于 300 mL 烧杯中,缓慢加入 40 mL 盐酸(4.3.4),加热至溶解完全,冷却至室温后移入 250 mL 容量瓶中,以水稀释至刻度,混匀。

4.6.4.2 移取 25 mL 试液(4.6.4.1)于 250 mL 容量瓶中,以水稀释至刻度,混匀。

4.6.4.3 移取 10 mL 试液(4.6.4.2)于 300 mL 烧杯中,加入 2 g 氯化铵(4.3.1),50 mL 水,加热至沸,以氨水(4.3.6)调至 pH≈7[以 pH 试纸(4.3.14)检验],并过量 15 mL,加热至沸,取下稍冷。用中速滤纸过滤于 400 mL 烧杯中,用热氯化铵溶液(4.3.7)洗烧杯 2～3 次,洗沉淀 4～5 次,沉淀放于原 300 mL 烧杯中。

4.6.4.4 于上述 300 mL 烧杯(4.6.4.3)中加入 50 mL 水、10 mL 盐酸(4.3.4),加热溶解沉淀并将滤纸搅碎,加入 2 g 氯化铵(4.3.1),以下操作按(4.6.4.3)相应步骤进行,滤液接于原 400 mL 烧杯(4.6.4.3)中。

4.6.4.5 于上述 400 mL 烧杯(4.6.4.4)中,加入少许盐酸羟胺(4.3.2),5 mL 三乙醇胺(4.3.8),5 mL 硫化钠(4.3.9),10 mL 氨性缓冲溶液(4.3.12), 2～3 滴铬黑 T 指示剂(4.3.11),用 EDTA 标准滴定溶液(4.3.13)滴定溶液由酒红色变为纯蓝色即为终点。

4.7 分析结果的计算与表述

按式(2)计算镁的质量分数 w(%):

$$w=\frac{c(V_1-V_0)MV_2}{mV_3\times 1\ 000}\times 100\% \qquad \cdots\cdots(2)$$

式中:

c ——EDTA 标准溶液的浓度,单位为摩尔每升(mol/L);

V_1 ——滴定试样溶液消耗 EDTA 标准滴定溶液体积的数值,单位为毫升(mL);

V_0 ——滴定空白溶液消耗 EDTA 标准滴定溶液体积的数值,单位为毫升(mL);

M ——镁的原子量,单位为克每摩尔(g/mol);

V_2 ——试样溶液总体积的数值,单位为毫升(mL);

m ——试料质量,单位为克(g);

V_3 ——分取试样溶液体积的数值,单位为毫升(mL)。

4.8 精密度

4.8.1 重复性

在重复性条件下获得的两次独立测试结果的测定值,在以下给出的平均值范围内,这两个测试结果的绝对差值不超过重复性限(r),超过重复性限(r)的情况不超过 5%,重复性限(r)按表 4 数据采用线性内插法求得。

表 4

镁量质量分数/%	重复性限(r)/%
69.28	0.43
76.16	0.43
86.88	0.70
注:重复性限(r)为 2.8×Sr,Sr 为重复性标准差。	

4.8.2 允许差

实验室之间分析结果的差值应不大于表5所列允许差。

表 5

镁量质量分数/%	允许差/%
70.00～75.00	0.50
>75.00～85.00	0.70

4.9 质量保证和控制

每周用自制的控制标样(如有国家级或行业级标样时,应首先使用)校核一次本标准分析方法的有效性。当过程失控时,应找出原因,纠正错误,重新进行校核。

5 碳量的测定 高频-红外吸收法

5.1 测定范围

碳量的测定范围为0.010%～0.300%。

5.2 方法原理

试料在助熔剂存在下,于高频感应炉内,氧气氛中高频燃烧,碳呈二氧化碳释出,以红外线吸收器测定。

5.3 试剂和材料

5.3.1 钨助熔剂:(w_c<0.000 8%)。

5.3.2 碳硫坩埚(经1 100 ℃灼烧1 h)。

5.3.3 标准样品:在含碳量0.005 0%～0.50%范围内选择三个合适的标准样品。

5.3.4 氧气(纯度≥99%)。

5.4 仪器

高频-红外碳硫仪(检测器灵敏度:0.001 μg/g)

5.5 试样

去掉氧化层,制成屑状或剪成小块。

注:加工、处理试样时,确保试样清洁,防止污染。

5.6 分析步骤

5.6.1 试料

称取试料0.15 g～0.25 g,精确至0.001 g,置于预先已称有1.5 g均匀平铺的钨助熔剂(5.3.1)的碳硫坩埚(5.3.2)中。

5.6.2 测定数量

称取两份试料(5.6.1)进行平行测定,取其平均值。

5.6.3 仪器的准备

5.6.3.1 检测仪器用的试剂,失效时需更换。

5.6.3.2 按仪器说明书启动,预热仪器。

5.6.4 校正空白

5.6.4.1 打开高频炉,将碳硫坩埚(5.3.2)置于坩埚架上,测碳时,将坩埚支架置于燃烧管内。

5.6.4.2 高频燃烧,显示空白值,重复测定 3~5 次,其碳结果的平均空白值<0.000 5%,方可进行下步测定。

5.6.5 校正仪器

称取标样(5.3.3)三份,操作按(5.6.6)相应步骤进行校正仪器。

5.6.6 测定

5.6.6.1 打开高频炉,将碳硫坩埚(5.3.2)置于坩埚架上,测碳时,将坩埚支架置于燃烧管内。

5.6.6.2 坩埚架上升,碳硫坩埚(5.3.2)脱气,测碳时,高频燃烧。由仪器显示分析结果(如仪器不能自动显示分析结果,按 5.7 进行结果计算)。

5.7 分析结果的计算与表述

按式(3)计算碳的质量分数 w(%):

$$w = w_2 - a w_1 \quad\cdots\cdots(3)$$

式中:

w_2——测定后的碳含量,%;

a ——助熔剂量与实际称样量的比值;

w_1——空白试验碳含量,%。

5.8 精密度

5.8.1 重复性

在重复性条件下获得的两次独立测试结果的测定值,在以下给出的平均值范围内,这两个测试结果的绝对差值不超过重复性限(r),超过重复性限(r)的情况不超过 5%,重复性限(r)按表 6 数据采用线性内插法外推求得。

表 6

碳量质量分数/%	重复性限(r)/%
0.016	0.003
0.037	0.005
0.049	0.005
注:重复性限(r)为 2.8×Sr,Sr 为重复性标准差。	

5.8.2 允许差

实验室之间分析结果的差值应不大于表 7 所列允许差。

表 7

碳量质量分数/%	允许差/%
0.010～0.050	0.005
>0.050～0.100	0.008
>0.100～0.300	0.020

5.9 质量保证和控制

每周用自制的控制标样(如有国家级或行业级标样时,应首先使用)校核一次本标准分析方法的有效性。当过程失控时,应找出原因,纠正错误,重新进行校核。

6 稀土杂质量的测定 电感耦合等离子体原子发射光谱法(方法 1)和电感耦合等离子体质谱法(方法 2)

6.1 方法 1 电感耦合等离子体原子发射光谱法

6.1.1 测定范围

钇、铈、镨、钕、钐、铕、钆、铽、镝、钬、铒、铥、镱、镥量的测定范围 0.010%～0.250%。

6.1.2 方法原理

试样以盐酸溶解,在稀盐酸介质中,直接以氩等离子体光源激发,进行光谱测定,以基体匹配法校正基体对测定的影响。

6.1.3 试剂和材料

6.1.3.1 过氧化氢(30%)。

6.1.3.2 盐酸(1+1)。

6.1.3.3 硝酸(1+1)。

6.1.3.4 盐酸(1+19)。

6.1.3.5 镧标准贮存溶液:称取 2.346 0 g 经 950 ℃灼烧 1 h 的氧化镧[w(REO)>99.5%,w(La_2O_3/REO)≥99.99%]置于 100 mL 烧杯中,加入 20 mL 盐酸(6.1.3.2),低温加热至溶解完全,冷却至室温,移入 100 mL 容量瓶中,以水稀释至刻度,混匀。此溶液 1 mL 含 20 mg 镧。

6.1.3.6 镁标准贮存溶液:称取 3.316 3 g 经 900 ℃灼烧 1 h 的氧化镁(w>99.99%)置于 100 mL 烧杯中,加入 20 mL 盐酸(6.1.3.2),低温加热至溶解完全,冷却至室温,移入 100 mL 容量瓶中,以水稀释至刻度,混匀。此溶液 1 mL 含 20 mg 镁。

6.1.3.7 铈标准贮存溶液:称取 0.122 8 g 经 950 ℃灼烧 1 h 的氧化铈[w(REO)>99.5%,w(CeO_2/REO)≥99.99%]置于 100 mL 烧杯中,加 10 mL 硝酸(6.1.3.3),加 2 mL 过氧化氢(6.1.3.1),低温加热至溶解完全,取下冷却,移入 100 mL 容量瓶中,以水稀释至刻度,混匀。此溶液 1 mL 含 1 000 μg 铈。

6.1.3.8 镨标准贮存溶液:称取 0.120 8 g 经 950 ℃灼烧 1 h 的氧化镨[w(REO)>99.5%,w(Pr_6O_{11}/REO)≥99.99%]置于 100 mL 烧杯中,加 10 mL 盐酸(6.1.3.2),低温加热至溶解完全,取下冷却,移入 100 mL 容量瓶中,以水稀释至刻度,混匀。此溶液 1 mL 含 1 000 μg 镨。

6.1.3.9 钕标准贮存溶液:称取 0.116 7 g 经 950 ℃灼烧 1 h 的氧化钕[w(REO)>99.5%,w(Nd_2O_3/REO)≥99.99%]置于 100 mL 烧杯中,加 10 mL 盐酸(6.1.3.2),低温加热至溶解完全,取下冷却,移入 100 mL 容量瓶中,以水稀释至刻度,混匀。此溶液 1 mL 含 1 000 μg 钕。

6.1.3.10 钐标准贮存溶液:称取 0.116 0 g 经 950 ℃灼烧 1 h 的氧化钐[w(REO)>99.5%,w(Sm_2O_3/

REO)≥99.99%]置于 100 mL 烧杯中,加 10 mL 盐酸(6.1.3.2),低温加热至溶解完全,取下冷却,移入 100 mL 容量瓶中,以水稀释至刻度,混匀。此溶液 1 mL 含 1 000 μg 钐。

6.1.3.11 铕标准贮存溶液:称取 0.115 8 g 经 950 ℃灼烧 1 h 的氧化铕[w(REO)>99.5%,w(Eu_2O_3/REO)≥99.99%]置于 100 mL 烧杯中,加 10 mL 盐酸(6.1.3.2),低温加热至溶解完全,取下冷却,移入 100 mL 容量瓶中,以水稀释至刻度,混匀。此溶液 1 mL 含 1 000 μg 铕。

6.1.3.12 钆标准贮存溶液:称取 0.115 3 g 经 950 ℃灼烧 1 h 的氧化钆[w(REO)>99.5%,w(Gd_2O_3/REO)≥99.99%]置于 100 mL 烧杯中,加 10 mL 盐酸(6.1.3.2),低温加热至溶解完全,冷却至室温,移入 100 mL 容量瓶中,以水稀释至刻度,混匀。此溶液 1 mL 含 1 000 μg 钆。

6.1.3.13 铽标准贮存溶液:称取 0.117 6 g 经 950 ℃灼烧 1 h 的氧化铽[w(REO)>99.5%,w(Tb_4O_7/REO)≥99.99%]置于 100 mL 烧杯中,加 10 mL 盐酸(6.1.3.2),低温加热至溶解完全,取下冷却,移入 100 mL 容量瓶中,以水稀释至刻度,混匀。此溶液 1 mL 含 1 000 μg 铽。

6.1.3.14 镝标准贮存溶液:称取 0.114 8 g 经 950 ℃灼烧 1 h 的氧化镝[w(REO)>99.5%,w(Dy_2O_3/REO)≥99.99%]置于 100 mL 烧杯中,加 10 mL 盐酸(6.1.3.2),低温加热至溶解完全,取下冷却,移入 100 mL 容量瓶中,以水稀释至刻度,混匀。此溶液 1 mL 含 1 000 μg 镝。

6.1.3.15 钬标准贮存溶液:称取 0.114 5 g 经 950 ℃灼烧 1 h 的氧化钬[w(REO)>99.5%,w(Ho_2O_3/REO)≥99.99%]置于 100 mL 烧杯中,加 10 mL 盐酸(6.1.3.2),低温加热至溶解完全,取下冷却,移入 100 mL 容量瓶中,以水稀释至刻度,混匀。此溶液 1 mL 含 1 000 μg 钬。

6.1.3.16 铒标准贮存溶液:称取 0.114 4 g 经 950 ℃灼烧 1 h 的氧化铒[w(REO)>99.5%,w(Er_2O_3/REO)≥99.99%]置于 100 mL 烧杯中,加 10 mL 盐酸(6.1.3.2),低温加热至溶解完全,取下冷却,移入 100 mL 容量瓶中,以水稀释至刻度,混匀。此溶液 1 mL 含 1 000 μg 铒。

6.1.3.17 铥标准贮存溶液:称取 0.114 2 g 经 950 ℃灼烧 1 h 的氧化铥[w(REO)>99.5%,w(Tm_2O_3/REO)≥99.99%]置于 100 mL 烧杯中,加 10 mL 盐酸(6.1.3.2),低温加热至溶解完全,取下冷却,移入 100 mL 容量瓶中,以水稀释至刻度,混匀。此溶液 1 mL 含 1 000 μg 铥。

6.1.3.18 镱标准贮存溶液:称取 0.113 9 g 经 950 ℃灼烧 1 h 的氧化镱[w(REO)>99.5%,w(Yb_2O_3/REO)≥99.99%]置于 100 mL 烧杯中,加 10 mL 盐酸(6.1.3.2),低温加热至溶解完全,取下冷却,移入 100 mL 容量瓶中,以水稀释至刻度,混匀。此溶液 1 mL 含 1 000 μg 镱。

6.1.3.19 镥标准贮存溶液:称取 0.113 7 g 经 950 ℃灼烧 1 h 的氧化镥[w(REO)>99.5%,w(Lu_2O_3/REO)≥99.99%]置于 100 mL 烧杯中,加 10 mL 盐酸(6.1.3.2),低温加热至溶解完全,取下冷却,移入 100 mL 容量瓶中,以水稀释至刻度,混匀。此溶液 1 mL 含 1 000 μg 镥。

6.1.3.20 钇标准贮存溶液:称取 0.127 0 g 经 950 ℃灼烧 1 h 的氧化钇[w(REO)>99.5%,w(Y_2O_3/REO)≥99.99%]置于 100 mL 烧杯中,加 10 mL 盐酸(6.1.3.2),低温加热至溶解完全,取下冷却,移入 100 mL 容量瓶中,以水稀释至刻度,混匀。此溶液 1 mL 含 1 000 μg 钇。

6.1.3.21 混合稀土标准溶液:分别移取 5.00 mL 标准贮存溶液(6.1.3.5~6.1.3.20)移入 100 mL 容量瓶中,以盐酸(6.1.3.4)稀释至刻度,混匀。此溶液 1 mL 含各稀土 50 μg。

6.1.3.22 氩气(纯度≥99.99%)。

6.1.4 仪器

电感耦合等离子体原子发射光谱仪:倒数线色散率不大于 0.26 nm/mm(一级光谱)。

6.1.5 试样

将块状试样去掉表面氧化层,处理成屑状,取样后立即称量。

注:加工、处理试样时,确保试样清洁,防止污染。

6.1.6 分析步骤

6.1.6.1 试料

称取 2 g 试样(6.1.5),精确至 0.000 1 g。

6.1.6.2 测定数量

称取两份试料(6.1.6.1)进行平行测定,取其平均值。

6.1.6.3 空白试验

随同试料(6.1.6.1)做空白试验。

6.1.6.4 分析试液的制备

将试料(6.1.6.1)置于 100 mL 烧杯中,加 40 mL 盐酸(6.1.3.2),滴加过氧化氢(6.1.3.1),低温加热至溶解完全,冷却至室温,移入 100 mL 容量瓶中以水稀释至刻度,混匀。移取 10 mL 于 100 mL 容量瓶中,以盐酸(6.1.3.4)稀释至刻度,混匀。

6.1.6.5 系列标准溶液的配制

将标准贮存溶液(6.1.3.5、6.1.3.6、6.1.3.21)按表 8 分别移入 5 个 200 mL 容量瓶中,以盐酸(6.1.3.4)稀释至刻度,混匀,制得系列标准溶液,各元素质量浓度见表 8。

表 8

标液标号	各元素质量浓度/(μg/mL)							
	La	Mg	Ce	Pr	Nd	Sm	Eu	Gd
1	400	1 600	0.00	0.00	0.00	0.00	0.00	0.00
2	400	1 600	0.50	0.50	0.50	0.50	0.50	0.50
3	400	1 600	1.00	1.00	1.00	1.00	1.00	1.00
4	400	1 600	2.00	2.00	2.00	2.00	2.00	2.00
5	400	1 600	5.00	5.00	5.00	5.00	5.00	5.00

标液标号	各元素质量浓度/(μg/mL)							
	Tb	Dy	Ho	Er	Tm	Yb	Lu	Y
1	0.00	0.00	0.00	0.00	0.00	0.00	0.00	0.00
2	0.50	0.50	0.50	0.50	0.50	0.50	0.50	0.50
3	1.00	1.00	1.00	1.00	1.00	1.00	1.00	1.00
4	2.00	2.00	2.00	2.00	2.00	2.00	2.00	2.00
5	5.00	5.00	5.00	5.00	5.00	5.00	5.00	5.00

6.1.6.6 **测定**

6.1.6.6.1 推荐分析线见表9。

表9

元素	分析线/nm	元素	分析线/nm
Ce	413.380 413.764	Dy	353.170
Pr	417.942 390.844	Ho	345.600
Nd	401.225 430.358	Er	337.271
Sm	446.734 359.260	Tm	313.126
Eu	381.965	Yb	328.937
Gd	354.936 342.247	Lu	261.542
Tb	350.917	Y	371.029

6.1.6.6.2 将空白试液(6.1.6.3)、分析试液(6.1.6.4)与系列标准溶液(6.1.6.5)同时进行氩等离子体原子发射光谱测定。

6.1.7 **分析结果的计算与表述**

按式(4)计算待测稀土元素的质量分数 w(%)：

$$w=\frac{(\rho-\rho_0)V_0V_2\times10^{-6}}{mV_1}\times100\% \quad\cdots\cdots(4)$$

式中：

ρ ——自工作曲线上查得被测稀土元素的质量浓度，单位为微克每毫升(μg/mL)；

ρ_0 ——自工作曲线上查得被测稀土元素空白的质量浓度，单位为微克每毫升(μg/mL)；

V_0 ——试液总体积，单位为毫升(mL)；

V_2 ——分析试液体积，单位为毫升(mL)；

m ——试料的质量，单位为克(g)；

V_1 ——分取试液体积，单位为毫升(mL)。

6.1.8 **精密度**

6.1.8.1 **重复性**

在重复性条件下获得的两次独立测试结果的测定值，在以下给出的平均值范围内，这两个测试结果的绝对差值不超过重复性限(r)，超过重复性限(r)的情况不超过5%，重复性限(r)按表10数据采用线性内插法求得。

表 10

元素	质量分数/%	重复性限(r)/%	元素	质量分数/%	重复性限(r)/%
Ce	0.006 9	0.001 7	Dy	0.051	0.003
	0.117	0.003		0.102	0.005
	0.217	0.004		0.202	0.005
Pr	0.049	0.003	Ho	0.053	0.003
	0.102	0.005		0.102	0.003
	0.202	0.005		0.202	0.005
Nd	0.058	0.003	Er	0.054	0.003
	0.106	0.004		0.101	0.003
	0.201	0.005		0.202	0.005
Sm	0.055	0.002	Tm	0.050	0.002
	0.104	0.004		0.098	0.003
	0.206	0.005		0.202	0.004
Eu	0.051	0.002	Yb	0.050	0.002
	0.100	0.004		0.098	0.003
	0.202	0.004		0.202	0.004
Gd	0.050	0.002	Lu	0.053	0.003
	0.098	0.003		0.102	0.004
	0.200	0.003		0.204	0.004
Tb	0.055	0.002	Y	0.051	0.003
	0.106	0.004		0.099	0.003
	0.208	0.006		0.202	0.005

注：重复性限(r)为 2.8×Sr，Sr 为重复性标准差。

6.1.8.2 允许差

实验室之间分析结果的差值应不大于表 11 所列允许差。

表 11

稀土元素	质量分数/%	允许差/%	稀土元素	质量分数/%	允许差/%
钐、铕、钆 钬、铥、铒 镱、镥、钇	0.010～0.020	0.003	铈、镨、钕 镝、铽	0.010～0.020	0.004
	>0.020～0.050	0.005		>0.020～0.050	0.006
	>0.050～0.10	0.010		>0.050～0.100	0.012
	>0.10～0.25	0.02		>0.10～0.25	0.02

6.1.9 质量控制和保证

每周用自制的控制标样(如有国家级或行业级标样时,应首先使用)校核一次本标准分析方法的有效性。当过程失控时,应找出原因,纠正错误,重新进行校核。

6.2 方法2 电感耦合等离子体质谱法

6.2.1 测定范围

钇、铈、镨、钕、钐、铕、钆、铽、镝、钬、铒、铥、镱、镥量的测定范围为0.001 0%~0.10%。

6.2.2 方法原理

试样以硝酸溶解,过氧化氢助溶,以铯为内标在等离子质谱仪上测定。

6.2.3 试剂和材料

6.2.3.1 硝酸(ρ=1.42 g/mL,优级纯)。

6.2.3.2 硝酸(1+1,优级纯)。

6.2.3.3 过氧化氢(30%,优级纯)。

6.2.3.4 盐酸(ρ= 1.19 g/mL,优级纯)。

6.2.3.5 盐酸(1+11,优级纯)。

6.2.3.6 铈标准贮存溶液:称取0.122 8 g经950 ℃灼烧1 h的氧化铈[w(REO)>99.5%,w(CeO_2/REO)≥99.99%]置于100 mL烧杯中,加10 mL硝酸(6.2.3.2),2 mL过氧化氢(6.2.3.3),低温加热至溶解完全,取下冷却至室温后移入100 mL容量瓶中,以水稀释至刻度,混匀。此溶液1 mL含1 000 μg铈。

6.2.3.7 镨标准贮存溶液:称取0.120 8 g经950 ℃灼烧1 h的氧化镨[w(REO)>99.5%,w(Pr_6O_{11}/REO)≥99.99%]置于100 mL烧杯中,加10 mL硝酸(6.2.3.2),低温加热至溶解完全,取下冷却至室温后移入100 mL容量瓶中,以水稀释至刻度,混匀。此溶液1 mL含1 000 μg镨。

6.2.3.8 钕标准贮存溶液:称取0.116 7 g经950 ℃灼烧1 h的氧化钕[w(REO)>99.5%,w(Nd_2O_3/REO)≥99.99%]置于100 mL烧杯中,加10 mL硝酸(6.2.3.2),低温加热至溶解完全,取下冷却至室温后移入100 mL容量瓶中,以水稀释至刻度,混匀。此溶液1 mL含1 000 μg钕。

6.2.3.9 钐标准贮存溶液:称取0.116 0 g经950 ℃灼烧1 h的氧化钐[w(REO)>99.5%,w(Sm_2O_3/REO)≥99.99%]置于100 mL烧杯中,加10 mL硝酸(6.2.3.2),低温加热至溶解完全,取下冷却至室温后移入100 mL容量瓶中,以水稀释至刻度,混匀。此溶液1 mL含1 000 μg钐。

6.2.3.10 铕标准贮存溶液:称取0.115 8 g经950 ℃灼烧1 h的氧化铕[w(REO)>99.5%,w(Eu_2O_3/REO)≥99.99%]置于100 mL烧杯中,加10 mL硝酸(6.2.3.2),低温加热至溶解完全,取下冷却至室温后移入100 mL容量瓶中,以水稀释至刻度,混匀。此溶液1 mL含1 000 μg铕。

6.2.3.11 钆标准贮存溶液:称取0.115 6 g经950 ℃灼烧1 h的氧化钆[w(REO)>99.5%,w(Gd_2O_3/REO)≥99.99%]置于100 mL烧杯中,加10 mL硝酸(6.2.3.2),低温加热至溶解完全,取下冷却至室温后移入100 mL容量瓶中,以水稀释至刻度,混匀。此溶液1 mL含1 000 μg钆。

6.2.3.12 铽标准贮存溶液:称取0.117 6 g经950 ℃灼烧1 h的氧化铽[w(REO)>99.5%,w(Tb_4O_7/REO)≥99.99%]置于100 mL烧杯中,加10 mL硝酸(6.2.3.2),加2 mL过氧化氢(6.2.3.3),低温加热至溶解完全,取下冷却至室温后移入100 mL容量瓶中,以水稀释至刻度,混匀。此溶液1 mL含1 000 μg铽。

6.2.3.13 镝标准贮存溶液:称取0.114 8 g经950 ℃灼烧1 h的氧化镝[w(REO)>99.5%,w(Dy_2O_3/REO)≥99.99%]置于100 mL烧杯中,加10 mL硝酸(6.2.3.2),低温加热至溶解完全,取下冷却至室温后移入100 mL容量瓶中,以水稀释至刻度,混匀。此溶液1 mL含1 000 μg镝。

6.2.3.14 钬标准贮存溶液：称取 0.114 5 g 经 950 ℃灼烧 1 h 的氧化钬[w(REO)>99.5%，w(HO_2O_3/REO)≥99.99%]置于 100 mL 烧杯中，加 10 mL 硝酸(6.2.3.2)，低温加热至溶解完全，取下冷却至室温后移入 100 mL 容量瓶中，以水稀释至刻度，混匀。此溶液 1 mL 含 1 000 μg 钬。

6.2.3.15 铒标准贮存溶液：称取 0.114 4 g 经 950 ℃灼烧 1 h 的氧化铒[w(REO)>99.5%，w(Er_2O_3/REO)≥99.99%]置于 100 mL 烧杯中，加 10 mL 硝酸(6.2.3.2)，低温加热至溶解完全，取下冷却至室温后移入 100 mL 容量瓶中，以水稀释至刻度，混匀。此溶液 1 mL 含 1 000 μg 铒。

6.2.3.16 铥标准贮存溶液：称取 0.114 2 g 经 950 ℃灼烧 1 h 的氧化铥[w(REO)>99.5%，w(Tm_2O_3/REO)≥99.99%]置于 100 mL 烧杯中，加 10 mL 硝酸(6.2.3.2)，低温加热至溶解完全，取下冷却至室温后移入 100 mL 容量瓶中，以水稀释至刻度，混匀。此溶液 1 mL 含 1 000 μg 铥。

6.2.3.17 镱标准贮存溶液：称取 0.116 9 g 经 950 ℃灼烧 1 h 的氧化镱[w(REO)>99.5%，w(Yb_2O_3/REO)≥99.99%]置于 100 mL 烧杯中，加 10 mL 硝酸(6.2.3.2)，加 2 mL 过氧化氢(6.2.3.3)，低温加热至溶解完全，取下冷却至室温后移入 100 mL 容量瓶中，以水稀释至刻度，混匀。此溶液 1 mL 含 1 000 μg 镱。

6.2.3.18 镥标准贮存溶液：称取 0.116 7 g 经 950 ℃灼烧 1 h 的氧化镥[w(REO)>99.5%，w(Lu_2O_3/REO)≥99.99%]置于 100 mL 烧杯中，加 10 mL 硝酸(6.2.3.2)，低温加热至溶解完全，取下冷却至室温后移入 100 mL 容量瓶中，以水稀释至刻度，混匀。此溶液 1 mL 含 1 000 μg 镥。

6.2.3.19 钇标准贮存溶液：称取 0.127 0 经 950 ℃灼烧 1 h 的氧化钇[w(REO)>99.5%，w(Y_2O_3/REO)≥99.99%]置于 100 mL 烧杯中，加 10 mL 硝酸(6.2.3.2)，加 2 mL 过氧化氢(6.2.3.3)，低温加热至溶解完全，取下冷却至室温后移入 100 mL 容量瓶中，以水稀释至刻度，混匀。此溶液 1 mL 含 1 000 μg 钇。

6.2.3.20 混合稀土标准溶液：分别移取 2.00 mL 单一稀土标准贮存溶液(6.2.3.6～6.2.3.19)于 100 mL 容量瓶中，加入 1 mL 硝酸(6.2.3.1)，以水稀释至刻度，混匀。此时溶液中各含单一稀土浓度为 20 μg/mL，再将此溶液稀释成各含单一稀土浓度为 1 μg/mL 的混合标准溶液。

6.2.3.21 铯内标贮存溶液：称取 1.361 1 g 在 110 ℃烘干的优级纯硫酸铯，溶于水中，移入 1 000 mL 容量瓶中，以水稀释至刻度，混匀。此溶液 1 mL 含 1 000 μg 铯。

6.2.3.22 铑内标贮存溶液：称取 192.80 g 氯铑酸铵，溶于盐酸(6.2.3.5)中，并用此酸溶液定容于 50 mL 容量瓶中。此溶液 1 mL 含 1 000 μg 铑。(或去国家标准物质中心购买：1 mg/mL)

6.2.3.23 铊内标贮存溶液：称取 1.606 0 g 硝酸铊(优级纯)，溶于水中，移入 1 000 mL 容量瓶中，以水稀释至刻度，混匀。此溶液 1 mL 含 1 000 μg 铊。

6.2.3.24 铟内标贮存溶液：称取 1.000 0 g 金属铟(优级纯)，加热溶解于 10 mL 盐酸(6.2.3.4)后移入 1 000 mL 容量瓶中，以水稀释至刻度，混匀。此溶液 1 mL 含 1 000 μg 铟。

6.2.3.25 混合内标溶液：分别移取 2.00 mL 铯、铑、铊和铟标准贮存溶液(6.2.3.21～6.2.3.24)于同一 100 mL 容量瓶中，加 1 mL 硝酸(6.2.3.1)，以水稀释至刻度，混匀。此溶液含铑、铟、铯和铊的浓度各为 20 μg/mL，再将此溶液稀释成各内标元素浓度为 1 μg/mL 的混合溶液。

6.2.3.26 氩气(纯度≥99.99%)。

6.2.4 仪器

6.2.4.1 天平，感量 0.1 mg。

6.2.4.2 等离子体质谱仪，质量分辨率优于 0.8±0.1(amu)。

6.2.5 试样

将块状试样去掉表面氧化层，处理成屑状，取样后立即称量。

注：加工、处理试样时，确保试样清洁，防止污染。

6.2.6 分析步骤

6.2.6.1 试料

按表12称取试样(6.2.5),精确至0.000 1 g。

表12

稀土含量范围/%	称样量/g	总体积/mL	移取体积/mL	定容体积/mL
0.001 0~0.020	0.2	100	5	100
>0.020~0.10	0.2	100	2	100

6.2.6.2 测定数量

称取两份试料(6.2.6.1)进行平行测定,取其平均值。

6.2.6.3 空白试验

随同试料(6.2.6.1)做空白试验。

6.2.6.4 分析试液的制备

6.2.6.4.1 将试料(6.2.6.1)置于50 mL烧杯中,加入4 mL硝酸(6.2.3.1),加热至溶解完全[不清时,可加入1滴过氧化氢(6.2.3.3)],冷却至室温后移入100 mL容量瓶中,以水稀释至刻度,混匀。

6.2.6.4.2 按表10移取试液(6.2.6.4.1)于100 mL容量瓶中,加入1.0 mL混合内标溶液(6.2.3.25),补加2 mL硝酸(6.2.3.1),以水稀释至刻度,混匀。

6.2.6.5 系列标准溶液的配制

按表11移取适量混合稀土标准溶液(6.2.3.20)和混合内标溶液(6.2.3.25),配制成工作曲线系列,加入适量硝酸(6.2.3.2)使溶液酸度保持在1%,该标准系列见表13。

表13

标准系列名称	混合稀土浓度/(ng/mL)	混合内标浓度/(ng/mL)
标一	0.0	10.0
标二	5.0	10.0
标三	10.0	10.0
标四	20.0	10.0
标五	50.0	10.0

6.2.6.6 测定

6.2.6.6.1 测定元素同位素质量数见表14。

表 14

元素	测定同位素质量数	元素	测定同位素质量数
Ce	140	Dy	161
	142	Ho	165
Pr	141	Er	166
Nd	146	Tm	169
Sm	147	Yb	174
Eu	151	Lu	176
Gd	160	Y	89
Tb	159	Cs	133

6.2.6.6.2 将空白试液(6.2.6.3)、分析试液(6.2.6.4)、系列标准溶液(6.2.6.5)同时进行氩等离子体质谱测定。

6.2.7 分析结果的计算与表述

将系列标准溶液(6.2.6.5)的质量直接输入计算机,用内标法进行校正,由计算机计算并输出空白试液(6.2.6.3)、分析试液(6.2.6.4)中待测元素的质量数浓度。

按式(5)计算待测稀土元素的质量分数 w(%):

$$w=\frac{(\rho_1-\rho_0)VV_1}{m_0V_2\times10^9}\times100\% \qquad \cdots\cdots(5)$$

式中:

ρ_1 ——试液中待测稀土元素的质量浓度,单位为纳克每毫升(ng/mL);

ρ_0 ——随同试样空白中待测稀土元素的质量浓度,单位为纳克每毫升(ng/mL);

V ——试液总体积,单位为毫升(mL);

V_1 ——试液测定的体积,单位为毫升(mL);

m_0 ——试料的质量,单位为克(g);

V_2 ——试液移取的体积,单位为毫升(mL)。

6.2.8 精密度

6.2.8.1 重复性

在重复性条件下获得的两次独立测试结果的测定值,在以下给出的平均值范围内,这两个测试结果的绝对差值不超过重复性限(r),超过重复性限(r)的情况不超过5%,重复性限(r)按表15数据采用线性内插法求得。

表 15

元素	质量分数/%	重复性限(*r*)/%	元素	质量分数/%	重复性限(*r*)/%
Ce	0.011	0.001	Dy	0.001 6	0.000 1
	0.024	0.002		0.003 0	0.000 4
	0.032	0.003		0.005 4	0.000 4
Pr	0.001 2	0.000 3	Ho	<0.001 0	—
	0.013	0.001			
	0.019	0.002			
Nd	0.002 7	0.000 3	Er	<0.001 0	—
	0.040	0.002			
	0.052	0.003			
Sm	<0.001 0	—	Tm	<0.001 0	—
Eu	<0.001 0	—	Yb	<0.001 0	—
Gd	0.004 5	0.000 4	Lu	<0.001 0	—
	0.008 2	0.000 4			
	0.011	0.001			
Tb	<0.001 0	—	Y	<0.001 0	—
注：重复性限(*r*)为 2.8×Sr，Sr 为重复性标准差。					

6.2.8.2 允许差

实验室之间分析结果的差值应不大于表 16 所列允许差。

表 16

稀土杂质(质量分数)/%	允许差/%
0.001 0～0.005 0	0.000 5
>0.050～0.010	0.001
>0.010～0.050	0.005
>0.050～0.100	0.010

6.2.9 质量保证和控制

每周用自制的控制标样(如有国家级或行业级标样时，应首先使用)校核一次本标准分析方法的有效性。当过程失控时，应找出原因，纠正错误，重新进行校核。

7 非稀土杂质量的测定　电感耦合等离子体原子发射光谱法

7.1 测定范围

铝、钙、铜、铁、镍和硅量的测定范围为 0.005 0%～0.50%。

7.2 原理

试料用硝酸溶解后，进行氩等离子光谱法测定；采用准基体匹配法校正基体影响。

7.3 试剂和材料

7.3.1 氢氧化钠。

7.3.2 硝酸(1+1)。

7.3.3 盐酸(1+1)。

7.3.4 硫酸(1+1)。

7.3.5 铝标准贮存溶液：准确称取1.000 0 g金属铝($w \geqslant 99.99\%$)于300 mL烧杯中，加入20 mL水，加入3 g氢氧化钠(7.3.1)，待其溶解完全后用盐酸(7.3.3)慢慢中和至出现沉淀，并过量20 mL，加热使其溶解并不断搅拌，冷却后将溶液移入1 000 mL容量瓶中，以水稀释至刻度，混匀。此溶液1 mL含1 mg铝。

7.3.6 钙标准贮存溶液：称取2.497 1 g经110 ℃烘干的无水碳酸钙($w \geqslant 99.99\%$)于200 mL烧杯中，加40 mL盐酸(7.3.3)溶解，煮沸以除尽二氧化碳。冷却至室温，溶液移入1 000 mL容量瓶中，以水稀释至刻度，混匀。此溶液1 mL含1 mg钙。

7.3.7 铜标准贮存溶液：准确称取1.000 0 g金属铜($w \geqslant 99.99\%$)，加入20 mL硝酸(7.3.2)，低温加热溶解并蒸发至近干，再加入10 mL硫酸(7.3.4)，小心继续蒸发至冒白烟，冷却后加水浸取，待盐类全部溶解，冷却后将溶液移入1 000 mL容量瓶中，以水稀释至刻度，混匀。此溶液1 mL含1 mg铜。

7.3.8 铁标准贮存溶液：称取1.000 0 g铁($w \geqslant 99.99\%$)于150 mL烧杯中，加30 mL盐酸(7.3.3)，低温加热至完全溶解，冷却至室温。移入1 000 mL容量瓶中以水稀释至刻度，混匀。此溶液1 mL含1 mg铁。

7.3.9 镍标准贮存溶液：准确称取1.000 0 g金属镍($w \geqslant 99.99\%$)于烧杯中，加入15 mL硝酸(7.3.2)，在水浴上加热溶解，然后加入2 mL硫酸(7.3.4)，继续加热蒸干直至硫酸白烟冒尽，取下冷却，加入150 mL水和5 mL硫酸(7.3.4)浸出，加热使盐类溶解，冷却后将溶液移入1 000 mL容量瓶中，以水稀释至刻度，混匀。此溶液1 mL含1 mg镍。

7.3.10 硅标准贮存溶液：称取2.139 4 g二氧化硅($w \geqslant 99.99\%$)于铂坩埚中，加入10 g碳酸钠-碳酸钾混合熔剂(1+1)，混匀，在喷灯上熔融至清亮，再灼烧10 min。冷却后用热水浸取，加热至溶液澄清，冷却后移入1 000 mL容量瓶中，以水稀释至刻度，混匀。此溶液1 mL含1 mg硅。

7.3.11 混合标准溶液：分别移取铝标准贮存溶液(7.3.5)、钙标准贮存溶液(7.3.6)、铜标准贮存溶液(7.3.7)、铁标准贮存溶液(7.3.8)、镍标准贮存溶液(7.3.9)和硅标准贮存溶液(7.3.10)各10 mL于100 mL容量瓶中，加入10 mL硝酸(7.3.2)以水稀释至刻度，混匀。此溶液1 mL含以上元素各100 μg/mL。

7.3.12 镧基体贮存溶液：称取7.329 8 g氧化镧[$w(REO) > 99.5\%$，$w(La_2O_3/REO) > 99.99\%$]置于200 mL烧杯中，加入50 mL硝酸(7.3.2)，加热溶解至清，冷却后移入250 mL容量瓶中，以水稀释至刻度，混匀。此溶液1 mL含25 mg镧。

7.3.13 镁基体贮存溶液：称取6.250 0 g镁($w \geqslant 99.99\%$)于300 mL烧杯中，加入50 mL水，分次加入100 mL硝酸(7.3.2)，加热溶解至清，冷却后移入50 mL容量瓶中，以水稀释至刻度，混匀。此溶液1 mL含25 mg镁。

7.3.14 氩气(纯度≥99.99%)。

7.4 仪器

7.4.1 电感耦合等离子体光谱仪，分辨率<0.006 nm(200 nm处)。

7.4.2 光源：氩等离子体光源。

7.5 试样

将块状试样去掉表面氧化层，处理成屑状，取样后立即称量。

注：加工、处理试样时，确保试样清洁，防止污染。

7.6 分析步骤

7.6.1 试料

称取 1 g 试样(7.5)，精确至 0.000 1 g。

7.6.2 测定数量

称取两份试料(7.6.1)进行平行测定，取其平均值。

7.6.3 空白试验

随同试料(7.6.1)做空白试验。

7.6.4 测定

7.6.4.1 分析试液的制备

将试料(7.6.1)置于 200 mL 烧杯中，加入 50 mL 水，分次加入 25 mL 硝酸(7.3.2)，待剧烈反应后，加热至溶解完全，冷却后移入 200 mL 容量瓶中，用水稀释至刻度，混匀。

7.6.4.2 系列标准溶液的配制

7.6.4.2.1 系列标准溶液的配制

分别移取 0 mL、0.50 mL、1.00 mL、3.00 mL、10.00 mL、25.00 mL 混合标准溶液(7.3.11)于 6 个 100 mL 容量瓶中，再加入 5.00 mL 镧基体贮存溶液(7.3.12)和 15.00 mL 镁基体贮存溶液(7.3.13)，以水稀释至刻度，混匀。此系列标准溶液中被测元素的浓度分别为 0 μg/mL、0.5 μg/mL、1 μg/mL、3 μg/mL、10 μg/mL、25 μg/mL。

7.6.4.2.2 空白系列标准溶液的配制

分别移取 0 mL、0.50 mL 和 1.00 mL 混合标准溶液(7.3.11)于 3 个 100 mL 容量瓶中，加入 10 mL 硝酸(7.3.2)，以水稀释至刻度，混匀。此系列标准溶液中被测元素的浓度分别为 0 μg/mL、0.5 μg/mL、1 μg/mL。

7.6.4.3 测量

7.6.4.3.1 推荐分析线见表 17。

表 17

元素	谱线/nm	元素	谱线/nm
Al	237.312、167.019	Fe	238.204、234.350
Ca	396.847、393.366	Ni	216.555、231.604
Cu	327.395、324.754	Si	251.432、212.412

7.6.4.3.2 将分析试液(7.6.4.1)与系列标准溶液(7.6.4.2)同时进行氩等离子体光谱测定。

7.7 分析结果的计算与表述

按式(6)计算待测元素的质量分数 w(%)：

$$w = \frac{(\rho - \rho_0) \times 10^{-6}}{mV} \times 100\% \quad \cdots\cdots(6)$$

式中：

ρ ——自工作曲线上查得分析试液(7.6.4.2.1)中待测元素的质量浓度，单位为微克每毫升(μg/mL)；

ρ_0 ——自工作曲线上查得空白溶液(7.6.4.2.2)中待测元素的质量浓度，单位为微克每毫升(μg/mL)；

m ——试料的质量，单位为克(g)；

V ——分析试液体积，单位为毫升(mL)。

7.8 精密度

7.8.1 重复性

在重复性条件下获得的两次独立测试结果的测定值，在以下给出的平均值范围内，这两个测试结果的绝对差值不超过重复性限(r)，超过重复性限(r)的情况不超过5%。重复性限(r)按表18数据采用线性内插法求得。

表 18

元素	质量分数/%	重复性限(r)/%	元素	质量分数/%	重复性限(r)/%
Al	0.006 4	0.000 8	Fe	0.005 9	0.001 0
	0.010	0.001		0.010	0.001
	0.022	0.002		0.023	0.003
	0.33	0.02		0.068	0.006
	0.51	0.03		0.098	0.007
				0.20	0.02
				0.50	0.03
Ca	0.006 0	0.000 8	Ni	0.006 7	0.000 8
	0.010	0.000 3		0.011	0.001
	0.37	0.02		0.25	0.03
	0.57	0.02		0.46	0.04
Cu	0.006 3	0.000 7	Si	0.005 6	0.000 5
	0.010	0.001		0.010	0.002
	0.30	0.02		0.026	0.005
	0.46	0.03		0.060	0.008
				0.20	0.03
				0.49	0.04
注：重复性限(r)为2.8×Sr，Sr为重复性标准差。					

7.8.2 允许差

实验之间分析结果的差值应不大于表19所列的允许差。

表 19

元素	质量分数/%	允许差/%
Al、Ni	0.005 0～0.010 0	0.001 0
	>0.010 0～0.030	0.003
	>0.030～0.100	0.005
	>0.100～0.300	0.030
	>0.300～0.500	0.040
Ca、Cu、Fe	0.005 0～0.010 0	0.001 0
	>0.010～0.030	0.003
	>0.030～0.100	0.005
	>0.100～0.300	0.020
	>0.300～0.500	0.030
Si	0.005 0～0.010 0	0.002 0
	>0.010～0.030	0.005
	>0.030～0.100	0.008
	>0.100～0.300	0.030
	>0.300～0.500	0.040

7.9 质量控制和保证

每周用自制的控制标样(如有国家级或行业级标样时,应首先使用)校核一次本标准分析方法的有效性。当过程失控时,应找出原因,纠正错误,重新进行校核。

ICS 77.120.99
H 65

中华人民共和国国家标准

GB/T 29917—2013

镨钕镝合金

Praseodymium-neodymium-dysprosium alloy

2013-11-27 发布　　2014-08-01 实施

中华人民共和国国家质量监督检验检疫总局
中国国家标准化管理委员会　发布

前　言

本标准按照 GB/T 1.1—2009 给出的规则起草。

本标准由全国稀土标准化技术委员会(SAC/TC 229)归口。

本标准负责起草单位:包头稀土研究院、国家稀土产品质量监督检验中心、瑞科稀土冶金及功能材料国家工程研究中心有限公司。

本标准参加起草单位:赣州虔东稀土集团股份有限公司、有研稀土新材料股份有限公司。

本标准主要起草人:陈国华、张志宏、赵立东、侯复生、龚斌、蔡志双、章立志、姚南红、栾文洲。

镨钕镝合金

1 范围

本标准规定了镨钕镝合金的要求、试验方法、检验规则及标志、包装、运输、贮存及质量证明书。

本标准适用于电解法生产的，供制作钕铁硼永磁材料用的镨钕镝合金。

2 规范性引用文件

下列文件对于本文件的应用是必不可少的。凡是注日期的引用文件，仅注日期的版本适用于本文件。凡是不注日期的引用文件，其最新版本（包括所有的修改单）适用于本文件。

GB/T 8170 数值修约规则与极限数值的表示和判定

GB/T 29656 镨钕镝合金化学分析方法

3 要求

3.1 化学成分

镨钕镝合金产品牌号及化学成分应符合表1的规定。需方如对产品有特殊要求，供需双方可另行协商。

表 1

产品牌号	化学成分（质量分数）/ %													
	RE 不小于	Nd/RE	Pr/RE	Dy/RE	杂质含量，不大于									
					稀土杂质/RE	非稀土杂质								
						C	Si	Ca	Al	Mg	Fe	O	W+Mo	Cl
045072A	99.5	72±2	23±2	5±0.3	0.5	0.03	0.03	0.01	0.03	0.02	0.3	0.03	0.05	0.01
045072B	99.0	72±2	23±2	5±0.3	1.0	0.05	0.05	0.02	0.05	0.03	0.3	0.05	0.08	0.01
045070A	99.5	70±2	22±2	8±0.5	0.5	0.03	0.03	0.01	0.03	0.02	0.3	0.03	0.05	0.01
045070B	99.0	70±2	22±2	8±0.5	1.0	0.05	0.05	0.02	0.05	0.03	0.3	0.05	0.08	0.01
045068A	99.5	68±2	22±2	10±0.5	0.5	0.03	0.03	0.01	0.03	0.02	0.3	0.03	0.05	0.01
045068B	99.0	68±2	22±2	10±0.5	1.0	0.05	0.05	0.02	0.05	0.03	0.3	0.05	0.08	0.01

注1：RE表示稀土元素。

注2：稀土杂质包括La、Ce、Sm、Eu、Gd、Tb、Ho、Er、Tm、Yb、Lu、Y。

3.2 外观

3.2.1 产品为铸态合金。

3.2.2 产品表面及其断口均呈银白色，应洁净，无可见的夹杂物和氧化脱落粉末。

4 试验方法

4.1 化学成分

产品中稀土总量、氧量、碳量、稀土配分、氯量、稀土杂质及非稀土杂质的测定按 GB/T 29656 的规定进行。

4.2 数值修约

按 GB/T 8170 的规定进行。

4.3 外观质量

用目视检查。

5 检验规则

5.1 检查与验收

5.1.1 产品由供方质量检验部门进行检验,保证产品质量符合本标准规定,并填写质量证明书。

5.1.2 需方应对收到的产品按本标准的规定进行检验,如检验结果与本标准规定不符时,应在收到产品之日起 2 个月内向供方提出,由供需双方协商解决。如需仲裁,可委托双方认可的单位进行,并在需方共同取样。

5.2 组批

产品应成批提交检验,每批应由同一牌号的产品组成。

5.3 检验项目

每批产品应进行化学成分和外观的检验。

5.4 取样与制样

5.4.1 化学成分的取样件数按表 2 的规定进行。

表 2

每批重量/kg	≤10	>10～50	>50～100	>100～200	>200～500	>500
取样数量/块	2	3	4	5	8	10

5.4.2 化学成分的取样方法按下述规定进行:

取样时,首先将试样打磨干净,用直径 5 mm～10 mm 的钻头在合金锭上下两面等距离处各钻取 3 点,弃去距锭块表面 1 mm～2 mm 的钻屑,取样量不少于 10 g,将所得试样迅速混匀缩分至所需数量,立即放入带盖的磨口瓶中密封保存。

5.5 检验结果的判定

化学成分分析结果与本标准规定不符时,则从该批产品中取双倍样锭对不合格项目进行重复试验,如仍有不合格项,则判该批产品为不合格。

产品外观不合格，则直接判该批产品为不合格。

6 标志、包装、运输、贮存及质量证明书

6.1 标志、包装

6.1.1 包装桶(箱)外应有不褪色标志，注明：

a) 供方名称；

b) 产品名称和牌号；

c) 批号；

d) 净重和毛重；

e) 出厂日期等标志或字样。

6.1.2 产品应采取防氧化措施密封装入铁桶中，如需方对包装有特殊要求，由供需双方协商确定。

6.2 运输、贮存

运输及贮存时，产品需存放干燥处，不得露天放置。

6.3 质量证明书

每批产品应附质量证明书，注明：

a) 供方名称；

b) 产品名称和牌号；

c) 批号；

d) 净重和件数；

e) 各项分析检验结果和质量检验部门印记；

f) 本标准编号；

g) 出厂日期。

ICS 77.120.99
H 14

中华人民共和国国家标准

GB/T 29918—2013

稀土系 AB_5 型贮氢合金压力-组成等温线(PCI)的测试方法

Method for measuring pressure-composition isotherms of RE-base AB_5 hydrogen storage alloys

2013-11-27 发布　　2014-08-01 实施

中华人民共和国国家质量监督检验检疫总局
中国国家标准化管理委员会　发布

前言

本标准按照 GB/T 1.1—2009 给出的规则起草。

本标准由全国稀土标准化技术委员会(SAC/TC 229)归口。

本标准负责起草单位:内蒙古稀奥科贮氢合金有限公司。

本标准参加起草单位:北京有色金属研究总院、包头稀土研究院。

本标准主要起草人:吉力强、刘晓鹏、朱惜林、闫慧忠、熊玮、高金良、张永健。

稀土系 AB_5 型贮氢合金 压力-组成等温线(PCI)的测试方法

警告——使用本标准的人员应有正规实验室工作的实践经验。本标准并未指出所有可能的安全问题。使用者应具有一定的专业知识和技能并充分认识到不当的操作可能引起的气体泄漏、电流泄漏、火灾或其他严重后果。

1 范围

本标准规定了稀土系 AB_5 型贮氢合金的压力-组成等温线(PCI)的测试方法。

本标准适用于稀土系 AB_5 型贮氢合金锭和贮氢合金粉的压力-组成等温线(PCI)测试,测试温度范围 25 ℃～70 ℃,测试压力范围 1 kPa～5 MPa,测试环境温度 25 ℃±1 ℃。

2 规范性引用文件

下列文件对于本文件的应用是必不可少的。凡是注日期的引用文件,仅注日期的版本适用于本文件。凡是不注日期的引用文件,其最新版本(包括所有的修改单)适用于本文件。

GB/T 3634.2 氢气 第2部分:纯氢、高纯氢和超纯氢

GB/T 6003.1—2012 试验筛 技术要求和检验 第1部分:金属丝编织网试验筛

3 方法原理

根据稀土系 AB_5 型贮氢合金在一定的压力和温度下可逆吸放氢的特性,利用理想气体状态方程计算出在不同的氢气压力下贮氢合金晶体中氢原子的变化量 Δw,最终得到贮氢合金中氢含量随氢气压力变化的关系曲线。

4 设备与材料

4.1 压力-组成等温线(PCI)测试仪

最高测试温度≥70 ℃,精度 0.1 ℃;最高测试压力≥5 MPa,精度 0.001 MPa。测试仪器的构造如图1所示:

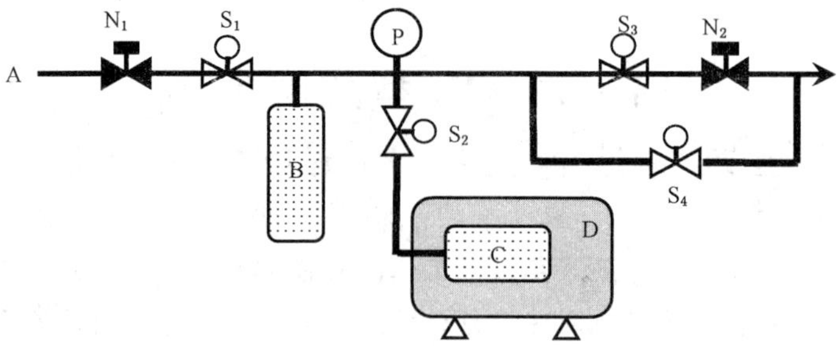

说明：

A ——供氢体系；

B ——储气瓶；

C ——样品反应室；

D ——控温设备(精度 0.1 ℃，允许控温误差±0.5 ℃)；

N_1、N_2 ——针型阀；

S_1、S_2、S_3、S_4 ——气压阀。

图 1 压力-组成等温线(PCI)测试仪

4.2 电子天平

感量 0.000 1 g。

4.3 高纯氢气

符合 GB/T 3634.2 中高纯氢的要求。

5 试样

5.1 合金锭试样

取贮氢合金锭试样，首先除去合金锭表面的氧化层，然后将其破碎后过 1 700 μm(10 目)和 300 μm (48 目)试验筛，取适量 300 μm (48 目)筛上的试样备用。其中 1 700 μm(10 目)和 300 μm (48 目)试验筛的筛孔尺寸符合 GB/T 6003.1—2012 中 R40/3 分别为 1.7 mm 和 300 μm 时的要求。注意试样破碎过程中要防止氧化。

5.2 合金粉试样

将合金粉试样先后过 600 μm (28 目)和 75 μm (200 目)试验筛，取适量 75 μm (200 目)筛上的合金粉备用。其中 28 目和 200 目试验筛的筛孔尺寸符合 GB/T 6003.1—2012 中 R40/3 分别为 600 μm 和 75 μm 时的要求。

6 测试步骤

6.1 试料量

按照试料体积填充率达到样品反应室容积的 5%～20% 的要求，称取 2 g～5 g 试料，准确到0.000 1 g。

6.2 设备检漏试验

将样品反应室与测试仪器连接，然后向测试系统充入设备允许的最大压力的惰性气体，确认测试系统无气体泄漏。

6.3 样品反应室容积的测定

取装有惰性气体的标准容器，初始压力为 p_1，容积为 V_1。将标准容器与预先排真空的测试系统连接，接通共存后的压力是 p_2，系统管线的体积 V_2 可以利用式(1)求出。

$$p_1V_1=p_2(V_1+V_2) \qquad \cdots\cdots(1)$$

然后将装有惰性气体的样品反应室(初始压力 p_3)与测试系统连接，接通共存后的压力为 p_4，样品反应室的体积 V_3 可以利用式(2)求出。

$$p_3V_3=p_4(V_2+V_3) \qquad \cdots\cdots(2)$$

通常采用测量 3 次取平均值的方法使测试数据更加准确。

6.4 参数设定

启动仪器，进入测试程序，输入测试所需的试料信息，设定活化条件和吸放氢测试的截止压力。

6.5 压力零点设定

将样品反应室抽真空，使其压力稳定在 0.001 MPa 以下，并将该状态设定为压力零点。

6.6 活化处理

在设定的活化处理温度下抽真空，使系统压力达到压力零点，然后关闭 S_2、S_3 和 S_4 阀门，打开 N_1 和 S_1 阀门将设定压力的氢气导入测试系统内，待压力稳定后打开 S_2 阀门，使贮氢合金与氢气充分反应，直到压力不再下降为止。然后抽真空脱气，使系统压力达到压力零点，完成试料的一次活化。活化的次数和活化过程是否需要加热取决于试料，如此方法无法活化，可适当提高活化温度，待活化后再恢复至测试温度。

6.7 平衡化处理

在设定温度下使样品反复进行吸入和放出氢气的操作，次数为 3～5 次。以加快试料与氢气的反应速度和稳定试料的吸放氢性能。

6.8 PCI 测试

6.8.1 测试要求

开始测试前要求系统真空度达到压力零点以下，使平衡化处理后的合金完全恢复金属相，重新设定压力零点，并确认恒温设备将温度恒定在设定值。

6.8.2 吸氢测试

吸氢测试步骤如下：

a) 关闭气压阀 S_2、S_3、S_4 和针型阀 N_2，首先打开针型阀 N_1，然后通过控制气压阀 S_1 使氢气进入设备管线并达到设定压力值 p_d。
b) 打开气压阀 S_2，样品反应室与设备管线连同，氢气开始与贮氢合金样品发生反应。
c) 待整个系统压力达到平衡时($\Delta p_r \leqslant 0.01$ MPa)，记录平衡压力 p_r、样品反应室温度 T_r 和在此平衡压力下的氢含量 w，以 $\lg p_r$ 对 w 作图，即得 PCI 吸氢曲线在该状态的测试点。其中 p_r 和 T_r 的数值作为测试下一个数据点的参考依据。

d) 再次从 a)开始重复操作，直至平衡压 p_r 达到设定的截止压力。

e) 取不低于 10 个点组成吸氢曲线。

6.8.3 放氢测试

放氢测试步骤如下：

a) 在吸氢测试结束后关闭气压阀 S_1、S_2、S_4 和针型阀 N_1，首先打开针型阀 N_2，然后通过控制气压阀 S_3，使样品反应室以外的氢气压力降到设定值 p_d。

b) 打开气压阀 S_2，样品反应室与设备管线连同，贮氢合金开始放氢。

c) 待整个系统压力达到平衡时（$\Delta p_r \leqslant 0.01$ MPa），记录平衡压力 p_r、样品反应室温度 T_r 和在此平衡压力下的氢含量 w，以 $\lg p_r$ 对 w 作图，即得 PCI 放氢曲线在该状态的测试点。其中 p_r 和 T_r 的数值作为测试下一个数据点的参考依据。

d) 再次从 a)开始重复操作，直至平衡压 $p_r \leqslant 0.005$ MPa。

e) 取不低于 10 个点组成放氢曲线。

7 计算

7.1 测试数据计算方法

将数据代入式(3)和式(4)可分别计算出相对于贮氢合金质量分数的变化量（Δw）和氢原子数与贮氢合金原子数之比的变化量（$\Delta \frac{H}{M}$）。计算结果的有效数字保留到小数点后第 3 位。

$$\Delta w = \frac{201.6}{Rm}\left[\left(\frac{p_d \times V_d}{T_d} + \frac{'p_h \times V_h}{'T_h} + \frac{'p_r \times V_r}{'T_r}\right) - p_r'\left(\frac{V_r}{T_r'} + \frac{V_h}{T_h'} + \frac{V_d}{T_d'}\right)\right] \quad \cdots\cdots\cdots(3)$$

$$\Delta \frac{H}{M} = \frac{2}{RM}\left[\left(\frac{p_d \times V_d}{T_d} + \frac{'p_h \times V_h}{'T_h} + \frac{'p_r \times V_r}{'T_r}\right) - p_r'\left(\frac{V_r}{T_r'} + \frac{V_h}{T_h'} + \frac{V_d}{T_d'}\right)\right] \quad \cdots\cdots\cdots(4)$$

式中：

w——吸入氢气质量相对于贮氢合金的质量分数，%；

R——气体常数，单位为焦每摩开（$J \cdot mol^{-1} \cdot K^{-1}$）；

m——试样质量，单位为克(g)；

p_d——测试系统内的平衡压力，单位为兆帕(MPa)；

V_d——测试系统的容积，单位为立方厘米（cm^3）；

T_d——测试系统的标准温度，单位为开尔文(K)；

p_r——样品反应室内的平衡压力，单位为兆帕(MPa)；

V_h——管线内的容积，单位为立方厘米(cm^3)；

T_h——管线的温度，单位为开尔文(K)；

V_r——样品反应室内的容积，单位为立方厘米(cm^3)；

T_r——测试样品的温度，单位为开尔文(K)；

p_h——管线内的平衡压力，等于 p_r，单位为兆帕(MPa)；

$\frac{H}{M}$——氢原子数与贮氢合金原子数之比。

其中：$'p_r$、$'T_h$、$'T_r$ 和 $'p_h$ 表示吸/放氢前相应的状态参数；p_r'、T_h'、T_r' 和 T_d' 表示吸/放氢后相应的状态参数。

7.2 PCI曲线

根据6.8.2和6.8.3绘制PCI曲线图,见图2。

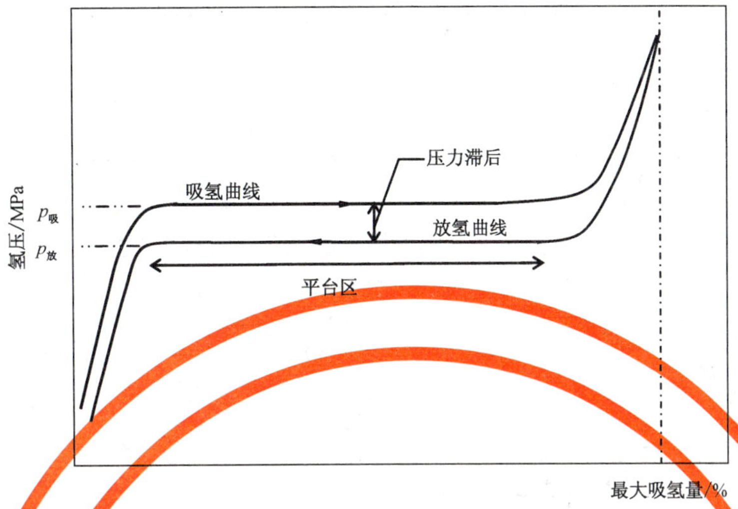

图2 PCI曲线图

7.3 特征参数取值

7.3.1 最大吸氢量

根据图2,在吸氢曲线上试料在设定的最大测试压力下吸入氢气的最大值,用 w_{max} 表示。

7.3.2 吸放氢平台压力

根据图2,在吸放氢曲线上氢含量等于50% w_{max} 时的氢气压力,分别用 $p_{吸}$ 和 $p_{放}$ 表示。

7.3.3 滞后系数

根据图2,吸放氢平台的压力差,即 $p_{吸}$ 和 $p_{放}$ 之差。用 H_f 表示,见式(5)。

$$H_f = \log(p_{吸} / p_{放}) \quad \cdots\cdots(5)$$

7.3.4 斜率因子

根据图2,在放氢曲线上氢含量分别为75% w_{max} 和25% w_{max} 这两点之间的斜率,用 F 表示,见式(6)。

$$F = \frac{\log(p_{75\%} / p_{25\%})}{75\% w_{max} - 25\% w_{max}} \quad \cdots\cdots(6)$$

式中:

$p_{75\%}$——放氢曲线上氢含量等于75% w_{max} 时的氢气压力,单位为兆帕(MPa);

$p_{25\%}$——放氢曲线上氢含量等于25% w_{max} 时的氢气压力,单位为兆帕(MPa)。

8 精密度

8.1 重复性

在标准规定的测试范围内的三个温度(40 ℃、55 ℃和70 ℃)获得的重复性限(r)见表1。

表 1

测试结果取值项目	测试温度	重复性限(r)
最大吸氢量(w_{max})	40 ℃	0.08
	55 ℃	0.08
	70 ℃	0.08
吸氢平台压力(MPa)	40 ℃	0.04
	55 ℃	0.04
	70 ℃	0.06
放氢平台压力(MPa)	40 ℃	0.02
	55 ℃	0.02
	70 ℃	0.04
斜率因子	40 ℃	0.02
	55 ℃	0.04
	70 ℃	0.04
滞后系数	40 ℃	0.05
	55 ℃	0.03
	70 ℃	0.03

8.2 允许差

实验室之间分析结果的差值应不大于表 2 所列允许差。

表 2

测试结果取值项目	测试温度	允许差
最大吸氢量(w_{max})	40 ℃	0.10
	55 ℃	0.09
	70 ℃	0.09
吸氢平台压力(MPa)	40 ℃	0.08
	55 ℃	0.08
	70 ℃	0.10
放氢平台压力(MPa)	40 ℃	0.04
	55 ℃	0.04
	70 ℃	0.08
斜率因子	40 ℃	0.05
	55 ℃	0.05
	70 ℃	0.05

表 2（续）

测试结果取值项目	测试温度	允许差
滞后系数	40 ℃	0.06
	55 ℃	0.04
	70 ℃	0.04

9 测试报告

测试报告应包括以下内容：

a) 样品名称；

b) 活化条件；

c) 氢气纯度；

d) 测试温度；

e) 压力-组成等温线；

f) 最大吸氢量、吸放氢平台压力、滞后系数、斜率因子；

g) 测试日期；

h) 测试人；

i) 其他必要事项。

10 质量保证和控制

每月用自制的控制标样（如有国家级或行业级标样时，应首先使用）校核一次本标准测试方法的有效性。当发现测试数据异常时，应找出原因。纠正错误后重新进行校核。

ICS 13.300
A 80

中华人民共和国国家标准

GB 29919—2013

杂项危险物质和物品危险特性检验安全规范

Safety code for inspection of hazardous properties for miscellaneous dangerous substance and articles

2013-11-27 发布　　2014-12-01 实施

中华人民共和国国家质量监督检验检疫总局
中国国家标准化管理委员会　发布

前　言

本标准第4章为强制性的，其余为推荐性的。

本标准按照GB/T 1.1—2009给出的规则起草。

本标准与联合国《关于危险货物运输的建议书　规章范本》(第十六修订版)第2.9章内容一致，在标准文本格式上按GB/T 1.1—2009做了编辑性修改。

本标准做了下列结构和编辑性修改：

——增加了范围一章(见第1章　范围)；

——剂量单位改成我国法定剂量单位；

——将2.9.3.1.4的内容改为“术语、定义和缩略语”。

本标准由全国危险化学品管理标准化技术委员会(SAC/TC 251)提出并归口。

本标准起草单位：湖南出入境检验检疫局检验检疫技术中心、天津出入境检验检疫局、江南大学。

本标准主要起草人：王利兵、赵琢、张园、吕刚、李宁涛、熊中强。

杂项危险物质和物品危险特性检验安全规范

1 范围

本标准规定了杂项危险物质和物品危险特性检验安全规范的术语、定义和缩略语、9类物质的划分和危害环境物质(水生环境)。

本标准适用于杂项危险物质和物品危险特性检验安全规范。

2 规范性引用文件

下列文件对于本文件的应用是必不可少的。凡是注日期的引用文件,仅注日期的版本适用于本文件。凡是不注日期的引用文件,其最新版本(包括所有的修改单)适用于本文件。

GB/T 21281 危险化学品鱼类急性毒性分级试验方法
GB/T 21800 化学品 生物富集 流水式鱼类试验
GB/T 21801 化学品 快速生物降解性 呼吸计量法试验
GB/T 21802 化学品 快速生物降解性 改进的MITI试验(Ⅰ)
GB/T 21803 化学品 快速生物降解性 DOC消减试验
GB/T 21805 化学品 藻类生长抑制试验
GB/T 21815.1 化学品 海水中的生物降解性 摇瓶法试验
GB/T 21828 化学品 大型溞繁殖试验
GB/T 21830 化学品 溞类急性活动抑制试验
GB/T 21831 化学品 快速生物降解性:密闭瓶法试验
GB/T 21852 化学品 分配系数(正辛醇-水)高效液相色谱法试验
GB/T 21853 化学品 分配系数(正辛醇-水)摇瓶法试验
GB/T 21854 化学品 鱼类早期生活阶段毒性试验
GB/T 21856 化学品 快速生物降解性 二氧化碳产生试验
GB/T 21857 化学品 快速生物降解性 改进的OECD筛选试验

3 术语、定义和缩略语

3.1 术语和定义

下列术语和定义适用于本文件。

3.1.1

9类物质和物品(杂项危险物质和物品) class 9 substances and articles (miscellaneous dangerous substances and articles)

未被其他分类所包括的在运输过程中有危险的物质和物品。

3.1.2

物质 substance

自然状态或通过生产过程获得的化学成分和其化合物,包括为了维持产品稳定性而额外添加的和生产过程中产生的杂质，但是不包括可以不影响物质的稳定性或改变其组分而被分离的任何溶剂。

3.1.3

EC_x

与 $x\%$反应相关的浓度。

3.1.4

EC_{50}

造成 50%最大反应的物质有效浓度。

3.1.5

ErC_{50}

在减缓增长上的 EC_{50}。

3.1.6

K_{ow}

正辛醇/水分配系数。

3.1.7

LC_{50}

物质在水中造成一组试验动物 50%死亡(一半)的浓度。

3.1.8

$L(E)C_{50}$

LC_{50}或 EC_{50}。

3.1.9

OECD 试验准则　OECD test guidelines

经济合作与发展组织(Organization for Economic Cooperation and Development，简称 OECD)公布的试验准则。

3.1.10

急性水生毒性　acute aquatic toxicity

物质的固有特性，在短期水生暴露下对某种生物有毒害作用。

3.1.11

急性(短期)危害　acute (short-term) hazard

为了分类的目的，化学品短期水生暴露引起某种生物的急性毒性。

3.1.12

慢性水生毒性　chronic aquatic toxicity

物质水体暴露可以引起水生生物毒性作用的固有特性，与生物的生命周期有关。

3.1.13

长期危害　long-term hazard

为了分类的目的，是指化学品在水体长期暴露引起的慢性毒性。

3.1.14

生物积累　bioaccumulation

物质经由所有的暴露途径在生物体内的吸收、转运和排泄的最终结果(如空气、水、沉积物/土壤和食物)。

3.1.15

降解　degradation

有机分子分解成更小的分子，最终形成二氧化碳、水和盐。

3.2 缩略语

3.2.1

BCF Bioconcentration Factor

生物富集系数

3.2.2

BOD Biochemical Oxygen Demand

生化需氧量

3.2.3

COD Chemical Oxygen Demand

化学需氧量

3.2.4

GLP Good Laboratory Practices

良好实验室规范

3.2.5

NOEC No Observed Effect Concentration

仅低于能引起有明显作用的最低试验浓度的试验浓度,NOEC 与对照组相比作用无显著性差异。

4 9类物质的划分

9 类物质和物品包括:

4.1 可被吸入的细粉尘,可能损害健康的物质

UN 2212 蓝石棉(青石棉);或

UN 2212 棕石棉(铁石棉、迈索赖特石棉)

UN 2590 白石棉(温石棉、阳起石、直闪石、透闪石)

4.2 可释放易燃气体的物质

UN 2211 聚苯乙烯珠粒料,可膨胀,可放出易燃气体

UN 3314 塑料造型化合物,呈面团状、薄片或挤压出的绳索状,可放出易燃蒸气

4.3 锂电池组

UN 3090 金属锂电池组(包括锂合金电池组)

UN 3091 装在设备中的锂电池组(包括锂合金电池组),或

UN 3091 同设备包装在一起的锂电池组(包括锂合金电池组)

UN 3480 锂离子电池组(包括锂离子聚合物电池组)

UN 3481 装在设备中的锂离子电池组(包括锂离子聚合物电池组),或

UN 3481 同设备包装在一起的锂离子电池组(包括锂离子聚合物电池组)

4.4 救生器材

UN 2990 救生器材,自膨胀

UN 3072 非自膨胀救生器材,包括作为设备的危险品

UN 3268 气袋充气器;或

UN 3268　气袋模件;或
UN 3268　安全带预拉装置

4.5　遇火可能形成二氧杂环的物质和制品

UN 2315　多氯联苯,液体
UN 3432　多氯联苯,固体
UN 3151　多卤联苯,液体、或
UN 3151　多卤三联苯,液体
UN 3152　多卤联苯,固体、或
UN 3152　多卤三联苯,固体
制品,如变压器、冷凝器和含有这些物质的设备

4.6　提高温度会释放或可能释放的物质

a)　液体
UN 3257 高温液体,未另作规定的,温度等于或高于 100 ℃和低于其闪点(包括熔融金属、熔融盐类等)。
b)　固体
UN 3258 高温固体,未另作规定的,等于或高于 240 ℃。

4.7　环境有害物质

a)　固体
UN 3077 对环境有害的物质,固体,未另作规定的。
b)　液体
UN 3082 对环境有害的物质,液体,未另作规定的。

这些分类是用于对水生环境有危害的物质和混合物,无法划入其他分类标准或 9 类中的另一物质。这些分类还可以用于不遵从这些制度但是遵守控制危险废料越境转移及其处置巴塞尔公约的废物,和被起运国主管当局划分为危害环境,但是运输和目的国根据这些制度并没有划分其为危害环境物质或其他任何危险类别的物质。

4.8　转基因微生物(GMMOs)和转基因生物体(GMOs)

UN 3245 转基因微生物;或
UN 3245 转基因生物体

不能划分为毒性物质或传染性物质的 GMMOs (genetically micro-organisms,简称 GMMOs)和 GMOs(genetically modified organisms,简称 GMOs)应划分为 UN 3245。当起运国、运输和目的国的主管当局授权使用时 GMMOs 或 GMOs 不遵从这些制度。基因修改的活体动物应遵从原产地国和目的国主管当局的运输条款和条件。

4.9　在运输中有危险的其他物质和物品,但是不能划分到另一类中

UN 1841　乙醛合氨
UN 1845　固态二氧化碳(干冰)
UN 1931　连二亚硫酸锌(亚硫酸氢锌)
UN 1941　二溴二氟甲烷
UN 1990　苯甲醛

UN 2071　硝酸铵基化肥
UN 2216　鱼粉(鱼屑),稳定的
UN 2807　磁化材料
UN 2969　蓖麻籽;或
UN 2969　蓖麻粉;或
UN 2969　蓖麻油渣;或
UN 2969　蓖麻片
UN 3166　内燃发动机;或
UN 3166　易燃气体发动的车辆;或
UN 3166　易燃液体发动的车辆;或
UN 3166　燃料电池、易燃气体发动机;或
UN 3166　燃料电池、易燃液体发动机;或
UN 3166　燃料电池、易燃气体发动的车辆;或
UN 3166　燃料电池、易燃液体发动的车辆
UN 3171　电池供电车辆;或
UN 3171　电池供电设备
UN 3316　化学品箱;或
UN 3316　急救箱
UN 3334　空运受管制的液体,未另作规定的
UN 3335　空运受管制的固体,未另作规定的
UN 3359　熏蒸过的装置
UN 3363　机器中的危险货物;或
UN 3363　仪器中的危险货物

5　危害环境物质(水生环境)

5.1　概述

5.1.1　危害环境物质包括:污染水生环境的液体或固体和这些物质的溶液和混合物(例如制剂和废物)。

5.1.2　水生环境可以被认为是生活在水中的水生生物和水生生态系统。因此,辨别危害的基础是物质或混合物的水生毒性,尽管有可能会因为降解或生物累积而改变。

5.1.3　虽然下面的分类程序希望能应用于所有的物质和混合物,但是在某些情况下,例如金属或难溶的无机化合物,还需要特殊的导则。

5.2　数据要求

5.2.1　环境危害(水生环境)物质分类的基本要素:

a)　急性水生毒性;

b)　慢性水生毒性;

c)　实际或潜在生物累积能力;和

d)　有机化学品(生物或非生物)降解能力。

5.2.2　虽然国际统一的试验方法取得的数据最好,但在实践中也可使用国内方法取得的数据,只要认

为两者是相当的。一般而言，淡水和海洋物种的毒性数据可以被看作是相当数据，最好是采用经济合作和发展组织 OECD 实验准则取得的数据，或根据良好实验室规范(GLP)的原则取得的相当数据。在无法得到这类数据的情况下，分类应根据掌握的最可靠的数据。

5.2.3 急性水生毒性应当通过鱼 96 h LC_{50}(GB/T 21281 或相当的试验)、甲壳纲动物 48 h EC_{50}试验(GB/T 21830 或相当试验)，和/或海藻 72 h 或 96 h EC_{50}试验(GB/T 21805 或相当试验)确定。这些物种可被视为所有水生生物的替代物种。有关其他物种的数据，如浮萍的数据，如试验方法适当，也可予以考虑。

5.2.4 慢毒性掌握的资料较急毒性的资料少，完整的试验程序也不够标准化。可以接受根据 GB/T 21854 或 GB/T 21828 和 GB/T 21805 获得的资料。还可采用其他有效的和国际接受的试验。应使用“无明显作用浓度”(NOECs)或其他相当的 EC_x。

5.2.5 生物累积的能力通常采用辛醇溶液分配系数确定，通常以根据 GB/T 21853 或 GB/T 21852 得出的 lg K_{ow}报告。虽然它也反映了生物累积的能力，但由试验确定的“生物富集系数”(BCF)是更好的方法，应在可能时优先采用。生物富集系数应根据 GB/T 21800 确定。

5.2.6 环境降解可以是生物的，也可以是非生物的(如水解)，而采用的标准也反映了这个事实。迅速的生物降解，最简单的定义是采用 OECD 的生物降解性试验(GB/T 21801、GB/T 21802、GB/T 21803、GB/T 21831、GB/T 21856、GB/T 21857)。在这些试验中达到通过的水平，可认为在大多数水生环境中能迅速降解。由于这是一些淡水试验，因此还包括进了采用 GB/T 21815.1 的结果，该项试验更适合海洋环境。在得不到这类数据的情况下，BOD(5 d)/COD≥0.5，也认为可表明降解迅速。非生物降解，如水解，初级降解(非生物的和生物的)、在非水生媒介中的降解和已经证实的在环境中的迅速降解，在确定迅速降解性中均可加以考虑。

5.2.7 如物质可满足以下标准，即可认为在环境中可迅速降解：

a) 在 28 d 的迅速生物降解研究中，达到以下降解水平：

1) 根据对溶解的有机碳所作的试验：70%；

2) 根据测定氧气消耗量或二氧化碳生成量的试验：60%理论峰值；

上述生物降解水平应在降解开始后的 10 d 内达到，降解开始的时间为已有 10%的物质降解之时；除非物质是混合物，有多种结构相似的组成成分。在这种情况下，可以放弃 10 d 的窗口条件，在 28 d 应用通过水平。

b) 在仅能得到 BOD 和 COD 数据的情况下，BOD(5 d)/COD 为≥0.5；或

c) 如掌握的其他可信的科学证据表明，物质或混合物可在 28 d 内在水生环境中(通过生物的和/或非生物的途径)降解达 70%以上。

5.3 物质分类种类和标准

根据表 1，物质满足急性 1、慢性 1 或慢性 2 的划分标准，即应列为“环境危害物质(水生环境)”。表 1具体说明了所分的类别，表 2 对危害水生环境的物质分类方案进行了解释。

表 1 划分物质水生环境危害的类别[a]

a) 急性(短期)水生危害	
类别 急性 1[b]：	
96 h LC_{50}(鱼类)	≤1 mg/L 和/或
48 h EC_{50}(甲壳纲)	≤1 mg/和/或
72 h 或者 96 h EC_{50}(藻类或其他水生植物)	≤1 mg/L[c]

表 1（续）

b) 长期水生危害(见图 1)	
1) 有充足的慢性毒性数据的非快速降解物质[d]	
类别 慢性 1[b]：	
慢性 NOEC 或 EC_x(鱼类)	≤0.1 mg/L 和/或
慢性 NOEC 或 EC_x(甲壳纲)	≤0.1 mg/L 和/或
慢性 NOEC 或 EC_x(藻类或其他水生植物)	≤0.1 mg/L
类别 慢性 2：	
慢性 NOEC 或 EC_x(鱼类)	≤1 mg/L 和/或
慢性 NOEC 或 EC_x(甲壳)	≤1 mg/L 和/或
慢性 NOEC 或 EC_x(藻类或其他水生植物)	≤1 mg/L
2) 有充足的慢性毒性数据的快速降解物质	
类别 慢性 1[b]：	
慢性 NOEC 或 EC_x(鱼类)	≤0.01 mg/L 和/或
慢性 NOEC 或 EC_x(甲壳)	≤0.01 mg/L 和/或
慢性 NOEC 或 EC_x(藻类或其他水生植物)	≤0.01 mg/L
类别 慢性 2：	
慢性 NOEC 或 EC_x(鱼类)	≤0.1 mg/L 和/或
慢性 NOEC 或 EC_x(甲壳纲)	≤0.1 mg/L 和/或
慢性 NOEC 或 EC_x(藻类或其他水生植物)	≤0.1 mg/L
3) 没有充足的慢性毒性数据的物质	
类别 慢性 1[b]：	
96 h LC_{50}(鱼类)	≤1 mg/L 和/或
48 h EC_{50}(甲壳纲)	≤1 mg/L 和/或
72 h 或 96 h ErC_{50}(藻类或其他水生植物)	≤1 mg/L[c]
非快速降解物质和/或试验确定 BCF≥500(或缺少 lg K_{ow}≥4 的数据)[d,e]	
类别 慢性 2：	
96 h LC_{50}(鱼类)	>1 但是≤10 mg/L 和/或
48 h EC_{50}(甲壳)	>1 但是≤10 mg/L 和/或
72 h 或 96 h ErC_{50}(藻类或其他水生植物)	>1 但是≤10 mg/L[c]
非快速降解物质和/或试验确定 BCF≥500(或缺少 lg K_{ow}≥4 的数据)[d,e]	

[a] 鱼类、甲壳类和藻类作为替代品试验，涵盖了各营养层次和分类群，并且试验方法高度标准化。其他生物体的数据也可以考虑，但是，提供它们代表的等同的物质和试验终点。

[b] 当划分物质为急性 1 类和/或慢性 1 类时，有必要同时指出适当的 M 因子来得到总和的方法。

[c] 海藻毒性 ErC_{50}[EC_{50}(生长速度)]降低大于下一个敏感物种 100 倍时，并且导致分类仅仅基于这个结果，就应考虑这个毒性数据是否可被等同的植物的毒性数据所代替。如果可以证明这不是原因，就要用专业判断。分类应该基于 ErC_{50} 的数据。在没有 EC_{50} 的数据的情况下，分类应该基于可得到的最低 EC_{50}。

[d] 缺少快速降解数据是指缺少生物降解能力和其他快速降解数据。当没有可用的降解数据、其他经验或者预测数据，物质应被当作是非快速降解物质。

[e] 生物蓄积潜力，基于试验得出的 BCF≥500，或者，缺少 lg K_{ow}≥4 的数据。lg K_{ow} 数据优于估计数值，BCF 数据优于 lg K_{ow} 值。

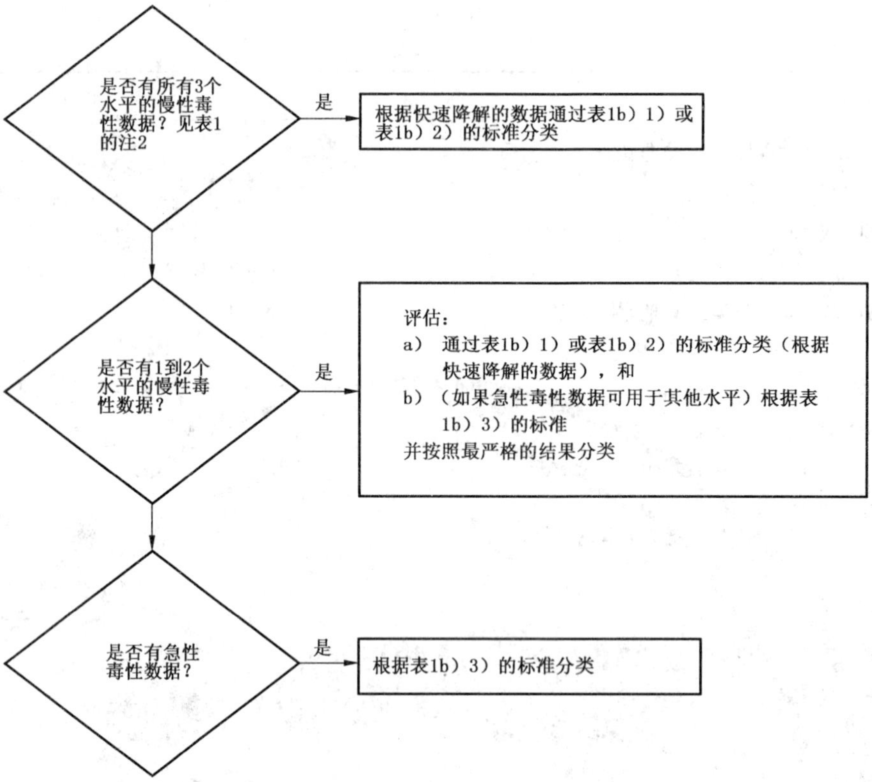

图 1 水生环境长期危害分类

表 2 危害水生环境物质分类方案

分类类别			
急性危害[a]	长期危害[b]		
	有慢性水生危害数据		无慢性水生危害数据[a]
	非快速降解物质[c]	快速降解物质[c]	
分类：急性 1 类	分类：慢性 1 类	分类：慢性 1 类	分类：慢性 1 类
$L(E)C_{50} \leqslant 1.00$	NOEC 或 $EC_x \leqslant 0.1$	NOEC 或 $EC_x \leqslant 0.01$	$L(E)C_{50} \leqslant 1.00$，且缺少快速降解能力和/或 BCF≥500 或，如果缺少 $\lg K_{ow} \geqslant 4$
	分类：慢性 2 类	分类：慢性 2 类	分类：慢性 2 类
	$0.1 < $ NOEC 或 $EC_x \leqslant 1$	$0.01 < $ NOEC 或 $EC_x \leqslant 0.1$	$1.0 < L(E)C_{50} \leqslant 10.0$ 且缺少快速降解能力和/或 BCF≥500 或，如果缺少 $\lg K_{ow} \geqslant 4$

[a] 基于以 mg/L 表示的 $L(E)C_{50}$ 值的鱼类、甲壳纲类和/或藻类或其他水生植物的急性毒性[或如果没有试验数据时的定量结构活性关系(QSAR)评估]。

[b] 物质被分为不同的慢性类别，除非有所有 3 个分类的高于水溶解度或高于 1 mg/L 的水生慢性毒性数据（“水生”是指涵盖所有受关注终点的有效数据。一般来说，是指试验数据，但是为了避免不必要的使用，可以具体事件具体分析，利用评估数据，例如 QSAR，或由专家判定显而易见的案例）。

[c] 基于鱼类或甲壳纲类或其他公认的慢性毒性检测结果，以 mg/L 表示的 NOEC 或等效的 EC_x 值的慢性毒性数据。

5.4 混合物分类的类别和标准

5.4.1 混合物的分类系统包括了对急毒Ⅰ类和慢毒Ⅰ类和Ⅱ类物质采用的分类类别。为了能够使用所有的可得数据，达到对混合物水生环境危害的目的，作了以下假设并在相关的条件下适用：

混合物的“相关成分”是指急性和/或慢性 1 类的成分含量等于或大于 0.1%(质量)和其他等于或大于 1%的成分，除非假定有(例如，高毒的成分)某种含量低于 0.1%，但与混合物水生环境危害分类相关的成分。

5.4.2 对水生环境危害的分类，采取了分层的办法，并且取决于对混合物本身和混合物的各种成分掌握了哪方面的信息。采用分层办法应遵循的主要程序见图 2。分层办法的要素包括：

a) 根据对经过测试的混合物进行分类；

b) 根据一些搭桥原则分类；

c) 采用“已分类成分求和法”，和/或“相加公式”。

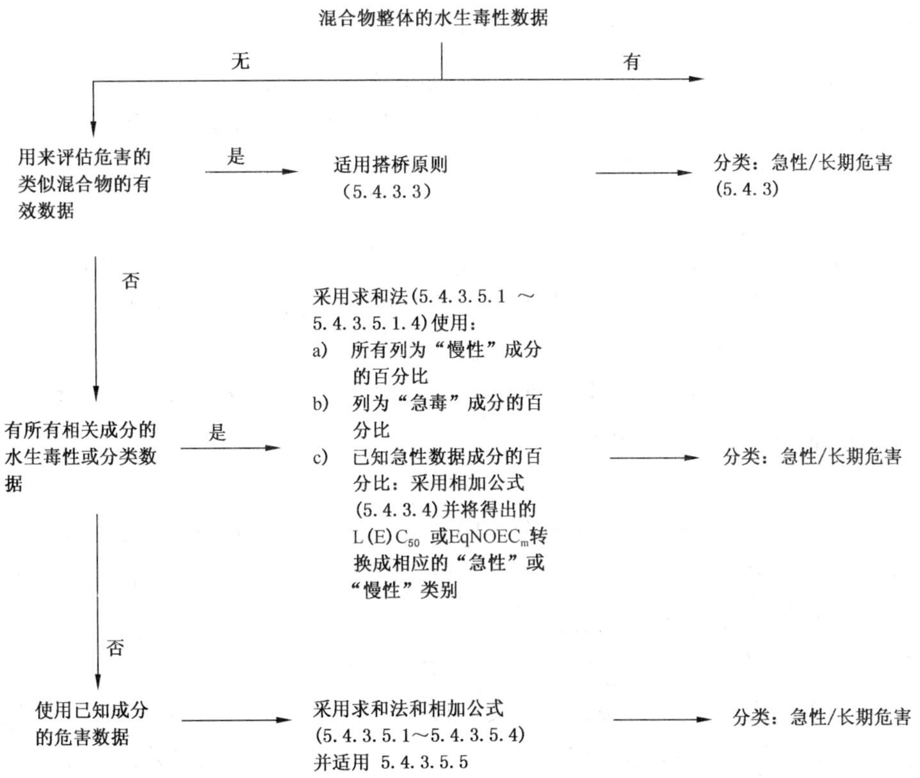

图 2 采用分层法对急性和长期水生环境危害的混合物进行分类

5.4.3 在掌握全部混合物数据的情况下对混合物的分类

当已对混合物整体进行过测试确定其水中毒性时，应按对物质议定的标准对之进行分类。分类的根据是鱼、甲壳纲动物和藻类/植物的数据(见 5.2.3 和 5.2.4)。当缺少混合物整体的急性或慢性数据时，应采用“搭桥原则”或“求和法”(见 5.4.3.3～5.4.3.5)。

混合物长期危害分类需要如生物降解力和生物蓄积力的信息。并没有混合物整体的生物降解力和生物蓄积试验。生物降解力和生物蓄积力试验并不能应用于混合物，因为通常很难解释，这些试验仅对单一物质有意义。

5.4.3.1　急性1类的分类

a）如有混合物整体的水生急性毒性试验数据（LC_{50}或EC_{50}）显示$L(E)C_{50} \leqslant 1$ mg/L：
根据表1a)将混合物分为急性1类；

b）如有急性毒性试验数据[混合物整体LC_{50}(s)或EC_{50}(s)]显示$L(E)C_{50}$(s)>1 mg/L，或大于水溶解度：不需进行急性危害分类。

5.4.3.2　慢性1类和2类的分类

a）如有混合物整体的慢性水生毒性数据（EC_x或NOEC）显示EC_x或NOEC≤1 mg/L：

1）如果可得的信息说明混合物所有相关成分是快速降解的，那么就可以将混合物根据表1b)2)(快速降解)划分为慢性1类或2类；

2）其他情况下，根据表1b) 1)(非快速降解)将混合物划分为慢性1类或2类。

b）如有混合物整体的慢性水生毒性数据（EC_x或NOEC）显示EC_x(s)或NOEC(s)>1 mg/L，或大于水溶解度：
不需进行长期危害分类。

5.4.3.3　无混合物整体毒性数据时的分类：搭桥原则

在混合物本身没有经过测试确定其水生环境危害的情况下，但对其单项成分和经过测试的类似混合物却有充分数据足以为该混合物的危害定性时，应根据以下议定的搭桥原则使用有关数据。这样做可以保证在确定混合物的危害时，分类程序可最大限度地利用已有的数据，而无需作新的动物试验。

5.4.3.3.1　稀释

如果某种混合物是通过稀释另一种已经作了分类的混合物或物质构成的，使用的稀释剂水生危害分类相当于或低于毒性最低的原始成分，且预料不会影响其他成分的水生危害，则该混合物的分类应与原始混合物或物质相当。否则，使用5.4.3.4的方法。

如一种混合物是用水或其他完全无毒性的物质稀释另一种已经分类的混合物或物质生成的，则该混合物的毒性应按原混合物或物质计算得出。

5.4.3.3.2　分批

同一批生产的复杂混合物，其水生危害的分类应假定与同一制造商生产的或在其控制下生产的同一商业产品的另一批产品基本上是相当的，除非有理由相信存在重要差异，以致该批产品的水生危害分类已经改变。如发生此种情况，应作新的分类。

5.4.3.3.3　划为最严重类别（慢性1类和急性1类）的混合物的浓缩

如一种混合物被列为慢性1类和/或急性1类，而该混合物中被列为慢性1类和/或急性1类的成分被进一步浓缩，则提高浓度后的混合物应列入与原混合物相同的分类，无需另作试验。

5.4.3.3.4　添入同一毒性类别

如果3种混合物（A、B和C）有同样的组分，A和B经过试验被划分为同一毒性类别，未经试验的混合物C其毒素活性成分浓度介于混合物A和混合物B之间，那么混合物C应与A和B属于同一类别。

5.4.3.3.5　基本类似的混合物

存在以下情况：

a）两种混合物：

1）A+B

2）C+B

b）成分B的浓度在两种混合物中相同；

c) 成分 A 在混合物 1)与成分 C 在混合物 2)中的浓度相等;

d) A 和 C 的水生危害数据已知,且相等,例如,它们在同一危害类别,并不会影响 B 的水生毒性。

如果 1)或 2)已经根据试验数据分类,那么另一个混合物可以归为相同危害类别。

5.4.3.4 混合物如有全部成分或部分成分毒理学数据的分类

5.4.3.4.1 混合物的分类应以其已分类成分的总和为基础。列为“急毒”或“慢性”成分的百分比,应直接计入求和法。求和法的详细说明见 5.4.3.5.1~5.4.3.5.4。

5.4.3.4.2 混合物常常是由已经分类的成分(如急性 1 类和/或慢性 1 类、2 类)和已经掌握足够试验数据的成分结合而成的。当已知混合物中 1 种以上成分的水生毒性数据,那么这些成分的综合毒性应按以下相加公式 a)和 b)用原始毒性数据计算出来:

a) 以急性水生毒性为基础,见式(1):

$$\frac{\sum c_i}{L(E)C_{50m}} = \sum_n \frac{c_i}{L(E)C_{50i}} \quad \cdots\cdots(1)$$

式中:

c_i ——成分 i 的浓度(质量分数);

$L(E)C_{50i}$ ——成分 i 的 LC_{50} 或 EC_{50},单位为毫克每升(mg/L);

n ——成分数量,i 从 $1 \sim n$;

$L(E)C_{50m}$——混合物中有试验数据部分的 $L(E)C_{50}$。

计算出来的毒性过去习惯用于将部分混合物中划分为急性危害分类,后来开始使用求和法。

b) 以慢性水生毒性为基础,见式(2):

$$\frac{\sum c_i + \sum c_j}{EqNOEC_m} = \sum_n \frac{c_i}{NOEC_i} + \sum_n \frac{c_j}{0.1 \times NOEC_j} \quad \cdots\cdots(2)$$

式中:

c_i ——成分 i 的浓度(质量分数),包括快速降解成分;

c_j ——成分 j 的浓度(质量分数),包括非快速降解成分;

$NOEC_i$ ——成分 i 的 NOEC(或其他认可的慢性毒性试验方法),包括快速降解成分,单位为毫克每升(mg/L);

$NOEC_j$ ——成分 j 的 NOEC(或其他认可的慢性毒性试验方法),包括非快速降解成分,单位为毫克每升(mg/L);

n ——成分的数量,i 和 j 从 $1 \sim n$;

$EqNOEC_m$——混合物中有试验数据部分的等价 NOEC。

等价 NOEC 在这里反映出同一危害分类水平中,非快速降解物质在较快速降解物质更“严格”。

计算出的等价毒性过去习惯用于将部分混合物划分为长期危害分类,与快速降解物质标准一致[表 1b)2)],后来采用了求和法。

当将混合物中的一部分成分采用了求和法,最好使用每种物质对同一物种(如鱼、甲壳纲类或藻类)的毒性值,然后取用得到的最高毒性(最低值)(如取用 3 个物种中最敏感的一种)。但在无法得到每种成分对相同物种的毒性数据时,每种成分的毒性值应采用与物质分类时相同的方法,例如,采用较高毒性(从最敏感测试生物种)。计算出的急性和慢性毒性过去常采用与物质相同的标准将混合中该部分划分为急性 1 类和/或慢性 1 类或 2 类。

如果一个混合物通过 1 种以上的方法分类,那么应采用得出较为保守结果的方法。

5.4.3.5 求和法

5.4.3.5.1 分类程序

5.4.3.5.1.1 一般而言，对混合物较严格的分类优先于不甚严格的分类，如列入慢性1类的分类优先于列入慢性2类的分类。因此，如果分类的结果是慢性1类，分类程序便已完成。不可能做出比慢性1类更严格的分类，因此也没有必要再经过其他分类程序。

5.4.3.5.2 急性1类的分类

a) 首先，所有列为急性1类的成分均需加以考虑。如果这些成分的总和大于或等于25%，则整个混合物应列为急性1类。如果计算的结果是混合物被列为急性1类，分类程序便已完成。

b) 在已分类成分求和法的基础上，对混合物作急性危害分类，表3对此作了摘要。

表3 在已分类成分求和法的基础上对混合物作急性危害的分类

已分类成分之和为/%	混合物分类
急性1类×M^{a}≥25%	急性1类
[a] M因子的说明，见5.4.3.5.4。	

5.4.3.5.3 慢性1类和2类的分类

a) 首先，所有列为慢性1类的成分均应加以考虑。如这些成分之和大于25%，混合物应被划为慢性1类。如果计算的结果混合物被划为慢性1类，分类程序便已完成。

b) 在混合物没有列入慢性1类的情况下，应考虑混合物列为慢性2类。如果一种混合物中所有列为慢性1类的成分之和乘以10，加上所有列为慢性2类的成分之和大于25%，则该混合物应列入慢性2类。如果计算的结果，该混合物列为慢性2类，分类程序便已完成。

c) 在已分类成分求和法的基础上，对混合物作慢性危害的分类，表4对此作了摘要。

表4 在已分类成分之和的基础上，对混合物作慢性危害的分类

已分类的成分之和/%	混合物分类
慢性1类×M^{a}≥25%	慢性1类
(M×10×慢性1类)+慢性2类≥25%	慢性2类
[a] M因子的说明，见5.4.3.5.4。	

5.4.3.5.4 有高毒成分的混合物

急性毒性的急性1类或慢性1类成分明显低于1 mg/L和/或慢性毒性明显低于0.1 mg/L(如果非快速降解)和0.01 mg/L(如果快速降解)也许会影响混合物的毒性，在使用求和法时应给予增加的权重。当一种混合物含有划分为急性1类或慢性1类的成分时，应使用5.4.3.5.2和5.4.3.5.3提到的分类法，采用权重之和，通过将急性1类和慢性1类成分的浓度通过乘以一个因子，而不是仅仅将浓度相加。这意味着表3左栏中的“急性1类”的浓度和表4中左栏中的“慢性1类”的浓度是乘以了相应的乘数。这些成分使用的乘数，采用毒性值来确定，见表5。所以，为了将一种含有急性1类和/或慢性1类成分的混合物分类，分类者需要知道求和法中的M因子的值。否则，在已知混合物所有高毒成分的毒性数据，并且有可信证据证明其他所有成分，包括没有掌握具体急性和/或慢性毒性数据的成分，是低毒或无毒性的，并对混合物的环境危害没有显著影响的情况下，可以采用求和公式(5.4.3.4.2)。

表 5 混合物高毒成分的乘数因子

急性毒性	M 因子	慢性毒性	M 因子	
L(E)C_{50} 值	—	NOEC 值	NRD[a] 成分	RD[b] 成分
0.1<L(E)C_{50}≤1	1	0.01<NOEC≤0.1	1	—
0.01<L(E)C_{50}≤0.1	10	0.001<NOEC≤0.01	10	1
0.001<L(E)C_{50}≤0.01	100	0.000 1<NOEC≤0.001	100	10
0.000 1<L(E)C_{50}≤0.001	1 000	0.000 01<NOEC≤0.000 1	1 000	100
0.000 01<L(E)C_{50}≤0.000 1	10 000	0.000 001<NOEC≤0.000 01	10 000	1 000
（以 10 的倍数继续）		（以 10 的倍数继续）		

[a] 非快速降解。

[b] 快速降解。

5.4.3.5.5 其成分中没有任何可用信息的混合物的分类

在一种或多种重要成分无法得到有关急性和/或慢性水生危害可用的信息的情况下，可作出结论，该混合物无法划入确定的危害类别。在这种情况下，该混合物的分类只能根据已知成分，并附带说明："X%的混合物为对水生环境危害不明的成分组成"。

ICS 77.150.10
H 61

中华人民共和国国家标准

GB/T 29920—2013

电工用稀土高铁铝合金杆

Aluminum alloy rods with RE & high-Iron for electrical purpose

2013-11-27 发布　　　　2014-08-01 实施

中华人民共和国国家质量监督检验检疫总局
中国国家标准化管理委员会　发布

前　言

本标准按照 GB/T 1.1—2009 给出的规则起草。

本标准由全国有色金属标准化技术委员会(SAC/TC 243)归口。

本标准起草单位:安徽欣意电缆有限公司、包头铝业有限公司、中电投宁夏青铜峡能源铝业集团有限公司、福建省南平铝业有限公司、杭州飞祥电子线缆实业有限公司、中国标准化研究院。

本标准主要起草人:林泽民、余乐华、万有梅、瞿其勇、赵洪生、牛庆仁、陈亮、董建雄。

电工用稀土高铁铝合金杆

1 范围

本标准规定了电工用稀土高铁铝合金杆的要求、试验方法、检验规则、标志、包装、运输、贮存及订货单(或合同)内容。

本标准适用于电线电缆导电线芯用铝合金连铸连轧线坯(以下简称铝合金杆)。

2 规范性引用文件

下列文件对于本文件的应用是必不可少的。凡是注日期的引用文件,仅注日期的版本适用于本文件。凡是不注日期的引用文件,其最新版本(包括所有的修改单)适用于本文件。

GB/T 3048.2　电线电缆电性能试验方法　第2部分:金属材料电阻率试验

GB/T 4909.2　裸电线试验方法　第2部分:尺寸测量

GB/T 4909.3　裸电线试验方法　第3部分:拉力试验

GB/T 7999　铝及铝合金光电直读发射光谱分析方法

GB/T 8170　数值修约规则与极限数值的表示和判定

GB/T 17432　变形铝及铝合金化学成分分析取样方法

GB/T 20975(所有部分)　铝及铝合金化学分析方法

3 要求

3.1 材料牌号和典型直径

铝合金杆的牌号和典型直径见表1。

表1

牌号	状态	典型直径/mm
8E76	0、H12	7.5、9.5、12.0、15.0、24.0
8R76	H13、H14、H16	

3.2 标记示例

铝合金杆的标记按产品名称、标准编号、合金牌号、供应状态及规格的顺序表示。

示例:

直径9.5 mm,牌号8E76,供应状态为H12的铝合金杆记为:

电工用稀土高铁铝合金杆—GB/T 29920—2013—8E76—H12—ϕ9.5

直径12.5 mm,牌号8R76,供应状态为H14的铝合金杆记为:

电工用稀土高铁铝合金杆—GB/T 29920—2013—8R76—H14—ϕ12.5

3.3 化学成分

铝合金杆的化学成分应符合表2的规定。

3.4 尺寸偏差

铝合金杆的直径偏差和不圆度应符合表3的规定。

3.5 力学性能和电性能

铝合金杆的力学性能和电性能应符合表4的规定。

3.6 外观质量

3.6.1 铝合金杆表面应清洁，不应有裂纹、夹杂物等缺陷及其他影响使用的缺陷，允许有轻微的机械擦伤、斑疤、麻坑、起皮或飞边等不影响使用的缺陷。
3.6.2 每卷铝合金杆卷内不允许断头焊接或扭接。

表2

牌号	化学成分(质量分数)/%							
	Fe	Si	Cu	Be	RE	其他		Al
						单个	总和	
8R76	0.40～1.2	≤0.10	—	—	0.01～0.30	≤0.03	≤0.30	余量
8E76	0.30～1.5	≤0.08	0.005～0.30	0.001～0.30	0.10～0.8	≤0.03	≤0.15	余量

注1：8R76中的稀土是以Ce、La为主的混合稀土；8E76中的稀土是以Ce、La、Y为主的混合稀土。
注2："其他"指表中未列出或未规定数值的元素。"余量"为100.00%与所有含量不小于0.010%的元素含量总和的差值，求和前各元素数值要表示到0.0*X*%。

表3

直径/mm	直径允许偏差	不圆度[a]/mm 不大于
7.0～9.0	标称直径的±5%	0.6
>9.0～14.0		0.9
>14.0～22.0		1.0
>22.0～25.0		1.2

[a] 不圆度为铝合金杆垂直于轴线的同一截面上测得的最大和最小直径之差。

表 4

牌号	状态	抗拉强度/MPa	断裂后伸长率/% (200 mm 标距) 不小于	电阻率(20 ℃)/ (nΩ·m) 不大于
8E76	0	60～100	25	28.00
	H12	85～125	13	28.45
8R76	H13	95～120	11	28.78
	H14	105～140	8	28.89
	H16	115～150	6	29.00

3.7 其他

需方有特殊要求时由供需双方协商确定,并在订货单(或合同)中注明。

4 试验方法

4.1 化学成分

化学成分按 GB/T 20975 或 GB/T 7999 的规定进行;仲裁分析方法按 GB/T 20975 的规定进行。

4.2 尺寸偏差

直径偏差和不圆度的测量按 GB/T 4909.2 的规定进行。

4.3 力学性能

抗拉强度及伸长率的测量按 GB/T 4909.3 的规定进行。

4.4 电阻率

电阻率试验按 GB/T 3048.2 的规定进行。

4.5 外观质量

外观质量用目视检查。

4.6 数值修约与判定

数值修约与判定按 GB/T 8170 的规定进行。

5 检验规则

5.1 检查和验收

5.1.1 铝合金杆由供方技术监督部门进行检验,保证产品质量符合本标准(或订货合同)的规定,并填写产品质量证明书。

5.1.2 需方应对收到的产品按本标准的规定进行检验。如检验结果与本标准及订货合同的规定不符,应在收到产品之日起一个月内向供方提出,由供需双方协商解决。如需仲裁,可委托双方认可的单位进行，并在需方共同取样。

5.2 组批

5.2.1 铝合金杆应按批提交检验，每批应由同一熔次、同一牌号、同一状态和同一直径的产品组成，批重不限。

5.2.2 铝合金杆应成卷供货。小卷卷重为 300 kg～1 000 kg，每卷应为 1 根。大卷卷重大于 1 000 kg，每卷不超过 2 根，或由供需双方协商解决。

5.3 检验项目

每批铝合金杆均应进行化学成分、尺寸偏差、力学性能、电性能及外观质量的检验。

5.4 取样

取样按照表 5 的规定进行。

表 5

检验项目	取样规定	要求的章条号	试验方法的章条号
化学成分	按照 GB/T 17432 的规定进行	3.3	4.1
尺寸偏差	头部或尾部取样，逐卷检验	3.4	4.2
力学性能	任意部位。大卷逐卷检验，小卷每两卷取一个试样	3.5	4.3
电 性 能		3.5	4.4
外观质量	逐卷检验	3.6	4.5

5.5 检验结果的判定

5.5.1 化学成分不合格时，判该批产品不合格。

5.5.2 抗拉强度、伸长率及电阻率中有任何一项指标不合格，对于大卷，则从不合格试样所代表的卷上再取 2 个试样进行重复试验，若仍有试样不合格，则判该卷不合格；对于小卷，则从不合格试样所代表的卷上再取 2 个试样进行重复试验，如仍有试样不合格，则判该两卷不合格，但经双方商议可逐卷进行检验，合格者交货。

5.5.3 尺寸偏差不合格时，判该卷不合格。

5.5.4 外观质量不合格时，判该卷不合格，但允许供方切除不合格部分重新检验，合格者交货。

6 标志、包装、运输及贮存

6.1 标志

检查合格的每卷铝合金杆上应附有标签，其上注明：

a) 供方名称；

b) 产品名称、牌号、状态号；

c) 直径；

d) 批号；

e) 生产日期；

f) 本标准编号。

6.2 包装

铝合金杆应成卷包装，并捆扎良好。需方对包装有特殊要求时，由供需双方协商，并在订货单（或合同）中注明。

6.3 运输及贮存

铝合金杆在搬运、运输和贮存中应注意防雨、防潮、防腐蚀，运输及贮存的场所应清洁，保护铝合金杆表面免受机械损伤和污染。

6.4 质量证明书

每批产品应附有质量证明书，其上至少注明：

a) 供方名称；

b) 产品名称、牌号、状态号；

c) 直径；

d) 批号；

e) 净重和件数；

f) 检验结果和技术监督部门印记；

g) 本标准编号；

h) 出厂日期。

7 订货单（或合同）内容

本标准所列产品的订货单（或合同）应至少包括下列内容：

a) 产品名称；

b) 牌号

c) 数量（重量）；

d) 直径；

e) 卷重；

f) 本标准编号；

g) 化学成分、包装方式等其他特殊要求。

附　录　A
（资料性附录）
铝合金杆 20 ℃时电阻率对应的电导率数值

本标准中不同牌号不同状态下的稀土高铁铝合金杆 20℃时电阻率对应的电导率见表 A.1。

表 A.1

牌号	状态	电阻率(20℃)/(nΩ·m) 不大于	电导率(IACS)/% 不小于
8E76	0	28.00	61.5
	H12	28.45	61.0
8R76	H13	28.78	59.9
	H14	28.89	59.6
	H16	29.00	59.4

中华人民共和国国家标准

GB 29921—2013

食品安全国家标准
食品中致病菌限量

2013-12-26 发布　　2014-07-01 实施

中华人民共和国
国家卫生和计划生育委员会 发布

食品安全国家标准

食品中致病菌限量

1 范围

本标准规定了食品中致病菌指标、限量要求和检验方法。

本标准适用于预包装食品。

本标准不适用于罐头类食品。

2 应用原则

2.1 无论是否规定致病菌限量，食品生产、加工、经营者均应采取控制措施，尽可能降低食品中的致病菌含量水平及导致风险的可能性。

2.2 按 GB 4789.1 规定采样后，按表 1 中的检验方法检验。

3 指标要求

食品中致病菌限量见表 1。

表 1　食品中致病菌限量

食品类别	致病菌指标	采样方案及限量(若非指定,均以/25 g或/25 mL表示)				检验方法	备注
		n	*c*	*m*	*M*		
肉制品 熟肉制品 即食生肉制品	沙门氏菌	5	0	0	—	GB 4789.4	—
	单核细胞增生李斯特氏菌	5	0	0	—	GB 4789.30	
	金黄色葡萄球菌	5	1	100 CFU/g	1 000 CFU/g	GB 4789.10 第二法	
	大肠埃希氏菌 O157：H7	5	0	0	—	GB/T 4789.36	仅适用于牛肉制品
水产制品 熟制水产品 即食生制水产品 即食藻类制品	沙门氏菌	5	0	0	—	GB 4789.4	—
	副溶血性弧菌	5	1	100 MPN/g	1 000 MPN/g	GB/T 4789.7	
	金黄色葡萄球菌	5	1	100 CFU/g	1 000 CFU/g	GB 4789.10 第二法	
即食蛋制品	沙门氏菌	5	0	0	—	GB 4789.4	—
粮食制品 熟制粮食制品(含焙烤类) 熟制带馅(料)面米制品 方便面米制品	沙门氏菌	5	0	0	—	GB 4789.4	—
	金黄色葡萄球菌	5	1	100 CFU/g	1 000 CFU/g	GB 4789.10 第二法	
即食豆类制品 发酵豆制品 非发酵豆制品	沙门氏菌	5	0	0	—	GB 4789.4	—
	金黄色葡萄球菌	5	1	100 CFU/g	1 000 CFU/g	GB 4789.10 第二法	
巧克力类及可可制品	沙门氏菌	5	0	0	—	GB 4789.4	
即食果蔬制品(含酱腌菜类)	沙门氏菌	5	0	0	—	GB 4789.4	—
	金黄色葡萄球菌	5	1	100 CFU/g (mL)	1 000 CFU/g (mL)	GB 4789.10 第二法	
	大肠埃希氏菌 O157:H7	5	0	0	—	GB/T 4789.36	仅适用于生食果蔬制品

表 1（续）

食品类别	致病菌指标	采样方案及限量(若非指定,均以/25 g或/25 mL表示)				检验方法	备注
		n	c	m	M		
饮料(包装饮用水、碳酸饮料除外)	沙门氏菌	5	0	0	—	GB 4789.4	—
	金黄色葡萄球菌	5	1	100 CFU/g (mL)	1 000 CFU/g (mL)	GB 4789.10 第二法	
冷冻饮品 冰淇淋类 雪糕(泥)类 食用冰、冰棍类	沙门氏菌	5	0	0	—	GB 4789.4	—
	金黄色葡萄球菌	5	1	100 CFU/g (mL)	1 000 CFU/g (mL)	GB 4789.10 第二法	
即食调味品 酱油 酱及酱制品 水产调味品 复合调味料(沙拉酱等)	沙门氏菌	5	0	0	—	GB 4789.4	—
	金黄色葡萄球菌	5	2	100 CFU/g (mL)	10 000 CFU/g (mL)	GB 4789.10 第二法	
	副溶血性弧菌	5	1	100 MPN/g(mL)	1 000 MPN/g (mL)	GB/T 4789.7	仅适用于水产调味品
坚果籽实制品 坚果及籽类的泥(酱) 腌制果仁类	沙门氏菌	5	0	0	—	GB 4789.4	—

注 1：食品类别用于界定致病菌限量的适用范围，仅适用于本标准。

注 2：n 为同一批次产品应采集的样品件数；c 为最大可允许超出 m 值的样品数；m 为致病菌指标可接受水平的限量值；M 为致病菌指标的最高安全限量值。

中华人民共和国国家标准

GB 29922—2013

食品安全国家标准
特殊医学用途配方食品通则

2013-12-26 发布　　　　2014-07-01 实施

中华人民共和国
国家卫生和计划生育委员会 发布

食品安全国家标准

特殊医学用途配方食品通则

1 范围

本标准适用于1岁以上人群的特殊医学用途配方食品。

2 术语和定义

2.1 特殊医学用途配方食品

为了满足进食受限、消化吸收障碍、代谢紊乱或特定疾病状态人群对营养素或膳食的特殊需要，专门加工配制而成的配方食品。该类产品必须在医生或临床营养师指导下，单独食用或与其他食品配合食用。

2.1.1 全营养配方食品

可作为单一营养来源满足目标人群营养需求的特殊医学用途配方食品。

2.1.2 特定全营养配方食品

可作为单一营养来源能够满足目标人群在特定疾病或医学状况下营养需求的特殊医学用途配方食品。

2.1.3 非全营养配方食品

可满足目标人群部分营养需求的特殊医学用途配方食品，不适用于作为单一营养来源。

3 技术要求

3.1 基本要求

特殊医学用途配方食品的配方应以医学和(或)营养学的研究结果为依据，其安全性及临床应用(效果)均需要经过科学证实。

特殊医学用途配方食品的生产条件应符合国家有关规定。

3.2 原料要求

特殊医学用途配方食品中所使用的原料应符合相应的标准和(或)相关规定，禁止使用危害食用者健康的物质。

3.3 感官要求

特殊医学用途配方食品的色泽、滋味、气味、组织状态、冲调性应符合相应产品的特性，不应有正常视力可见的外来异物。

3.4 营养成分

3.4.1 适用于1～10岁人群的全营养配方食品

3.4.1.1 适用于1～10岁人群的全营养配方食品每100 mL(液态产品或可冲调为液体的产品在即食状态下)或每100 g(直接食用的非液态产品)所含有的能量应不低于250 kJ (60 kcal)。能量的计算按每100 mL或每100 g产品中蛋白质、脂肪、碳水化合物的含量乘以各自相应的能量系数17 kJ/g、37 kJ/g、17 kJ/g(膳食纤维的能量系数,按照碳水化合物能量系数的50%计算),所得之和为kJ/100 mL或kJ/100 g值,再除以4.184为kcal/100 mL或kcal/100 g值。

3.4.1.2 适用于1～10岁人群的全营养配方食品中蛋白质的含量应不低于0.5 g/100 kJ (2 g/100 kcal),其中优质蛋白质所占比例不少于50%。蛋白质的检验方法参照GB 5009.5。

3.4.1.3 适用于1～10岁人群的全营养配方食品中亚油酸供能比应不低于2.5%;α-亚麻酸供能比应不低于0.4%。脂肪酸的检验方法参照GB 5413.27。

3.4.1.4 适用于1～10岁人群的全营养配方食品中维生素和矿物质的含量应符合表1的规定。

3.4.1.5 除表1中规定的成分外,如果在产品中选择添加或标签标示含有表2中一种或多种成分,其含量应符合表2的规定。

表1 维生素和矿物质指标(1～10岁人群)

营养素	每100 kJ		每100 kcal		检验方法
	最小值	最大值	最小值	最大值	
维生素A/(μg RE)[a]	17.9	53.8	75.0	225.0	GB 5413.9或GB/T 5009.82
维生素D/μg[b]	0.25	0.75	1.05	3.14	GB 5413.9
维生素E/(mg α-TE)[c]	0.15	N.S.[e]	0.63	N.S.	GB 5413.9或GB/T 5009.82
维生素K_1/μg	1	N.S.	4	N.S.	GB 5413.10或GB/T 5009.158
维生素B_1/mg	0.01	N.S.	0.05	N.S.	GB 5413.11或GB/T 5009.84
维生素B_2/mg	0.01	N.S.	0.05	N.S.	GB 5413.12
维生素B_6/mg	0.01	N.S.	0.05	N.S.	GB 5413.13或GB/T 5009.154
维生素B_{12}/μg	0.04	N.S.	0.17	N.S.	GB 5413.14
烟酸(烟酰胺)/mg[d]	0.11	N.S.	0.46	N.S.	GB 5413.15或GB/T 5009.89
叶酸/μg	1.0	N.S.	4.0	N.S.	GB 5413.16或GB/T 5009.211
泛酸/mg	0.07	N.S.	0.29	N.S.	GB 5413.17或GB/T 5009.210
维生素C/mg	1.8	N.S.	7.5	N.S.	GB 5413.18
生物素/μg	0.4	N.S.	1.7	N.S.	GB 5413.19
钠/mg	5	20	21	84	GB 5413.21或GB/T 5009.91
钾/mg	18	69	75	289	GB 5413.21或GB/T 5009.91
铜/μg	7	35	29	146	GB 5413.21或GB/T 5009.13
镁/mg	1.4	N.S.	5.9	N.S.	GB 5413.21或GB/T 5009.90
铁/mg	0.25	0.50	1.05	2.09	GB 5413.21或GB/T 5009.90
锌/mg	0.1	0.4	0.4	1.5	GB 5413.21或GB/T 5009.14

表 1（续）

营养素	每 100 kJ		每 100 kcal		检验方法
	最小值	最大值	最小值	最大值	
锰/μg	0.3	24.0	1.1	100.4	GB 5413.21 或 GB/T 5009.90
钙/mg	17	N.S.	71	N.S.	GB 5413.21 或 GB/T 5009.92
磷/mg	8.3	46.2	34.7	193.5	GB 5413.22 或 GB/T 5009.87
碘/μg	1.4	N.S.	5.9	N.S.	GB 5413.23
氯/mg	N.S.	52	N.S.	218	GB 5413.24
硒/μg	0.5	2.9	2.0	12.0	GB 5009.93

[a] RE 为视黄醇当量。1 μg RE＝3.33 IU 维生素 A＝1 μg 全反式视黄醇(维生素 A)。维生素 A 只包括预先形成的视黄醇，在计算和声称维生素 A 活性时不包括任何的类胡萝卜素组分。

[b] 钙化醇，1 μg 维生素 D＝40 IU 维生素 D。

[c] 1 mg α-TE(α-生育酚当量)＝1 mg d-α－生育酚。

[d] 烟酸不包括前体形式。

[e] N.S.为没有特别说明。

表 2 可选择性成分指标（1～10 岁人群）

可选择性成分[a]	每 100 kJ		每 100 kcal		检验方法
	最小值	最大值	最小值	最大值	
铬/μg	0.4	5.7	1.8	24.0	GB/T 5009.123
钼/μg	1.2	5.7	5.0	24.0	—
氟/mg	N.S.[b]	0.05	N.S.	0.20	GB/T 5009.18
胆碱/mg	1.7	19.1	7.1	80.0	GB/T 5413.20
肌醇/mg	1.0	9.5	4.2	39.7	GB 5413.25
牛磺酸/mg	N.S.	3.1	N.S.	13.0	GB 5413.26 或 GB/T 5009.169
左旋肉碱/mg	0.3	N.S	1.3	N.S.	—
二十二碳六烯酸/(%总脂肪酸[c])	N.S.	0.5	N.S.	0.5	GB 5413.27 或 GB/T 5009.168
二十碳四烯酸/(%总脂肪酸[c])	N.S.	1	N.S.	1	GB 5413.27
核苷酸/mg	0.5	N.S	2.0	N.S.	—
膳食纤维/g	N.S.	0.7	N.S.	2.7	GB 5413.6 或 GB/T 5009.88

[a] 氟的化合物来源为氟化钠和氟化钾，核苷酸和膳食纤维来源参考 GB 14880 表 C.2 中允许使用的来源，其他成分的化合物来源参考 GB 14880。

[b] N.S.为没有特别说明。

[c] 总脂肪酸指 C4～C24 脂肪酸的总和。

3.4.2 适用于 10 岁以上人群的全营养配方食品

3.4.2.1 适用于 10 岁以上人群的全营养配方食品每 100 mL(液态产品或可冲调为液体的产品在即食

状态下)或每 100 g(直接食用的非液态产品)所含有的能量应不低于 295 kJ (70 kcal)。能量的计算按每 100 mL 或每 100 g 产品中蛋白质、脂肪、碳水化合物的含量乘以各自相应的能量系数 17 kJ/g、37 kJ/g、17 kJ/g(膳食纤维的能量系数,按照碳水化合物能量系数的 50%计算),所得之和为 kJ/100 mL 或 kJ/100 g 值,再除以 4.184 为 kcal/100 mL 或 kcal/100 g 值。

3.4.2.2 适用于 10 岁以上人群的全营养配方食品所含蛋白质的含量应不低于 0.7 g/100 kJ (3 g/100 kcal),其中优质蛋白质所占比例不少于 50%。蛋白质的检验方法参照 GB 5009.5。

3.4.2.3 适用于 10 岁以上人群的全营养配方食品中亚油酸供能比应不低于 2.0%;α-亚麻酸供能比应不低于 0.5%。脂肪酸的检验方法参照 GB 5413.27。

3.4.2.4 适用于 10 岁以上人群的全营养配方食品所含的维生素和矿物质的含量应符合表 3 的规定。

3.4.2.5 除表 3 中规定的成分外,如果在产品中选择添加或标签标示含有表 4 的一种或多种成分,其含量应符合表 4 的规定。

表 3 维生素和矿物质指标(10 岁以上人群)

营养素	每 100 kJ		每 100 kcal		检验方法
	最小值	最大值	最小值	最大值	
维生素 A/(μg RE)[a]	9.3	53.8	39.0	225.0	GB 5413.9 或 GB/T 5009.82
维生素 D/μg[b]	0.19	0.75	0.80	3.14	GB 5413.9
维生素 E/(mg α-TE)[c]	0.19	N.S.[e]	0.80	N.S.	GB 5413.9 或 GB/T 5009.82
维生素 K_1/μg	1.05	N.S.	4.40	N.S.	GB 5413.10 或 GB/T 5009.158
维生素 B_1/mg	0.02	N.S.	0.07	N.S.	GB 5413.11 或 GB/T 5009.84
维生素 B_2/mg	0.02	N.S.	0.07	N.S.	GB 5413.12
维生素 B_6/mg	0.02	N.S.	0.07	N.S.	GB 5413.13 或 GB/T 5009.154
维生素 B_{12}/μg	0.03	N.S.	0.13	N.S.	GB 5413.14
烟酸(烟酰胺)/mg[d]	0.05	N.S.	0.20	N.S.	GB 5413.15 或 GB/T 5009.89
叶酸/μg	5.3	N.S.	22.2	N.S.	GB 5413.16 或 GB/T 5009.211
泛酸/mg	0.07	N.S.	0.29	N.S.	GB 5413.17 或 GB/T 5009.210
维生素 C/mg	1.3	N.S.	5.6	N.S.	GB 5413.18
生物素/μg	0.5	N.S.	2.2	N.S.	GB 5413.19
钠/mg	20	N.S.	83	N.S.	GB 5413.21 或 GB/T 5009.91
钾/mg	27	N.S.	111	N.S.	GB 5413.21 或 GB/T 5009.91
铜/μg	11	120	44	500	GB 5413.21 或 GB/T 5009.13
镁/mg	4.4	N.S.	18.3	N.S.	GB 5413.21 或 GB/T 5009.90
铁/mg	0.20	0.55	0.83	2.30	GB 5413.21 或 GB/T 5009.90
锌/mg	0.1	0.5	0.4	2.2	GB 5413.21 或 GB/T 5009.14
锰/μg	6.0	146.0	25.0	611.0	GB 5413.21 或 GB/T 5009.90
钙/mg	13	N.S.	56	N.S.	GB 5413.21 或 GB/T 5009.92
磷/mg	9.6	N.S.	40.0	N.S.	GB 5413.22 或 GB/T 5009.87
碘/μg	1.6	N.S.	6.7	N.S.	GB 5413.23

表 3（续）

营养素	每 100 kJ		每 100 kcal		检验方法
	最小值	最大值	最小值	最大值	
氯/mg	N.S.	52	N.S.	218	GB 5413.24
硒/μg	0.8	5.3	3.3	22.2	GB 5009.93

[a] RE 为视黄醇当量。1 μg RE =3.33 IU 维生素 A=1 μg 全反式视黄醇(维生素 A)。维生素 A 只包括预先形成的视黄醇，在计算和声称维生素 A 活性时不包括任何的类胡萝卜素组分。

[b] 钙化醇，1μg 维生素 D=40 IU 维生素 D。

[c] 1 mg α-TE (α-生育酚当量)=1 mg d-α －生育酚。

[d] 烟酸不包括前体形式。

[e] N.S.为没有特别说明。

表 4　可选择性成分指标（10 岁以上人群）

可选择性成分[a]	每 100 kJ		每 100 kcal		检验方法
	最小值	最大值	最小值	最大值	
铬/μg	0.4	13.3	1.8	55.6	GB/T 5009.123
钼/μg	1.3	12.0	5.6	50.0	—
氟/mg	N.S[b].	0.05	N.S	0.20	GB/T 5009.18
胆碱/mg	5.3	39.8	22.2	166.7	GB/T 5413.20
肌醇/mg	1.0	33.5	4.2	140.0	GB 5413.25
牛磺酸/mg	N.S.	4.8	N.S.	20.0	GB 5413.26 或 GB/T 5009.169
左旋肉碱/mg	0.3	N.S.	1.3	N.S.	—
核苷酸/mg	0.5	N.S.	2.0.	N.S.	—
膳食纤维/g	N.S.	0.7	N.S.	2.7	GB 5413.6 或 GB/T 5009.88

[a] 氟的化合物来源为氟化钠和氟化钾，核苷酸和膳食纤维来源参考 GB 14880 表 C.2 中允许使用的来源，其他成分的化合物来源参考 GB 14880。

[b] N.S.为没有特别说明。

3.4.3　特定全营养配方食品

特定全营养配方食品的能量和营养成分含量应以 3.4.1 或 3.4.2 全营养配方食品为基础，但可依据疾病或医学状况对营养素的特殊要求适当调整，以满足目标人群的营养需求。常见的特定全营养配方食品见附录 A。

3.4.4　非全营养配方食品

常见的非全营养配方食品主要包括营养素组件、电解质配方、增稠组件、流质配方和氨基酸代谢障碍配方等。各类产品的技术指标应符合表 5 和表 6 的要求。由于该类产品不能作为单一营养来源满足目标人群的营养需求，需要与其他食品配合使用，故对营养素含量不作要求。非全营养特殊医学用途配方食品应在医生或临床营养师的指导下，按照患者个体的特殊状况或需求而使用。

表 5　常见非全营养配方食品的主要技术要求

产品类别		配方主要技术要求
营养素组件	蛋白质(氨基酸)组件	1. 由蛋白质和(或)氨基酸构成; 2. 蛋白质来源可选择一种或多种氨基酸、蛋白质水解物、肽类或优质的整蛋白
	脂肪(脂肪酸)组件	1. 由脂肪和(或)脂肪酸构成; 2. 可以选用长链甘油三酯(LCT)、中链甘油三酯(MCT)或其他法律法规批准的脂肪(酸)来源
	碳水化合物组件	1. 由碳水化合物构成; 2. 碳水化合物来源可选用单糖、双糖、低聚糖或多糖、麦芽糊精、葡萄糖聚合物或其他法律法规批准的原料
电解质配方		1. 以碳水化合物为基础; 2. 添加适量电解质
增稠组件		1. 以碳水化合物为基础; 2. 添加一种或多种增稠剂; 3. 可添加膳食纤维
流质配方		1. 以碳水化合物和蛋白质为基础; 2. 可添加多种维生素和矿物质; 3. 可添加膳食纤维
氨基酸代谢障碍配方		1. 以氨基酸为主要原料,但不含或仅含少量与代谢障碍有关的氨基酸。常见的氨基酸代谢障碍配方食品中应限制的氨基酸种类及含量要求见表 6; 2. 添加适量的脂肪、碳水化合物、维生素、矿物质和(或)其他成分; 3. 满足患者部分蛋白质(氨基酸)需求的同时,应满足患者对部分维生素及矿物质的需求

表 6　常见的氨基酸代谢障碍配方食品中应限制的氨基酸种类及含量

常见的氨基酸代谢障碍	配方食品中应限制的氨基酸种类	配方食品中应限制的氨基酸含量 mg/g 蛋白质等同物
苯丙酮尿症	苯丙氨酸	≤1.5
枫糖尿症	亮氨酸、异亮氨酸、缬氨酸	≤1.5[a]
丙酸血症/甲基丙二酸血症	蛋氨酸、苏氨酸、缬氨酸	≤1.5[a]
	异亮氨酸	≤5
酪氨酸血症	苯丙氨酸、酪氨酸	≤1.5[a]
高胱氨酸尿症	蛋氨酸	≤1.5
戊二酸血症Ⅰ型	赖氨酸	≤1.5
	色氨酸	≤8
异戊酸血症	亮氨酸	≤1.5
尿素循环障碍	非必需氨基酸(丙氨酸、精氨酸、天冬氨酸、天冬酰胺、谷氨酸、谷氨酰胺、甘氨酸、脯氨酸、丝氨酸)	≤1.5[a]
[a] 指单一氨基酸含量。		

3.5 污染物限量

污染物限量应符合表 7 的规定。

表 7 污染物限量(以固态产品计)

项 目		指 标		检验方法
铅/(mg/kg)	≤	0.15	0.5[a]	GB 5009.12
硝酸盐(以 $NaNO_3$ 计)/(mg/kg)[b]	≤	100		GB 5009.33
亚硝酸盐(以 $NaNO_2$ 计)/(mg/kg)[c]	≤	2		

[a] 仅适用于 10 岁以上人群的产品。
[b] 不适用于添加蔬菜和水果的产品。
[c] 仅适用于乳基产品(不含豆类成分)。

3.6 真菌毒素限量

真菌毒素限量应符合表 8 的规定。

表 8 真菌毒素限量(以固态产品计)

项 目		指 标	检验方法
黄曲霉毒素 M_1/(μg/kg)[a]	≤	0.5	GB 5009.24
黄曲霉毒素 B_1/(μg/kg)[b]	≤	0.5	

[a] 仅适用于以乳类及乳蛋白制品为主要原料的产品。
[b] 仅适用于以豆类及大豆蛋白制品为主要原料的产品。

3.7 微生物限量

固态特殊医学用途配方食品的微生物限量应符合表 9 的规定，液态特殊医学用途配方食品的微生物指标应符合商业无菌的要求，按 GB/T 4789.26 规定的方法检验。

表 9 微生物限量

项 目	采样方案[a]及限量(若非指定，均以 CFU/g 表示)				检验方法
	n	c	m	M	
菌落总数[b,c]	5	2	1 000	10 000	GB 4789.2
大肠菌群	5	2	10	100	GB 4789.3 平板计数法
沙门氏菌	5	0	0/25 g	—	GB 4789.4
金黄色葡萄球菌	5	2	10	100	GB 4789.10 平板计数法

[a] 样品的分析及处理按 GB 4789.1 执行。
[b] 不适用于添加活性菌种(好氧和兼性厌氧益生菌)的产品[产品中活性益生菌的活菌数应≥10^6 CFU/g (mL)]。
[c] 仅适用于 1～10 岁人群的产品。

3.8 食品添加剂和营养强化剂

3.8.1 适用于1～10岁人群的产品中食品添加剂的使用可参照GB 2760婴幼儿配方食品中允许的添加剂种类和使用量，适用于10岁以上人群的产品中食品添加剂的使用可参照GB 2760中相同或相近产品中允许使用的添加剂种类和使用量。

3.8.2 营养强化剂的使用应符合GB 14880的规定。

3.8.3 食品添加剂和营养强化剂的质量规格应符合相应的标准和有关规定。

3.8.4 根据所使用人群的特殊营养需求，可在特殊医学用途食品中选择添加一种或几种氨基酸，所使用的氨基酸来源应符合附录B和(或)GB 14880的规定。

3.8.5 如果在特殊医学用途配方食品中添加其他物质，应符合国家相关规定。

4 其他

4.1 标签

4.1.1 产品标签应符合GB 13432的规定。营养素和可选择成分含量标识应增加“每100千焦(/100 kJ)”含量的标示。

4.1.2 标签中应对产品的配方特点或营养学特征进行描述，并应标示产品的类别和适用人群，同时还应标示“不适用于非目标人群使用”。

4.1.3 标签中应在醒目位置标示“请在医生或临床营养师指导下使用”。

4.1.4 标签中应标示“本品禁止用于肠外营养支持和静脉注射”。

4.2 使用说明

4.2.1 有关产品使用、配制指导说明及图解、贮存条件应在标签上明确说明。当包装最大表面积小于100 cm^2 或产品质量小于100 g时，可不标示图解。

4.2.2 指导说明应对配制不当和使用不当可能引起的健康危害给予警示说明。

4.3 包装

可以使用食品级和(或)纯度≥99.9%的二氧化碳和(或)氮气作为包装介质。

附 录 A
常见特定全营养配方食品

A.1 糖尿病全营养配方食品。

A.2 呼吸系统疾病全营养配方食品。

A.3 肾病全营养配方食品。

A.4 肿瘤全营养配方食品。

A.5 肝病全营养配方食品。

A.6 肌肉衰减综合症全营养配方食品。

A.7 创伤、感染、手术及其他应激状态全营养配方食品。

A.8 炎性肠病全营养配方食品。

A.9 食物蛋白过敏全营养配方食品。

A.10 难治性癫痫全营养配方食品。

A.11 胃肠道吸收障碍、胰腺炎全营养配方食品。

A.12 脂肪酸代谢异常全营养配方食品。

A.13 肥胖、减脂手术全营养配方食品。

附 录 B
可用于特殊医学用途配方食品的氨基酸

可用于特殊医学用途配方食品的氨基酸见表 B.1。

表 B.1 可用于特殊医学用途配方食品的氨基酸

序号	氨基酸[a,b]	化合物来源	化学名称	分子式	相对分子质量	比旋光度 $[\alpha]_D^{20\,℃}$	pH	纯度 % ≥	水分 % ≤	灰分 % ≤	铅 mg/kg ≤	砷 mg/kg ≤
1	天冬氨酸	L-天冬氨酸	L-氨基丁二酸	$C_4H_7NO_4$	133.1	+24.5～+26.0	2.5～3.5	98.5	0.2	0.1	0.3	0.2
		L-天冬氨酸镁	L-氨基丁二酸镁	$2(C_4H_6NO_4)Mg$	288.49	+20.5～+23.0	—	98.5	0.2	0.1	0.3	0.2
2	苏氨酸	L-苏氨酸	L-2-氨基-3-羟基丁酸	$C_4H_9NO_3$	119.12	−26.5～−29.0	5.0～6.5	98.5	0.2	0.1	0.3	0.2
3	丝氨酸	L-丝氨酸	L-2-氨基-3-羟基丙酸	$C_3H_7NO_3$	105.09	+13.6～+16.0	5.5～6.5	98.5	0.2	0.1	0.3	0.2
4	谷氨酸	L-谷氨酸	α-氨基戊二酸	$C_5H_9NO_4$	147.13	+31.5～+32.5	3.2	98.5	0.2	0.1	0.3	0.2
		L-谷氨酸钾	α-氨基戊二酸钾	$C_5H_8KNO_4 \cdot H_2O$	203.24	+22.5～+24.0	—	98.5	0.2	0.1	0.3	0.2
		L-谷氨酸钙	α-氨基戊二酸钙	$C_{10}H_{16}CaN_2O_8 \cdot 4H_2O$	404.39	+27.4～+29.2	6.6～7.3	98.5	0.2	0.1	0.3	0.2
5	谷氨酰胺	L-谷氨酰胺	2-氨基-4-酰胺基丁酸	$C_5H_{10}N_2O_3$	146.15	+6.3～+7.3	—	98.5	0.2	0.1	0.3	0.2
6	脯氨酸	L-脯氨酸	吡咯烷-2-羧酸	$C_5H_9NO_2$	115.13	−84.0～−86.3	5.9～6.9	98.5	0.2	0.1	0.3	0.2
7	甘氨酸	甘氨酸	氨基乙酸	$C_2H_5NO_2$	75.07	—	5.6～6.6	98.5	0.2	0.1	0.3	0.2
8	丙氨酸	L-丙氨酸	L-2-氨基丙酸	$C_3H_7NO_2$	89.09	+13.5～+15.5	5.5～7.0	98.5	0.2	0.1	0.3	0.2

表 B.1（续）

序号	氨基酸[a,b]	化合物来源	化学名称	分子式	相对分子质量	比旋光度 $[\alpha]_D^{20℃}$	pH	纯度 % ≥	水分 % ≤	灰分 % ≤	铅 mg/kg ≤	砷 mg/kg ≤
9	胱氨酸	L-胱氨酸	L-3,3′-二硫双(2-氨基丙酸)	$C_6H_{12}N_2O_4S_2$	240.3	−215～−225	5.0～6.5	98.5	0.2	0.1	0.3	0.2
		L-半胱氨酸	L-α-氨基-β-巯基丙酸	$C_3H_7NO_2S$	121.16	+8.3～+9.5	4.5～5.5	98.5	0.2	0.1	0.3	0.2
		L-盐酸半胱氨酸	L-2-氨基-3-巯基丙酸盐酸盐	$C_3H_7NO_2S \cdot HCl \cdot H_2O$	175.63	+5.0～+8.0	—	98.5	0.2[b]	0.1	0.3	0.2
		N-乙酰基-L-半胱氨酸	*N*-乙酰基-L-α-氨基-β-巯基丙酸	$C_5H_9NO_3S$	163.20	+21～+27	2.0～2.8	98.0	0.2	0.1	—	—
10	缬氨酸	L-缬氨酸	L-2-氨基-3-甲基丁酸	$C_5H_{11}NO_2$	117.15	+26.7～+29.0	5.5～7.0	98.5	0.2	0.1	0.3	0.2
11	蛋氨酸	L-蛋氨酸	2-氨基-4-甲巯基丁酸	$C_5H_{11}NO_2S$	149.21	+21.0～+25.0	5.6～6.1	98.5	0.2	0.1	0.3	0.2
		N-乙酰基-L-甲硫氨酸	*N*-乙酰-2-氨基-4-甲巯基丁酸	$C_7H_{13}NO_3S$	191.25	−18.0～ −22.0	—	98.5	0.2	0.1	0.3	0.2
12	亮氨酸	L-亮氨酸	L-2-氨基-4-甲基戊酸	$C_6H_{13}NO_2$	131.17	+14.5 ～+16.5	5.5～6.5	98.5	0.2	0.1	0.3	0.2
13	异亮氨酸	L-异亮氨酸	L-2-氨基-3-甲基戊酸	$C_6H_{13}NO_2$	131.17	+38.6～+41.5	5.5～7.0	98.5	0.2	0.1	0.3	0.2
14	酪氨酸	L-酪氨酸	*S*-氨基-3(4-羟基苯基)-丙酸	$C_9H_{11}NO_3$	181.19	−11.0～−12.3	—	98.5	0.2	0.1	0.3	0.2
15	苯丙氨酸	L-苯丙氨酸	L-2-氨基-3-苯丙酸	$C_9H_{11}NO_2$	165.19	−33.2～−35.2	5.4～6.0	98.5	0.2	0.1	0.3	0.2

表 B.1（续）

序号	氨基酸[a,b]	化合物来源	化学名称	分子式	相对分子质量	比旋光度 $[\alpha]_D^{20℃}$	pH	纯度 % ≥	水分 % ≤	灰分 % ≤	铅 mg/kg ≤	砷 mg/kg ≤
16	赖氨酸	L-盐酸赖氨酸	L-2,6-二氨基己酸盐酸盐	$C_6H_{14}N_2O_2 \cdot HCl$	182.65	+20.3～+21.5	5.0～6.0	98.5	0.2	0.1	0.3	0.2
		L-赖氨酸醋酸盐	L-2,6-二氨基己酸醋酸盐	$C_6H_{14}N_2O_2 \cdot C_2H_4O_2$	206.24	+8.5～+10.0	6.5～7.5	98.5	0.2	0.1	0.3	0.2
		L-赖氨酸	L-2,6-二氨基己酸	$C_6H_{14}N_2O_2 \cdot H_2O$	164.2	+25.5 ～ +27.0	9.0 ～ 10.5	98.5	0.2	0.1	0.3	0.2
		L-赖氨酸-L-谷氨酸	L-2,6-二氨基己酸 α-氨基戊二酸盐	$C_{11}H_{23}N_3O_6 \cdot 2H_2O$	329.35	+27.5～ +29.5	6.0～7.5	98.0	0.2	0.1	0.3	0.2
		L-赖氨酸-天冬氨酸	L-2,6-二氨基己酸 L-氨基丁二酸盐	$C_{10}H_{21}N_3O_6$	279.30	+24.0 ～ +26.5	5.0～7.0	98.0	0.2	0.1	0.3	0.2
17	精氨酸	L-精氨酸	L-2-氨基-5-胍基戊酸	$C_6H_{14}N_4O_2$	174.2	+26.0～+27.9	10.5～12.0	98.5	0.2	0.1	0.3	0.2
		L-盐酸精氨酸	L-2-氨基-5-胍基戊酸盐酸盐	$C_6H_{14}N_4O_2 \cdot HCl$	210.66	+21.3～+23.5	—	98.5	0.2	0.1	0.3	0.2
		L-精氨酸-天冬氨酸	L-2-氨基-5-胍基戊酸-L-氨基丁二酸	$C_{10}H_{21}N_5O_6$	307.31	+25.0 ～ +27.0	6.0～ 7.0	98.5	0.2	0.1	0.3	0.2
18	组氨酸	L-组氨酸	α-氨基 β-咪唑基丙酸	$C_6H_9N_3O_2$	155.15	+11.5～+13.5	7.0～8.5	98.5	0.2	0.1	0.3	0.2
		L-盐酸组氨酸	L-2-氨基-3-咪唑基丙酸盐酸盐	$C_6H_9N_3O_2 \cdot HCl \cdot H_2O$	209.63	+8.5～+10.5	—	98.5	0.2	0.1	0.3	0.2
19	色氨酸	L-色氨酸	L-2-氨基-3-吲哚基-1-丙酸	$C_{11}H_{12}N_2O_2$	204.23	−30.0～−33.0	5.5～7.0	98.5	0.2	0.1	0.3	0.2

表 B.1（续）

序号	氨基酸[a,b]	化合物来源	化学名称	分子式	相对分子质量	比旋光度 $[\alpha]_D^{20℃}$	pH	纯度 % ≥	水分 % ≤	灰分 % ≤	铅 mg/kg ≤	砷 mg/kg ≤
20	瓜氨酸	L-瓜氨酸	L-2-氨基-5-脲戊酸	$C_6H_{13}N_3O_3$	175.19	+24.5 ～ +26.5	5.7 ～6.7	98.5	0.2	0.1	0.3	0.2
21	鸟氨酸	L-盐酸鸟氨酸	2,5-二氨基戊酸单盐酸盐	$C_5H_{12}N_2O_2 \cdot HCl$	168.62	+23.0 ～ +25.0	5.0～ 6.0	98.5	0.2	0.1	0.3	0.2

[a] 不得使用非食用的动植物水解原料作为单体氨基酸的来源。

[b] 只要适用，无论是氨基酸的游离状态、含水或不含水状态，以及氨基酸的盐酸化合物、钠盐和钾盐均可使用。

中华人民共和国国家标准

GB 29923—2013

食品安全国家标准
特殊医学用途配方食品良好生产规范

2013-12-26 发布　　　　2015-01-01 实施

中华人民共和国
国家卫生和计划生育委员会　发布

食品安全国家标准
特殊医学用途配方食品良好生产规范

1 范围

本标准规定了特殊医学用途配方食品生产过程中原料采购、加工、包装、贮存和运输等环节的场所、设施、人员的基本要求和管理准则。

本标准适用于特殊医学用途配方食品(包括特殊医学用途婴儿配方食品)的生产企业。

2 术语和定义

GB 14881《食品安全国家标准 食品生产通用卫生规范》规定的以及下列术语和定义适用于本标准。

2.1 特殊医学用途配方食品

为了满足进食受限、消化吸收障碍、代谢紊乱或特定疾病状态人群对营养素或膳食的特殊需要,专门加工配制而成的配方食品。该类产品应在医生或临床营养师指导下,单独食用或与其他食品配合食用。特殊医学用途配方食品的配方应以医学和(或)营养学的研究结果为依据,其安全性及临床应用(效果)均应经过科学证实。

2.2 清洁作业区

清洁度要求高的作业区域,如液态产品的与空气环境接触的工序(如称量、配料)、灌装间等,粉状产品的裸露待包装的半成品贮存、充填及内包装车间等。

2.3 准清洁作业区

清洁度要求低于清洁作业区的作业区域,如原辅料预处理车间等。

2.4 一般作业区

清洁度要求低于准清洁作业区的作业区域,如收乳间、原料仓库、包装材料仓库、外包装车间及成品仓库等。

2.5 商业无菌

产品经过适度的杀菌后,不含有致病性微生物,也不含有在常温下能在其中繁殖的非致病性微生物的状态。

2.6 无菌灌装

在无菌环境中将经过杀菌达到商业无菌的食品装入预杀菌的容器(含盖)后封口的过程。

3 选址及厂区环境

应符合 GB 14881 的相关规定。

4 厂房和车间

4.1 设计和布局

4.1.1 应符合 GB 14881 的相关规定。

4.1.2 厂房和车间应合理设计，建造和规划与生产相适应的相关设施和设备，以防止微生物孳生及污染，特别是应防止沙门氏菌的污染，对于适用于婴幼儿的产品，还应特别防止阪崎肠杆菌（*Cronobacter* 属）的污染，同时避免或尽量减少这些细菌在藏匿地的存在或繁殖，设计中应考虑：

a) 湿区域和干燥区域应分隔，应有效控制人员、设备和物料流动造成的交叉污染；

b) 加工材料应合理堆放，避免因不当堆积产生不利于清洁的场所；

c) 应做好穿越建筑物楼板、天花板和墙面的各类管道、电缆与穿孔间隙间的围封和密封；

d) 湿式清洁流程应设计合理，在干燥区域应防止不当的湿式清洁流程致使微生物的产生与传播；

e) 应设置适当的设施或采用适当措施保持干燥，避免产生和及时清除水残余物，以防止相关微生物的增长和扩散。

4.1.3 应按照生产工艺和卫生、质量要求，划分作业区洁净级别，原则上分为一般作业区、准清洁作业区和清洁作业区。

4.1.4 对于无后续灭菌操作的干加工区域的操作，应在清洁作业区进行，如从干燥（或干燥后）工序至充填和密封包装的操作。

4.1.5 不同洁净级别的作业区域之间应设置有效的分隔。清洁作业区应安装具有过滤装置的独立的空气净化系统，并保持正压，防止未净化的空气进入清洁作业区而造成交叉污染。

4.1.6 对于出入清洁作业区应有合理的限制和控制措施，以避免或减少微生物污染。进出清洁作业区的人员、原料、包装材料、废物、设备等，应有防止交叉污染的措施，如设置人员更衣室更换工作服、工作鞋或鞋套，专用物流通道以及废物通道等。对于通过管道输送的粉状原料或产品进入清洁作业区，需要设计和安装适当的空气过滤系统。

4.1.7 各作业区净化级别应满足特殊医学用途食品加工对空气净化的需要。固态产品和液态产品清洁作业区和准清洁作业区的空气洁净度应分别符合表 1、表 2 的要求，并应定期进行检测。

表 1 固态产品清洁作业区和准清洁作业区的空气洁净度控制要求

项目		要求		检验方法
		准清洁作业区	清洁作业区	
尘埃数/m^3	≥0.5 μm	—	≤7 000 000	按 GB/T 16292 测定，测定状态为静态
	≥5 μm	—	≤60 000	
换气次数[a]（每小时）		—	10～15	—
细菌总数（CFU/皿）		≤30	≤15	按 GB/T 18204.1 中自然沉降法测定

[a] 换气次数适用于层高小于 4.0 m 的清洁作业区。

表 2 液态产品清洁作业区的空气洁净度控制要求

项目		要求 清洁作业区	检验方法
尘埃数/m^3	≥0.5 μm	≤3 500 000	按 GB/T 16292 测定，测定状态为静态
	≥5 μm	≤20 000	
换气次数[a]（每小时）		10～15	—
细菌总数（CFU/皿）		≤10	按 GB/T 18204.1 中自然沉降法测定
[a] 换气次数适用于层高小于 4.0 m 的清洁作业区。			

4.1.8 清洁作业区需保持干燥，应尽量减少供水设施及系统；如无法避免，则应有防护措施，且不应穿越主要生产作业面的上部空间，防止二次污染的发生。

4.1.9 厂房、车间、仓库应有防止昆虫和老鼠等动物进入的设施。

4.2 建筑内部结构与材料

4.2.1 顶棚

4.2.1.1 应符合 GB 14881 的相关规定。

4.2.1.2 车间等场所的室内顶棚和顶角应易于清扫，防止灰尘积聚、避免结露、长霉或脱落等情形发生。清洁作业区、准清洁作业区及其他食品暴露场所顶棚若为易于藏污纳垢的结构，宜加设平滑易清扫的天花板；若为钢筋混凝土结构，其室内顶棚应平坦无缝隙。

4.2.1.3 车间内平顶式顶棚或天花板应使用无毒、无异味的白色或浅色防水材料建造，若喷涂涂料，应使用防霉、不易脱落且易于清洁的涂料。

4.2.2 墙壁

应符合 GB 14881 的相关规定。

4.2.3 门窗

应符合 GB 14881 的相关规定。清洁作业区、准清洁作业区的对外出入口应装设能自动关闭（如安装自动感应器或闭门器等）的门和（或）空气幕。

4.2.4 地面

应符合 GB 14881 的相关规定。作业中有排水或废水流经的地面，以及作业环境经常潮湿或以水洗方式清洗作业等区域的地面宜耐酸耐碱，并应有一定的排水坡度。

4.3 设施

4.3.1 供水设施

4.3.1.1 应符合 GB 14881 的相关规定。

4.3.1.2 供水设备及用具应符合国家相关管理规定。

4.3.1.3 供水设施出入口应增设安全卫生设施，防止动物及其他物质进入导致食品污染。

4.3.1.4 使用二次供水的，应符合 GB 17051《二次供水设施卫生规范》的规定。

4.3.2 排水设施

4.3.2.1 应符合 GB 14881 的相关规定。
4.3.2.2 排水系统应有坡度、保持通畅、便于清洁维护，排水沟的侧面和底面接合处应有一定弧度。
4.3.2.3 排水系统内及其下方不应有生产用水的供水管路。

4.3.3 清洁消毒设施

应符合 GB 14881 的相关规定。

4.3.4 个人卫生设施

4.3.4.1 应符合 GB 14881 的规定。
4.3.4.2 清洁作业区的入口应设置二次更衣室，进入清洁作业区前设置手消毒设施。

4.3.5 通风设施

4.3.5.1 应符合 GB 14881 的相关规定。粉状产品生产时清洁作业区还应控制环境温度，必要时控制空气湿度。
4.3.5.2 清洁作业区应安装空气调节设施，以防止蒸汽凝结并保持室内空气新鲜；在有臭味及气体（蒸汽及有毒有害气体）或粉尘产生而有可能污染食品的区域，应有适当的排除、收集或控制装置。
4.3.5.3 进气口应距地面或屋面 2 m 以上，远离污染源和排气口，并设有空气过滤设备。
4.3.5.4 用于食品输送或包装、清洁食品接触面或设备的压缩空气或其他惰性气体应进行过滤净化处理。

4.3.6 照明设施

应符合 GB 14881 的相关规定。车间采光系数不应低于标准Ⅳ级。质量监控场所工作面的混合照度不宜低于 540 lx，加工场所工作面不宜低于 220 lx，其他场所不宜低于 110 lx，对光敏感测试区域除外。

4.3.7 仓储设施

4.3.7.1 应符合 GB 14881 的相关规定。
4.3.7.2 应依据原料、半成品、成品、包装材料等性质的不同分设贮存场所，必要时应设有冷藏（冻）库。同一仓库贮存性质不同物品时，应适当分离或分隔（如分类、分架、分区存放等），并有明显的标识。
4.3.7.3 冷藏（冻）库，应装设可正确指示库内温度的温度计、温度测定器或温度自动记录仪等监测温度的设施，对温度进行适时监控，并记录。

5 设备

5.1 生产设备

5.1.1 一般要求

5.1.1.1 应符合 GB 14881 的相关规定。
5.1.1.2 应制定生产过程中使用的特种设备（如压力容器、压力管道等）的操作规程。

5.1.2 材质

生产设备材质应符合 GB 14881 的相关规定。

5.1.3 设计

5.1.3.1 应符合 GB 14881 的相关规定。

5.1.3.2 食品接触面应平滑、无凹陷或裂缝，以减少食品碎屑、污垢及有机物的聚积。

5.1.3.3 与物料接触的设备内壁应光滑、平整、无死角，易于清洗、耐腐蚀，且其内表层应采用不与物料反应、不释放出微粒及不吸附物料的材料。

5.1.3.4 贮存、运输及加工系统（包括重力、气动、密闭及自动系统等）的设计与制造应易于维持其良好的卫生状况。

5.1.3.5 应有专门的区域贮存设备备件，以便设备维修时能及时获得必要的备件；应保持备件贮存区域清洁干燥。

5.1.3.6 生产设备应有明显的运行状态标识，并定期维护、保养和验证。设备安装、维修、保养的操作不应影响产品的质量。设备应进行验证或确认，确保各项性能满足工艺要求。不合格的设备应搬出生产区，未搬出前应有明显标志。

5.1.3.7 用于生产的计量器具和关键仪表应定期进行校验。用于干混合的设备应能保证产品混合均匀。

5.2 监控设备

5.2.1 应符合 GB 14881 的相关规定。

5.2.2 当采用计算机系统及其网络技术进行关键控制点监测数据的采集和对各项记录的管理时，计算机系统及其网络技术的有关功能可参见附录 A 的规定。

5.3 设备的保养和维修

5.3.1 应符合 GB 14881 的相关规定。

5.3.2 每次生产前应检查设备是否处于正常状态，防止影响产品卫生质量的情形发生；出现故障应及时排除并记录故障发生时间、原因及可能受影响的产品批次。

6 卫生管理

6.1 卫生管理制度

应符合 GB 14881 的相关规定。

6.2 厂房及设施卫生管理

6.2.1 应符合 GB 14881 的相关规定。

6.2.2 已清洁和消毒过的可移动设备和用具，应放在能防止其食品接触面再受污染的适当场所，并保持适用状态。

6.3 清洁和消毒

6.3.1 应制定有效的清洁和消毒计划和程序，以保证食品加工场所、设备和设施等的清洁卫生，防止食品污染。

6.3.2 在需干式作业的清洁作业区（如干混、粉状产品充填等），对生产设备和加工环境实施有效的干式清洁流程是防止微生物繁殖的最有效方法，应尽量避免湿式清洁。湿式清洁应仅限于可以搬运到专门房间的设备零件或者无法采用干式清洁措施的情况。如果无法采用干式清洁措施，应在受控条件下采用湿式清洁，但应确保能够及时彻底的恢复设备和环境的干燥，使该区域不被污染。

6.3.3 应制定有效的监督流程，以确保关键流程[如人工清洁、就地清洗操作(CIP)以及设备维护等]符合相关规定和标准要求，尤其要确保清洁和消毒方案的适用性，清洁剂和消毒剂的浓度适当，CIP 系统符合相关温度和时间要求，且设备在必要时应进行合理的冲洗。

6.3.4 所有生产车间应制定清洁和消毒的周期表，保证所有区域均被清洁，对重要区域、设备和器具应进行特殊的清洁。设备清洁周期和有效性应经验证或合理理由确定。

6.3.5 应保证清洁人员的数量并根据需要明确每个人的责任；所有的清洁人员均应接受良好的培训，清楚污染的危害性和防止污染的重要性；应对清洁和消毒做好记录。

6.3.6 用于不同清洁区内的清洁工具应有明确标识，不得混用。

6.4 人员健康与卫生要求

6.4.1 一般要求

食品加工人员健康管理应符合 GB 14881 的相关规定。

6.4.2 食品加工人员卫生要求

6.4.2.1 应符合 GB 14881 的相关规定。

6.4.2.2 准清洁作业区及一般作业区的员工应穿着符合相应区域卫生要求的工作服，并配备帽子和工作鞋。清洁作业区的员工应穿着符合该区域卫生要求的工作服(或一次性工作服)，并配备帽子(或头罩)、口罩和工作鞋(或鞋罩)。

6.4.2.3 作业人员应经二次更衣和手的清洁与消毒等处理程序方可进入清洁作业区，确保相关人员手的卫生，穿工作服，戴上头罩或帽子，换鞋或穿上鞋罩。清洁作业区及准清洁作业区使用的工作服和工作鞋不能在指定区域以外的地方穿着。

6.4.3 来访者

应符合 GB 14881 的相关规定。

6.5 虫害控制

应符合 GB 14881 的相关规定。

6.6 废弃物处理

6.6.1 应符合 GB 14881 的相关规定。

6.6.2 盛装废弃物、加工副产品以及不可食用物或危险物质的容器应有特别标识且构造合理、不透水，必要时容器应封闭，以防止污染食品。

6.6.3 应在适当地点设置废弃物临时存放设施，并依废弃物特性分类存放，易腐败的废弃物应及时清除。

6.7 有毒有害物管理

清洗剂、消毒剂、杀虫剂以及其他有毒有害物品的管理应符合 GB 14881 的相关规定。

6.8 污水管理

污水在排放前应经适当方式处理，以符合国家污水排放的相关规定。

6.9 工作服管理

应符合 GB 14881 的相关规定。

7 原料和包装材料的要求

7.1 一般要求

应符合 GB 14881 的相关规定。

7.2 原料和包装材料的采购和验收要求

7.2.1 原料和包装材料的采购应按照 GB 14881 的相关规定执行。
7.2.2 企业应建立供应商管理制度，规定供应商的选择、审核、评估程序。
7.2.3 如发现原料和包装材料存在食品安全问题时应向本企业所在辖区的食品安全监管部门报告。
7.2.4 对直接进入干混合工序的原料，应保证外包装的完整性和无虫害及其他污染的痕迹。
7.2.5 对直接进入干混合工序的原料，企业应采取措施确保微生物指标达到终产品标准的要求。对大豆原料应确保脲酶活性为阴性。
7.2.6 应对供应商采用的流程和安全措施进行评估，必要时应进行定期现场评审或对流程进行监控。

7.3 原料和包装材料的运输和贮存要求

7.3.1 企业应按照保证质量安全的要求运输和贮存原料与包装材料。
7.3.2 原料和包装材料在运输和贮存过程应避免太阳直射、雨淋、强烈的温度、湿度变化与撞击等；不应与有毒、有害物品混装、混运。
7.3.3 在运输和贮存过程中，应避免原料和包装材料受到污染及损坏，并将品质的劣化降到最低程度；对有温度、湿度及其他特殊要求的原料和包装材料应按规定条件运输和贮存。
7.3.4 在贮存期间应按照不同原料和包装材料的特点分区存放，并建立标识，标明相关信息和质量状态。
7.3.5 应定期检查库存原料和包装材料，对贮存时间较长，品质有可能发生变化的原料和包装材料，应定期抽样确认品质；及时清理变质或者超过保质期的原料和包装材料。
7.3.6 合格原料和包装材料使用时应遵照"先进先出"或"效期先出"的原则，合理安排使用。
7.3.7 食品添加剂及食品营养强化剂应由专人负责管理，设置专库或专区存放，并使用专用登记册（或仓库管理软件）记录添加剂及营养强化剂的名称、进货时间、进货量和使用量等，还应注意其有效期限。
7.3.8 对贮存期间质量容易发生变化的维生素和矿物质等营养强化剂应进行原料合格验证，必要时进行检验，以确保其符合原料规定的要求。
7.3.9 对于含有过敏原的原材料应分区摆放，并做好标识标记，以避免交叉污染。

7.4 其他

应保存原料和包装材料采购、验收、贮存和运输的相关记录。

8 生产过程的食品安全控制

8.1 产品污染风险控制

应符合 GB 14881 的相关规定。

8.2 微生物污染的控制

8.2.1 温度和时间

8.2.1.1 应根据产品的特点，规定用于杀灭微生物或抑制微生物生长繁殖的方法，如热处理、冷冻或冷藏保存等，并实施有效的监控。

8.2.1.2 应建立温度、时间控制措施和纠偏措施，并进行定期验证。

8.2.1.3 对严格控制温度和时间的加工环节，应建立实时监控措施，并保持监控记录。

8.2.2 湿度

8.2.2.1 应根据产品和工艺特点，对需要进行湿度控制区域的空气湿度进行控制，以减少有害微生物的繁殖；制定空气湿度关键限值，并有效实施。

8.2.2.2 建立实时空气湿度控制和监控措施，定期进行验证，并进行记录。

8.2.3 防止微生物污染

8.2.3.1 应对从原料和包装材料进厂到成品出厂的全过程采取必要的措施，防止微生物的污染。

8.2.3.2 用于输送、装载或贮存原料、半成品、成品的设备、容器及用具，其操作、使用与维护应避免对加工或贮存中的食品造成污染。

8.2.4 加工过程的微生物监控

8.2.4.1 应符合 GB 14881 的相关规定。

8.2.4.2 应参照 GB 14881—2013 的附录 A，结合生产工艺及 GB 29922《食品安全国家标准 特殊医学用途配方食品通则》和 GB 25596《食品安全国家标准 特殊医学用途婴儿配方食品通则》等相关产品标准的要求，对生产过程制定微生物监控计划，并实施有效监控，以细菌总数及大肠菌群作为卫生水平的指示微生物，当监控结果表明有偏离时，应对控制措施采取适当的纠正措施。

8.2.4.3 粉状特殊医学用途配方食品应采用附录 B，对清洁作业区环境中沙门氏菌、阪崎肠杆菌和其他肠杆菌制定环境监控计划，并实施有效监控，当监控结果表明有偏离时，应对控制措施采取适当的纠偏措施。

8.3 化学污染的控制

8.3.1 应符合 GB 14881 的相关规定。

8.3.2 化学物质应与食品分开贮存，明确标识，并应有专人对其保管。

8.4 物理污染的控制

8.4.1 应符合 GB 14881 的相关规定。

8.4.2 不应在生产过程中进行电焊、切割、打磨等工作，以免产生异味、碎屑。

8.5 食品添加剂和食品营养强化剂

8.5.1 应依照食品安全国家标准规定的品种、范围、用量合理使用食品添加剂和食品营养强化剂。

8.5.2 在使用时对食品添加剂和食品营养强化剂准确称量，并做好记录。

8.6 包装

8.6.1 应符合 GB 14881 的相关规定。

8.6.2 包装材料应清洁、无毒且符合国家相关规定。

8.6.3 包装材料或包装用气体应无毒，并且在特定贮存和使用条件下不影响食品的安全和产品特性。

8.6.4 可重复使用的包装材料(如玻璃瓶、不锈钢容器等)在使用前应彻底清洗，并进行必要的消毒。

8.7 特定处理步骤

8.7.1 一般要求

特殊医学用途配方食品的生产工艺中各处理工序应分别符合相应的工艺特定处理步骤的要求，并应符合 8.7.2～8.7.9 的规定。

8.7.2 热处理

热处理工序应作为确保特殊医学用途配方食品安全的关键控制点。热处理温度和时间应考虑产品属性等因素（如脂肪含量、总固形物含量等）对杀菌目标微生物耐热性的影响。因此应制定相关流程检查温度和时间是否偏离，并采取恰当的纠正措施。

如购进的大豆原料没有经过加热灭酶处理（或灭酶不彻底），此类豆基产品应通过热处理同时达到杀灭致病菌和彻底灭酶的效果（脲酶为阴性），并作为关键控制点进行监控。

热处理中时间、温度、灭酶时间等关键工艺参数应有记录。

8.7.3 中间贮存

在特殊医学用途配方食品的生产过程中，对液态半成品中间贮存应采取相应的措施防止微生物的生长。粉状特殊医学用途配方食品干法生产中裸露的原料粉或湿法生产中裸露的粉状半成品应保存在清洁作业区。

8.7.4 液态特殊医学用途配方食品商业无菌操作

应采用附录 C 的操作指南进行。

8.7.5 粉状特殊医学用途配方食品从热处理到干燥的工艺步骤

生产粉状特殊医学用途配方食品过程中，从热处理到干燥前的输送管道和设备应保持密闭，并定期进行彻底的清洁、消毒。

8.7.6 冷却

干燥后的裸露粉状半成品应在清洁作业区内冷却。

8.7.7 粉状特殊医学用途食品干法工艺和干湿法复合工艺中干混合的关键因素控制

8.7.7.1 与空气环境接触的裸粉工序（如预混及分装、配料、投料）需在清洁作业区内进行。清洁作业区的温度和相对湿度应与粉状特殊医学用途食品的生产工艺相适应。无特殊要求时，温度应不高于 25℃，相对湿度应在 65％以下。

8.7.7.2 配料应计量准确，食品添加剂和食品营养强化剂计量应有复核过程。

8.7.7.3 与混合均匀性有关的关键工艺参数（如混合时间等）应予以验证；对混合的均匀性应进行确认。

8.7.7.4 正压输送物料所需的压缩空气，需经过除油、除水、洁净过滤及除菌处理后方可使用。

8.7.7.5 原料、包装材料、人员应制定严格的卫生控制要求。原料应经必要的保洁程序和物料通道进入作业区，应遵循去除外包装，或经过外包装消毒的处理程序。

8.7.8 粉状特殊医学用途配方食品内包装工序的关键因素控制

8.7.8.1 内包装工序应在清洁作业区内进行。

8.7.8.2 应只允许相关工作人员进入包装室，原料和包装材料、人员的要求参照 8.7.7.5 和 6.4.2 的规定。

8.7.8.3 使用前应检查包装材料的外包装是否完好，以确保包装材料未被污染。

8.7.8.4 生产企业应采用有效的异物控制措施，预防和检查异物，如设置筛网、强磁铁、金属探测器等，对这些措施应实施过程监控或有效性验证。

8.7.8.5 不同品种的产品在同一条生产线上生产时，应有效清洁并保存清场记录，确保产品切换不对下一批产品产生影响。

8.7.9 生产用水的控制

8.7.9.1 与食品直接接触的生产用水、设备清洗用水、冰和蒸汽等应符合 GB 5749《生活饮用水卫生标准》的相关规定。

8.7.9.2 食品加工中蒸发或干燥工序中的回收水、循环使用的水可以再次使用，但应确保其对食品的安全和产品特性不造成危害，必要时应进行水处理，并应有效监控。

8.7.9.3 生产液体产品时，与产品直接接触的生产用水应根据产品的特点，采用去离子法或离子交换法、反渗透法或其他适当的加工方法制得，以确保满足产品质量和工艺的要求。

9 验证

9.1 需对生产过程进行验证以确保整个工艺的重现性及产品质量的可控性。生产验证应包括厂房、设施及设备安装确认、运行确认、性能确认和产品验证。

9.2 应根据验证对象提出验证项目、制定验证方案，并组织实施。

9.3 产品的生产工艺及关键设施、设备应按验证方案进行验证。当影响产品质量（包括营养成分）的主要因素，如工艺、质量控制方法、主要原辅料、主要生产设备等发生改变时，以及生产一定周期后，应进行再验证。

9.4 验证工作完成后应写出验证报告，由验证工作负责人审核、批准。验证过程中的数据和分析内容应以文件形式归档保存。验证文件应包括验证方案、验证报告、评价和建议、批准人等。

10 检验

10.1 应符合 GB 14881 的相关规定。

10.2 应逐批抽取代表性成品样品，按国家相关法规和标准的规定进行检验并保留样品。

10.3 应加强实验室质量管理，确保检验结果的准确性和真实性。

11 产品的贮存和运输

11.1 应符合 GB 14881 的相关规定。

11.2 产品的贮存和运输应符合产品标签所标识的贮存条件。

11.3 仓库中的产品应定期检查，必要时应有温度记录和（或）湿度记录，如有异常应及时处理。

11.4 经检验后的产品应标识其质量状态。

11.5 产品的贮存和运输应有相应的记录，产品出厂有出货记录，以便发现问题时，可迅速召回。

12 产品追溯和召回

12.1 应建立产品追溯制度，确保对产品从原料采购到产品销售的所有环节都可进行有效追溯。

12.2 应建立产品召回制度。当发现某一批次或类别的产品含有或可能含有对消费者健康造成危害的因素时，应按照国家相关规定启动产品召回程序，及时向相关部门通告，并做好相关记录。

12.3 应对召回的食品采取无害化处理、销毁等措施，并将食品召回和处理情况向相关部门报告。

12.4 应建立客户投诉处理机制。对客户提出的书面或口头意见、投诉，企业相关管理部门应做记录并查找原因，妥善处理。

13 培训

13.1 应符合 GB 14881 的相关规定。

13.2 应根据岗位的不同需求制定年度培训计划，进行相应培训，特殊工种应持证上岗。

14 管理制度和人员

14.1 应符合 GB 14881 的相关规定。

14.2 应建立健全企业的食品安全管理制度，采取相应管理措施，对特殊医学用途配方食品的生产实施从原料进厂到成品出厂全过程的安全质量控制，保证产品符合法律法规和相关标准的要求。

14.3 应建立食品安全管理机构，负责企业的食品安全管理。

14.4 食品安全管理机构负责人应是企业法人代表或企业法人授权的负责人。

14.5 机构中的各部门应有明确的管理职责，并确保与质量、安全相关的管理职责落实到位。各部门应有效分工，避免职责交叉、重复或缺位。对厂区内外环境、厂房设施和设备的维护和管理、生产过程质量安全管理、卫生管理、品质追踪等制定相应管理制度，并明确管理负责人与职责。

14.6 食品安全管理机构中各部门应配备经专业培训的食品安全管理人员，宣传贯彻食品安全法规及有关规章制度，负责督查执行的情况并做好有关记录。

15 记录和文件管理

15.1 记录管理

15.1.1 应符合 GB 14881 的相关规定。

15.1.2 各项记录均应由执行人员和有关督导人员复核签名或签章，记录内容如有修改，应保证可以清楚辨认原文内容，并由修改人在修改文字附近签名或签章。

15.1.3 所有生产和品质管理记录应由相关部门审核，以确定所有处理均符合规定，如发现异常现象，应立即处理。

15.2 文件管理

应按 GB 14881 的相关要求建立文件的管理制度，建立完整的质量管理档案，文件应分类归档、保存。分发、使用的文件应为批准的现行文本。已废除或失效的文件除留档备查外，不应在工作现场出现。

16 食品安全控制措施有效性的监控与评价

采用附录 C 的监控与评价措施，确保粉状特殊医学用途配方食品安全控制措施的有效性。

附　录　A
特殊医学用途配方食品生产企业计算机系统应用指南

A.1　特殊医学用途配方食品生产企业的计算机系统应能满足《中华人民共和国食品安全法》及其相关法律法规与标准对食品安全的监管要求，应形成从原料进厂到产品出厂在内各环节有助于食品安全问题溯源、追踪、定位的完整信息链，应能按照监管部门的要求提交或远程报送相关数据。该计算机系统应符合(但不限于)A.2～A.11 的要求。

A.2　系统应包括原料采购与验收、原料贮存与使用、生产加工关键控制环节监控、产品出厂检验、产品贮存与运输、销售等各环节与食品安全相关的数据采集和记录保管功能。

A.3　系统应能对本企业相关原料、加工工艺以及产品的食品安全风险进行评估和预警。

A.4　系统和与之配套的数据库应建立并使用完善的权限管理机制，保证工作人员账号/密码的强制使用，在安全架构上确保系统及数据库不存在允许非授权访问的漏洞。

A.5　在权限管理机制的基础上，系统应实现完善的安全策略，针对不同工作人员设定相应策略组，以确定特定角色用户仅拥有相应权限。系统所接触和产生的所有数据应保存在对应的数据库中，不应以文件形式存储，确定所有的数据访问都要受系统和数据库的权限管理控制。

A.6　对机密信息采用特殊安全策略确保仅信息拥有者有权进行读、写及删除操所。如机密信息确需脱离系统和数据库的安全控制范围进行存储和传输，应确保：

a)　对机密信息进行加密存储，防止无权限者读取信息；

b)　在机密信息传输前产生校验码，校验码与信息(加密后)分别传输，在接收端利用校验码确认信息未被篡改。

A.7　如果系统需要采集自动化检测仪器产生的数据，系统应提供安全、可靠的数据接口，确保接口部分的准确和高可用性，保证仪器产生的数据能够及时准确地被系统所采集。

A.8　应实现完善详尽的系统和数据库日志管理功能，包括：

a)　系统日志记录系统和数据库每一次用户登录情况(用户、时间、登录计算机地址等)；

b)　操作日志记录数据的每一次修改情况(包括修改用户、修改时间、修改内容、原内容等)；

c)　系统日志和操作日志应有保存策略，在设定的时限内任何用户(不包括系统管理员)不能删除或修改，以确保一定时效的溯源能力。

A.9　制定详尽的系统使用和管理制度，要求至少包含以下内容：

a)　对工作流程中的原始数据、中间数据、产生数据以及处理流程的实时记录制度，确保整个工作过程能够再现；

b)　详尽的备份管理制度，确保故障灾难发生后能够尽快完整恢复整个系统以及相应数据；

c)　机房应配备智能不间断电源(UPS)并与工作系统连接，确保外电断电情况下 UPS 接替供电并通知工作系统做数据保存和日志操作(UPS 应能提供保证系统紧急存盘操作时间的电力)；

d)　健全的数据存取管理制度，保密数据严禁存放在共享设备上；部门内部的数据共享也应采用权限管理制度，实现授权访问；

e)　配套的系统维护制度，包括定期的存储整理和系统检测，确保系统的长期稳定运行；

f)　安全管理制度，需要定期更换系统各部分用户的密码，限定部分用户的登录地点，及时删除不再需要的账户；

g) 规定外网登录的用户不应开启和使用外部计算机上操作系统提供的用户/密码记忆功能，防止信息被盗用。

A.10 当关键控制点实时监测数据与设定的标准值不符时，系统能记录发生偏差的日期、批次以及纠正偏差的具体方法、操作者姓名等。

A.11 系统内的数据和有关记录应能够被复制，以供监管部门进行检查分析。

附 录 B
粉状特殊医学用途配方食品清洁作业区沙门氏菌、阪崎肠杆菌和其他肠杆菌的环境监控指南

B.1 监控目的

B.1.1 由于在卫生条件良好的生产环境中也有可能存在少量的肠杆菌(*Enterobacteriaece*,EB),包括阪崎肠杆菌(*Cronobacter* 属),使经巴氏杀菌后的产品有可能被环境污染,导致终产品中存在微量的肠杆菌。因此应监控生产环境中的肠杆菌,以便确认卫生控制程序是否有效,出现偏差时生产企业应及时采取纠正措施。通过持续监控,获得卫生情况的基础数据,并跟踪趋势的变化。据有关工厂实践表明,降低环境中肠杆菌数量可以减少终产品中肠杆菌(包括阪崎肠杆菌和沙门氏菌)的数量。

为防止污染事件的发生,避免终产品中微生物抽样检测的局限性,应制定环境监控计划。监控计划可作为一种食品安全管理工具,用来对清洁作业区(干燥区域)卫生状况实施评估,并作为危害分析与关键控制点(HACCP)的基础程序。

B.1.2 在制定监控计划时应考虑以下沙门氏菌、阪崎肠杆菌及其他肠杆菌的生态学特征等因素,阪崎肠杆菌的监控仅适用于特殊医学用途婴幼儿配方产品。

沙门氏菌在干燥环境中极少发现,但还应制定监控计划来预防沙门氏菌的进入,评估生产环境中卫生控制措施的有效性,指导有关人员在检出沙门氏菌的情况下,防止其进一步扩散。

阪崎肠杆菌比沙门氏菌更容易在干燥环境中发现。如果采用适当的取样和测试方法,阪崎肠杆菌更易被检出。应制定监控计划来评估阪崎肠杆菌数量是否增长,并采取有效措施防止其增长。

肠杆菌散布广泛,是干燥环境的常见菌群,且容易检测。肠杆菌可作为生产过程及环境卫生状况的指标菌。

B.2 设计取样方案应考虑的因素

B.2.1 产品种类和工艺过程

应根据产品特点、消费者年龄和健康状况来确定取样方案的需求和范围。本标准中将沙门氏菌和阪崎肠杆菌规定为致病菌。

监控的重点应放在微生物容易藏匿孳生的区域,如干燥环境的清洁作业区。应特别关注该区域与相邻较低卫生级别区域的交界处及靠近生产线和设备且容易发生污染的地方,如封闭设备上用于偶尔检查的开口。应优先监控已知或可能存在污染的区域。

B.2.2 监控计划的两种样本

B.2.2.1 从不接触食品的表面采样,如设备外部、生产线周围的地面、管道和平台。在这些情况下,污染风险程度和污染物含量将取决于生产线和设备的位置和设计。

B.2.2.2 从直接接触食品的表面采样,如从喷粉塔到包装前之间可能直接污染产品的设备,如筛尾的结团配方粉因吸收水分,微生物容易孳生。如果食品接触表面存在指标菌、阪崎肠杆菌或沙门氏菌,表明产品受污染的风险很高。

B.2.3 目标微生物

沙门氏菌和阪崎肠杆菌是主要的目标微生物,但可将肠杆菌作为卫生指标菌。肠杆菌的含量可显

示沙门氏菌存在的可能性,以及沙门氏菌和阪崎肠杆菌生长的条件。

B.2.4 取样点和样本数量

样本数量应随着工艺和生产线的复杂程度而加以调整。

取样点应为微生物可能藏匿或进入而导致污染的地方。可以根据有关文献资料确定取样点,也可以根据经验和专业知识或者工厂污染调查中收集的历史数据确定取样点。应定期评估取样点,并根据特殊情况,如重大维护、施工活动或者卫生状况变差时,在监控计划中增加必要的取样点。

取样计划应全面,且具有代表性,应考虑不同类型生产班次以及这些班次内的不同时间段进行科学合理取样。为验证清洁措施的效果,应在开机生产前取样。

B.2.5 取样频率

根据B.2.1的因素决定取样的频率,按照在监控计划中现有各区域微生物存在的数据来确定。如果没有此类数据,应充分收集资料,以确定合理的取样频率,包括长期收集沙门氏菌或阪崎肠杆菌的发生情况。

根据检测结果和污染风险严重程度来调整环境监控计划实施的频率。当终产品中检出致病菌或指标菌数量增加时,应加强环境取样和调查取样,以确定污染源。当污染风险增加时(如进行维护、施工或湿清洁之后),也应适当增加取样频率。

B.2.6 取样工具和方法

根据表面类型和取样地点来选择取样工具和方法,如刮取表面残留物或吸尘器里的粉尘直接作为样本,对于较大的表面,采用海绵(或棉签)进行擦拭取样。

B.2.7 分析方法

分析方法应能够有效检出目标微生物,具有可接受的灵敏度,并有相关记录。在确保灵敏度的前提下,可以将多个样品混在一起检测。如果检出阳性结果,应进一步确定阳性样本的位置。如果需要,可以用基因技术分析阪崎肠杆菌来源以及粉状特殊医学用途配方食品污染路径的有关信息。

B.2.8 数据管理

监控计划应包括数据记录和评估系统,如趋势分析。一定要对数据进行持续的评估,以便对监控计划进行适当修改和调整。对肠杆菌和阪崎肠杆菌数据实施有效管理,有可能发现被忽视的轻度或间断性污染。

B.2.9 阳性结果纠偏措施

监控计划的目的是发现环境中是否存在目标微生物。在制定监控计划前,应制定接受标准和应对措施。监控计划应规定具体的行动措施并阐明相应原因。相关措施包括:不需采取行动(没有污染风险)、加强清洁、污染源追踪(增加环境测试)、评估卫生措施、扣留和检测产品。

生产企业应制定检出肠杆菌和阪崎肠杆菌后的行动措施,以便在出现异常时准确应对。对卫生程序和控制措施应进行评估。当检出沙门氏菌时应立即采取纠偏行动,并且评估阪崎肠杆菌趋势和肠杆菌数量的变化,具体采取何种行动取决于产品被沙门氏菌和阪崎肠杆菌污染的可能性。

附 录 C
液态特殊医学用途配方食品商业无菌操作指南

C.1 总体要求

除了在本标准中适用于液态特殊医学用途配方食品的规定外，对于液态产品的商业无菌操作应符合 C.2～C.6 的规定。

C.2 产品工艺

C.2.1 各项工艺操作应在符合工艺要求的良好状态下进行。

C.2.2 与空气环境接触的工序(如称量、配料)、灌装间以及有特殊清洁要求的辅助区域需满足液态产品清洁作业区的要求。

C.2.3 产品的所有输送管道和设备应保持密闭。

C.2.4 液体产品生产过程需要过滤的，应注意选用无纤维脱落且符合卫生要求的滤材，禁止使用石棉作滤材。

C.2.5 生产过程中应制定防止异物进入产品的控制措施。

C.3 包装容器的洗涤、灭菌和保洁

C.3.1 应使用符合食品安全国家标准和卫生行政部门许可使用的食品容器、包装材料、洗涤剂、消毒剂。

C.3.2 最终清洗后的包装材料、容器和设备的处理应避免被再次污染。

C.3.3 在无菌灌装系统中使用的包装材料应采取适当方法进行灭菌，需要时还应进行清洗及干燥。灭菌后应置于清洁作业区内冷却备用。贮存时间超过规定期限应重新灭菌。

C.4 无菌灌装工艺的产品加工设备的洗涤、灭菌和保洁

C.4.1 生产前应使用高温加压的水、过滤蒸汽、新鲜蒸馏水或其他适合的处理剂，用于产品高温保持灭菌部位或管路下游所有的管路、阀门、泵、缓冲罐、喂料斗以及其他产品接触表面的清洁消毒。应确保所有与产品直接接触的表面达到无菌灌装的要求，并保持该状态直到生产结束。

C.4.2 灌装及包装设备的无菌仓应清洁灭菌，并在产品开始灌装前达到无菌灌装的要求，且保持该状态直到生产结束。当灭菌失败时无菌仓应重新灭菌。在灭菌时，时间、温度、消毒剂浓度等关键指标需要进行监控和记录。

C.5 产品的灌装

C.5.1 产品的灌装应使用自动机械装置，不得使用手工操作。

C.5.2 凡需要灌装后灭菌的产品，从灌封到灭菌的时间应控制在工艺规程要求的时间限度内。

C.5.3 对于最终灭菌产品，应根据所用灭菌方法的效果确定灭菌前产品微生物污染水平的监控标准，

并定期监控。

C.6 产品的热处理

C.6.1 需根据产品加热的特性以及特定目标微生物的致死动力学建立适合的热处理过程。产品加热至灭菌温度，并应在该温度保持一定时间以确保达到商业无菌。所有的热处理工艺都应经过验证，以确保工艺的重现性及可靠性。

C.6.2 液态产品应尽可能采用热力灭菌法，热力灭菌通常分为湿热灭菌和干热灭菌。应通过验证确认灭菌设备腔室内待灭菌产品和物品的装载方式。每次灭菌均应记录灭菌过程的时间-温度曲线。应有明确区分已灭菌产品和待灭菌产品的方法。应把灭菌记录作为该批产品放行的依据之一。

C.6.3 采用无菌灌装工艺的持续流动产品，应在高温保持灭菌部位或管路流动的时间内保持灭菌温度以达到商业无菌。因而，要准确地确认产品类型，每种产品的流动速率、管线长度、高温保留灭菌部位的尺寸及设计。如果使用蒸汽注入或者蒸汽灌输方式，还需要考虑由蒸汽冷凝带入的水引起的产品体积增加。

中华人民共和国国家标准

GB 29924—2013

食品安全国家标准
食品添加剂标识通则

2013-11-29 发布　　　　2015-06-01 实施

中华人民共和国
国家卫生和计划生育委员会　发布

食品安全国家标准
食品添加剂标识通则

1 范围

本标准适用于食品添加剂的标识。食品营养强化剂的标识参照本标准使用。

本标准不适用于为食品添加剂在储藏运输过程中提供保护的储运包装标签的标识。

2 术语和定义

2.1 标签

食品添加剂包装上的文字、图形、符号等一切说明。

2.2 说明书

销售食品添加剂产品时所提供的除标签以外的说明材料。

2.3 生产日期（制造日期）

食品添加剂成为最终产品的日期，即将食品添加剂装入（灌入）包装物或容器中，形成最终销售单元的日期。

2.4 保质期

食品添加剂在标识指明的贮存条件下，保持品质的期限。

2.5 规格

同一包装内含有多件食品添加剂时，对净含量和内含件数关系的表述。

3 食品添加剂标识基本要求

3.1 应符合国家法律、法规的规定，并符合相应产品标准的规定。

3.2 应清晰、醒目、持久，易于辨认和识读。

3.3 应真实、准确，不应以虚假、夸大、使食品添加剂使用者误解或欺骗性的文字、图形等方式介绍食品添加剂，也不应利用字号大小或色差误导食品添加剂使用者。

3.4 不应采用违反 GB 2760 中食品添加剂使用原则的语言文字介绍食品添加剂；不应以直接或间接暗示性的语言、图形、符号，误导食品添加剂的使用。

3.5 不应以直接或间接暗示性的语言、图形、符号，导致食品添加剂使用者将购买的食品添加剂或食品添加剂的某一功能与另一产品混淆，不含贬低其他产品（包括其他食品和食品添加剂）的内容。

3.6 不应标注或者暗示具有预防、治疗疾病作用的内容。

3.7 食品添加剂标识的文字要求应符合 GB 7718—2011 中 3.8～3.9 的规定。

3.8 多重包装的食品添加剂标签的标示形式应符合 GB 7718—2011 中 3.10～3.11 的规定。

3.9 如果食品添加剂标签内容涵盖了本标准规定应标示的所有内容,可以不随附说明书。

4 提供给生产经营者的食品添加剂标识内容及要求

4.1 名称

4.1.1 应在食品添加剂标签的醒目位置,清晰地标示“食品添加剂”字样。

4.1.2 单一品种食品添加剂应按 GB 2760、食品添加剂的产品质量规格标准和国家主管部门批准使用的食品添加剂中规定的名称标示食品添加剂的中文名称。若 GB 2760、食品添加剂的产品质量规格标准和国家主管部门批准使用的食品添加剂中已规定了某食品添加剂的一个或几个名称时,应选用其中的一个。

4.1.3 复配食品添加剂的名称应符合 GB 26687—2011 中第 3 章命名原则的规定。

4.1.4 食品用香料需列出 GB 2760 和国家主管部门批准使用的食品添加剂中规定的中文名称,可以使用“天然”或“合成”定性说明。

4.1.5 食品用香精应使用与所标示产品的香气、香味、生产工艺等相适应的名称和型号,且不应造成误解或混淆,应明确标示“食品用香精”字样。

4.1.6 除了标示上述名称外,可以选择标示“中文名称对应的英文名称或英文缩写”“音译名称”“商标名称”“INS 号”“CNS 号”、GB 2760 中的香料“编码”“FEMA 编号”等。

食品用香精还可在食品用香精名称前或名称后附加相应的词或短语,如水溶性香精、油溶性香精、拌和型粉末香精、微胶囊粉末香精、乳化香精、浆(膏)状香精和咸味香精等,但应在所示名称的同一展示版面标示 4.1.2~4.1.5 规定的名称,且字号不能大于 4.1.2~4.1.5 规定的名称的字样。

4.2 成分或配料表

4.2.1 除食品用香精以外的食品添加剂成分或配料表的标示要求

4.2.1.1 按 GB 2760、食品添加剂的产品质量规格标准和国家主管部门批准使用的食品添加剂中规定的名称列出各单一品种食品添加剂名称。配料表应根据每种食品添加剂含量递减顺序排列。

4.2.1.2 如果单一品种或复配食品添加剂中含有辅料,辅料应列在各单一品种食品添加剂之后,并按辅料含量递减顺序排列。

4.2.2 食品用香精的成分或配料表的标示要求

4.2.2.1 食品用香精中的食品用香料应以“食品用香料”字样标示,不必标示具体名称。

4.2.2.2 在食品用香精制造或加工过程中加入的食品用香精辅料用“食品用香精辅料”字样标示。

4.2.2.3 在食品用香精中加入的甜味剂、着色剂、咖啡因等食品添加剂应按 GB 2760、食品添加剂的产品质量规格标准和国家主管部门批准使用的食品添加剂中的规定标示具体名称。

4.3 使用范围、用量和使用方法

应在 GB 2760 及国家主管部门批准使用的食品添加剂的范围内选择标示食品添加剂使用范围和用量,并标示使用方法。

4.4 日期标示

4.4.1 应清晰标示食品添加剂的生产日期和保质期。如日期标示采用“见包装物某部位”的形式,应标示所在包装物的具体部位。日期标示不得另外加贴、补印或篡改。

4.4.2 当同一包装内含有多个标示了生产日期及保质期的单件食品添加剂时,外包装上标示的保质期

应按最早到期的单件食品添加剂的保质期计算。外包装上标示的生产日期可为最早生产的单件食品添加剂的生产日期，或外包装形成销售单元的日期；也可在外包装上分别标示各单件装食品添加剂的生产日期和保质期。

4.4.3 可按年、月、日的顺序标示日期，如果不按此顺序标示，应注明日期标示顺序。

4.5 贮存条件

应标示食品添加剂的贮存条件。

4.6 净含量和规格

4.6.1 净含量的标示应由净含量、数字和法定计量单位组成。

4.6.2 应依据法定计量单位，按以下方式标示包装物(容器)中食品添加剂的净含量和规格：

a) 液态食品添加剂，用体积升(L 或 l)、毫升(mL 或 ml)，或用质量克(g)、千克(kg)；

b) 固态食品添加剂，除片剂形式以外，用质量克(g)、千克(kg)；

c) 半固态或黏性食品添加剂，用体积升(L 或 l)、毫升(mL 或 ml)，或用质量克(g)、千克(kg)；

d) 片剂形式的食品添加剂，用质量克(g)、千克(kg)和包装中的总片数。

4.6.3 同一包装内含有多个单件食品添加剂时，大包装在标示净含量的同时还应标示规格。规格的标示应由单件食品添加剂净含量和件数组成，或只标示件数，可不标示“规格”二字。单件食品添加剂的规格即指净含量。

4.7 制造者或经销者的名称和地址

4.7.1 应标注生产者的名称、地址和联系方式。生产者名称和地址应是依法登记注册、能够承担产品安全质量责任的生产者的名称、地址。有下列情形之一的，应按下列要求予以标示：

a) 依法独立承担法律责任的集团公司、集团公司的子公司，应标示各自的名称和地址；

b) 不能依法独立承担法律责任的集团公司的分公司或集团公司的生产基地，可标示集团公司和分公司(生产基地)的名称、地址；或仅标示集团公司的名称、地址及产地，产地应按照行政区划标注到地市级地域；

c) 受其他单位委托加工食品添加剂的，可标示委托单位和受委托单位的名称和地址；或仅标示委托单位的名称和地址及产地，产地应按照行政区划标注到地市级地域。

4.7.2 依法承担法律责任的生产者或经销者的联系方式可标示以下至少一项内容：电话、传真、网络联系方式等，或与地址一并标示的邮政地址。

4.7.3 进口食品添加剂应标示原产国国名或地区区名，以及在中国依法登记注册的代理商、进口商或经销者的名称、地址和联系方式，可不标示生产者的名称、地址和联系方式。

4.8 产品标准代号

国内生产并在国内销售的食品添加剂(不包括进口食品添加剂)应标示产品所执行的标准代号和顺序号。

4.9 生产许可证编号

国内生产并在国内销售的属于实施生产许可证管理范围之内的食品添加剂(不包括进口食品添加剂)应标示有效的食品添加剂生产许可证编号，标示形式按照相关规定执行。

4.10 警示标识

有特殊使用要求的食品添加剂应有警示标识。

4.11 辐照食品添加剂

4.11.1 经电离辐射线或电离能量处理过的食品添加剂，应在食品添加剂名称附近标明“辐照”。

4.11.2 经电离辐射线或电离能量处理过的任何配料，应在配料表中标明。

4.12 标签和说明书

4.12.1 标签应按 4.1、4.4、4.5、4.6、4.7、4.9 的要求至少标示“食品添加剂”字样、食品添加剂名称、规格、净含量、生产日期、保质期、贮存条件、生产者的名称和地址以及生产许可证编号。第 4 章中 4.2、4.3、4.8、4.10、4.11 应按本标准要求在标签或说明书中注明。

4.12.2 若有说明书，应在食品添加剂交货时提供说明书。

5 提供给消费者直接使用的食品添加剂标识内容及要求

5.1 标签应按照 4.1～4.11 的要求标识，并注明“零售”字样。

5.2 复配食品添加剂还应在配料表中标明各单一食品添加剂品种及含量。

5.3 含有辅料的单一品种食品添加剂，还应标明除辅料以外的食品添加剂品种的含量。

中华人民共和国国家标准

GB 29925—2013

食品安全国家标准
食品添加剂　醋酸酯淀粉

2013-11-29 发布　　2014-06-01 实施

中华人民共和国
国家卫生和计划生育委员会　发布

食品安全国家标准
食品添加剂　醋酸酯淀粉

1　范围

本标准适用于以食用淀粉或由生产食用淀粉的原料得到的淀粉乳为原料与酯化剂发生反应制得的食品添加剂醋酸酯淀粉，以及结合酶处理、酸处理、碱处理、漂白处理和预糊化处理中一种或多种方法加工后的食品添加剂醋酸酯淀粉。

2　技术要求

2.1　原辅料

2.1.1　原料

食用淀粉应符合相关产品的国家标准或行业标准。

2.1.2　辅料

2.1.2.1　应符合相关产品的国家标准或行业标准或相关规定的要求。

2.1.2.2　酯化剂种类及用量符合下列条件之一：

a)　乙酸酐，不超过淀粉干基质量分数的 8.0%；

b)　乙酸乙烯酯，不超过淀粉干基质量分数的 7.5%。

2.2　感官要求

感官要求应符合表 1 的规定。

表 1　感官要求

项　　目	要　　求	检验方法
色泽	白色、类白色或淡黄色	取试样 50 g 置于洁净的白瓷盘中，在自然光线下，观察其色泽、状态，嗅其气味
状态	呈颗粒状、片状或粉末状，无可见杂质	
气味	具有产品固有的气味，无异味	

2.3　理化指标

理化指标应符合表 2 的规定。

表 2　理化指标

项　　目		要　　求	检验方法
干燥减量(w)/%	谷类淀粉为原料　　$\leqslant$	15.0	GB/T 12087
	其他单体淀粉为原料　　$\leqslant$	18.0	
	马铃薯淀粉为原料　　$\leqslant$	21.0	

表 2（续）

项　　目	要　　求	检验方法
总砷(以 As 计)/(mg/kg)　　≤	0.5	GB/T 5009.11
铅/(mg/kg)　　≤	1.0	GB 5009.12
二氧化硫残留/(mg/kg)　　≤	30	GB/T 22427.13
乙酰基/(g/100 g)　　≤	2.5	附录 A 中 A.4
乙酸乙烯酯残留(仅限于乙酸乙烯酯作为酯化剂)/(mg/kg)　　≤	0.1	A.5

附　录　A
检 验 方 法

A.1　安全提示

本标准的检验方法中使用的部分试剂具有毒性或腐蚀性，操作时应小心谨慎！如溅到皮肤上应立即用水冲洗，严重者应立即治疗。

A.2　一般规定

除非另有说明，在分析中仅使用确认为分析纯的试剂和 GB/T 6682 中规定的三级水。试验方法中所用标准滴定溶液、杂质测定用标准溶液、制剂及制品，在没有注明其他要求时，均按 GB/T 601、GB/T 602和 GB/T 603 之规定制备；所用溶液在未指明溶剂时，均指水溶液。

A.3　鉴别试验

A.3.1　显微镜检测

未经糊化处理保持颗粒结构的醋酸酯淀粉，可直接通过显微镜观察鉴定淀粉颗粒形状、大小和特征。在显微镜的偏振光下，可以观察到典型的偏光十字。

A.3.2　碘染色

将 1 g 的试样加入 20 mL 的水中配成悬浮液，滴入几滴碘液，颜色范围应为深蓝色到棕红色。

A.3.3　铜还原

A.3.3.1　碱性酒石酸铜试液的配制

A.3.3.1.1　溶液 A：取硫酸铜($CuSO_4 \cdot 5H_2O$)34.66 g，应无风化或吸潮现象，加水溶解定容到500 mL。将此溶液保存在小型密封的容器中。

A.3.3.1.2　溶液 B：取酒石酸钾钠($KNaC_4H_4O_6 \cdot 4H_2O$)173 g 与氢氧化钠 50 g，加水溶解定容到 500 mL。将此溶液保存在小型耐碱腐蚀的容器中。

A.3.3.1.3　溶液 A 和溶液 B 等体积混合，即得碱性酒石酸铜试液。

A.3.3.2　分析步骤

称取试样 2.5 g，置于一烧瓶中，加入 0.82 mol/L 的盐酸溶液 10 mL 和水 70 mL，混合均匀，沸水浴回流 3 h，冷却。取 0.5 mL 冷却溶液，加入 5 mL 热碱性酒石酸铜试液，产生大量红色沉淀物。

A.3.4　乙酰基鉴别

A.3.4.1　原理

乙酸盐是由乙酰化淀粉皂化释放出来的。经浓缩后，通过与氢氧化钙共热，乙酸盐转变为丙酮，丙酮与邻硝基苯甲醛作用呈现蓝色。

A.3.4.2 鉴别方法

将约 10 g 试样分散于 25 mL 水中，再加入 20 mL 0.4 mol/L 氢氧化钠溶液。摇动 1 h 后过滤，滤液在 110 ℃烘箱中蒸发，用少量水溶解剩余物，并转移至测试管中。在测试管中加入氢氧化钙并加热。如果试样是醋酸酯淀粉，就会有丙酮蒸气产生。其蒸气能将经用2 mol/L氢氧化钠溶液现配的邻硝基苯甲醛饱和溶液浸湿过的纸条变蓝色。如果用 1 滴 1 mol/L 盐酸溶液去除上述试剂的原始黄色后，这种蓝色将更加清晰。

A.4 乙酰基的测定

A.4.1 方法原理

含有乙酰基的淀粉在碱性条件下(pH8.5 以上)易皂化，故用过量碱将其皂化，然后用盐酸标准滴定溶液来滴定剩余的碱即可测定出乙酰基的含量。

A.4.2 试剂和材料

A.4.2.1 氢氧化钠。

A.4.2.2 盐酸。

A.4.2.3 氢氧化钠溶液：$c(\mathrm{NaOH})=0.1$ mol/L。

A.4.2.4 氢氧化钠溶液：$c(\mathrm{NaOH})=0.45$ mol/L。称取 18 g 氢氧化钠，溶于 100 mL 无二氧化碳的水中，摇匀，转移至 1 000 mL 容量瓶中，用无二氧化碳的水稀释至刻度，摇匀。

A.4.2.5 盐酸标准滴定溶液：$c(\mathrm{HCl})=0.2$ mol/L。量取 18 mL 盐酸，注入 1 000 mL 水中，摇匀。

A.4.2.6 酚酞指示液：10 g/L。

A.4.3 仪器和设备

机械振荡器。

A.4.4 分析步骤

称取 5 g 试样，精确至 0.001 g，置于 250 mL 锥形瓶中，加入 50 mL 水中，3 滴酚酞指示液，混合均匀后用氢氧化钠溶液(A.4.2.3)滴定至微红色，再加入 25.0 mL 氢氧化钠溶液(A.4.2.4)，在机械振荡器上剧烈振荡 30 min 进行皂化。

取下瓶塞，用洗瓶冲洗碘量瓶的塞子及瓶壁，将已皂化过的含过量碱的溶液，用盐酸标准滴定溶液滴定至粉红色消失即为终点，体积为 V_1。

以 25.0 mL 氢氧化钠溶液(A.4.2.4)为空白，用盐酸标准滴定溶液滴定的体积为 V_0。

A.4.5 结果计算

乙酰基的质量分数 w_0 按式(A.1)计算：

$$w_0=\frac{(V_0-V_1)\times c\times M}{m\times 1\,000}\times 100\% \quad \cdots\cdots(\text{A.1})$$

式中：

V_0 ——空白耗用的盐酸标准滴定溶液体积，单位为毫升(mL)；

V_1 ——试样耗用的盐酸标准滴定溶液体积，单位为毫升(mL)；

c ——盐酸标准滴定溶液的准确浓度，单位为摩尔每升(mol/L)；

M ——乙酰基的摩尔质量，单位为克每摩尔(g/mol)[$M(\mathrm{C_2H_3O})=43.03$]；

m ——试样质量,单位为克(g);
1 000——换算系数。

A.5 乙酸乙烯酯残留的测定

A.5.1 试剂和材料

A.5.1.1 乙酸乙烯酯。
A.5.1.2 淀粉:和试样具有相同植物来源的未变性淀粉。

A.5.2 仪器和设备

气相色谱仪:推荐使用配有火焰离子化检测器的色谱仪。

A.5.3 色谱柱及典型色谱操作条件

A.5.3.1 色谱柱:毛细管柱,60 m×0.32 mm(内径),充填物为(50%氰丙基)-甲基聚硅氧烷。
A.5.3.2 柱箱温度:程序升温,40 ℃保温 5 min,以 10 ℃/min 的速度升温至 180 ℃,180 ℃下保温 5 min。
A.5.3.3 进样口温度:200 ℃。
A.5.3.4 检测器温度:250 ℃。
A.5.3.5 载气为氮气(1.3 mL/min)。
也可选择具有等同分离效果的色谱柱及其相应的色谱条件。

A.5.4 分析步骤

A.5.4.1 标准溶液的制备

称取 150 mg 乙酸乙烯酯,精确至 0.1 mg,置于 100 mL 容量瓶中,用水溶解并稀释至刻度。取 1 mL配好的溶液放入 10 mL 容量瓶并用水稀释至刻度。将 0.1 mL 该稀释溶液加入到装有 4 g 淀粉并配有隔膜塞的仪器专用瓶中,密封。此溶液中含有 15 μg 的乙酸乙烯酯。

A5.4.2 测定

称取 4 g 试样,精确至 0.001 g,置于配有隔膜塞的仪器专用瓶中,密封。分别将含有试样和标准溶液的专用瓶放入仪器中,在 A.5.3 色谱条件下测定,顶空取样,得到色谱图,根据两张图谱的峰面积计算试样中乙酸乙烯酯的含量。

A.5.4.3 结果计算

乙酸乙烯酯残留 w_1 数值以 mg/kg 表示,按式(A.2)计算:

$$w_1 = \frac{c \times A_1}{A_2} \qquad \text{(A.2)}$$

式中:
c ——标准溶液中乙酸乙烯酯的浓度,单位为毫克每千克(mg/kg);
A_1 ——试样中乙酸乙烯酯产生的信号峰面积;
A_2 ——标准溶液中乙酸乙烯酯产生的信号峰面积。

中华人民共和国国家标准

GB 29926—2013

食品安全国家标准
食品添加剂　磷酸酯双淀粉

2013-11-29 发布　　　　2014-06-01 实施

中华人民共和国
国家卫生和计划生育委员会　发布

食品安全国家标准

食品添加剂　磷酸酯双淀粉

1　范围

本标准适用于以食用淀粉或由生产食用淀粉的原料得到的淀粉乳为原料与酯化剂发生反应制得的食品添加剂磷酸酯双淀粉，以及结合酶处理、酸处理、碱处理、漂白处理和预糊化处理中一种或多种方法加工后的食品添加剂磷酸酯双淀粉。

2　技术要求

2.1　原辅料

2.1.1　原料

食用淀粉应符合相关产品的国家标准或行业标准。

2.1.2　辅料

2.1.2.1　应符合相关产品的国家标准或行业标准或相关规定的要求。

2.1.2.2　磷酸化试剂种类：三偏磷酸钠或三氯氧磷。

2.2　感官要求

感官要求应符合表1的规定。

表1　感官要求

项　　目	要　　求	检验方法
色泽	白色、类白色或淡黄色	取试样 50 g 置于洁净的白瓷盘中，在自然光线下，观察其色泽、状态，嗅其气味
状态	呈颗粒状、片状或粉末状，无可见杂质	
气味	具有产品固有的气味，无异味	

2.3　理化指标

理化指标应符合表2的规定。

表2　理化指数

项　　目		指　　标	检验方法
干燥减量(w)/%	谷类淀粉为原料　　　　≤	15.0	GB/T 12087
	其他单体淀粉为原料　　≤	18.0	
	马铃薯淀粉为原料　　　≤	21.0	

表 2（续）

项目		指标	检验方法
总砷(以 As 计)/(mg/kg) ≤		0.5	GB/T 5009.11
铅(Pb)/(mg/kg) ≤		1.0	GB 5009.12
二氧化硫残留/(mg/kg) ≤		30	GB/T 22427.13
残留磷酸盐(以 P 计)/%	马铃薯或小麦淀粉为原料 ≤	0.5	GB/T 22427.11
	其他原料 ≤	0.4	

附录 A
检验方法

A.1 安全提示

本标准的检验方法中使用的部分试剂具有毒性或腐蚀性，操作时应小心谨慎！如溅到皮肤上应立即用水冲洗，严重者应立即治疗。

A.2 一般规定

除非另有说明，在分析中仅使用确认为分析纯的试剂和 GB/T 6682 中规定的三级水。试验方法中所用标准滴定溶液、杂质测定用标准溶液、制剂及制品，在没有注明其他要求时，均按 GB/T 601、GB/T 602和 GB/T 603 之规定制备；所用溶液在未指明溶剂时，均指水溶液。

A.3 鉴别试验

A.3.1 显微镜检测

未经糊化处理保持颗粒结构的磷酸酯双淀粉，可直接通过显微镜观察鉴定淀粉颗粒形状，大小和特征。在显微镜的偏振光下，可以观察到典型的偏光十字。

A.3.2 碘染色

将 1 g 的试样加入 20 mL 的水中配成悬浮液，滴入几滴碘液，颜色范围应为深蓝色到棕红色。

A.3.3 铜还原

A.3.3.1 碱性酒石酸铜试液的配制

A.3.3.1.1 溶液 A：取硫酸铜（$CuSO_4 \cdot 5H_2O$）34.66 g，应无风化或吸潮现象，加水溶解定容到 500 mL。将此溶液保存在小型密封的容器中。

A.3.3.1.2 溶液 B：取酒石酸钾钠（$KNaC_4H_4O_6 \cdot 4H_2O$）173 g 与氢氧化钠 50 g，加水溶解定容到 500 mL。将此溶液保存在小型耐碱腐蚀的容器中。

A.3.3.1.3 溶液 A 和溶液 B 等体积混合，即得碱性酒石酸铜试液。

A.3.3.2 分析步骤

称取试样 2.5 g，置于一烧瓶中，加入 0.82 mol/L 的盐酸溶液 10 mL 和水 70 mL，混合均匀，沸水浴回流 3 h，冷却。取 0.5 mL 冷却溶液，加入 5 mL 热碱性酒石酸铜试液，产生大量红色沉淀物。

中华人民共和国国家标准

GB 29927—2013

食品安全国家标准
食品添加剂　氧化淀粉

2013-11-29 发布　　2014-06-01 实施

中华人民共和国国家卫生和计划生育委员会　发布

食品安全国家标准
食品添加剂 氧化淀粉

1 范围

本标准适用于以食用淀粉或由生产食用淀粉的原料得到的淀粉乳为原料与氧化剂发生反应制得的食品添加剂氧化淀粉，以及结合酶处理、酸处理、碱处理和预糊化处理中一种或多种方法加工后的食品添加剂氧化淀粉。

2 技术要求

2.1 原辅料

2.1.1 原料

食用淀粉应符合相关产品的国家标准或行业标准。

2.1.2 辅料

2.1.2.1 应符合相关产品的国家标准或行业标准或相关规定的要求。

2.1.2.2 氧化剂种类与用量：次氯酸钠，有效氯含量不超过淀粉干基质量分数的5.5%。

2.2 感官要求

感官要求应符合表1的规定。

表1 感官要求

项 目	要 求	检验方法
色泽	白色、类白色或淡黄色	取试样50 g置于洁净的白瓷盘中，在自然光线下，观察其色泽、状态，嗅其气味
状态	呈颗粒状、片状或粉末状，无可见杂质	
气味	具有产品固有的气味，无异味	

2.3 理化指标

理化指标应符合表2的规定。

表2 理化指标

项 目		指 标	检验方法
干燥减量(w)/%	谷类淀粉为原料 ≤	15.0	GB/T 12087
	其他单体淀粉为原料 ≤	18.0	
	马铃薯淀粉为原料 ≤	21.0	

表 2（续）

项　　目		指　　标	检验方法
总砷(以 As 计)/(mg/kg)	≤	0.5	GB/T 5009.11
铅(Pb)/(mg/kg)	≤	1.0	GB 5009.12
二氧化硫残留/(mg/kg)	≤	30	GB/T 22427.13
羧基/(g/100g)	≤	1.1	GB/T 20374

附　录　A
检验方法

A.1　安全提示

本标准的检验方法中使用的部分试剂具有毒性或腐蚀性，操作时应小心谨慎！如溅到皮肤上应立即用水冲洗，严重者应立即治疗。

A.2　一般规定

除非另有说明，在分析中仅使用确认为分析纯的试剂和GB/T 6682中规定的三级水。试验方法中所用标准滴定溶液、杂质测定用标准溶液、制剂及制品，在没有注明其他要求时，均按GB/T 601、GB/T 602和GB/T 603之规定制备，所用溶液在未指明溶剂时，均指水溶液。

A.3　鉴别试验

A.3.1　显微镜检测

未经糊化处理保持颗粒结构的氧化淀粉，可直接通过显微镜观察鉴定淀粉颗粒形状，大小和特征。在显微镜的偏振光下，可以观察到典型的偏光十字。

A.3.2　碘染色

将1 g的试样加入20 mL的水中配成悬浮液，滴入几滴碘液，颜色范围应为深蓝色到棕红色。

A.3.3　铜还原

A.3.3.1　碱性酒石酸铜试液的配制

A.3.3.1.1　溶液A：取硫酸铜（$CuSO_4 \cdot 5H_2O$）34.66 g，应无风化或吸潮现象，加水溶解定容到500 mL。将此溶液保存在小型密封的容器中。

A.3.3.1.2　溶液B：取酒石酸钾钠（$KNaC_4H_4O_6 \cdot 4H_2O$）173 g与氢氧化钠50 g，加水溶解定容到500 mL。将此溶液保存在小型耐碱腐蚀的容器中。

A.3.3.1.3　溶液A和溶液B等体积混合，即得碱性酒石酸铜试液。

A.3.3.2　分析步骤

称取试样2.5 g，置于一烧瓶中，加入0.82 mol/L的盐酸溶液10 mL和水70 mL，混合均匀，沸水浴回流3 h，冷却。取0.5 mL冷却溶液，加入5 mL热碱性酒石酸铜试液，产生大量红色沉淀物。

A.3.4　氧化淀粉鉴别（不适合低度氧化马铃薯淀粉）

A.3.4.1　原理

次氯酸钠氧化淀粉含有一定的羧基，具有阴离子性质。能够被带正电荷的染料，如亚甲基蓝染色。

A.3.4.2 鉴别方法

50 mg 试样在 25 mL 浓度为 1%的亚甲基蓝水溶液中保持悬浮 5 min ～10 min，并不时搅拌。倾析去掉上清液后，淀粉用水洗涤。如果试样是次氯酸钠氧化淀粉，显微镜镜检就会清晰地显示颜色。通过测试，氧化淀粉就可以同天然或酸处理淀粉加以区别。

中华人民共和国国家标准

GB 29928—2013

食品安全国家标准
食品添加剂 酸处理淀粉

2013-11-29 发布　　2014-06-01 实施

中华人民共和国
国家卫生和计划生育委员会 发布

食品安全国家标准
食品添加剂　酸处理淀粉

1　范围

本标准适用于以食用淀粉或由生产食用淀粉的原料得到的淀粉乳为原料与酸发生反应制得的食品添加剂酸处理淀粉，以及结合酶处理、碱处理、漂白处理和预糊化处理中一种或多种方法加工后的食品添加剂酸处理淀粉。

2　技术要求

2.1　原辅料

2.1.1　原料

食用淀粉应符合相关产品的国家标准或行业标准。

2.1.2　辅料

2.1.2.1　应符合相关产品的国家标准或行业标准或相关规定的要求。

2.1.2.2　酸处理试剂种类：盐酸、正磷酸或硫酸。

2.2　感官要求

感官要求应符合表1的规定。

表1　感官要求

项　　目	要　　求	检验方法
色泽	白色、类白色或淡黄色	取试样50 g置于洁净的白瓷盘中，在自然光线下，观察其色泽、状态，嗅其气味
状态	呈颗粒状、片状或粉末状，无可见杂质	
气味	具有产品固有的气味，无异味	

2.3　理化指标

理化指标应符合表2的规定。

表2　理化指标

项　　目		指　　标	检验方法
干燥减量(w)/%	谷类淀粉为原料　　≤	15.0	GB/T 12087
	其他单体淀粉为原料　　≤	18.0	
	马铃薯淀粉为原料　　≤	21.0	

表 2（续）

项　　目		指　　标	检验方法
总砷(以 As 计)/(mg/kg)	≤	0.5	GB/T 5009.11
铅(Pb)/(mg/kg)	≤	1.0	GB 5009.12
二氧化硫残留/(mg/kg)	≤	30	GB/T 22427.13

附 录 A
检验方法

A.1 安全提示

本标准的检验方法中使用的部分试剂具有毒性或腐蚀性，操作时须小心谨慎！如溅到皮肤上应立即用水冲洗，严重者应立即治疗。

A.2 一般规定

除非另有说明，在分析中仅使用确认为分析纯的试剂和 GB/T 6682 中规定的三级水。试验方法中所用标准滴定溶液、杂质测定用标准溶液、制剂及制品，在没有注明其他要求时，均按 GB/T 601、GB/T 602和 GB/T 603 之规定制备；所用溶液在未指明溶剂时，均指水溶液。

A.3 鉴别试验

A.3.1 显微镜检测

未经糊化处理保持颗粒结构的酸处理淀粉，可直接通过显微镜观察鉴定淀粉颗粒形状，大小和特征。在显微镜的偏振光下，可以观察到典型的偏光十字。

A.3.2 碘染色

将 1 g 的试样加入 20 mL 的水中配成悬浮液，滴入几滴碘液，颜色范围应为深蓝色到棕红色。

A.3.3 铜还原

A.3.3.1 碱性酒石酸铜试液的配制

A.3.3.1.1 溶液 A：取硫酸铜（$CuSO_4 \cdot 5H_2O$）34.66 g，应无风化或吸潮现象，加水溶解定容到 500 mL。将此溶液保存在小型密封的容器中。

A.3.3.1.2 溶液 B：取酒石酸钾钠（$KNaC_4H_4O_6 \cdot 4H_2O$）173 g 与氢氧化钠 50 g，加水溶解定容到 500 mL。将此溶液保存在小型耐碱腐蚀的容器中。

A.3.3.1.3 溶液 A 和溶液 B 等体积混合，即得碱性酒石酸铜试液。

A.3.3.2 分析步骤

称取试样 2.5 g，置于一烧瓶中，加入 0.82 mol/L 的盐酸溶液 10 mL 和水 70 mL，混合均匀，沸水浴回流 3 h，冷却。取 0.5 mL 冷却溶液，加入 5 mL 热碱性酒石酸铜试液，产生大量红色沉淀物。

中华人民共和国国家标准

GB 29929—2013

食品安全国家标准
食品添加剂　乙酰化二淀粉磷酸酯

2013-11-29 发布　　2014-06-01 实施

中华人民共和国
国家卫生和计划生育委员会　发布

食品安全国家标准
食品添加剂　乙酰化二淀粉磷酸酯

1　范围

本标准适用于以食用淀粉或由生产食用淀粉的原料得到的淀粉乳为原料与磷酸化试剂和乙酰化试剂反应制得的食品添加剂乙酰化二淀粉磷酸酯，以及结合酶处理、酸处理、碱处理、漂白处理和预糊化处理中一种或多种方法加工后的食品添加剂乙酰化二淀粉磷酸酯。

2　技术要求

2.1　原辅料

2.1.1　原料

食用淀粉应符合相关产品的国家标准或行业标准。

2.1.2　辅料

2.1.2.1　应符合相关产品的国家标准或行业标准或相关规定的要求。

2.1.2.2　乙酰化试剂种类及用量应符合下列要求之一：

a)　乙酸酐，不超过淀粉干基质量分数的 8.0%；

b)　乙酸乙烯酯，不超过淀粉干基质量分数的 7.5%。

2.1.2.3　磷酸化试剂种类：三偏磷酸钠、三氯氧磷。

2.2　感官要求

感官要求应符合表 1 的规定。

表 1　感官要求

项 目	要　求	检验方法
色泽	白色、类白色或淡黄色	取试样 50 g 置于洁净的白瓷盘中，在自然光线下，观察其色泽、状态，嗅其气味
状态	呈颗粒状、片状或粉末状，无可见杂质	
气味	具有产品固有的气味，无异味	

2.3　理化指标

理化指标应符合表 2 的规定。

表 2 理化指标

项　目			指 标	检验方法
干燥减量(*w*)/%	谷类淀粉为原料	≤	15.0	GB/T 12087
	其他单体淀粉为原料	≤	18.0	
	马铃薯淀粉为原料	≤	21.0	
总砷(以 As 计)/(mg/kg)		≤	0.5	GB/T 5009.11
铅(Pb)/(mg/kg)		≤	1.0	GB 5009.12
二氧化硫残留/(mg/kg)		≤	30	GB/T 22427.13
乙酰基/(g/100 g)		≤	2.5	附录 A 中 A.4
乙酸乙烯酯残留(仅限于用乙酸乙烯酯作为酯化剂)/(mg/kg)		≤	0.1	A.5
残留磷酸盐(以 P 计)/%	马铃薯或小麦淀粉为原料	≤	0.14	GB/T 22427.11
	其他原料	≤	0.04	

附 录 A
检验方法

A.1 安全提示

本标准的检验方法中使用的部分试剂具有毒性或腐蚀性，操作时应小心谨慎！如溅到皮肤上应立即用水冲洗，严重者应立即治疗。

A.2 一般规定

除非另有说明，在分析中仅使用确认为分析纯的试剂和 GB/T 6682 中规定的三级水。试验方法中所用标准滴定溶液、杂质测定用标准溶液、制剂及制品，在没有注明其他要求时，均按 GB/T 601、GB/T 602 和 GB/T 603 之规定制备；所用溶液在未指明溶剂时，均指水溶液。

A.3 鉴别试验

A.3.1 显微镜检测

未经糊化处理保持颗粒结构的乙酰化二淀粉磷酸酯，可直接通过显微镜观察鉴定淀粉颗粒形状，大小和特征。在显微镜的偏振光下，可以观察到典型的偏光十字。

A.3.2 碘染色

将 1 g 的试样加入 20 mL 的水中配成悬浮液，滴入几滴碘液，颜色范围应为深蓝色到棕红色。

A.3.3 铜还原

A.3.3.1 碱性酒石酸铜试液的配制

A.3.3.1.1 溶液 A：取硫酸铜($CuSO_4 \cdot 5H_2O$) 34.66 g，应无风化或吸潮现象，加水溶解定容到 500 mL。将此溶液保存在小型密封的容器中。

A.3.3.1.2 溶液 B：取酒石酸钾钠($KNaC_4H_4O_6 \cdot 4H_2O$) 173 g 与氢氧化钠 50 g，加水溶解定容到 500 mL。将此溶液保存在小型耐碱腐蚀的容器中。

A.3.3.1.3 溶液 A 和溶液 B 等体积混合，即得碱性酒石酸铜试液。

A.3.3.2 分析步骤

称取试样 2.5 g，置于一烧瓶中，加入 0.82 mol/L 的盐酸溶液 10 mL 和水 70 mL，混合均匀，沸水浴回流 3 h，冷却。取 0.5 mL 冷却溶液，加入 5 mL 热碱性酒石酸铜试液，产生大量红色沉淀物。

A.4 乙酰基的测定

A.4.1 方法原理

含有乙酰基的淀粉在碱性条件下(pH≥8.5)易皂化，故用过量碱将其皂化，然后用盐酸标准滴定溶液来滴定剩余的碱即可测定出乙酰基的含量。

A.4.2 试剂和材料

A.4.2.1 氢氧化钠。

A.4.2.2 盐酸。

A.4.2.3 氢氧化钠溶液：$c(NaOH)=0.1$ mol/L。

A.4.2.4 氢氧化钠溶液：$c(NaOH)=0.45$ mol/L。称取 18 g 氢氧化钠，溶于 100 mL 无二氧化碳的水中，摇匀，转移至 1 000 mL 容量瓶中，用无二氧化碳的水稀释至刻度，摇匀。

A.4.2.5 盐酸标准滴定溶液：$c(HCl)=0.2$ mol/L。量取 18 mL 盐酸，注入 1 000 mL 水中，摇匀。

A.4.2.6 酚酞指示液：10 g/L。

A.4.3 仪器和设备

机械振荡器。

A.4.4 分析步骤

称取 5 g 试样，精确至 0.001 g，置于 250 mL 锥形瓶中，加入 50 mL 水及 3 滴酚酞指示液，混合均匀后用氢氧化钠溶液(A.4.2.3)滴定至微红色，再加入 25.0 mL 氢氧化钠溶液(A.4.2.4)，在机械振荡器上剧烈振荡 30 min 进行皂化。

取下瓶塞，用洗瓶冲洗碘量瓶的塞子及瓶壁，将已皂化过的含过量碱的溶液用盐酸标准滴定溶液滴定至粉红色消失即为终点，体积为 V_1。

以 25.0 mL 氢氧化钠溶液(A.4.2.4)为空白，用盐酸标准滴定溶液滴定的体积为 V_0。

A.4.5 结果计算

乙酰基的质量分数 w_0 按式(A.1)计算：

$$w_0=\frac{(V_0-V_1)\times c\times M}{m\times 1\ 000}\times 100\% \qquad \text{(A.1)}$$

式中：

V_0 ——空白耗用的盐酸标准滴定溶液体积，单位为毫升(mL)；

V_1 ——样品耗用的盐酸标准滴定溶液体积，单位为毫升(mL)；

c ——盐酸标准滴定溶液的准确浓度，单位为摩尔每升(mol/L)；

M ——乙酰基的摩尔质量，单位为克每摩尔(g/mol)[$M(C_2H_3O)=43.03$]；

m ——试样质量，单位为克(g)；

1 000——换算系数。

A.5 乙酸乙烯酯残留的测定

A.5.1 试剂和材料

A.5.1.1 乙酸乙烯酯。

A.5.1.2 淀粉：与试样具有相同植物来源的未变性淀粉。

A.5.2 仪器和设备

气相色谱仪：推荐使用配有火焰离子化检测器的色谱仪。

A.5.3 色谱柱及典型色谱操作条件

A.5.3.1 色谱柱：毛细管柱，60 m×0.32 mm(内径)，充填物为(50%氰丙基)-甲基聚硅氧烷。

A.5.3.2 柱箱温度：程序升温，40 ℃保温 5 min，以 10 ℃/min 的速度升温至 180 ℃，180 ℃下保温 5 min。

A.5.3.3 进样口温度：200 ℃。

A.5.3.4 检测器温度：250 ℃。

A.5.3.5 载气为氮气(1.3 mL/min)。

也可选择具有等同分离效果的色谱柱及其相应的色谱条件。

A.5.4 分析步骤

A.5.4.1 标准溶液的制备

称取 150 mg 乙酸乙烯酯，精确至 0.1 mg，置于 100 mL 容量瓶中，用水溶解并稀释至刻度。取 1 mL 配好的溶液放入 10 mL 容量瓶并用水稀释至刻度。将 0.1 mL 该稀释溶液加入到装有 4 g 淀粉并配有隔膜塞的仪器专用瓶中，密封。此溶液中含有 15 μg 的乙酸乙烯酯。

A.5.4.2 测定

称取 4 g 试样，精确至 0.001 g，置于配有隔膜塞的仪器专用瓶中，密封。分别将含有试样和标准溶液的专用瓶放入仪器中，在 A.5.3 色谱条件下测定，顶空取样，得到色谱图，根据两张图谱的峰面积计算试样中乙酸乙烯酯的含量。

A.5.4.3 结果计算

乙酸乙烯酯残留 w_1 数值以 mg/kg 表示，按式(A.2)计算：

$$w_1 = \frac{c \times A_1}{A_2} \qquad \cdots\cdots(A.2)$$

式中：

c ——标准溶液中乙酸乙烯酯的浓度，单位为毫克每千克(mg/kg)；

A_1——试样中乙酸乙烯酯产生的信号峰面积；

A_2——标准溶液中乙酸乙烯酯产生的信号峰面积。

中华人民共和国国家标准

GB 29930—2013

食品安全国家标准
食品添加剂 羟丙基淀粉

2013-11-29 发布

2014-06-01 实施

中华人民共和国
国家卫生和计划生育委员会 发布

食品安全国家标准
食品添加剂 羟丙基淀粉

1 范围

本标准适用于以食用淀粉或由生产食用淀粉的原料得到的淀粉乳为原料与醚化剂发生反应制得的食品添加剂羟丙基淀粉，以及结合酶处理、酸处理、碱处理、漂白处理和预糊化处理中一种或多种方法加工后的食品添加剂羟丙基淀粉。

2 技术要求

2.1 原辅料

2.1.1 原料

食用淀粉应符合相关产品的国家标准或行业标准。

2.1.2 辅料

2.1.2.1 应符合相关产品的国家标准或行业标准或相关规定的要求。

2.1.2.2 醚化剂种类与用量：环氧丙烷，不超过淀粉干基质量分数的 25%。

2.2 感官要求

感官要求应符合表 1 的规定。

表 1 感官要求

项 目	要 求	检验方法
色泽	白色、类白色或淡黄色	取试样 50 g 置于洁净的白瓷盘中，在自然光线下，观察其色泽、状态，嗅其气味
状态	呈颗粒状、片状或粉末状，无可见杂质	
气味	具有产品固有的气味，无异味	

2.3 理化指标

理化指标应符合表 2 的规定。

表 2 理化指标

项 目		指 标	检验方法
干燥减量(w)/%	谷类淀粉为原料 ≤	15.0	GB/T 12087
	其他单体淀粉为原料 ≤	18.0	
	马铃薯淀粉为原料 ≤	21.0	

表 2（续）

项　目		指　标	检验方法
总砷(以 As 计)/(mg/kg)	≤	0.5	GB/T 5009.11
铅(Pb)/(mg/kg)	≤	1.0	GB 5009.12
二氧化硫残留/(mg/kg)	≤	30	GB/T 22427.13
羟丙基/(g/100 g)	≤	7.0	附录 A 中 A.4
氯丙醇/(mg/kg)	≤	1.0	A.5

附 录 A

检验方法

A.1 安全提示

本标准的检验方法中使用的部分试剂具有毒性或腐蚀性，操作时应小心谨慎！如溅到皮肤上应立即用水冲洗，严重者应立即治疗。

A.2 一般规定

除非另有说明，在分析中仅使用确认为分析纯的试剂和 GB/T 6682 中规定的三级水。试验方法中所用标准滴定溶液、杂质测定用标准溶液、制剂及制品，在没有注明其他要求时，均按 GB/T 601、GB/T 602 和 GB/T 603 之规定制备；所用溶液在未指明溶剂时，均指水溶液。

A.3 鉴别试验

A.3.1 显微镜检测

未经糊化处理保持颗粒结构的羟丙基淀粉，可直接通过显微镜观察鉴定淀粉颗粒形状，大小和特征。在显微镜的偏振光下，可以观察到典型的偏光十字。

A.3.2 碘染色

将 1 g 的试样加入 20 mL 的水中配成悬浮液，滴入几滴碘液，颜色范围应为深蓝色到棕红色。

A.3.3 铜还原

A.3.3.1 碱性酒石酸铜试液的配制

A.3.3.1.1 溶液 A：取硫酸铜($CuSO_4 \cdot 5H_2O$) 34.66 g，应无风化或吸潮现象，加水溶解定容到 500 mL。将此溶液保存在小型密封的容器中。

A.3.3.1.2 溶液 B：取酒石酸钾钠($KNaC_4H_4O_6 \cdot 4H_2O$) 173 g 与氢氧化钠 50 g，加水溶解定容到 500 mL。将此溶液保存在小型耐碱腐蚀的容器中。

A.3.3.1.3 溶液 A 和溶液 B 等体积混合，即得碱性酒石酸铜试液。

A.3.3.2 分析步骤

称取试样 2.5 g，置于一烧瓶中，加入 0.82 mol/L 的盐酸溶液 10 mL 和水 70 mL，混合均匀，沸水浴回流 3 h，冷却。取 0.5 mL 冷却溶液，加入 5 mL 热碱性酒石酸铜试液，产生大量红色沉淀物。

A.4 羟丙基的测定

A.4.1 原理

羟丙基淀粉在硫酸中生成丙二醇，丙二醇再进一步脱水生成丙醛和丙烯醇，这两种脱水产物在硫酸介质中可与茚三酮生成紫色络合物。用分光光度计在 590 nm 处测其吸光度，浓度范围 5 mg～50 mg，符合朗伯-比尔定律。

A.4.2 试剂和材料

A.4.2.1 硫酸。

A.4.2.2 茚三酮。

A.4.2.3 亚硫酸氢钠。

A.4.2.4 茚三酮溶液：将茚三酮溶于 5%亚硫酸氢钠溶液中，配制成 3%的茚三酮溶液。

A.4.2.5 硫酸溶液：$c(\frac{1}{2}H_2SO_4)=1.0$ mol/L。

A.4.2.6 1,2-丙二醇。

A.4.2.7 淀粉：具有相同植物来源的未变性淀粉。

A.4.3 仪器和设备

分光光度计。

A.4.4 分析步骤

A.4.4.1 标准溶液的配制

制备 1.00 mg/mL 的 1,2-丙二醇标准溶液，分别吸取 1.00 mL、2.00 mL、3.00 mL、4.00 mL、5.00 mL 此标准溶液于 100 mL 容量瓶中，用水稀释至刻度，得到浓度分别为 10 μg/mL、20 μg/mL、30 μg/mL、40 μg/mL 和 50 μg/mL 的标准溶液。

A.4.4.2 试样溶液的配制

称取 50 mg～100 mg 试样，精确至 0.1 mg，置于 100 mL 容量瓶中，加入硫酸溶液 25 mL。于沸水浴中加热至试样溶解，冷却后用水稀释至 100 mL。必要时可进一步稀释，以保证每 100 mL 中所含的羟丙基不超过 4 mg，然后按相同比例稀释空白淀粉。

A.4.4.3 测定

取 5 种标准溶液各 1 mL，分别移入 25 mL 具塞刻度试管内，将试管置于冷水中，分别滴加硫酸 8 mL，混匀后将试管置于沸水浴内准确加热 3 min，立即将试管移入冷水浴降温。沿试管壁小心加入茚三铜溶液 0.6 mL，立即摇匀，于 25 ℃水浴中保持 100 min。用硫酸调整各试管内的体积至 25 mL，倒转试管数次以混匀(不得摇动)。立即将部分溶液移入分光光度计 1 cm 比色池内，静置 5 min 后，在 590 nm 处测定吸光值，绘制标准曲线。

吸取试样溶液 1 mL，移入 25 mL 具塞刻度试管内，按照标准溶液的测定过程进行后续操作，以淀粉空白液作为参比，测定吸光值。

A.4.5 结果计算

羟丙基的质量分数 w_0 按式(A.1)计算：

$$w_0=\frac{c\times 0.776\,3\times f}{m\times 1\,000}\times 100\% \qquad \text{(A.1)}$$

式中：

c ——从标准曲线中读取的试样溶液中丙二醇含量，单位为微克每毫升(μg/mL)；

0.776 3——丙二醇含量转化为羟丙基含量的转化系数；

f ——试样稀释后的最终体积,单位为毫升(mL);
m ——试样质量,单位为毫克(mg);
1 000 ——换算因子。

A.5 氯丙醇的测定

A.5.1 试剂和材料

A.5.1.1 无水乙醚。
A.5.1.2 氯丙醇:含 75%1-氯-2-丙醇和 25% 2-氯-1-丙醇。
A.5.1.3 硅土:250 μm～150 μm。
A.5.1.4 硫酸。
A.5.1.5 氢氧化钠。
A.5.1.6 无水硫酸钠。
A.5.1.7 硫酸溶液:$c(\frac{1}{2}H_2SO_4)$ = 2 mol/L。量取 60 mL 硫酸,缓缓注入 1 000 mL 水中,冷却,摇匀。
A.5.1.8 氢氧化钠溶液:25%。称取 25 g 氢氧化钠,溶解在 75 mL 水中。
A.5.1.9 蜡质玉米淀粉:未经变性处理的蜡质玉米淀粉。

A.5.2 仪器和设备

A.5.2.1 气相色谱仪:推荐使用配有火焰离子化检测器的双柱色谱仪。
A.5.2.2 耐压瓶:200 mL 的压力瓶,配有氯丁橡胶垫、玻璃塞子。

A.5.3 色谱柱及典型色谱操作条件

A.5.3.1 色谱柱:毛细管柱,30 m×0.32 mm(内径),充填物为聚乙二醇 20M(PEG20M)。
A.5.3.2 柱箱温度:程序升温,50 ℃保温 5 min,以 10 ℃/min 的速率升至 220 ℃,保温 2 min。
A.5.3.3 进样口温度:250 ℃。
A.5.3.4 检测器温度:250 ℃。
A.5.3.5 燃烧气为氢气(47 mL/min),助燃气为空气(400 mL/min),补偿气为氮气(30 mL/min)。
A.5.3.6 载气为氮气(25 mL/min),分流比 2∶1。

也可选择具有等同分离效果的色谱柱及相应的色谱条件。

A.5.4 分析步骤

A.5.4.1 氯丙醇标准溶液的制备

采用 10 μL 的注射器取 5 μL 氯丙醇。精确称取注射器质量并将氯丙醇注入含有部分水的 500 mL 容量瓶,重新称量注射器质量,并记录两者之差即为加入的氯丙醇质量,加水稀释至刻度并混合均匀。该溶液中大约含氯丙醇 12.5 μg/mL。该溶液需现配现用。

A.5.4.2 试样制备

称取 10 g 试样,精确至 0.001 g,置于耐压瓶中,加入 25 mL 硫酸溶液,夹住瓶顶部,并使试样旋动直至其完全分散。将瓶子放入沸水浴中加热 10 min,然后旋动瓶子使其内容物充分混合,并在沸水浴中继续加热 15 min,在空气中冷却至室温,然后用氢氧化钠溶液将其中和至 pH=7,加入 7 g 无水硫酸钠并用磁力搅拌器搅拌 5 min～10 min,直至硫酸钠完全溶解,再使用脱脂棉过滤,用少量的水洗涤耐压瓶。将溶液转移至配有聚四氟乙烯的500 mL分液器中，分别用50 mL无水乙醚萃取5次，每次萃取至少保持5 min以使相分离。将所有乙醚萃取物转移至带有刻度烧瓶中，置于50 ℃～55 ℃的水浴中，浓缩至4 mL。

注：试样的乙醚萃取物可能含有外来的残留杂质干扰色谱图的解析。这些残留杂质可能是水解过程中引起的降解产物。由此引起的问题可用下列纯化处理来解决：将乙醚萃取物浓缩至约8 mL来替代上述的4 mL。将在130 ℃下加热16 h的10 g硅土，充入一个相应尺寸的色谱柱中并轻轻敲击，并在柱子顶部加入1 g无水硫酸钠，用25 mL无水乙醚润湿柱子后，用少量乙醚辅助将浓缩的萃取液定量通过柱子。分别用25 mL无水乙醚洗提3次，收集洗提液转移至浓缩器中浓缩至4 mL。

将萃取物冷却至室温，用少量无水乙醚辅助定量转移至5.0 mL容量瓶中，用无水乙醚稀释至所需体积并混合均匀。

A.5.4.3 对照样溶液的制备

5个耐压瓶中分别装入10 g蜡质玉米淀粉，精确至0.001 g，瓶中加入25 mL硫酸溶液。然后加入0.0 mL、0.1 mL、0.2 mL、0.4 mL、1.0 mL氯丙醇标准溶液，使其浓度按淀粉计分别为0 mg/kg、0.1 mg/kg、0.2 mg/kg、0.4 mg/kg和1.0 mg/kg。根据氯丙醇标准溶液中氯丙醇的质量计算瓶中氯丙醇的确切浓度。夹紧瓶顶部，使瓶中试样旋动直至完全分散。然后从A.5.4.2“将瓶子放入沸水浴中……”开始操作。

A.5.4.4 测定

注入1.0 μL对照样溶液，每次进样之间应有充足的时间以保证氯丙醇两个异构体相应的信号峰记录完全，且清洗色谱柱。参照各自的对照样记录并加和两个氯丙醇异构体的信号峰面积。采用同样的操作条件，注入1.0 μL试样的浓缩萃取物，记录并加和试样的信号峰面积。

以每个对照样信号峰面积对所用氯丙醇异构体实际质量换算得到氯丙醇浓度(mg/kg)作图得到校正曲线，利用试样中对应于1-氯-2-丙醇和2-氯-1-丙醇的峰面积之和确定试样中混合氯丙醇的浓度(mg/kg)。在熟练掌握整个操作过程，且保证由参照样得到的校正曲线是线性和可重现时，参照样的数目可以减少到一个，及含约5 mg/kg氯丙醇异构体的混合物。

A.5.4.5 结果计算

氯丙醇 w_1 数值以mg/kg表示，按式(A.2)计算：

$$w_1 = \frac{c \times A_1}{A_2} \qquad \cdots\cdots (A.2)$$

式中：

c ——对照样溶液中氯丙醇(异构体总和)的浓度，单位为毫克每千克(mg/kg)；

A_1——试样溶液中氯丙醇异构体产生的信号峰面积总和；

A_2——对照样溶液中氯丙醇异构体产生的信号峰面积总和。

中华人民共和国国家标准

GB 29931—2013

食品安全国家标准
食品添加剂 羟丙基二淀粉磷酸酯

2013-11-29 发布　　2014-06-01 实施

中华人民共和国
国家卫生和计划生育委员会 发布

食品安全国家标准
食品添加剂　羟丙基二淀粉磷酸酯

1　范围

本标准适用于以食用淀粉或由生产食用淀粉的原料得到的淀粉乳为原料与磷酸化试剂和醚化剂反应制得的食品添加剂羟丙基二淀粉磷酸酯，以及结合酶处理、酸处理、碱处理、漂白处理和预糊化处理中一种或多种方法加工后的食品添加剂羟丙基二淀粉磷酸酯。

2　技术要求

2.1　原辅料

2.1.1　原料

食用淀粉应符合相关产品的国家标准或行业标准。

2.1.2　辅料

2.1.2.1　应符合相关产品的国家标准或行业标准或相关规定的要求。

2.1.2.2　磷酸化试剂种类与用量：三氯氧磷或三偏磷酸钠，用量不超过淀粉干基质量分数的0.1%。

2.1.2.3　醚化剂种类与用量：环氧丙烷，不超过淀粉干基质量分数的10%。

2.2　感官要求

感官要求应符合表1的规定。

表1　感官要求

项目	要　求	检验方法
色泽	白色、类白色或淡黄色	取试样50 g置于洁净的白色盘中，在自然光线下，观察其色泽、状态，嗅其气味
状态	呈颗粒状、片状或粉末状，无可见杂质	
气味	具有产品固有的气味，无异味	

2.3　理化指标

理化指标应符合表2的规定。

表 2 理化指标

项目			指标	检验方法
干燥减量(w)/%	谷类淀粉为原料	≤	15.0	GB/T 12087
	其他单体淀粉为原料	≤	18.0	
	马铃薯淀粉为原料	≤	21.0	
总砷(以 As 计)/(mg/kg)		≤	0.5	GB/T 5009.11
铅(Pb)/(mg/kg)		≤	1.0	GB 5009.12
二氧化硫残留/(mg/kg)		≤	30	GB/T 22427.13
残留磷酸盐(以 P 计)/%	马铃薯或小麦淀粉为原料	≤	0.14	GB/T 22427.11
	其他原料	≤	0.04	
羟丙基/(g/100 g)		≤	7.0	附录 A 中 A.4
氯丙醇/(mg/kg)		≤	1.0	A.5

附　录　A
检验方法

A.1　安全提示

本标准的检验方法中使用的部分试剂具有毒性或腐蚀性，操作时应小心谨慎！如溅到皮肤上应立即用水冲洗，严重者应立即治疗。

A.2　一般规定

除非另有说明，在分析中仅使用确认为分析纯的试剂和 GB/T 6682 中规定的三级水。试验方法中所用标准滴定溶液、杂质测定用标准溶液、制剂及制品，在没有注明其他要求时，均按 GB/T 601、GB/T 602 和 GB/T 603 之规定制备；所用溶液在未指明溶剂时，均指水溶液。

A.3　鉴别试验

A.3.1　显微镜检测

未经糊化处理保持颗粒结构的羟丙基二淀粉磷酸酯，可直接通过显微镜观察鉴定淀粉颗粒形状，大小和特征。在显微镜的偏振光下，可以观察到典型的偏光十字。

A.3.2　碘染色

将 1 g 的试样加入 20 mL 的水中配成悬浮液，滴入几滴碘液，颜色范围应为深蓝色到棕红色。

A.3.3　铜还原

A.3.3.1　碱性酒石酸铜试液的配制

A.3.3.1.1　溶液 A：取硫酸铜($CuSO_4 \cdot 5H_2O$) 34.66 g，应无风化或吸潮现象，加水溶解定容到 500 mL。将此溶液保存在小型密封的容器中。

A.3.3.1.2　溶液 B：取酒石酸钾钠($KNaC_4H_4O_6 \cdot 4H_2O$) 173 g 与氢氧化钠 50 g，加水溶解定容到 500 mL。将此溶液保存在小型耐碱腐蚀的容器中。

A.3.3.1.3　溶液 A 和溶液 B 等体积混合，即得碱性酒石酸铜试液。

A.3.3.2　分析步骤

称取试样 2.5 g，置于一烧瓶中，加入 0.82 mol/L 的盐酸溶液 10 mL 和水 70 mL，混合均匀，沸水浴回流 3 h，冷却。取 0.5 mL 冷却溶液，加入 5 mL 热碱性酒石酸铜试液，产生大量红色沉淀物。

A.4　羟丙基的测定

A.4.1　方法原理

羟丙基二淀粉磷酸酯在硫酸中生成丙二醇，丙二醇再进一步脱水生成丙醛和丙烯醇，这两种脱水产物在硫酸介质中可与茚三酮生成紫色络合物。用分光光度计在 590 nm 处测其吸光度，浓度范围 5 mg～

50 mg,符合朗伯-比尔定律。

A.4.2 试剂和材料

A.4.2.1 硫酸。

A.4.2.2 茚三酮。

A.4.2.3 亚硫酸氢钠。

A.4.2.4 茚三酮溶液:将茚三酮溶于5%亚硫酸氢钠溶液中,配制成3%的茚三酮溶液。

A.4.2.5 硫酸溶液:$c(\frac{1}{2}H_2SO_4)=1.0$ mol/L。

A.4.2.6 1,2-丙二醇。

A.4.2.7 淀粉:具有相同植物来源的未变性淀粉。

A.4.3 仪器和设备

分光光度计。

A.4.4 分析步骤

A.4.4.1 标准溶液的配制

制备1.00 mg/mL的1,2-丙二醇标准溶液,分别吸取1.00 mL、2.00 mL、3.00 mL、4.00 mL、5.00 mL此标准溶液于100 mL容量瓶中,用水稀释至刻度,得到浓度分别为10 μg/mL、20 μg/mL、30 μg/mL、40 μg/mL和50 μg/mL的标准溶液。

A.4.4.2 试样溶液的配制

称取50 mg~100 mg试样,精确至0.1 mg,置于100 mL容量瓶中,加入硫酸溶液25 mL。于沸水浴中加热至试样溶解,冷却后用水稀释至100 mL。必要时可进一步稀释,以保证每100 mL中所含的羟丙基不超过4 mg,然后按相同比例稀释空白淀粉。

A.4.4.3 测定

取5种标准溶液各1 mL,分别移入25 mL具塞刻度试管内,将试管置于冷水中,分别滴加硫酸8 mL,混匀后将试管置于沸水浴内准确加热3 min,立即将试管移入冷水浴降温。沿试管壁小心加入茚三铜溶液0.6 mL,立即摇匀,于25 ℃水浴中保持100 min。用硫酸调整各试管内的体积至25 mL,倒转试管数次以混匀(不得摇动)。立即将部分溶液移入分光光度计1 cm比色池内,静置5 min后,在590 nm处测定吸光值,绘制标准曲线。

吸取试样溶液1 mL,移入25 mL具塞刻度试管内,按照标准溶液的测定过程进行后续操作,以淀粉空白液作为参比,测定的吸光值。

A.4.5 结果计算

羟丙基的质量分数w_0按式(A.1)计算:

$$w_0=\frac{c\times 0.776\,3\times f}{m\times 1\,000}\times 100\% \qquad \cdots\cdots(A.1)$$

式中:

c ——从标准曲线中读取的样品溶液中丙二醇含量,单位为微克每毫升(μg/mL);

0.776 3——丙二醇含量转化为羟丙基含量的转化系数;

f ——试样稀释后的最终体积,单位为毫升(mL);

m ——试样质量，单位为毫克(mg)；

1 000 ——换算因子。

A.5 氯丙醇的测定

A.5.1 试剂和材料

A.5.1.1 无水乙醚。

A.5.1.2 氯丙醇：含 75%1-氯-2-丙醇和 25% 2-氯-1-丙醇。

A.5.1.3 硅土：250 μm～150 μm 。

A.5.1.4 硫酸。

A.5.1.5 氢氧化钠。

A.5.1.6 无水硫酸钠。

A.5.1.7 硫酸溶液：$c(\frac{1}{2}H_2SO_4) = 2$ mol/L。量取 60 mL 硫酸，缓缓注入 1 000 mL 水中，冷却，摇匀。

A.5.1.8 氢氧化钠溶液：25%。称取 25 g 氢氧化钠，溶解在 75 mL 水中。

A.5.1.9 蜡质玉米淀粉：未经变性处理的蜡质玉米淀粉。

A.5.2 仪器和设备

A.5.2.1 气相色谱仪：推荐使用配有火焰离子化检测器的双柱色谱仪。

A.5.2.2 耐压瓶：200 mL 的压力瓶，配有氯丁橡胶垫、玻璃塞子。

A.5.3 色谱柱及典型色谱操作条件

A.5.3.1 色谱柱：毛细管柱，30m×0.32mm(内径)，充填物为聚乙二醇 20M(PEG20M)。

A.5.3.2 柱箱温度：程序升温，50 ℃保温 5 min，以 10 ℃/min 的速率升至 220 ℃，保温 2 min。

A.5.3.3 进样口温度：250 ℃。

A.5.3.4 检测器温度：250 ℃。

A.5.3.5 燃烧气为氢气(47 mL/min)，助燃气为空气(400 mL/min)，补偿气为氮气(30 mL/min)。

A.5.3.6 载气为氮气(25 mL/min)，分流比 2∶1。

也可选择具有等同分离效果的色谱柱及相应的色谱条件。

A.5.4 分析步骤

A.5.4.1 氯丙醇标准溶液的制备

采用 10 μL 的注射器取 5 μL 氯丙醇。精确称取注射器质量并将样品注入含有部分水的 500 mL 容量瓶，重新称量注射器质量，并记录两者之差即为加入的氯丙醇质量，加水稀释至刻度并混合均匀。该溶液中大约含氯丙醇 12.5 μg/mL。该溶液需现配现用。

A.5.4.2 试样制备

称取 10 g 试样，精确至 0.001 g，置入耐压瓶中，加入 25 mL 硫酸溶液，夹住瓶顶部，并使样品旋动直至其完全分散。将瓶子放入沸水浴中加热 10 min，然后旋动瓶子使其内容物充分混合，并在沸水浴中继续加热 15 min，在空气中冷却至室温，然后用氢氧化钠溶液将其中和至 pH=7，加入 7 g 无水硫酸钠并用磁力搅拌器搅拌 5 min～10 min，直至硫酸钠完全溶解，再使用脱脂棉过滤，用少量的水洗涤耐压瓶。将溶液转移至配有聚四氟乙烯的 500 mL 分液器中，分别用 50 mL 无水乙醚萃取 5 次，每次萃取至少保持 5 min 以使相分离。将所有乙醚萃取物转移至带有刻度烧瓶中，置于 50 ℃～55 ℃的水浴中，浓缩至 4 mL。

注：样品的乙醚萃取物可能含有外来的残留杂质干扰色谱图的解析。这些残留杂质可能是水解过程中引起的降解产物。由此引起的问题可用下列纯化处理来解决：将乙醚萃取物浓缩至约 8 mL 来替代上述的 4 mL。将在 130 ℃下加热 16 h 的 10 g 硅土，充入一个相应尺寸的色谱柱中并轻轻敲击，并在柱子顶部加入 1 g 无水硫酸钠，用 25 mL 无水乙醚润湿柱子后，用少量乙醚辅助将浓缩的萃取液定量通过柱子。分别用 25 mL 无水乙醚洗提 3 次，收集洗提液转移至浓缩器中浓缩至 4 mL。

将萃取物冷却至室温，用少量无水乙醚辅助定量转移至 5.0 mL 容量瓶中，用无水乙醚稀释至所需体积并混合均匀。

A.5.4.3 对照样溶液的制备

5 个耐压瓶中分别装入 10 g 蜡质玉米淀粉，精确至 0.001 g，瓶中加入 25 mL 硫酸溶液。然后加入 0.0 mL、0.1 mL、0.2 mL、0.4 mL、1.0 mL 氯丙醇标准溶液，使其浓度按淀粉计分别为 0 mg/kg、0.1 mg/kg、0.2 mg/kg、0.4 mg/kg 和 1.0 mg/kg。根据氯丙醇标准溶液中氯丙醇的质量计算瓶中氯丙醇的确切浓度。夹紧瓶顶部，使瓶中试样旋动直至完全分散。然后从 A.5.4.2“将瓶子放入沸水浴中……”开始操作。

A.5.4.4 测定

注入 1.0 μL 对照样溶液，每次进样之间应有充足的时间以保证氯丙醇两个异构体相应的信号峰记录完全，且清洗色谱柱。参照各自的对照样记录并加和两个氯丙醇异构体的信号峰面积。采用同样的操作条件，注入 1.0 μL 样品的浓缩萃取物，记录并加和样品的信号峰面积。

以每个对照样信号峰面积对所用氯丙醇异构体实际质量换算得到氯丙醇浓度(mg/kg)作图得到校正曲线，利用样品中对应于 1-氯-2-丙醇和 2-氯-1-丙醇的峰面积之和确定样品中混合氯丙醇的浓度(mg/kg)。在熟练掌握整个操作过程，且保证由参照样得到的校正曲线是线性和可重现时，参照样的数目可以减少到一个，及含约 5 mg/kg 氯丙醇异构体的混合物。

A.5.4.5 结果计算

氯丙醇 w_1 数值以 mg/kg 表示，按式(A.2)计算：

$$w_1 = \frac{c \times A_1}{A_2} \qquad \cdots\cdots (A.2)$$

式中：

c ——对照样溶液中氯丙醇(异构体总和)的浓度，单位为毫克每千克(mg/kg)；

A_1——样品溶液中氯丙醇异构体产生的信号峰面积总和；

A_2——对照样溶液中氯丙醇异构体产生的信号峰面积总和。

中华人民共和国国家标准

GB 29932—2013

食品安全国家标准

食品添加剂　乙酰化双淀粉己二酸酯

2013-11-29 发布　　2014-06-01 实施

中华人民共和国
国家卫生和计划生育委员会　发布

食品安全国家标准

食品添加剂　乙酰化双淀粉己二酸酯

1　范围

本标准适用于以食用淀粉或由生产食用淀粉的原料得到的淀粉乳为原料与己二酸酐和乙酸酐进行反应制得的食品添加剂乙酰化双淀粉己二酸酯，以及结合酶处理、酸处理、碱处理、漂白处理和预糊化处理中一种或多种方法加工后的食品添加剂乙酰化双淀粉己二酸酯。

2　技术要求

2.1　原辅料

2.1.1　原料

食用淀粉应符合相关产品的国家标准或行业标准。

2.1.2　辅料

2.1.2.1　应符合相关产品的国家标准或行业标准或相关规定的要求。

2.1.2.2　试剂种类与用量：

a)　己二酸酐，不超过淀粉干基质量分数的 0.12%；

b)　乙酸酐，不超过淀粉干基质量分数的 8.0%。

2.2　感官要求

感官要求应符合表 1 的规定。

表 1　感官要求

项　目	要　求	检验方法
色泽	白色、类白色或淡黄色	取试样 50 g 置于洁净的白瓷盘中，在自然光线下，观察其色泽、状态，嗅其气味
状态	呈颗粒状、片状或粉末状，无可见杂质	
气味	具有产品固有的气味，无异味	

2.3　理化指标

理化指标应符合表 2 的规定。

表 2 理化指标

项　目			指　标	检验方法
干燥减量(w)/%	谷类淀粉为原料	≤	15.0	GB/T 12087
	其他单体淀粉为原料	≤	18.0	
	马铃薯淀粉为原料	≤	21.0	
总砷(以 As 计)/(mg/kg)		≤	0.5	GB/T 5009.11
铅 (Pb)/(mg/kg)		≤	1.0	GB 5009.12
二氧化硫残留/(mg/kg)		≤	30	GB/T 22427.13
乙酰基/(g/100 g)		≤	2.5	附录 A 中 A.4

附 录 A

检验方法

A.1 安全提示

本标准的检验方法中使用的部分试剂具有毒性或腐蚀性，操作时应小心谨慎！如溅到皮肤上应立即用水冲洗，严重者应立即治疗。

A.2 一般规定

除非另有说明，在分析中仅使用确认为分析纯的试剂和 GB/T 6682 中规定的三级水。试验方法中所用标准滴定溶液、杂质测定用标准溶液、制剂及制品，在没有注明其他要求时，均按 GB/T 601、GB/T 602 和 GB/T 603 之规定制备；所用溶液在未指明溶剂时，均指水溶液。

A.3 鉴别试验

A.3.1 显微镜检测

未经糊化处理保持颗粒结构的乙酰化双淀粉己二酸酯，可直接通过显微镜观察鉴定淀粉颗粒形状，大小和特征。在显微镜的偏振光下，可以观察到典型的偏光十字。

A.3.2 碘染色

将 1 g 的试样加入 20 mL 的水中配成悬浮液，滴入几滴碘液，颜色范围应为深蓝色到棕红色。

A.3.3 铜还原

A.3.3.1 碱性酒石酸铜试液的配制

A.3.3.1.1 溶液 A：取硫酸铜($CuSO_4 \cdot 5H_2O$) 34.66 g，应无风化或吸潮现象，加水溶解定容到 500 mL。将此溶液保存在小型密封的容器中。

A.3.3.1.2 溶液 B：取酒石酸钾钠($KNaC_4H_4O_6 \cdot 4H_2O$) 173 g 与氢氧化钠 50 g，加水溶解定容到 500 mL。将此溶液保存在小型耐碱腐蚀的容器中。

A.3.3.1.3 溶液 A 和溶液 B 等体积混合，即得碱性酒石酸铜试液。

A.3.3.2 分析步骤

称取试样 2.5 g，置于一烧瓶中，加入 0.82 mol/L 的盐酸溶液 10 mL 和水 70 mL，混合均匀，沸水浴回流 3 h，冷却。取 0.5 mL 冷却溶液，加入 5 mL 热碱性酒石酸铜试液，产生大量红色沉淀物。

A.3.4 乙酰基鉴别

A.3.4.1 原理

乙酸盐是由乙酰化淀粉皂化释放出来的。经浓缩后，通过与氢氧化钙共热，乙酸盐转变为丙酮，丙酮与邻硝基苯甲醛作用呈现蓝色。

A.3.4.2 鉴别方法

将约 10 g 试样分散于 25 mL 水中，再加入 20 mL0.4 mol/L 氢氧化钠溶液。摇动 1 h 后过滤。滤液在 110 ℃烘箱中蒸发，用少量水溶解剩余物，并转移至测试管中。在测试管中加入氢氧化钙并加热。如果样品是醋酸酯淀粉，就会有丙酮蒸气产生。其蒸气能将经用 2 mol/L 氢氧化钠溶液现配的邻硝基苯甲醛饱和溶液浸湿过的纸条变蓝色。如果用 1 滴 1 mol/L 盐酸溶液去除上述试剂的原始黄色后，这种蓝色将更加清晰。

A.4 乙酰基的测定

A.4.1 方法原理

含有乙酰基的淀粉在碱性条件下(pH≥8.5)易皂化，故用过量碱将其皂化，然后用盐酸标准滴定溶液来滴定剩余的碱即可测定出乙酰基的含量。

A.4.2 试剂和材料

A.4.2.1 氢氧化钠。

A.4.2.2 盐酸。

A.4.2.3 氢氧化钠溶液：$c(NaOH)=0.1$ mol/L。

A.4.2.4 氢氧化钠溶液：$c(NaOH)=0.45$ mol/L。称取 18 g 氢氧化钠，溶于 100 mL 无二氧化碳的水中，摇匀，转移至 1 000 mL 容量瓶中，用无二氧化碳的水稀释至刻度，摇匀。

A.4.2.5 盐酸标准滴定溶液：$c(HCl)=0.2$ mol/L。

A.4.2.6 酚酞指示液：10 g/L。

A.4.3 仪器和设备

机械振荡器。

A.4.4 分析步骤

称取 5 g 试样，精确至 0.001 g，置于 250 mL 锥形瓶中，加入 50 mL 水及 3 滴酚酞指示液，混合均匀后用氢氧化钠溶液(A.4.2.3)滴定至微红色，再加入 25.0 mL 氢氧化钠溶液(A.4.2.4)，在机械振荡器上剧烈振荡 30 min 进行皂化。

取下瓶塞，用洗瓶冲洗碘量瓶的塞子及瓶壁，将已皂化过的含过量碱的溶液，用盐酸标准滴定溶液滴定至粉红色消失即为终点，体积为 V_1。

以 25.0 mL 氢氧化钠溶液(A.4.2.4)为空白，用盐酸标准滴定溶液滴定的体积为 V_0。

A.4.5 结果计算

乙酰基的质量分数 w_0 按式(A.1)计算：

$$w_0=\frac{(V_0-V_1)\times c\times M}{m\times 1\,000}\times 100\% \qquad \cdots\cdots(\text{A.1})$$

式中：

V_0 ——空白耗用的盐酸标准滴定溶液体积，单位为毫升(mL)；

V_1 ——试样耗用的盐酸标准滴定溶液体积，单位为毫升(mL)；

c ——盐酸标准滴定溶液的准确浓度，单位为摩尔每升(mol/L)；

M ——乙酰基的摩尔质量，单位为克每摩尔(g/mol)[$M(C_2H_3O)=43.03$]；

m ——试样质量，单位为克(g)；

1 000——换算系数。

中华人民共和国国家标准

GB 29933—2013

食品安全国家标准
食品添加剂 氧化羟丙基淀粉

2013-11-29 发布 2014-06-01 实施

中华人民共和国
国家卫生和计划生育委员会 发布

食品安全国家标准

食品添加剂　氧化羟丙基淀粉

1　范围

本标准适用于以食用淀粉或由生产食用淀粉的原料得到的淀粉乳为原料与氧化剂和醚化剂发生反应制得的食品添加剂氧化羟丙基淀粉，以及结合酶处理、酸处理、碱处理和预糊化处理中一种或多种方法加工后的食品添加剂氧化羟丙基淀粉。

2　技术要求

2.1　原辅料

2.1.1　原料

食用淀粉应符合相关产品的国家标准或行业标准。

2.1.2　辅料

2.1.2.1　应符合相关产品的国家标准或行业标准或相关规定的要求。

2.1.2.2　氧化剂种类及用量应符合下列要求之一：

a)　次氯酸钠，以有效氯计，不超过淀粉干基质量分数的5.5%；

b)　过氧化氢，以活性氧计，不超过淀粉干基质量分数的0.45%；

2.1.2.3　醚化剂种类与用量：环氧丙烷，不超过淀粉干基质量分数的25%。

2.2　感官要求

感官要求应符合表1的规定。

表1　感官要求

项　目	要　求	检验方法
色泽	白色、类白色或淡黄色	取试样50 g置于洁净的白瓷盘中，在自然光线下，观察其色泽、状态，嗅其气味
状态	呈颗粒状、片状或粉末状，无可见杂质	
气味	具有产品固有的气味，无异味	

2.3　理化指标

理化指标应符合表2的规定。

表 2 理化指标

项目			指标	检验方法
干燥减量(w)/%	谷类淀粉为原料	≤	15.0	GB/T 12087
	其他单体淀粉为原料	≤	18.0	
	马铃薯淀粉为原料	≤	21.0	
总砷(以 As 计)/(mg/kg)		≤	0.5	GB/T 5009.11
铅(Pb)/(mg/kg)		≤	1.0	GB 5009.12
二氧化硫残留/(mg/kg)		≤	30	GB/T 22427.13
羧基/(g/100 g)		≤	1.1	GB/T 20374
羟丙基/(g/100 g)		≤	7.0	附录 A 中 A.4
氯丙醇/(mg/kg)		≤	1.0	A.5

附 录 A

检验方法

A.1 安全提示

本标准的检验方法中使用的部分试剂具有毒性或腐蚀性，操作时应小心谨慎！如溅到皮肤上应立即用水冲洗，严重者应立即治疗。

A.2 一般规定

除非另有说明，在分析中仅使用确认为分析纯的试剂和 GB/T 6682 中规定的三级水。试验方法中所用标准滴定溶液、杂质测定用标准溶液、制剂及制品，在没有注明其他要求时，均按 GB/T 601、GB/T 602 和 GB/T 603 之规定制备；所用溶液在未指明溶剂时，均指水溶液。

A.3 鉴别试验

A.3.1 显微镜检测

未经糊化处理保持颗粒结构的羟丙基二淀粉磷酸酯，可直接通过显微镜观察鉴定淀粉颗粒形状，大小和特征。在显微镜的偏振光下，可以观察到典型的偏光十字。

A.3.2 碘染色

将 1 g 的试样加入 20 mL 的水中配成悬浮液，滴入几滴碘液，颜色范围应为深蓝色到棕红色。

A.3.3 铜还原

A.3.3.1 碱性酒石酸铜试液的配制

A.3.3.1.1 溶液 A：取硫酸铜($CuSO_4 \cdot 5H_2O$) 34.66 g，应无风化或吸潮现象，加水溶解定容到 500 mL。将此溶液保存在小型密封的容器中。

A.3.3.1.2 溶液 B：取酒石酸钾钠($KNaC_4H_4O6 \cdot 4H_2O$) 173 g 与氢氧化钠 50 g，加水溶解定容到 500 mL。将此溶液保存在小型耐碱腐蚀的容器中。

A.3.3.1.3 溶液 A 和溶液 B 等体积混合，即得碱性酒石酸铜试液。

A.3.3.2 分析步骤

称取试样 2.5 g，置于一烧瓶中，加入 0.82 mol/L 的盐酸溶液 10 mL 和水 70 mL，混合均匀，沸水浴回流 3 h，冷却。取 0.5 mL 冷却溶液，加入 5 mL 热碱性酒石酸铜试液，产生大量红色沉淀物。

A.4 羟丙基的测定

A.4.1 方法原理

氧化羟丙基淀粉在硫酸中生成丙二醇，丙二醇再进一步脱水生成丙醛和丙烯醇，这两种脱水产物在硫酸介质中可与茚三酮生成紫色络合物。用分光光度计在 590 nm 处测其吸光度,浓度范围 5 mg～50 mg,符合朗伯-比尔定律。

A.4.2 试剂和材料

A.4.2.1 硫酸。
A.4.2.2 茚三酮。
A.4.2.3 亚硫酸氢钠。
A.4.2.4 茚三酮溶液:将茚三酮溶于 5%亚硫酸氢钠溶液中,配制成 3%的茚三酮溶液。
A.4.2.5 硫酸溶液:$c(\frac{1}{2}H_2SO_4)=1.0$ mol/L。
A.4.2.6 1,2-丙二醇。
A.4.2.7 淀粉:具有相同植物来源的未变性淀粉。

A.4.3 仪器和设备

分光光度计。

A.4.4 分析步骤

A.4.4.1 标准溶液的配制

制备 1.00 mg/mL 的 1,2-丙二醇标准溶液,分别吸取 1.00 mL、2.00 mL、3.00 mL、4.00 mL、5.00 mL 此标准溶液于 100 mL 容量瓶中,用水稀释至刻度,得到浓度分别为 10 μg/mL、20 μg/mL、30 μg/mL、40 μg/mL 和 50 μg/mL 的标准溶液。

A.4.4.2 样品溶液的配制

称取 50 mg～100 mg 试样,精确至 0.1 mg,置于 100 mL 容量瓶中,加入硫酸溶液 25 mL。于沸水浴中加热至试样溶解,冷却后用水稀释至 100 mL。必要时可进一步稀释,以保证每 100 mL 中所含的羟丙基不超过 4 mg,然后按相同比例稀释空白淀粉。

A.4.4.3 测定

取 5 种标准溶液各 1 mL,分别移入 25 mL 具塞刻度试管内,将试管置于冷水中,分别滴加硫酸 8 mL,混匀后将试管置于沸水浴内准确加热 3 min,立即将试管移入冷水浴降温。沿试管壁小心加入茚三铜溶液 0.6 mL。立即摇匀,于 25 ℃水浴中保持 100 min。用硫酸调整各试管内的体积至 25 mL,倒转试管数次以混匀(不得摇动)。立即将部分溶液移入分光光度计 1 cm 比色池内,静置 5 min 后,在 590 nm 处测定吸光值,绘制标准曲线。

吸取试样溶液 1 mL,移入 25 mL 具塞刻度试管内,按照标准溶液的测定过程进行后续操作,以淀粉空白液作为参比,测定的吸光值。

A.4.5 结果计算

羟丙基的质量分数 w_0 按式(A.1)计算:

$$w_0=\frac{c\times 0.776\,3\times f}{m\times 1\,000}\times 100\% \qquad \cdots\cdots(A.1)$$

式中:

c ——从标准曲线中读取的样品溶液中丙二醇含量,单位为微克每毫升(μg/mL);
0.776 3——丙二醇含量转化为羟丙基含量的转化系数;

f ——试样稀释后的最终体积，单位为毫升(mL)；
m ——试样质量，单位为毫克(mg)；
1 000 ——换算因子。

A.5 氯丙醇的测定

A.5.1 试剂和材料

A.5.1.1 无水乙醚。
A.5.1.2 氯丙醇：含 75%1-氯-2-丙醇和 25% 2-氯-1-丙醇。
A.5.1.3 硅土：250 μm～150 μm 。
A.5.1.4 硫酸。
A.5.1.5 氢氧化钠。
A.5.1.6 无水硫酸钠。
A.5.1.7 硫酸溶液：$c(\frac{1}{2}H_2SO_4)=2$ mol/L。量取 60 mL 硫酸，缓缓注入 1 000 mL 水中，冷却，摇匀。
A.5.1.8 氢氧化钠溶液：25%。称取 25 g 氢氧化钠，溶解在 75 mL 水中，直至成为澄清溶液。
A.5.1.9 蜡质玉米淀粉：未经变性处理的蜡质玉米淀粉。

A.5.2 仪器和设备

A.5.2.1 气相色谱仪：推荐使用配有火焰离子化检测器的双柱色谱仪。
A.5.2.2 耐压瓶：200 mL 的压力瓶，配有氯丁橡胶垫、玻璃塞子。

A.5.3 色谱柱及典型色谱操作条件

A.5.3.1 色谱柱：毛细管柱，30 m×0.32 mm(内径)，充填物为聚乙二醇 20M(PEG20M)。
A.5.3.2 柱箱温度：程序升温，50℃保温 5 min，以 10 ℃/min 的速率升至 220 ℃，保温 2 min。
A.5.3.3 进样口温度：250 ℃。
A.5.3.4 检测器温度：250 ℃。
A.5.3.5 燃烧气为氢气(47 mL/min)，助燃气为空气(400 mL/min)，补偿气为氮气(30 mL/min)。
A.5.3.6 载气为氮气(25 mL/min)，分流比 2∶1。

也可选择具有等同分离效果的色谱柱及相应的色谱条件。

A.5.4 分析步骤

A.5.4.1 氯丙醇标准溶液的制备

采用 10 μL 的注射器取 5 μL 氯丙醇。精确称取注射器质量并将样品注入含有部分水的 500 mL 容量瓶，重新称量注射器质量，并记录两者之差即为加入的氯丙醇质量，加水稀释至刻度并混合均匀。该溶液中大约含氯丙醇 12.5 μg/mL。该溶液需现配现用。

A.5.4.2 样品制备

称取 10 g 试样，精确至 0.001 g，置入耐压瓶中，加入 25 mL 硫酸溶液，夹住瓶顶部，并使样品旋动直至其完全分散。将瓶子放入沸水浴中加热 10min，然后旋动瓶子使其内容物充分混合，并在沸水浴中继续加热 15 min，在空气中冷却至室温，然后用氢氧化钠溶液将其中和至 pH=7，加入 7 g 无水硫酸钠并用磁子搅拌 5 min～10 min，直至硫酸钠完全溶解，再使用脱脂棉过滤，用少量的水洗涤耐压瓶。将溶液转移至配有聚四氟乙烯的500 mL分液器中，分别用50 mL无水乙醚萃取5次，每次萃取至少保持5 min以使相分离。将所有乙醚萃取物转移至带有刻度烧瓶中，置于50 ℃～55 ℃的水浴中，浓缩至4 mL。

注：样品的乙醚萃取物可能含有外来的残留杂质干扰色谱图的解析。这些残留杂质可能是水解过程中引起的降解产物。由此引起的问题可用下列纯化处理来解决：将乙醚萃取物浓缩至约8 mL来替代上述的4 mL。将在130 ℃下加热16 h的10 g硅土，充入一个相应尺寸的色谱柱中并轻轻敲击，并在柱子顶部加入1 g无水硫酸钠，用25 mL无水乙醚润湿柱子后，用少量乙醚辅助将浓缩的萃取液定量通过柱子。分别用25 mL无水乙醚洗提3次，收集洗提液转移至浓缩器中浓缩至4 mL。

将萃取物冷却至室温，用少量无水乙醚辅助定量转移至5.0 mL容量瓶中，用无水乙醚稀释至所需体积并混合均匀。

A.5.4.3 对照样溶液的制备

5个耐压瓶中分别装入10 g蜡质玉米淀粉，精确至0.001 g，瓶中加入25 mL硫酸溶液。然后加入0.0 mL、0.1 mL、0.2 mL、0.4 mL、1.0 mL氯丙醇标准溶液，使其浓度按淀粉计分别为0 mg/kg、0.1 mg/kg、0.2 mg/kg、0.4 mg/kg和1.0 mg/kg。根据氯丙醇标准溶液中氯丙醇的质量计算瓶中氯丙醇的确切浓度。夹紧瓶顶部，使瓶中试样旋动直至完全分散。然后从A.5.4.2"将瓶子放入沸水浴中……"开始操作。

A.5.4.4 测定

注入1.0 μL对照样溶液，每次进样之间应有充足的时间以保证氯丙醇两个异构体相应的信号峰记录完全，且清洗色谱柱。参照各自的对照样记录并加和两个氯丙醇异构体的信号峰面积。采用同样的操作条件，注入1.0 μL样品的浓缩萃取物，记录并加和样品的信号峰面积。

以每个对照样信号峰面积对所用氯丙醇异构体实际质量换算得到氯丙醇浓度(mg/kg)作图得到校正曲线，利用样品中对应于1-氯-2-丙醇和2-氯-1-丙醇的峰面积之和确定样品中混合氯丙醇的浓度(mg/kg)。在熟练掌握整个操作过程，且保证由参照样得到的校正曲线是线性和可重现时，参照样的数目可以减少到一个，及含约5 mg/kg氯丙醇异构体的混合物。

A.5.4.5 结果计算

氯丙醇 w_1 数值以mg/kg表示，按式(A.2)计算：

$$w_1 = \frac{c \times A_1}{A_2} \qquad \text{(A.2)}$$

式中：

c ——对照样溶液中氯丙醇(异构体总和)的浓度，单位为毫克每千克(mg/kg)；

A_1——样品溶液中氯丙醇异构体产生的信号峰面积总和；

A_2——对照样溶液中氯丙醇异构体产生的信号峰面积总和。

中华人民共和国国家标准

GB 29934—2013

食品安全国家标准
食品添加剂 辛烯基琥珀酸铝淀粉

2013-11-29 发布　　　　2014-06-01 实施

中华人民共和国
国家卫生和计划生育委员会　发布

食品安全国家标准

食品添加剂　辛烯基琥珀酸铝淀粉

1　范围

本标准适用于以食用淀粉或由生产食用淀粉的原料得到的淀粉乳为原料与辛烯基琥珀酸酐和硫酸铝反应制得的食品添加剂辛烯基琥珀酸铝淀粉，以及结合酶处理、酸处理、碱处理、漂白处理和预糊化处理中一种或多种方法加工后的食品添加剂辛烯基琥珀酸铝淀粉。

2　技术要求

2.1　原辅料

2.1.1　原料

食用淀粉应符合相关产品的国家标准或行业标准。

2.1.2　辅料

2.1.2.1　应符合相关产品的国家标准或行业标准或相关规定的要求。

2.1.2.2　试剂种类与用量：

a)　辛烯基琥珀酸酐，不超过淀粉干基质量分数的2%；

b)　硫酸铝，不超过淀粉干基质量分数的2%。

2.2　感官要求

感官要求应符合表1的规定。

表1　感官要求

项目	要求	检验方法
色泽	白色、类白色或淡黄色	取试样50 g置于洁净的白瓷盘中，在自然光线下，观察其色泽、状态，嗅其气味
状态	呈颗粒状、片状或粉末状，无可见杂质	
气味	具有产品固有的气味，无异味	

2.3　理化指标

理化指标应符合表2的规定。

表 2 理化指标

项目			指标	检验方法
干燥减量(*w*)/%	谷类淀粉为原料	≤	15.0	GB/T 12087
	其他单体淀粉为原料	≤	18.0	
	马铃薯淀粉为原料	≤	21.0	
总砷(以 As 计)/(mg/kg)		≤	0.5	GB/T 5009.11
铅(Pb) /(mg/kg)		≤	1.0	GB 5009.12
二氧化硫残留/(mg/kg)		≤	30	GB/T 22427.13
辛烯基琥珀酸基团/(g/100 g)		≤	3.0	附录 A 中 A.4

附 录 A

检验方法

A.1 安全提示

本标准的检验方法中使用的部分试剂具有毒性或腐蚀性，操作时应小心谨慎！如溅到皮肤上应立即用水冲洗，严重者应立即治疗。

A.2 一般规定

除非另有说明，在分析中仅使用确认为分析纯的试剂和GB/T 6682中规定的三级水。试验方法中所用标准滴定溶液、杂质测定用标准溶液、制剂及制品，在没有注明其他要求时，均按GB/T 601、GB/T 602和GB/T 603之规定制备；所用溶液在未指明溶剂时，均指水溶液。

A.3 鉴别试验

A.3.1 显微镜检测

未经糊化处理保持颗粒结构的辛烯基琥珀酸铝淀粉，可直接通过显微镜观察鉴定淀粉颗粒形状，大小和特征。在显微镜的偏振光下，可以观察到典型的偏光十字。

A.3.2 碘染色

将1 g的试样加入20 mL的水中配成悬浮液，滴入几滴碘液，颜色范围应为深蓝色到棕红色。

A.3.3 铜还原

A.3.3.1 碱性酒石酸铜试液的配制

A.3.3.1.1 溶液A：取硫酸铜($CuSO_4 \cdot 5H_2O$) 34.66 g，应无风化或吸潮现象，加水溶解定容到500 mL。将此溶液保存在小型密封的容器中。

A.3.3.1.2 溶液B：取酒石酸钾钠($KNaC_4H_4O_6 \cdot 4H_2O$) 173 g与氢氧化钠50 g，加水溶解定容到500 mL。将此溶液保存在小型耐碱腐蚀的容器中。

A.3.3.1.3 溶液A和溶液B等体积混合，即得碱性酒石酸铜试液。

A.3.3.2 分析步骤

称取试样2.5 g，置于一烧瓶中，加入0.82 mol/L的盐酸溶液10 mL和水70 mL，混合均匀，沸水浴回流3 h，冷却。取0.5 mL冷却溶液，加入5 mL热碱性酒石酸铜试液，产生大量红色沉淀物。

A.4 辛烯基琥珀酸基团的测定

A.4.1 原理

样品经酸化、洗涤后，碱滴定。辛烯基琥珀酸基团的含量可根据碱消耗量计算得到。

A.4.2 试剂和材料

A.4.2.1 异丙醇。

A.4.2.2 盐酸。

A.4.2.3 氢氧化钠。

A.4.2.4 硝酸银。

A.4.2.5 异丙醇溶液:量取 90 mL 异丙醇,加入 10 mL 水,混匀。

A.4.2.6 盐酸-异丙醇溶液:量取 21 mL 盐酸,置于 100 mL 容量瓶中,小心用异丙醇稀释并定容至刻度,摇匀。

A.4.2.7 硝酸银溶液:$c(AgNO_3)=0.1$ mol/L。

A.4.2.8 氢氧化钠标准滴定溶液:$c(NaOH)=0.1$ mol/L。

A.4.2.9 酚酞指示液:10 g/L。

A.4.2.10 淀粉:具有相同植物来源的未变性淀粉。

A.4.3 仪器和设备

磁力搅拌器。

A.4.4 分析步骤

称取 5.0 g 试样,精确至 0.001 g,置入 150 mL 烧杯中,用几毫升异丙醇润湿。用吸液管加入 25 mL 盐酸-异丙醇溶液,用酸洗下烧杯壁上的试样。将试样在磁力搅拌器上搅拌 30 min,用量筒加入 100 mL 异丙醇溶液,再搅拌 10 min。用布氏漏斗过滤试样溶液,并用异丙醇溶液洗涤滤饼直至滤液中无氯离子(用硝酸银溶液检验)。将滤饼转移至 600 mL 烧杯中,并将布氏漏斗中所有残留淀粉用异丙醇溶液洗入烧杯中,加水使总体积为 300 mL。试样在沸水浴中搅拌 10 min 后,加入酚酞指示液,趁热用氢氧化钠标准滴定溶液滴定至酚酞终点。对淀粉(A.4.2.10)做空白试验。

A.4.5 结果计算

辛烯基琥珀酸基团的质量分数 w_0 按式(A.1)计算:

$$w_0=\frac{(V_1-V_0)\times c\times M}{m\times 1\,000}\times 100\% \qquad \text{(A.1)}$$

式中:

V_1 ——滴定试样消耗的氢氧化钠溶液的体积,单位为毫升(mL);

V_0 ——滴定空白消耗的氢氧化钠溶液的体积,单位为毫升(mL);

c ——氢氧化钠溶液的浓度,单位为摩尔每升(mol/L);

M ——辛烯基琥珀酸酐的摩尔质量,单位为克每摩尔(g/mol)[$M(C_{12}H_{18}O_3)=210.20$];

m ——试样的质量,单位为克(g);

1 000——换算因子。

中华人民共和国国家标准

GB 29935—2013

食品安全国家标准
食品添加剂　磷酸化二淀粉磷酸酯

2013-11-29 发布　　2014-06-01 实施

中华人民共和国国家卫生和计划生育委员会　发布

食品安全国家标准
食品添加剂　磷酸化二淀粉磷酸酯

1　范围

本标准适用于以食用淀粉或由生产食用淀粉的原料得到的淀粉乳为原料与磷酸化试剂反应制得的食品添加剂磷酸化二淀粉磷酸酯，以及结合酶处理、酸处理、碱处理、漂白处理和预糊化处理中一种或多种方法加工后的食品添加剂磷酸化二淀粉磷酸酯。

2 技术要求

2.1　原辅料

2.1.1　原料

食用淀粉应符合相关产品的国家标准或行业标准。

2.1.2　辅料

2.1.2.1　应符合相关产品的国家标准或行业标准或相关规定的要求。
2.1.2.2　磷酸化试剂种类：正磷酸、正磷酸钠（或钾）盐或三聚磷酸钠和三偏磷酸钠或三氯氧磷。

2.2　感官要求

感官要求应符合表 1 的规定。

表 1　感官要求

项　目	要　求	检验方法
色泽	白色、类白色或淡黄色	取试样 50 g 置于洁净的白色瓷盘中，在自然光线下，观察其色泽、状态，嗅其气味
状态	呈颗粒状、片状或粉末状，无可见杂质	
气味	具有产品固有的气味，无异味	

2.3　理化指标

理化指标应符合表 2 的规定。

表 2　理化指标

项　目		指　标	检验方法
干燥减量(w)/%	谷类淀粉为原料　　≤	15.0	GB/T 12087
	其他单体淀粉为原料　　≤	18.0	
	马铃薯淀粉为原料　　≤	21.0	

表 2（续）

项目		指标	检验方法
总砷(以 As 计)/(mg/kg) ≤		0.5	GB/T 5009.11
铅(Pb)/(mg/kg) ≤		1.0	GB 5009.12
二氧化硫残留/(mg/kg) ≤		30	GB/T 22427.13
残留磷酸盐（以 P 计）/%	马铃薯或小麦淀粉为原料 ≤	0.5	GB/T 22427.11
	其他原料 ≤	0.4	

附 录 A
检验方法

A.1 安全提示

本标准的检验方法中使用的部分试剂具有毒性或腐蚀性，操作时应小心谨慎！如溅到皮肤上应立即用水冲洗，严重者应立即治疗。

A.2 一般规定

除非另有说明，在分析中仅使用确认为分析纯的试剂和 GB/T 6682 中规定的三级水。试验方法中所用标准滴定溶液、杂质测定用标准溶液、制剂及制品，在没有注明其他要求时，均按 GB/T 601、GB/T 602和 GB/T 603 之规定制备；所用溶液在未指明溶剂时，均指水溶液。

A.3 鉴别试验

A.3.1 显微镜检测

未经糊化处理保持颗粒结构的磷酸化二淀粉磷酸酯，可直接通过显微镜观察鉴定淀粉颗粒形状，大小和特征。在显微镜的偏振光下，可以观察到典型的偏光十字。

A.3.2 碘染色

将 1 g 的试样加入 20 mL 的水中配成悬浮液，滴入几滴碘液，颜色范围应为深蓝色到棕红色。

A.3.3 铜还原

A.3.3.1 碱性酒石酸铜试液的配制

A.3.3.1.1 溶液 A：取硫酸铜（$CuSO_4 \cdot 5H_2O$）34.66 g，应无风化或吸潮现象，加水溶解定容到 500 mL。将此溶液保存在小型密封的容器中。

A.3.3.1.2 溶液 B：取酒石酸钾钠（$KNaC_4H_4O_6 \cdot 4H_2O$）173 g 与氢氧化钠 50 g，加水溶解定容到 500 mL。将此溶液保存在小型耐碱腐蚀的容器中。

A.3.3.1.3 溶液 A 和溶液 B 等体积混合，即得碱性酒石酸铜试液。

A.3.3.2 分析步骤

称取试样 2.5 g，置于一烧瓶中，加入 0.82 mol/L 的盐酸溶液 10 mL 和水 70 mL，混合均匀，沸水浴回流 3 h，冷却。取 0.5 mL 冷却溶液，加入 5 mL 热碱性酒石酸铜试液，产生大量红色沉淀物。

中华人民共和国国家标准

GB 29936—2013

食品安全国家标准
食品添加剂　淀粉磷酸酯钠

2013-11-29 发布　　　　2014-06-01 实施

中华人民共和国
国家卫生和计划生育委员会　发布

食品安全国家标准
食品添加剂 淀粉磷酸酯钠

1 范围

本标准适用于以食用淀粉或由生产食用淀粉的原料得到的淀粉乳为原料与磷酸化试剂发生反应制得的食品添加剂淀粉磷酸酯钠，以及结合酶处理、酸处理、碱处理、漂白处理和预糊化处理中一种或多种方法加工后的食品添加剂淀粉磷酸酯钠。

2 技术要求

2.1 原辅料

2.1.1 原料

食用淀粉应符合相关产品的国家标准或行业标准。

2.1.2 辅料

2.1.2.1 应符合相关产品的国家标准或行业标准或相关规定的要求。

2.1.2.2 磷酸化试剂种类：正磷酸、正磷酸钠(或钾)盐或三聚磷酸钠。

2.2 感官要求

感官要求应符合表1的规定。

表1 感官要求

项 目	要 求	检验方法
色泽	白色、类白色或淡黄色	取试样 50 g 置于洁净的白瓷盘中，在自然光线下，观察其色泽、状态，嗅其气味
状态	呈颗粒状、片状或粉末状，无可见杂质	
气味	具有产品固有的气味，无异味	

2.3 理化指标

理化指标应符合表2的规定。

表2 理化指标

项 目		指 标	检验方法
干燥减量(w)/%	谷类淀粉为原料 ≤	15.0	GB/T 12087
	其他单体淀粉为原料 ≤	18.0	
	马铃薯淀粉为原料 ≤	21.0	

表 2（续）

项目			指标	检验方法
总砷(以 As 计)/(mg/kg)		≤	0.5	GB/T 5009.11
铅(Pb)/(mg/kg)		≤	1.0	GB 5009.12
二氧化硫残留/(mg/kg)		≤	30	GB/T 22427.13
残留磷酸盐（以 P 计）/%	马铃薯或小麦淀粉为原料	≤	0.5	GB/T 22427.11
	其他原料	≤	0.4	

附　录　A

检验方法

A.1　安全提示

本标准的检验方法中使用的部分试剂具有毒性或腐蚀性，操作时应小心谨慎！如溅到皮肤上应立即用水冲洗，严重者应立即治疗。

A.2　一般规定

除非另有说明，在分析中仅使用确认为分析纯的试剂和GB/T 6682中规定的三级水。试验方法中所用标准滴定溶液、杂质测定用标准溶液、制剂及制品，在没有注明其他要求时，均按GB/T 601、GB/T 602和GB/T 603之规定制备；所用溶液在未指明溶剂时，均指水溶液。

A.3　鉴别试验

A.3.1　显微镜检测

未经糊化处理保持颗粒结构的淀粉磷酸酯钠，可直接通过显微镜观察鉴定淀粉颗粒形状，大小和特征。在显微镜的偏振光下，可以观察到典型的偏光十字。

A.3.2　碘染色

将1 g的试样加入20 mL的水中配成悬浮液，滴入几滴碘液，颜色范围应为深蓝色到棕红色。

A.3.3　铜还原

A.3.3.1　碱性酒石酸铜试液的配制

A.3.3.1.1　溶液A：取硫酸铜($CuSO_4\cdot 5H_2O$) 34.66 g，应无风化或吸潮现象，加水溶解定容到500 mL。将此溶液保存在小型密封的容器中。

A.3.3.1.2　溶液B：取酒石酸钾钠($KNaC_4H_4O_6\cdot 4H_2O$) 173 g与氢氧化钠50 g，加水溶解定容到500 mL。将此溶液保存在小型耐碱腐蚀的容器中。

A.3.3.1.3　溶液A和溶液B等体积混合，即得碱性酒石酸铜试液。

A.3.3.2　分析步骤

称取试样2.5 g，置于一烧瓶中，加入0.82 mol/L的盐酸溶液10 mL和水70 mL，混合均匀，沸水浴回流3 h，冷却。取0.5 mL冷却溶液，加入5 mL热碱性酒石酸铜试液，产生大量红色沉淀物。

中华人民共和国国家标准

GB 29937—2013

食品安全国家标准
食品添加剂　羧甲基淀粉钠

2013-11-29 发布　　2014-06-01 实施

中华人民共和国
国家卫生和计划生育委员会　发布

食品安全国家标准
食品添加剂 羧甲基淀粉钠

1 范围

本标准适用于以食用淀粉或由生产食用淀粉的原料得到的淀粉乳为原料与一氯乙酸或其钠盐反应制得的食品添加剂羧甲基淀粉钠，也适用于此产品进一步预糊化后得到的产品。

2 技术要求

2.1 原辅料

2.1.1 原料

食用淀粉应符合相关产品的国家标准或行业标准。

2.1.2 辅料

2.1.2.1 应符合相关产品的国家标准或行业标准或相关规定的要求。
2.1.2.2 醚化剂：一氯乙酸或其钠盐。

2.2 感官要求

感官要求应符合表1的规定。

表1 感官要求

项目	要求	检验方法
色泽	白色、类白色或淡黄色	取试样50 g置于洁净的白瓷盘中，在自然光线下，观察其色泽、状态，嗅其气味
状态	呈颗粒状、片状或粉末状，无可见杂质	
气味	具有产品固有的气味，无异味	

2.3 理化指标

理化指标应符合表2的规定。

表2 理化指标

项目		指标	检验方法
干燥减量(w)/%	≤	10.0	GB/T 12087
总砷(以As计)/(mg/kg)	≤	0.5	GB/T 5009.11
铅(Pb)/(mg/kg)	≤	1.0	GB 5009.12
二氧化硫残留/(mg/kg)	≤	30	GB/T 22427.13
氯化物(以Cl计)/%	≤	0.43	附录A中A.4
硫酸盐(以SO_4计)/%	≤	0.96	A.5

附 录 A

检验方法

A.1 安全提示

本标准的检验方法中使用的部分试剂具有毒性或腐蚀性，操作时应小心谨慎！如溅到皮肤上应立即用水冲洗，严重者应立即治疗。

A.2 一般规定

除非另有说明，在分析中仅使用确认为分析纯的试剂和 GB/T 6682 中规定的三级水。试验方法中所用标准滴定溶液、杂质测定用标准溶液、制剂及制品，在没有注明其他要求时，均按 GB/T 601、GB/T 602 和 GB/T 603 之规定制备；所用溶液在未指明溶剂时，均指水溶液。

A.3 鉴别试验

A.3.1 碘染色

将 1 g 的试样加入 20 mL 的水中配成悬浮液，滴入几滴碘液，颜色范围应为深蓝色到棕红色。

A.3.2 铜还原

A.3.2.1 碱性酒石酸铜试液的配制

A.3.2.1.1 溶液 A：取硫酸铜($CuSO_4 \cdot 5H_2O$) 34.66 g，应无风化或吸潮现象，加水溶解定容到500 mL。将此溶液保存在小型密封的容器中。

A.3.2.1.2 溶液 B：取酒石酸钾钠($KNaC_4H_4O_6 \cdot 4H_2O$)173 g 与氢氧化钠 50 g，加水溶解定容到 500 mL。将此溶液保存在小型耐碱腐蚀的容器中。

A.3.2.1.3 溶液 A 和溶液 B 等体积混合，即得碱性酒石酸铜试液。

A.3.2.2 分析步骤

称取试样 2.5 g，置于一烧瓶中，加入 0.82 mol/L 的盐酸溶液 10 mL 和水 70 mL，混合均匀，沸水浴回流 3 h，冷却。取 0.5 mL 冷却溶液，加入 5 mL 热碱性酒石酸铜试液，产生大量红色沉淀物。

A.4 氯化物的测定

A.4.1 试剂和材料

A.4.1.1 硝酸。

A.4.1.2 盐酸。

A.4.1.3 硝酸银。

A.4.1.4 盐酸溶液：$c(HCl)=0.01$ mol/L。量取 9 mL 盐酸缓缓注入 1 000 mL 水中，摇匀。量取 100 mL 溶液，缓缓注入 1 000 mL 水中，稀释 10 倍，摇匀。

A.4.1.5 硝酸银溶液：$c(AgNO_3)=0.1$ mol/L。

A.4.2 样品溶液的制备

取试样 0.1 g,加 10 mL 水和 1 mL 硝酸,在水浴中加热 10 min 后冷却,必要时可加过滤。用少量的水淋洗残渣,合并洗液与滤液,加水至 100 mL,取其 25 mL,作为试样溶液。

A.4.3 分析步骤

在试样溶液和 0.30 mL 盐酸溶液中分别加入 1 mL 硝酸银溶液,充分混匀,静置 10 min,在背光处观察并比较两个溶液的浊度,试样溶液的浊度不应超过盐酸溶液的浊度。

A.5 硫酸盐的测定

A.5.1 试剂和材料

A.5.1.1 盐酸。

A.5.1.2 硫酸。

A.5.1.3 氯化钡。

A.5.1.4 硫酸溶液:$c(\frac{1}{2}H_2SO_4)=0.01$ mol/L。量取 3 mL 硫酸缓缓注入 1 000 mL 水中,摇匀。量取 100 mL 溶液,缓缓注入 1 000 mL 水中,稀释 10 倍,摇匀。

A.5.1.5 氯化钡溶液:$c(BaCl_2)=8.5\times10^{-3}$ mol/L。1.779 g 氯化钡分散于 1 000 mL 水中,摇匀。

A.5.2 样品溶液的制备

称取试样 0.1 g,精确至 0.01 g,加 10 mL 水和 1 mL 盐酸,在水浴中加热 10 min 后冷却,必要时可加过滤。用少量水淋洗残渣,合并洗液与滤液,加水至 50 mL,取其 10 mL,作为试样溶液。

A.5.3 测定步骤

在试样和 0.40 mL 硫酸溶液中分别加入 2 mL 氯化钡溶液,充分混匀,静置 10 min,在背光处观察并比较两个溶液的浊度,试样溶液的浊度不应超过硫酸溶液的浊度。

中华人民共和国国家标准

GB 29938—2013

食品安全国家标准
食品用香料通则

2013-11-29 发布　　2014-06-01 实施

中华人民共和国
国家卫生和计划生育委员会　发布

食品安全国家标准

食品用香料通则

1 范围

本标准适用于GB 2760中允许使用的食品用香料。

2 术语和定义

2.1 食品用香料

生产食品用香精的主要原料，在食品中赋予、改善或提高食品的香味，只产生咸味、甜味或酸味的物质除外。食品用香料包括食品用天然香料、食品用合成香料、烟熏香味料等，一般配制成食品用香精后用于食品加香，部分也可直接用于食品加香。

2.2 食品用天然香料

通过物理方法或酶法或微生物法工艺，从动植物来源材料中获得的香味物质的制剂或化学结构明确的具有香味特性的物质，包括食品用天然复合香料和食品用天然单体香料。

2.2.1 食品用天然复合香料

食品用香味制剂

通过物理方法或酶法或微生物法工艺从动植物来源材料中获得的香味物质的制剂（由多种成分组成）。这些动植物来源材料可以是未经加工的也可以是通过传统食品制备工艺加工过的。包括精油、果汁精油、提取物、蛋白质水解物、馏出液或经焙烤、加热或酶解的产物。

2.2.2 食品用天然单体香料

通过物理方法或酶法或微生物法工艺从动植物来源材料中获得的化学结构明确的具有香味特性的物质。这些动植物材料可以是未经加工的，也可以是通过传统食品制备工艺加工的。

2.3 食品用合成香料

通过化学合成方式形成的化学结构明确的具有香味特性的物质。

3 要求

3.1 基本要求

食品用香料有食品安全国家标准或相关标准的，质量规格应符合食品安全国家标准或相关标准的要求。

3.2 食品用天然香料通用要求

3.2.1 食品用天然香料生产加工过程中，因工艺必要性需要使用提取溶剂的，在达到预期目的的前提下应尽可能降低溶剂使用量。食品用天然香料允许使用的提取溶剂名单见附录A中表A.1。

3.2.2 按照表1中的安全限量值控制食品用天然香料中的重金属和砷。

表1 重金属和砷限量要求

项 目	海产品来源的食品用天然香料	非海产品来源的食品用天然香料	检验方法
重金属(以Pb计)/(mg/kg) ≤	10		GB/T 5009.74
总砷(以As计)/(mg/kg) ≤	—	3	GB/T 5009.76 或 GB/T 5009.11
无机砷/(mg/kg) ≤	1.5	—	GB/T 5009.11

3.2.3 海产品来源的食品用天然香料名单见附录B中表B.1。

3.2.4 食品用天然复合香料生产中使用的酶制剂应符合GB 2760中食品用酶制剂及其来源名单和原卫生部相关公告的规定;使用的菌种应符合原卫生部公布的《可用于食品的菌种名单》和(或)《可用于婴幼儿食品的菌种名单》及原卫生部相关公告的规定。用酶法或微生物法生产的食品用天然复合香料,起始原料应是可作为食品的动植物。

3.2.5 食品用天然单体香料含量按附录C中表C.1的规定。

3.3 食品用合成香料要求

食品用合成香料含量按附录D中表D.1的规定。检测方法按GB/T 11539或GB/T 11538的规定。有食品安全国家标准或相关标准的,或在表D.1注明特殊要求的,按照标准或要求检测。

附　录　A
食品用天然香料允许使用的提取溶剂

食品用天然香料允许使用的提取溶剂名单见表 A.1。

表 A.1　食品用天然香料允许使用的提取溶剂名单

序号	溶剂中文名称	溶剂英文名称
1	丁烷	Butane
2	丙烷	Propane
3	异丁烷	Isobutane
4	甲苯	Toluene
5	环己烷	Cyclohexane
6	己烷	Hexane
7	石油醚	Light petroleum
8	甲醇	Methanol
9	正丁醇	1-Butanol
10	丙酮	Acetone
11	乙基甲基酮	Ethyl methyl ketone
12	乙酸乙酯	Ethyl acetate
13	乙醚	Diethyl ether
14	丁醚	Dibutyl ether
15	甲基叔丁基醚	Methyl tert-butylether
16	二氯甲烷	Dichloromethane
17	二氧化碳	Carbone dioxide
注：食品或食品配料(如：水、食用酒精、食用动植物油脂等)，允许使用的食品用香料均可作提取溶剂。		

附 录 B
海产品来源的食品用天然香料

海产品来源的食品用天然香料名单见B.1。

表B.1 海产品来源的食品用天然香料名单

编码	香料名称	英文名称	FEMA编号
N203	海草(藻)提取物	Kelp(Laminaria and kereocystis spp.)	2606
N330	海藻净油	Algues absolute	—
N379	干制鲣鱼(CO_2)提取物	Katsuobushi CO_2 extract	—
N396	褐藻胶	Algin (Laminaria spp.and other kelps)	2014

附 录 C
食品用天然单体香料含量要求

食品用天然单体香料含量要求见表 C.1。

表 C.1 食品用天然单体香料含量要求

编码	香料名称	英文名称	FEMA 编号	含量 ≥	检测方法
N220	*d*-樟脑	*d*-Camphor	2230	96%	GB/T 11539 或 GB/T 11538
N252	油酸	Oleic acid	2815	90%(油酸、棕榈酸和其他脂肪酸之和不低于 99%)	
N277	檀香醇(α-, β-)	Santalol, α- and β-	3006	95% (α-,β- 异构体之和)	
N395	β-愈疮木烯	β-Guaiene(Guaia-1(5), 7(11)-diene)	—	96%	

附 录 D
食品用合成香料含量要求

食品用合成香料含量要求见表 D.1。

表 D.1 食品用合成香料含量要求

编码	香料名称	英文名称	FEMA 编号	含量 ≥	备注
S0002	丙三醇(甘油)	1,2,3-Propanetriol(Glycerol)	2525	95.0%	—
S0003	异丙醇	Isopropyl alcohol	2929	98%	—
S0004	正丁醇	1-Butanol(Butyl alcohol)	2178	99.5%	—
S0005	异丁醇	Isobutyl alcohol	2179	98%	—
S0006	正戊醇	1-Pentanol(Amyl alcohol)	2056	98.0%	—
S0007	2-戊醇	2-Pentanol	3316	97.9%	—
S0008	异戊醇	Isoamyl alcohol	2057	98.0%	—
S0009	1-戊烯-3-醇	1-Penten-3-ol	3584	98%	—
S0010	正己醇	1-Hexanol(Hexyl alcohol)	2567	96.5%	—
S0011	2-己烯-1-醇	2-Hexen-1-ol	2562	95%(顺式和反式异构体之和)	—
S0012	4-己烯-1-醇	4-Hexen-1-ol	3430	96.0%	—
S0013	正庚醇	1-Heptanol(Heptyl alcohol)	2548	97.0%	—
S0014	正辛醇	1-Octanol(Octyl alcohol)	2800	98.0%	—
S0015	2-辛醇	2-Octanol	2801	97.0%	—
S0016	1-辛烯-3-醇	1-Octen-3-ol	2805	96.0%	—
S0017	顺式-5-辛烯-1-醇	*cis*-5-Octen-1-ol	3722	90%	次要成分:反式-5-辛烯-1-醇

表 D.1(续)

编码	香料名称	英文名称	FEMA 编号	含量 ≥	备注
S0018	正壬醇	1-Nonanol(Nonyl alcohol)	2789	97.0%	—
S0019	顺式-6-壬烯-1-醇	*cis*-6-Nonen-1-ol	3465	95.0%	—
S0020	反式-2-壬烯-1-醇	*trans*-2-Nonen-1-ol	3379	95%	—
S0021	2,6-壬二烯-1-醇	2,6-Nonadien-1-ol	2780	95%	—
S0022	正癸醇	1-Decanol(Decyl alcohol)	2365	98.0%	—
S0023	十一醇	Undecyl alcohol	3097	97.0%	—
S0024	月桂醇(十二醇)	Lauryl alcohol(Dodecyl alcohol)	2617	97.0%	—
S0025	1-十六醇	1-Hexadecanol	2554	97.0%	—
S0026	小茴香醇	Fenchyl alcohol	2480	97%($C_{10}H_{18}O$)	—
S0027	叶醇(顺式-3-己烯-1-醇)	Leaf alcohol(*cis*-3-Hexen-1-ol)	2563	98.0%(顺式异构体)	—
S0028	龙脑	Borneol	2157	97%	—
S0031	异胡薄荷醇	Isopulegol	2962	95%(异构体之和)	—
S0032	苏合香醇(α-甲基苄醇)	Styralyl alcohol(α-Methylbenzyl alcohol)	2685	99%	—
S0035	苯丙醇	Phenylpropyl alcohol	2885	98%	—
S0036	玫瑰醇	Rhodinol	2980	82%(总醇 $C_{10}H_{20}O$)	次要成分:乙酸香茅酯,乙酸橙花酯和乙酸香叶酯
S0038	金合欢醇	Farnesol	2478	96%(异构体之和)	—
S0039	香叶醇	Geraniol	2507	88%(总醇 $C_{10}H_{20}O$)	次要成分:乙酸香茅酯、乙酸橙花酯和乙酸香叶酯

表 D.1（续）

编码	香料名称	英文名称	FEMA 编号	含量 ≥	备注
S0040	*dl*-香茅醇	*dl*-Citronellol	2309	90%（总醇 $C_{10}H_{20}O$）	次要成分：双不饱和 C_{10} 醇及饱和 C_{10} 醇、乙酸香茅酯、香茅醛
S0043	α-紫罗兰醇（甲位紫罗兰醇）	α-Ionol	3624	99.0%	—
S0044	β-紫罗兰醇（乙位紫罗兰醇）	β-Ionol	3625	92%（紫罗兰醇和紫罗兰酮的异构体之和不低于 99%）	—
S0045	二氢 β-紫罗兰醇	Dihydro-β-ionol	3627	97.0%	—
S0046	橙花醇	Nerol	2770	95%（总醇 $C_{10}H_{18}O$）	—
S0047	橙花叔醇	Nerolidol	2772	97%	—
S0048	二甲基苄基原醇	Dimethyl benzyl carbinol	2393	97%	—
S0049	正丙醇	1-Propanol(Propyl alcohol)	2928	99.0%	—
S0050	3-己醇	3-Hexanol	3351	97.0%	—
S0051	1-己烯-3-醇	1-Hexen-3-ol	3608	98%	—
S0052	2-乙基己醇	2-Ethyl-1-hexanol	3151	97.0%	—
S0053	2-庚醇	2-Heptanol	3288	96.0%	—
S0054	3-辛醇	3-Octanol	3581	97.0%	—
S0055	顺式-3-辛烯-1-醇	*cis*-3-Octen-1-ol	3467	96.0%（$C_8H_{16}O$，顺式异构体）	—
S0056	2-十一醇	2-Undecanol	3246	98.0%	—
S0057	对，α-二甲基苄醇	*p*,α-Dimethylbenzyl alcohol	3139	96%	—
S0058	对异丙基苄醇	*p*-Isopropylbenzyl alcohol	2933	97%	—
S0059	对，α，α-三甲基苄醇	*p*，α，α-Trimethylbenzyl alcohol	3242	90%（含对异丙烯基甲苯）	—
S0060	β-石竹烯醇	β-Caryophyllene alcohol	4410	92%	—

表 D.1（续）

编码	香料名称	英文名称	FEMA 编号	含量 ≥	备注
S0061	龙蒿脑	Estragole	2411	95%	—
S0062	四氢香叶醇	Tetrahydrogeraniol	2391	90%	次要成分:香叶醇、香茅醇
S0064	1-对-蓋烯-4-醇	1-*p*-Menthen-4-ol	2248	96%	—
S0065	紫苏醇	Perilla alcohol	2664	96%	—
S0066	薄荷脑（*dl*-薄荷脑，*l*-薄荷脑）	Menthol（*dl*-Menthol，*l*-Mentho）	2665	95%（两个异构体之和）	—
S0067	3-(*l*-薄荷氧基)-2-甲基-1,2-丙二醇	3-(*l*-Menthoxy)-2-methylpropane-1,2-diol	3849	99%	—
S0068	3,5,5-三甲基环己醇	3,5,5-Trimethylcyclohexanol	3962	98%	—
S0069	顺-2-壬烯-1-醇	*cis*-2-Nonen-1-ol	3720	96%	—
S0070	反式,反式-2,4-癸二烯醇	*E*,*E*-2,4-Decadien-1-ol（*trans*,*trans*-2,4-Decadien-1-ol）	3911	92%	次要成分:反式,顺式-2,4-癸二烯醇
S0071	反式-2-辛烯-4-醇	(*E*)-2-Octen-4-ol	3888	95%	—
S0072	对-蓋-3-烯-1 醇	*p*-Menth-3-en-1-ol	3563	95%	—
S0073	对-蓋-1,8(10)二烯-9-醇	Menthadienol(*p*-mentha-1,8(10)-dien-9-ol)	—	95%	—
S0074	柏木烯醇	Cedrenol	—	95.0%	—
S0075	脱氢芳樟醇	Dehydrolinalool（(*E*)-3, 7-Dimethyl-1, 5, 7-octatrien-3-ol）	3830	93%	次要成分:芳樟醇、氧化芳樟醇和橙花醚
S0079	二苯醚	Diphenyl ether	3667	99%	—
S0080	对-甲酚甲醚	*p*-Cresyl methyl ether	2681	99%	—
S0081	异丁香酚甲醚	*iso*-Eugenyl methyl ether	2476	95%	—
S0082	甲基苯乙醚	Methyl phenethyl ether	3198	99%	—

表 D.1（续）

编码	香料名称	英文名称	FEMA 编号	含量 ≥	备注
S0083	朗姆醚(乙醇氧化水合物)	Rum ether(Ethyl oxyhydrate)	2996	80.0%	—
S0084	仲丁基乙醚	*sec*-Butyl ethyl ether	3131	99%	—
S0085	乙基苄基醚	Ethyl benzyl ether	2144	98%	—
S0086	大茴香醚	Anisole	2097	99%	—
S0087	邻-甲基大茴香醚	*o*-Methylanisole	2680	99%	—
S0088	橙花醚	Nerol oxide	3661	97%	—
S0089	2,4-二甲基大茴香醚	2,4-Dimethylanisole	3828	96.5%	—
S0090	香兰基乙醚	Vanillyl ethyl ether	3815	98%	—
S0092	异丁香酚	Isoeugenol	2468	99%	—
S0093	甲基丁香酚	Methyl eugenol	2475	95%	—
S0094	对-甲酚	*p*-Cresol	2337	99%	—
S0095	邻-甲酚	*o*-Cresol	3480	98%	—
S0096	间-甲酚	*m*-Cresol	3530	98%	—
S0099	苯酚	Phenol	3223	98%	—
S0100	2-甲氧基-4-甲基苯酚	2-Methoxy-4-methylphenol	2671	98%	—
S0101	对-乙基苯酚	*p*-Ethylphenol	3156	99%	—
S0102	2-甲氧基-4-乙烯基苯酚	2-Methoxy-4-vinylphenol	2675	96%	—
S0103	对-二甲氧基苯	*p*-Dimethoxybenzene	2386	98%	—
S0104	愈疮木酚	Guaiacol	2532	99%	—
S0105	4-乙基愈疮木酚	4-Ethylguaiacol	2436	98%	—
S0106	苯甲醛丙二醇缩醛	Benzaldehyde propylene glycol acetal	2130	95%	—

表 D.1（续）

编码	香料名称	英文名称	FEMA 编号	含量 ≥	备注
S0107	2-异丙基苯酚	2-Isopropylphenol	3461	98%	—
S0108	2,6-二甲基苯酚	2,6-Xylenol	3249	99%	—
S0109	2,6-二甲氧基苯酚	2,6-Dimethoxyphenol	3137	98%	—
S0110	间苯二酚	Resorcinol	3589	98%	—
S0111	香芹酚	Carvacrol	2245	98%	—
S0112	2-甲氧基-4-丙基苯酚	2-Methoxy-4-propylphenol	3598	98%	—
S0113	2,5-二甲基苯酚	2,5-Xylenol	3595	99%	—
S0114	对乙烯基苯酚	*p*-Vinylphenol	3739	99%	—
S0115	乙醛	Acetaldehyde	2003	99%（依据产品特性可稀释使用）	—
S0116	乙醛二乙缩醛	Acetaldehyde diethyl acetal	2002	95.0%	—
S0117	丙醛	Propionaldehyde	2923	97%	—
S0118	3-(2-呋喃基)丙烯醛	3-(2-Furyl)acrolein	2494	97%	—
S0119	丁醛	Butyraldehyde	2219	98%	—
S0120	2-甲基丁醛	2-Methylbutyraldehyde	2691	97.0%	—
S0121	2-甲基-2-丁烯醛	2-Methyl-2-butenal	3407	99%	—
S0122	2-苯基-2-丁烯醛	2-Phenyl-2-butenal	3224	97%	—
S0123	戊醛	Valeraldehyde	3098	97.0%	—
S0124	异戊醛	Isovaleraldehyde	2692	95.0%	—
S0125	2-甲基戊醛	2-Methylvaleraldehyde	3413	97%（以醛计）	—
S0126	2-戊烯醛	2-Pentenal	3218	98%	—
S0127	2-甲基-2-戊烯醛	2-Methyl-2-pentenal	3194	92%	次要成分：丙醛、丙酸

表 D.1（续）

编码	香料名称	英文名称	FEMA 编号	含量 ≥	备注
S0128	4-甲基-2-苯基-2-戊烯醛	4-Methyl-2-phenyl-2-pentenal	3200	95%	—
S0129	2,4-戊二烯醛	2,4-Pentadienal	3217	98%	—
S0131	2-己烯醛(叶醛)	2-Hexenal (Leaf aldehyde)	2560	92.0%(顺式和反式异构体之和)	—
S0132	顺式-3-己烯醛	*cis*-3-Hexenal	2561	97%	—
S0133	5-甲基-2-苯基-2-己烯醛	5-Methyl-2-phenyl-2-hexenal	3199	96%	—
S0134	2-异丙基-5-甲基-2-己烯醛	2-Isopropyl-5-methyl-2-hexenal	3406	95%	—
S0135	反式,反式-2,4-己二烯醛	*trans*,*trans*-2,4-Hexadienal	3429	97%	—
S0136	庚醛	Heptyl aldehyde	2540	92%	次要成分:2-甲基己醛
S0137	4-庚烯醛	4-Heptenal	3289	98.0%(顺式和反式异构体之和)	—
S0138	反式-2-庚烯醛	*trans*-2-Heptenal	3165	97%	—
S0140	2,4-庚二烯醛	2,4-Heptadienal	3164	92%	次要成分:反式,顺式-2,4-庚二烯醛、2,4-庚二烯酸
S0141	辛醛	Octyl aldehyde	2797	92%	次要成分:2-甲基庚醛
S0142	2-辛烯醛	2-Octenal	3215	92%(顺式和反式异构体之和)	次要成分:2-辛烯酸、辛酸乙酯
S0143	反式,反式-2,4-辛二烯醛	*trans*,*trans*-2,4-Octadienal	3721	99%	—
S0144	反式,反式-2,6-辛二烯醛	*trans*,*trans*-2,6-Octadienal	3466	96%	—
S0145	壬醛	Nonanal	2782	92%	次要成分:2-甲基辛醛
S0146	甲基壬乙醛(2-甲基十一醛)	Methylnonylacetaldehyde (2-Methylundecanal)	2749	97%	—
S0147	2-壬烯醛	2-Nonenal	3213	92%(顺式和反式异构体之和)	次要成分:2-壬烯酸

表 D.1（续）

编码	香料名称	英文名称	FEMA 编号	含量 ≥	备注
S0148	顺式-6-壬烯醛	*cis*-6-Nonenal	3580	90%	次要成分：反式-6-壬烯醛
S0149	2,4-壬二烯醛（反式-2-反式-4-壬二烯醛）	2,4-Nonadienal（*trans*-2-*trans*-4-Nonadienal）	3212	89%	次要成分：2,4-壬二烯-1-醇、2-壬烯-1-醇
S0150	反式-2-顺式-6-壬二烯醛	Nona-2-*trans*-6-*cis*-dienal	3377	92%	次要成分：反式，反式-2,6-壬二烯醛
S0151	甲酸桃金娘烯酯	Myrtenyl formate	3405	96%	—
S0153	2-癸烯醛	2-Decenal	2366	92%（顺式和反式异构体之和）	次要成分：2-癸烯酸
S0154	2,4-癸二烯醛	2,4-Decadienal	3135	89%	次要成分：顺，顺-2,4-癸二烯醛、顺，反-2,4-癸二烯醛和反，顺-2,4-癸二烯醛的混合物、丙酮、异丙醇
S0155	十一醛	Undecanal	3092	92%	次要成分：2-甲基癸醛
S0156	2-十一烯醛	2-Undecenal	3423	98%（顺式和反式异构体之和）	—
S0157	2,4-十一碳二烯醛	2,4-Undecadienal	3422	99%	—
S0158	月桂醛	Lauric aldehyde	2615	92%	次要成分：十四醛、癸醛、十六醛
S0159	2-十二碳烯醛	2-Dodecenal	2402	93%（顺式和反式异构体之和）	次要成分：2-十二碳烯酸
S0160	反式-2-顺式-6-十二碳二烯醛	2-*trans*-6-*cis*-Dodecadienal	3637	97.5%	—
S0161	十四醛	Tetradecyl aldehyde	2763	85%	次要成分：十二醛、十六醛、十八醛

表 D.1（续）

编码	香料名称	英文名称	FEMA 编号	含量 ≥	备注
S0164	水杨醛	Salicylaldehyde	3004	95%	—
S0166	甲基苯甲醛(邻、对、间位混合物)	Tolualdehydes(mixed *o*-,*m*-,*p*-)	3068	95%(邻、间、对位异构体之和)	—
S0167	3,4-二甲氧基苯甲醛	3,4-Dimethoxybenzenecarbonal	3109	95%	—
S0168	苯乙醛	Phenylacetaldehyde	2874	95%	—
S0169	苯乙醛二甲缩醛	Phenylacetaldehyde dimethyl acetal	2876	95%	—
S0170	苯丙醛(3-苯基丙醛)	Phenylpropyl aldehyde (3-Phenylpropionaldehyde)	2887	95%	—
S0171	枯茗醛	Cuminaldehyde	2341	95%(检测方法按照 GB/T 14454.13 的规定)	—
S0173	香茅醛	Citronellal	2307	85%	次要成分:1,8-桉叶素、2-异丙叉-5-甲基环己醇、芳樟醇、乙酸香茅酯
S0174	柠檬醛	Citral	2303	96%(顺式和反式异构体之和)	—
S0175	洋茉莉醛(胡椒醛)	Heliotropin(Piperonal)	2911	98%	—
S0177	乙二醇缩肉桂醛	Cinnamaldehyde ethylene glycol acetal	2287	90%	—
S0178	紫苏醛	Perillaldehyde	3557	97%	—
S0179	对-蓋-1-烯-9-醛	*p*-Menth-1-ene-9-al	3178	99%	—
S0180	糠醛	Furfural	2489	95%	—
S0182	1,1-二甲氧基乙烷	1,1-Dimethoxyethane	3426	96%	—
S0183	2,6,6-三甲基环己-1,3-二烯基甲醛	(2,6,6-Trimethylcyclohexa-1,3-dienyl)-methanal	3389	96%	—
S0184	异丁醛	Isobutyraldehyde	2220	98%	—

表 D.1（续）

编码	香料名称	英文名称	FEMA 编号	含量 ≥	备注
S0185	顺式-4-己烯醛	*cis*-4-Hexenal	3496	95%	—
S0186	顺式-5-辛烯醛	*cis*-5-Octenal	3749	85%	次要成分：反式-5-辛烯醛
S0187	4-癸烯醛	4-Decenal	3264	95%（反式异构体不低于 90%）	—
S0188	反式，反式-2,4-十二碳二烯醛	*trans*，*trans*-2,4-Dodecadienal	3670	85%	次要成分：反式，顺式-2,4-十二碳二烯醛
S0189	2-十三烯醛	2-Tridecenal	3082	92%（顺式和反式异构体之和）	次要成分：2-十三烯酸
S0190	4-乙基苯甲醛	4-Ethylbenzaldehyde	3756	97%	—
S0191	2-羟基-4-甲基苯甲醛	2-Hydroxy-4-methylbenzaldehyde	3697	98%	—
S0192	邻-甲氧基肉桂醛	*o*-Methoxycinnamaldehyde	3181	94%	—
S0193	龙脑烯醛	Campholenic aldehyde	3592	99%	—
S0195	香兰素-1,2-丙二醇缩醛	Vanillin propylene glycol acetal	3905	79%	次要成分：香兰素
S0196	乙醛乙醇顺式-3-己烯醇缩醛	Acetaldehyde ethyl *cis*-3-hexenyl acetal	3775	97%	—
S0197	反式，反式-2,6-壬二烯醛	2-*trans*-6-*trans*-Nonadienal	3766	97%	—
S0198	2,4,7-癸三烯醛	2,4,7-Decatrienal	4089	98%（三个异构体之和）	—
S0199	β-甜橙醛	β-Sinensal	3141	99%（异构体之和）	—
S0200	4-羟基苯甲醛	4-Hydroxy benzaldehyde	3984	99%	—
S0201	邻-甲氧基苯甲醛	*o*-Methoxybenzaldehyde	4077	97%	—
S0202	12-甲基十三醛	12-Methyltridecanal	4005	97%	—
S0203	甲乙酮	Methyl ethyl ketone	2170	99%	—
S0204	3-羟基-2-丁酮（乙偶姻）	3-Hydroxy-2-butanone（Acetoin）	2008	96.0%	—
S0205	4-（对-甲氧基苯基）-2-丁酮	4-（*p*-Methoxyphenyl）-2-butanone	2672	96%	—

表 D.1（续）

编码	香料名称	英文名称	FEMA 编号	含量 ≥	备注
S0206	4-苯基-3-丁烯-2-酮	4-Phenyl-3-buten-2-one	2881	97%	—
S0208	2-戊酮	2-Pentanone	2842	95.0%	—
S0209	1-戊烯-3-酮	1-Penten-3-one	3382	97%	—
S0211	3-乙基 2-羟基-2-环戊烯-1-酮	3-Ethyl-2-hydroxy-2-cyclopenten-1-one	3152	90%	次要成分：3-乙基-1，2-环戊二酮
S0213	4-己烯-3-酮	4-Hexene-3-one	3352	98%	—
S0214	5-甲基-3-己烯-2-酮	5-Methyl-3-hexene-2-one	3409	99%	—
S0215	3，4-己二酮	3，4-Hexanedione	3168	97.0%	—
S0216	2-庚酮	2-Heptanone	2544	95.0%	—
S0217	3-庚烯-2-酮	3-Hepten-2-one（Methyl pentenyl ketone）	3400	96%	—
S0218	6-甲基-5-庚烯-2-酮	6-Methyl-5-hepten-2-one	2707	98.0%	—
S0219	1-辛烯-3-酮	1-Octen-3-one	3515	96%	—
S0220	2-壬酮	2-Nonanone	2785	97.0%	—
S0221	2-十一酮	2-Undecanone	3093	96.0%	—
S0222	2-十三酮	2-Tridecanone	3388	95%	—
S0223	圆柚酮	Nootkatone	3166	93%	次要成分：二氢圆柚酮
S0225	苯乙酮	Acetophenone	2009	98%	—
S0226	4-甲基苯乙酮(对-甲基苯乙酮)	4-Methylacetophenone（*p*-Methylacetophenone）	2677	95%	—
S0227	对甲氧基苯乙酮	*p*-Methoxyacetophenone	2005	97%(邻、间、对位异构体之和)	—
S0228	顺式茉莉酮	*cis*-Jasmone	3196	98%	—
S0230	α-突厥酮	α-Damascone	3659	98%(顺式和反式异构体之和)	—

表 D.1（续）

编码	香料名称	英文名称	FEMA 编号	含量 ≥	备注
S0231	突厥烯酮	Damascenone	3420	98.0%	—
S0232	苯甲醛甘油缩醛	Benzaldehyde glyceryl acetal	2129	98%(异构体之和)	—
S0233	α-鸢尾酮	α-Irone	2597	98.0%	—
S0235	β-紫罗兰酮	β-Ionone	2595	95.0%	—
S0236	*dl*-樟脑	*dl*-Camphor	4513	96%	—
S0237	薄荷酮	Menthone	2667	96%(两个异构体之和)	—
S0238	*d*,*l*-异薄荷酮	*d*,*l*-Isomenthone	3460	98.0%	—
S0239	4-(2-呋喃基)-3-丁烯-2-酮	4-(2-Furyl)-3-buten-2-one	2495	98%	—
S0241	4,5-二甲基-3-羟基-2,5-二氢呋喃-2-酮	4,5-Dimethyl-3-hydroxy-2,5-dihydrofuran-2-one	3634	97.5%	—
S0242	2-乙基-3-甲基-4-羟基二氢-2,5-呋喃-5-酮	2-Ethyl-3-methyl-4-hydroxydihydro-2，5-furan-5-one	3153	95%	—
S0243	4,5-二氢-3(2*H*)噻吩酮(四氢噻吩-3-酮)	4，5-Dihydro-3-(2*H*) thiophenone (Tetrahydro-thiophen-3-one)	3266	97.0%	—
S0244	2-乙基呋喃	2-Ethylfuran	3673	95%	—
S0245	2-乙酰基呋喃	2-Acetylfuran	3163	97%	—
S0246	2-乙酰基-5-甲基呋喃	2-Acetyl-5-methylfuran	3609	99%	—
S0248	1-苯基-1,2-丙二酮	1-Phenyl-1,2-propanedione	3226	97%	—
S0249	3,4-二甲基-1,2-环戊二酮	3,4-Dimethyl-1,2-cyclopentadione	3268	98%	—
S0250	3,5-二甲基-1,2-环戊二酮	3,5-Dimethyl-1,2-cyclopentadione	3269	98%	—
S0251	2,3-己二酮	2,3-Hexanedione	2558	93%(指定的化合物与甲基戊二酮之和不低于98%)	—

表 D.1（续）

编码	香料名称	英文名称	FEMA 编号	含量 ≥	备注
S0252	1-甲基-2,3-环己二酮	1-Methyl-2,3-cyclohexadione	3305	98.0%	—
S0253	2,2,6-三甲基环己酮	2,2,6-Trimethylcyclohexanone	3473	99%	—
S0254	2,6,6-三甲基-2-环己烯-1,4-二酮	2,6,6-Trimethylcyclohex-2-ene-1,4-dione	3421	98%	—
S0255	3-庚酮	3-Heptanone	2545	97.0%	—
S0256	5-甲基-2-庚烯-4-酮	5-Methyl-2-hepten-4-one	3761	98%	—
S0257	6-甲基-3,5-庚二烯-2-酮	6-Methyl-3,5-heptadien-2-one	3363	96%	—
S0258	2-辛酮	2-Octanone	2802	95.0%	—
S0259	3-辛酮	3-Octanone	2803	98.0%	—
S0260	3-辛烯-2-酮	3-Octen-2-one	3416	94%	次要成分:4-辛烯-2-酮
S0261	6,10-二甲基-5,9-十一碳二烯-2-酮	6,10-Dimethyl-5,9-undecadien-2-one	3542	95%	—
S0262	2-十五酮	2-Pentadecanone	3724	96%	—
S0263	3-甲基环十五酮	3-Methyl-1-cyclopentadecanone	3434	98%	—
S0264	环十七-9-烯-1-酮	Cycloheptadeca-9-en-1-one	3425	99%	—
S0265	二苯甲酮	Benzophenone	2134	98%	—
S0266	2-羟基苯乙酮	2-Hydroxyacetophenone	3548	95%	—
S0267	异弗尔酮	Isophorone	3553	97%	—
S0268	二氢茉莉酮(2-戊基-3-甲基-2-环戊烯-1-酮)	Dihydrojasmone (2-Pentyl-3-methyl-2-cyclopent-en-1-one)	3763	99%	—
S0269	新甲基橙皮苷二氢查耳酮	Neohesperidin dihydrochalcone (Neohesperidin DHC)	3811	96.00%(异构体之和)	—
S0270	姜油酮	Zingerone	3124	95%	—

表 D.1（续）

编码	香料名称	英文名称	FEMA 编号	含量 ≥	备注
S0271	β-突厥酮（4-(2,6,6-三甲基环己-1-烯基)丁-2-烯-4-酮）	β-Damascone（4-(2,6,6-Trimethylcyclohex-1-enyl)but-2-en-4-one）	3243	90%（顺式和反式异构体之和）	次要成分：α-突厥酮和γ-突厥酮
S0272	3-甲硫基丁醛	3-(Methylthio)butanal	3374	96%	—
S0274	d-葑酮	d-Fenchone	2479	97%($C_{10}H_{16}O$)	—
S0275	2-甲基四氢呋喃-3-酮	2-Methyltetrahydrofuran-3-one	3373	97%	—
S0277	2,5-二甲基-4-甲氧基-3(2H)呋喃酮	2,5-Dimethyl-4-methoxy-3(2H)-furanone	3664	97%	—
S0278	2-戊基呋喃	2-Pentylfuran	3317	99%	—
S0279	4,5,6,7-四氢-3,6-二甲基苯并呋喃(薄荷呋喃)	4,5,6,7-Tetrahydro-3,6-dimethylbenzofuran (Menthofuran)	3235	99%	—
S0280	1,5,5,9-四甲基-13-氧杂三环[8.3.0.0(4,9)]十三烷	1,5,5,9-Tetramethyl-13-oxatricyclo[8.3.0.0(4,9)]tridecane	3471	96%	—
S0281	顺式-二氢香芹酮	cis-Dihydrocarvone	3565	77%（二氢香芹酮、香芹酮及相应的醇类之和不低于97%）	—
S0282	3-巯基-2-丁酮（3-巯基-丁-2-酮）	3-Mercapto-2-butanone	3298	99.0%	—
S0283	胡椒基丙酮	Piperonyl acetone	2701	99%	—
S0285	4-甲基-2,3-戊二酮	4-Methyl-2,3-pentanedione	2730	96%	—
S0286	反式-7-甲基-3-辛烯-2-酮	(E)-7-Methyl-3-octen-2-one	3868	94%	次要成分：7-甲基-4-辛烯-2-酮、5,6-二甲基-3-庚烯-2-酮、3-壬烯-2-酮
S0287	3-乙酰硫基-2-甲基呋喃	3-(Acetylthio)-2-methylfuran	3973	92%	次要成分：顺式-2-甲基-3-四氢呋喃硫醇酯和反式-2-甲基-3-四氢呋喃硫醇酯

表 D.1（续）

编码	香料名称	英文名称	FEMA 编号	含量 ≥	备注
S0288	4-乙酰氧基-2,5-二甲基-3(2*H*)呋喃酮	4-Acetoxy-2,5-dimethyl-3(2*H*)-furanone	3797	85%	次要成分：4-羟基-2,5-二甲基-3(2*H*)-呋喃酮
S0289	3-乙基-2-羟基-4-甲基-2-环戊烯-1-酮	3-Ethyl-2-hydroxy-4-methylcyclopent-2-en-1-one	3453	99%	—
S0290	环己酮	Cyclohexanone	3909	99%	—
S0291	2,3-庚二酮	2,3-Heptanedione	2543	97.0%	—
S0292	2,3-辛二酮	2,3-Octanedione	4060	95%	—
S0293	乙酸	Acetic acid	2006	99.5%	—
S0295	丙酮酸	Pyruvic acid	2970	95%	—
S0297	异丁酸	Isobutyric acid	2222	99.0%	—
S0299	2-乙基丁酸	2-Ethylbutyric acid	2429	98.0%	—
S0300	戊酸	Valeric acid	3101	99.0%	—
S0301	2-甲基戊酸	2-Methylvaleric acid	2754	98.0%	—
S0303	异戊酸	Isovaleric acid	3102	99.0%	—
S0305	己二酸	Adipic acid	2011	99.6%	—
S0306	反式-2-己烯酸	*trans*-2-Hexenoic acid	3169	97%	—
S0307	3-己烯酸	3-Hexenoic acid	3170	95%	—
S0308	庚酸	Heptanoic acid	3348	98.0%	—
S0309	辛酸	Octanoic acid	2799	97%	—
S0310	壬酸	Nonoic acid	2784	98.0%	—
S0311	癸酸	Decanoic acid	2364	98%	—

表 D.1（续）

编码	香料名称	英文名称	FEMA 编号	含量 ≥	备注
S0313	十四酸(肉豆蔻酸)	Tetradecanoic acid(Myristic acid)	2764	94%	次要成分:棕榈酸、月桂酸
S0314	十六酸(棕榈酸)	Hexadecylic acid(Palmitic acid)	2832	80%	次要成分:硬脂酸、肉豆蔻酸、十七酸、十五酸
S0316	苯乙酸	Phenylacetic acid	2878	99%	—
S0320	3-甲基戊酸(酐酪酸)	3-Methylpentanoic acid	3437	98.0%	—
S0321	*β*-丙氨酸	*β*-Alanine	3252	97%(参照《中国药典》中的相关检测方法)	—
S0322	*l*-苯基丙氨酸	*l*-Phenylalanine	3585	98%(参照《中国药典》中的相关检测方法)	—
S0323	*l*-半胱氨酸	*l*-Cysteine	3263	98%(参照《中国药典》中的相关检测方法)	—
S0325	*l*-谷氨酸	*l*-Glutamic acid	3285	98%(滴定法,按照《中国药典》的规定)	—
S0326	*l*-亮氨酸	*l*-Leucine	3297	98%(滴定法,按照《中国药典》的规定)	—
S0327	*dl*-蛋氨酸	*dl*-Methionine	3301	98%(参照《中国药典》中的相关检测方法)	—
S0328	乙酰丙酸	Levulinic acid	2627	97%	—
S0329	2-氧代丁酸	2-Oxobutyric acid	3723	98%	—
S0330	2-甲基己酸	2-Methylhexanoic acid	3191	95%	—
S0331	2-甲基庚酸	2-Methyloenanthic acid	2706	97%	—

表 D.1（续）

编码	香料名称	英文名称	FEMA 编号	含量 ≥	备注
S0332	4-甲基辛酸	4-Methyloctanoic acid	3575	97%	—
S0333	3,7-二甲基-6-辛烯酸	3,7-Dimethyl-6-octenoic acid	3142	90%	次要成分：香茅醛、香茅醇、橙花醇和香叶醇的乙酸酯，其他萜烯
S0334	9-癸烯酸	9-Decenoic acid	3660	90%（癸烯酸不低于 95%）	—
S0335	十一酸	Undecanoic acid	3245	99%	—
S0336	10-十一碳烯酸	10-Undecenoic acid	3247	97.0%	—
S0337	3-苯丙酸	3-Phenylpropionic acid	2889	97%（检测方法按照 GB/T 14455.5 的规定）	—
S0339	*l*-脯氨酸	*l*-Proline	3319	98%	—
S0340	*dl*-缬氨酸	*dl*-Valine	3444	98%	—
S0341	2-(4-甲氧基苯氧基)-丙酸钠	Sodium 2-(4-methyoxy-phenoxy)propanoate	3773	98%	—
S0344	*l*-赖氨酸	*l*-Lysine	3847	97%（参照《中国药典》中的相关检测方法）	—
S0345	3-甲基巴豆酸	3-Methylcrotonic acid	3187	98%	—
S0346	甲酸	Formic acid	2487	95%	—
S0347	4-甲基壬酸	4-Methylnonanoic acid	3574	98.0%	—
S0348	异己酸	Isohexanoic acid	3463	98.0%	—
S0349	2-羟基苯甲酸（水杨酸）	2-Hydroxybenzoic acid (Salicylic acid)	3985	99%（滴定法，按照《中国药典》的规定）	—
S0350	惕各酸	Tiglic acid	3599	99%	—
S0351	琥珀酸	Succinic acid	4719	99.0%～100.5%（$C_4H_6O_4$）	—

表 D.1（续）

编码	香料名称	英文名称	FEMA 编号	含量 ≥	备注
S0353	甲酸乙酯	Ethyl formate	2434	95.0%	—
S0354	甲酸丁酯	Butyl formate	2196	95.0%	—
S0355	甲酸戊酯	Amyl formate	2068	92%	次要成分:戊醇
S0356	甲酸异戊酯	Isoamyl formate	2069	92%	次要成分:异戊醇
S0357	甲酸己酯	Hexyl formate	2570	95.0%	—
S0358	甲酸苄酯	Benzyl formate	2145	95%	—
S0361	甲酸苯乙酯	Phenethyl formate	2864	96%	—
S0362	甲酸芳樟酯	Linalyl formate	2642	90%	次要成分:芳樟醇
S0363	乙酸甲酯	Methyl acetate	2676	98.0%	—
S0367	乙酸异丙酯	Isopropyl acetate	2926	99.0%	—
S0368	乙酸烯丙酯	Allyl acetate	—	95.0%	—
S0369	乙酰丙酸乙酯	Ethyl acetylpropanoate	2442	98%	—
S0374	乙酸 2-己烯酯	2-Hexen-1-yl acetate	2564	90%	次要成分:乙酸顺式-2-己烯酯
S0375	乙酸庚酯	Heptyl acetate	2547	97.5%	—
S0377	乙酸 3-辛酯	3-Octyl acetate	3583	98.0%	—
S0378	1-辛烯-3-醇乙酸酯	1-Octen-3-yl acetate	3582	95%	—
S0379	乙酸壬酯	Nonyl acetate	2788	97.0%	—
S0380	2-丁烯酸己酯	*n*-Hexyl 2-butenoate	3354	95%	—
S0384	乙酸茴香酯	Anisyl acetate	2098	97%	—
S0385	乙酸龙脑酯	Bornyl acetate	2159	98%	—

表 D.1（续）

编码	香料名称	英文名称	FEMA 编号	含量 ≥	备注
S0390	乙酸对甲酚酯	*p*-Cresyl acetate	3073	98%	—
S0391	乙酸苏合香酯	Styralyl acetate	2684	98%	—
S0394	异丁酸肉桂酯	Cinnamyl isobutyrate	2297	96%	—
S0396	乙酸糠酯	Furfuryl acetate	2490	97%	—
S0399	乙酸葛缕酯	Carvyl acetate	2250	98.0%	—
S0400	乙酸二氢葛缕酯	Dihydrocarvyl acetate	2380	97%（四个异构体之和）	—
S0401	苯乙酸丁酯	Butyl phenylacetate	2209	98%	—
S0403	丙二酸二乙酯	Diethyl malonate	2375	97%	—
S0404	丙酸异丁酯	Isobutyl propionate	2212	95.0%	—
S0405	丙酸异戊酯	Isoamyl propionate	2082	98.0%	—
S0406	丙酸顺式-3-己烯酯和丙酸反式-2-己烯酯	*cis*-3-Hexenyl propionate and *trans*-2-Hexenyl propionate	3778	96%（顺式和反式异构体之和）	—
S0407	丙酸香叶酯	Geranyl propionate	2517	92%（总酯）	次要成分：香叶醇、橙花醇
S0408	丙酸香茅酯	Citronellyl propionate	2316	90%（总酯）	次要成分：香茅醇
S0410	丙酸苯乙酯	Phenethyl propionate	2867	97%	—
S0411	丙酸芳樟酯	Linalyl propionate	2645	92%	—
S0412	丁酸甲酯	Methyl butyrate	2693	98.0%	—
S0413	2-甲基丁酸甲酯	Methyl 2-methylbutyrate	2719	92%	次要成分：异戊酸甲酯
S0417	3-羟基丁酸乙酯	Ethyl 3-hydroxybutyrate	3428	99%	—
S0418	丁二酸二乙酯	Diethyl succinate	2377	98%	—
S0419	异丁酸甲酯	Methyl isobutyrate	2694	97.0%	—

表 D.1（续）

编码	香料名称	英文名称	FEMA 编号	含量 ≥	备注
S0421	丁酸异丁酯	Isobutyl butyrate	2187	98.0%	—
S0422	2-甲基丁酸丁酯	*n*-Butyl 2-methylbutyrate	3393	95%	—
S0424	异丁酸丁酯	Butyl isobutyrate	2188	97.0%	—
S0427	2-甲基丁酸异戊酯	Isoamyl 2-methyl butanoate	3505	95%	—
S0428	异丁酸异戊酯	Isopentyl isobutyrate	3507	98.0%	—
S0430	2-甲基丁酸己酯	Hexyl 2-methylbutyrate	3499	95%	—
S0433	异丁酸庚酯	Heptyl isobutyrate	2550	95.0%	—
S0434	2-甲基丁酸辛酯	Octyl 2-methylbutyrate	3604	99%	—
S0435	1-辛烯-3-醇丁酸酯	1-Octen-3-yl butyrate	3612	95%	—
S0437	异丁酸苄酯	Benzyl isobutyrate	2141	97%	—
S0438	丁酸苯乙酯	Phenethyl butyrate	2861	97%	—
S0439	2-甲基丁酸苯乙酯	Phenethyl 2-methylbutyrate	3632	95%	—
S0440	异丁酸苯乙酯	Phenethyl isobutyrate	2862	98%	—
S0442	异丁酸香叶酯	Geranyl isobutyrate	2513	95%（以酯计）	—
S0443	丁酸芳樟酯	Linalyl butyrate	2639	95.0%	—
S0444	异丁酸芳樟酯	Linalyl isobutyrate	2640	95.0%	—
S0445	当归酸异丁酯	Isobutyl angelate	2180	98%	—
S0446	异丁酸橙花酯	Neryl isobutyrate	2775	92%	次要成分：橙花醇、香叶醇
S0447	正戊酸乙酯	Ethyl valerate	2462	98.0%	—
S0450	水杨酸丁酯（柳酸丁酯）	Butyl salicylate	3650	98%	—

表 D.1（续）

编码	香料名称	英文名称	FEMA 编号	含量 ≥	备注
S0451	异戊酸丁酯	Butyl isovalerate	2218	97.0%	—
S0454	异戊酸壬酯	Nonyl isovalerate	2791	97.0%	—
S0455	异戊酸苯乙酯	Phenethyl isovalerate	2871	97%	—
S0456	异戊酸香叶酯	Geranyl isovalerate	2518	95%	—
S0457	己酸甲酯	Methyl hexanoate	2708	98%	—
S0458	2-己烯酸甲酯	Methyl 2-hexenoate	2709	95%	—
S0460	3-己烯酸乙酯	Ethyl 3-hexenoate	3342	95.0%	—
S0461	3-羟基己酸乙酯	Ethyl 3-hydroxyhexanoate	3545	95%	—
S0462	反式-2-己烯酸乙酯	Ethyl *trans*-2-hexenoate	3675	95%	—
S0463	己酸丙酯	Propyl hexanoate	2949	95.0%	—
S0464	己酸戊酯	Amyl hexanoate	2074	98.0%	—
S0465	己酸异戊酯	Isoamyl hexanoate	2075	98.0%	—
S0466	己酸己酯	Hexyl hexanoate	2572	97.0%	—
S0469	庚酸丙酯	Propyl heptanoate	2948	98%	—
S0470	庚酸丁酯	Butyl heptanoate	2199	98%	—
S0472	辛酸甲酯	Methyl caprylate	2728	95.0%	—
S0474	顺式-4-辛烯酸乙酯	Ethyl *cis*-4-octenoate	3344	98%	—
S0475	顺式-4,7-辛二烯酸乙酯	Ethyl *cis*-4,7-octadienoate	3682	95%	—
S0476	辛酸异戊酯	Isoamyl octanoate	2080	98%	—
S0477	辛酸壬酯	Nonyl octanoate	2790	99%	—
S0478	辛酸苯乙酯	Phenethyl octanoate	3222	98%	—

表 D.1（续）

编码	香料名称	英文名称	FEMA 编号	含量 ≥	备注
S0479	2-壬烯酸甲酯	Methyl 2-nonenoate	2725	95%	—
S0480	壬酸乙酯	Ethyl nonanoate	2447	98.0%	—
S0481	癸酸乙酯	Ethyl decanoate	2432	98.0%	—
S0482	反式-2-顺式-4-癸二烯酸乙酯	Ethyl *trans*-2,*cis*-4-decadienoate	3148	90%	次要成分：反式，反式-2,4-癸二烯酸乙酯
S0484	十四酸甲酯(肉豆蔻酸甲酯)	Methyl tetradecanoate (Methtyl myristate)	2722	98.0%	—
S0487	苯甲酸丙酯	Propyl benzoate	2931	98%	—
S0488	苯甲酸己酯	Hexyl benzoate	3691	98%	—
S0490	苯甲酸顺式-3-己烯酯(苯甲酸叶醇酯)	cis-3-Hexenyl benzoate (Leaf benzoate)	3688	95%(异构体之和)	—
S0491	邻氨基苯甲酸甲酯	Methyl anthranilate	2682	98%	—
S0492	苯乙酸甲酯	Methyl phenylacetate	2733	97%	—
S0494	苯乙酸异戊酯	Isoamyl phenylacetate	2081	97%(苯乙酸戊酯和苯乙酸异戊酯之和)	—
S0496	惕各酸乙酯	Ethyl tiglate	2460	98%	—
S0497	惕各酸苄酯	Benzyl tiglate	3330	95%	—
S0499	乳酸丁酯	Butyl lactate	2205	95%	—
S0502	肉桂酸苄酯	Benzyl cinnamate	2142	98.0%	—
S0504	肉桂酸肉桂酯	Cinnamyl cinnamate	2298	95.0%(以酯计)	—
S0509	油酸乙酯	Ethyl oleate	2450	99.0%	—
S0511	二氢茉莉酮酸甲酯	Methyl dihydrojasmonate	3408	85%	次要成分：顺式-二氢茉莉酮酸甲酯

表 D.1（续）

编码	香料名称	英文名称	FEMA 编号	含量 ≥	备注
S0513	柠檬酸三乙酯	Triethyl citrate	3083	99%	—
S0514	甲酸大茴香酯	Anisyl formate	2101	90%	次要成分:茴香醇
S0515	甲酸顺式-3-己烯酯(甲酸叶醇酯)	*cis*-3-Hexenyl formate (Leaf formate)	3353	95.0%	—
S0517	乙酸 3-苯丙酯	3-Phenylpropyl acetate	2890	98%	—
S0518	乙酸丁香酯	Eugenyl acetate	2469	98%	—
S0519	4,5-二甲基-2-异丁基-3-噻唑啉	4,5-Dimethyl-2-isobutyl-3-thiazoline	3621	97%	—
S0520	乙酸异胡薄荷酯	Isopulegyl acetate	2965	95%(异构体之和)	—
S0521	乙酸 1,3,3-三甲基-2-降龙脑酯	1,3,3-Trimethyl-2-norbornanyl acetate	3390	98%	—
S0522	丙酸甲酯	Methyl propionate	2742	95.0%	—
S0523	丙烯酸乙酯	Ethyl acrylate	2418	97%	—
S0524	乳酸顺式-3-己烯酯(乳酸叶醇酯)	*cis*-3-Hexenyl lactate(Leaf lactate)	3690	96%	—
S0525	丙酸癸酯	Decyl propionate	2369	95.0%	—
S0526	反式-2-丁烯酸乙酯	Ethyl *trans*-2-butenoate	3486	98%	—
S0527	丁酸丙酯	Propyl butyrate	2934	95.0%	—
S0528	异丁酸异丙酯	Isopropyl isobutyrate	2937	95.0%	—
S0529	2-甲基丁酸异丙酯	Isopropyl 2-methylbutyrate	3699	98%	—
S0530	异丁酸己酯	Hexyl isobutyrate	3172	98.0%	—
S0531	丁酸庚酯	Heptyl butyrate	2549	98%	—
S0532	异丁酸辛酯	Octyl isobutyrate	2808	98.0%	—
S0533	异丁酸-3-苯丙酯	3-Phenylpropyl isobutyrate	2893	98%	—
S0534	丁酸香茅酯	Citronellyl butyrate	2312	90%(总酯)	—

表 D.1（续）

编码	香料名称	英文名称	FEMA 编号	含量 ≥	备注
S0535	丁酸肉桂酯	Cinnamyl butyrate	2296	98%	—
S0536	异戊酸甲酯	Methyl isovalerate	2753	98.0%	—
S0537	异戊酸异丁酯	Isobutyl isovalerate	3369	98.0%	—
S0538	异戊酸 2-甲基丁酯	2-Methylbutyl isovalerate	3506	98%	—
S0539	异戊酸苄酯	Benzyl isovalerate	2152	98%	—
S0540	2-戊基吡啶	2-Pentylpyridine	3383	97%	—
S0541	异戊酸肉桂酯	Cinnamyl isovalerate	2302	95%	—
S0542	异戊酸薄荷酯	Menthyl isovalerate	2669	96%	—
S0543	3-己烯酸甲酯	Methyl 3-hexenoate	3364	97%	—
S0544	正己酸异丁酯	Isobutyl caproate	2202	98%	—
S0546	己酸芳樟酯	Linalyl hexanoate	2643	96.0%	—
S0547	3,7-二甲基-6-辛烯酸甲酯	Methyl 3,7-dimethyl-6-octenoate	3361	95%	—
S0548	3-壬烯酸甲酯	Methyl 3-nonenoate	3710	95%	—
S0549	9-十一烯酸甲酯	Methyl 9-undecenoate	2750	97%	—
S0550	十一酸乙酯	Ethyl undecanoate	3492	98%	—
S0551	十四酸异丙酯（肉豆蔻酸异丙酯）	Isopropyl tetradecanoate (Isopropyl myristate)	3556	99%	—
S0552	*N*-甲基邻氨基苯甲酸甲酯	Methyl *N*-methylanthranilate (Dimethyl anthranilate)	2718	98%	—
S0553	邻氨基苯甲酸乙酯	Ethyl anthranilate	2421	96%	—
S0554	苯甲酸异戊酯	Isoamyl benzoate	2058	98%(异构体之和)	—
S0555	苯甲酸苯乙酯	Phenethyl benzoate	2860	98.0%	—

表 D.1（续）

编码	香料名称	英文名称	FEMA 编号	含量 ≥	备注
S0556	苯乙酸异丁酯	Isobutyl phenylacetate	2210	98%	—
S0557	苯乙酸己酯	Hexyl phenylacetate	3457	97%	—
S0558	苯丙酸乙酯(氢化肉桂酸乙酯)	Ethyl 3-phenylpropionate(Ethyl hydrocinnamate)	2455	98%	—
S0559	环己基羧酸甲酯	Methyl cyclohexanecarboxylate	3568	98%	—
S0560	大茴香酸甲酯	Methyl *p*-anisate	2679	97%	—
S0561	大茴香酸乙酯	Ethyl *p*-anisate	2420	97%	—
S0562	水杨酸苯乙酯	Phenethyl salicylate	2868	98%	—
S0563	月桂酸异戊酯	Isoamyl laurate	2077	97%	—
S0564	亚油酸甲酯（48%），亚麻酸甲酯（52%）混合物	Methyl linoleate (48%) methyl linolenate (52%) mixture	3411	60%（亚油酸甲酯和亚麻酸甲酯之和）	次要成分：硬脂酸甲酯、油酸甲酯、棕榈酸甲酯
S0565	茉莉酮酸甲酯	Methyl jasmonate	3410	99%	—
S0566	水杨酸苄酯(柳酸苄酯)	Benzyl salicylate	2151	98%	—
S0567	肉桂酸异丁酯	Isobutyl cinnamate	2193	97%	—
S0568	肉桂酸 3-苯丙酯	3-Phenylpropyl cinnamate	2894	98%(以酯计)	—
S0569	酒石酸二乙酯	Diethyl tartrate	2378	97%	—
S0570	菸酸甲酯	Methyl nicotinate	3709	98%	—
S0571	惕各酸苯乙酯	Phenethyl tiglate	2870	98%	—
S0572	3-乙酰基-2,5-二甲基噻吩	3-Acetyl-2,5-dimethylthiophene	3527	96%	—
S0573	3,5,5-三甲基-1-己醇	3,5,5-Trimethyl-1-hexanol	3324	97.0%	—
S0574	丁酸茴香酯	Anisyl butyrate	2100	97%	—
S0575	异戊酸龙脑酯	Bornyl isovalerate	2165	97%	—

表 D.1（续）

编码	香料名称	英文名称	FEMA 编号	含量 ≥	备注
S0576	2,6-二甲基-4-庚醇	2,6-Dimethyl-4-heptanol	3140	90%	次要成分：2-庚醇
S0577	苯甲酸异丁酯	Isobutyl benzoate	2185	98%	—
S0578	甲酸橙花酯	Neryl formate	2776	90.0%	次要成分：香叶醇、橙花醇
S0579	乙酸甲基苄醇酯（邻、间、对位混合物）	Methylbenzyl acetate(mixed *o*-,*m*-,*p*-)	3702	98%（邻、间、对位异构体之和）	—
S0580	乙酸顺式和反式-对 1,(7)8-蓋二烯-2-醇酯	*cis*-and-*trans*-*p*-1,(7)8-Menthadien-2-yl acetate	3848	95%	—
S0581	乙酸龙脑烯醇酯	Campholene acetate	3657	98%	—
S0582	丙酸丙酯	Propyl propionate	2958	98.0%	—
S0583	丙酸丁酯	Butyl propionate	2211	96.0%	—
S0584	丙酸己酯	Hexyl propionate	2576	97.0%	—
S0585	丙酮酸乙酯	Ethyl pyruvate	2457	95%	—
S0586	丁酸辛酯	Octyl butyrate	2807	97%	—
S0587	异丁酸丙酯	*n*-Propyl isobutyrate	2936	98.0%	—
S0588	异丁酸异丁酯	Isobutyl isobutyrate	2189	98.0%	—
S0589	异丁酸香茅酯	Citronellyl isobutyrate	2313	92%（总酯）	—
S0590	反式-2-丁烯酸顺式-3-己烯酯（反式-2-丁烯酸叶醇酯）	(*Z*)-3-Hexenyl (*E*)-2-butenoate (Leaf (*E*)-2-butenoate)	3982	97%	—
S0591	丁二酸单薄荷酯（琥珀酸单薄荷酯）	Diethyl butanedioate (Mono-menthyl succinate)	3810	99%	—
S0592	正戊酸正戊酯	Pentyl valerate	—	95.0%	—

表 D.1（续）

编码	香料名称	英文名称	FEMA 编号	含量 ≥	备注
S0593	异戊酸辛酯	Octyl isovalerate	2814	98.0%	—
S0594	己酸丁酯	Butyl hexanoate	2201	98.0%	—
S0595	己酸苯乙酯	Phenethyl hexanoate	3221	98%	—
S0596	异丁酸叶醇酯（顺式-3-己烯醇异丁酸酯）	Leaf isobutyrate [(*Z*)-3-Hexenyl isobutyrate]	3929	98%	—
S0597	辛酸己酯	Hexyl octanoate	2575	98.5%	—
S0598	2-辛烯酸乙酯	Ethyl 2-octenoate	3643	98%	—
S0599	2,4,7-癸三烯酸乙酯	Ethyl 2,4,7-decatrienoate	3832	95%	—
S0600	苯甲酸芳樟酯	Linalyl benzoate	2638	95%（检测方法按照 GB/T 14455.6 的规定）	—
S0601	反式-2-甲基 2-丁酸顺式-3-己烯酯（惕各酸叶醇酯）	(*Z*)-3-Hexenyl(*E*)-2-methyl2-butenoate(Leaf tiglate)	3931	98%	—
S0602	2-丁烯酸异丁酯	Isobutyl 2-butenoate	3432	95%($C_8H_{16}O_2$)	—
S0603	3-甲基丁酸己酯	Hexyl 3-methyl butanoate	3500	95.0%	—
S0604	顺式-3-己烯酸叶醇酯（顺式-3-己烯酸顺式-3-己烯酯）	*cis*-3-Hexenyl *cis*-3-hexenoate(Leaf *cis*-3-hexenoate)	3689	98.0%	—
S0605	3-羟基己酸甲酯	Methyl 3-hydroxyhexanoate	3508	95%	—
S0606	苯甲酸香叶酯	Geranyl benzoate	2511	95%（检测方法按照 GB/T 14455.6 的规定）	—
S0607	琥珀酸二甲酯	Dimethyl succinate	2396	98%	—
S0608	硬脂酸乙酯	Ethyl stearate	3490	89%（十八酸乙酯、棕榈酸乙酯和其他脂肪酸乙酯之和不低于 96%）	—

表 D.1（续）

编码	香料名称	英文名称	FEMA 编号	含量 ≥	备注
S0609	3-甲基-2-丁烯-1-醇乙酸酯（乙酸异戊烯酯）	3-Methyl-2-buten-1-ol acetate(Prenyl acetate)	4202	98%	—
S0610	己酸反式-2-己烯酯	*trans*-2-Hexenyl hexanoate	3983	93%	次要成分：己酸，2-己烯醇
S0611	甲酸龙脑酯	Bornyl formate	2161	95%	—
S0612	顺式-4-庚烯酸乙酯	Ethyl (*Z*)-hept-4-enoate	3975	98%（异构体之和）	—
S0613	辛酸戊酯	Amyl octanoate	2079	98.0%	—
S0614	4-甲基戊酸甲酯	Methyl 4-methylvalerate	2721	97%	—
S0615	乙酸胡椒醛酯	Heliotropin acetate	2912	97%	—
S0616	丙酸肉桂酯	Cinnamyl propionate	2301	98%	—
S0617	异丁酸甲基苯基原酯（异丁酸苏合香酯）	Methyl phenyl carbinyl isobutyrate (Styrallyl isobutyrate)	2687	98%	—
S0618	异丁酸十二酯	Dodecyl isobutyrate	3452	97%	—
S0619	异丁酸松油酯	Terpinyl isobutyrate	3050	98%	—
S0620	水杨酸异丁酯	Isobutyl salicylate	2213	98%	—
S0621	肉桂酸异戊酯	Isoamyl cinnamate	2063	97%	—
S0622	乙酸异龙脑酯	Isobornyl acetate	2160	97%	—
S0623	γ-戊内酯	γ-Valerolactone	3103	95.0%	—
S0626	γ-辛内酯	γ-Octalactone	2796	98.0%	—
S0630	γ-丁内酯	γ-Butyrolactone	3291	98.0%	—
S0631	δ-己内酯	δ-Hexalactone	3167	98.0%	—
S0632	δ-辛内酯	δ-Octalactone	3214	98.0%	—

表 D.1（续）

编码	香料名称	英文名称	FEMA 编号	含量 ≥	备注
S0633	δ-壬内酯	δ-Nonalactone	3356	98.0%	—
S0635	δ-十一内酯	δ-Undecalactone	3294	98.0%	—
S0637	十五内酯	Pentadecanolide	2840	98%	—
S0638	5-羟基-2-癸烯酸 δ-内酯	5-Hydroxy-2-decenoic acid δ-lactone (Cocolactone)	3744	95.0%	—
S0639	3-丙叉苯酞	3-Propylidenephthalide	2952	96%	—
S0640	3-丁叉苯酞	3-Butylidenephthalide	3333	99%	—
S0641	薄荷内酯	Mintlactone	3764	98%	—
S0642	δ-十三内酯	δ-Tridecalactone	—	95.0%	—
S0643	δ-十四内酯	δ-Tetradecalactone	3590	97.0%	—
S0644	5-羟基-2,4-癸二烯酸内酯(6-戊基-α-吡喃酮)	5-Hydroxy-2,4-decadienoic acid lactone (6-Pentyl-α-pyrone)	3696	98.7%	—
S0645	5-羟基-7-癸烯酸内酯（茉莉内酯）	5-Hydroxy-7-decenoic acid lactone (Jasmine lactone)	3745	95%	—
S0646	威士忌内酯	Whiskey lactone	3803	98.0%	—
S0647	二氢猕猴桃内酯((+/-)-2,6,6-三甲基-2-羟基环亚己基乙酸 γ-内酯)	Dihydroactinidiolide ((+/-)-(2,6,6-Trimethyl-2-hydroxycyclohexylidene) acetic acid γ-lactone)	4020	90%	次要成分：2,9-二甲基-3,8-癸二酮、4-羟基-5,6-氧代 β-紫罗兰酮
S0648	黄葵内酯	Ambrettolide	2555	98%	—
S0649	α-当归内酯	α-Angelica lactone	3293	95.0%	—
S0650	γ-甲基癸内酯	γ-Methyldecalactone	3786	95.0%	—

表 D.1（续）

编码	香料名称	英文名称	FEMA 编号	含量 ≥	备注
S0651	β-石竹烯	β-Caryophyllene	2252	80%	次要成分：$C_{15}H_{24}$ 萜烯烃
S0652	巴伦西亚桔烯	Valencene	3443	94%	—
S0653	月桂烯	Myrcene	2762	90%（$C_{15}H_{24}$ 萜烯烃）	—
S0654	d-苧烯	d-Limonene	2633	96%（d/l 异构体之和）	—
S0655	异松油烯	Terpinolene	3046	95%	—
S0656	罗勒烯	Ocimene	3539	80%	次要成分：顺式-β-罗勒烯
S0657	莰烯	Camphene	2229	80%	—
S0658	α-蒎烯	α-Pinene	2902	97%	—
S0659	β-蒎烯	β-Pinene	2903	97%	—
S0660	1,8-桉叶素	1,8-Cineole	2465	98%	—
S0661	1,4-桉叶素	1,4-Cineole	3658	75%	次要成分：1,8-桉叶素
S0663	1,4-二甲基-4-乙酰基-1-环己烯	1,4-Dimethyl-4-acetyl-1-cyclohexene	3449	98%	—
S0664	2-甲酰基-6,6-二甲基双环[3.1.1]庚-2-烯（桃金娘烯醛）	2-Formyl-6,6-dimethylbicyclo[3.1.1]-hept-2-ene (Myrtenal)	3395	98%	—
S0665	茶螺烷（1-氧杂螺-(4,5) -2,6,10,10-四甲基-6-癸 烯）	Theaspirane(2,6,10,10-Tetramethyl-1-oxaspiro (4,5)-dec-6-ene)	3774	97%（立体异构体之和）	—
S0666	1,3,5-十一碳三烯	1,3,5-Undecatriene	3795	94%（顺式和反式异构体之和）	次要成分：2,4,6-十一碳三烯（顺式，顺式，反式）
S0667	对，α-二甲基苯乙烯	p,α-Dimethylstyrene	3144	97%	—

表 D.1（续）

编码	香料名称	英文名称	FEMA 编号	含量 ≥	备注
S0668	α-水芹烯	α-Phellandrene	2856	95%	—
S0669	红没药烯	Bisabolene	3331	97%	—
S0670	γ-松油烯	γ-Terpinene	3559	95%	—
S0671	6-羟基二氢茶螺烷	6-Hydroxydihydrotheaspirane	3549	98%	—
S0672	1-甲基-3-甲氧基-4-异丙基苯	1-Methyl-3-methoxy-4-isopropylbenzene	3436	98%	—
S0673	间-二甲氧基苯	*m*-Dimethoxybenzene	2385	97%	—
S0674	对-异丙基甲苯	*p*-Cymene	2356	97%	—
S0675	3,4-二甲酚	3,4-Dimethylphenol	3596	98%	—
S0676	1-甲基萘	1-Methylnaphthalene	3193	97%	—
S0677	1,2-二甲氧基苯	1,2-Dimethoxybenzene	3799	98%	—
S0678	α-金合欢烯	α-Farnesene	3839	38%［α-金合欢烯和β-金合欢烯（顺式和反式异构体之和）］	次要成分:红没药烯、其他异构体（巴伦西亚桔烯、波旁烯、杜松烯、愈疮木烯）
S0679	苏合香烯	Styrene	3233	95.0%	—
S0680	α-松油烯	α-Terpinene	3558	89%	次要成分:1,4-桉叶素和1,8-桉叶素
S0681	3-蒈烯	3-Carene	3821	92%	次要成分:β-蒎烯、苧烯、月桂烯、对-异丙基甲苯
S0683	香菇素	Lenthionine	—	95.0%	—
S0684	氧化石竹烯	Caryophyllene oxide	4085	95%	—

表 D.1（续）

编码	香料名称	英文名称	FEMA 编号	含量 ≥	备注
S0685	2,4,6-三甲基-1,3,5-三氧杂环己烷（三聚乙醛）	2,4,6-Trimethyl-1,3,5-trioxacyclohexane（Paradehyde）	4010	95.0%	—
S0686	甲硫醇	Methyl mercaptan	2716	95%	—
S0688	正丁硫醇	1-Butanethiol	3478	98%	—
S0689	2-甲基-1-丁硫醇	2-Methyl-1-butanethiol	3303	99%	—
S0690	3-(甲硫基)-1-己醇	3-(Methylthio)-1-hexanol	3438	97%	—
S0691	1,6-己二硫醇	1,6-Hexanedithiol	3495	95%	—
S0692	糠基硫醇(咖啡醛)	Furfuryl mercaptan	2493	97.0%	—
S0694	二甲基二硫醚	Dimethyl disulfide	3536	97.0%	—
S0695	二甲基三硫醚	Dimethyl trisulfide	3275	97%	—
S0696	二丁基硫醚	Dibutyl sulfide	2215	95%	—
S0697	2,2′-(硫代二亚甲基)-二呋喃(二糠基硫醚)	2,2′-(Thiodimethylene)-difuran(2-Furfuryl monosufide)（Bis(2-furfuryl) sulfide)(Difurfuryl sulphide)	3238	95%	—
S0698	二糠基二硫醚	Difurfuryl disulphide	3146	96.0%	—
S0699	邻-甲硫基苯酚	*o*-(Methylthio)-phenol	3210	98%	—
S0701	8-巯基薄荷酮	*p*-Mentha-8-thiol-3-one	3177	97%	—
S0702	硫代乙酸糠酯	Furfuryl thioacetate	3162	95%	—
S0705	吲哚	Indole	2593	97%	—
S0706	三甲基胺	Trimethylamine	3241	98%	—
S0707	玫瑰醚	Rose oxide	3236	99%	—
S0708	羟基香茅醇	Hydroxycitronellol	2586	97%	—

表 D.1（续）

编码	香料名称	英文名称	FEMA 编号	含量 ≥	备注
S0709	3,5-二甲基-1,2,4-三硫杂环戊烷	3,5-Dimethyl-1,2,4-trithiolane	3541	98%	—
S0712	2,5-二甲基吡嗪	2,5-Dimethylpyrazine	3272	98.0%	—
S0714	对-甲苯基乙醛	*p*-Tolylacetaldehyde	3071	95%	—
S0715	2,6,6-三甲基-1 或 2-环己烯-1-甲醛	2,6,6-Trimethyl-1 or 2-cyclohexen-1-carboxaldehyde	3639	99%	—
S0716	2-异丁基-3-甲基吡嗪	2-Isobutyl 3-methylpyrazine	3133	98%	—
S0717	2-甲氧基-3-仲丁基吡嗪	2-Methoxy-3-sec-butylpyrazine	3433	99%	—
S0718	2,3-二乙基吡嗪	2,3-Diethylpyrazine	3136	97%	—
S0719	3-乙基-2,6-二甲基吡嗪	3-Ethyl-2,6-dimethylpyrazine	3150	95%	—
S0721	2-乙酰基-3-乙基吡嗪	2-Acetyl-3-ethylpyrazine	3250	98%	—
S0722	2,3-二乙基-5-甲基吡嗪	2,3-Diethyl-5-methylpyrazine	3336	98%	—
S0723	5-异丙基-2-甲基吡嗪	5-Isopropyl-2-methylpyrazine	3554	97%	—
S0724	2,6-二甲基吡啶	2,6-Dimethylpyridine	3540	99%	—
S0725	4-甲基噻唑	4-Methylthiazole	3716	97%	—
S0726	α-甲基肉桂醛	α-Methylcinnamaldehyde	2697	95%	—
S0728	2,4,5-三甲基噻唑	2,4,5-Trimethylthiazole	3325	97%	—
S0729	2-乙基-4-甲基噻唑	2-Ethyl-4-methylthiazole	3680	97%	—
S0730	5-乙烯基-4-甲基噻唑	4-Methyl-5-vinylthiazole	3313	97%	—
S0732	2-异丙基-4-甲基噻唑	2-Isopropyl-4-methylthiazole	3555	98.0%	—
S0733	2-异丁基噻唑	2-Isobutylthiazole	3134	96%	—
S0734	苯并噻唑	Benzothiazole	3256	96%	—

表 D.1（续）

编码	香料名称	英文名称	FEMA 编号	含量 ≥	备注
S0735	*N*-糠基吡咯	*N*-Furfuryl pyrrole	3284	98%	—
S0736	2-乙酰基吡咯	2-Acetylpyrrole	3202	97.0%	—
S0737	5,6,7,8-四氢喹噁啉	5,6,7,8-Tetrahydroquinoxaline	3321	98%	—
S0738	2,4,5-三甲基-δ-3-噁唑啉	2,4,5-Trimethyl-δ-3-oxazoline	3525	94%	—
S0739	2-甲基-4-丙基-1,3-噁噻烷	2-Methyl-4-propyl-1,3-oxathiane	3578	98%	—
S0740	吡啶	Pyridine	2966	99.0%	—
S0741	二丙基二硫醚	Propyl disulfide	3228	98%	—
S0742	2-戊基硫醇	2-Pentanethiol	3792	97%	—
S0743	邻-甲基苯硫酚	*o*-Toluenethiol	3240	95%	—
S0744	苄基硫醇	Benzyl mercaptan	2147	98%	—
S0745	1-对-蓋烯-8-硫醇	1-*p*-Menthene-8-thiol	3700	98%	—
S0746	甲基丙基二硫醚	Methyl propyl disulfide	3201	95%	—
S0747	甲基苄基二硫醚	Methyl benzyl disulfide	3504	99%	—
S0748	甲基糠基二硫醚	Methyl furfuryl disulfide	3362	95%	—
S0749	烯丙基二硫醚	Allyl disulfide	2028	90.0%(烯丙基二硫醚和烯丙基硫醚≥95.0%)	—
S0750	双(2-甲基-3-呋喃基)二硫醚	Bis(2-methyl-3-furyl)disulfide	3259	98%	—
S0751	糠基甲基硫醚	Furfuryl methyl sulfide	3160	97%	—
S0752	2,6-二甲基苯硫酚	2,6-Dimethylthiophenol	3666	97%	—
S0753	2-甲基-3(2-呋喃基)丙烯醛	2-Methyl-3(2-furyl)acrolein	2704	96%	—
S0754	2-甲基四氢噻吩-3-酮	2-Methyltetrahydrothiophen-3-one	3512	99%	—

表 D.1（续）

编码	香料名称	英文名称	FEMA 编号	含量 ≥	备注
S0755	2-甲基-5-(甲硫基)呋喃	2-Methyl-5-(methylthio)furan	3366	98%	—
S0756	2-羟基-3,5,5-三甲基-2-环己烯酮	2-Hydroxy-3,5,5-trimethyl-2-cyclohexenone	3459	99%	—
S0757	糠酸甲酯	Methyl 2-furoate	2703	98%	—
S0758	硫代乙酸乙酯	Ethyl thioacetate	3282	98%	—
S0759	硫代乙酸丙酯	Propyl thioacetate	3385	99%	—
S0760	3-巯基丙酸乙酯	Ethyl 3-mercaptopropionate	3677	98%	—
S0761	硫代丁酸甲酯	Methyl thiobutyrate	3310	98%	—
S0762	异硫氰酸烯丙酯	Allyl isothiocyanate	2034	98%	—
S0763	2-硫代糠酸甲酯	Methyl 2-thiofuroate	3311	97%	—
S0764	3-甲基-1,2,4-三噻烷	3-Methyl-1,2,4-trithiane	3718	98%	—
S0766	2-乙基吡嗪	2-Ethylpyrazine	3281	98%	—
S0767	2-乙基-3,(5 或 6)-二甲基吡嗪	2-Ethyl-3(5 or 6)-dimethylpyrazine	3149	95%	—
S0768	2-甲氧基-3-异丁基吡嗪	2-Methoxy-3-isobutyl pyrazine	3132	95%	—
S0769	1-甲基-2-乙酰基吡咯	1-Methyl-2-acetylpyrrole	3184	98%	—
S0770	*N*-乙基-2-乙酰基吡咯	*N*-Ethyl-2-acetylpyrrole	3147	98%	—
S0771	喹啉	Quinoline	3470	97.0%	—
S0772	6-甲基喹啉	6-Methylquinoline	2744	98%	—
S0773	5-甲基喹噁啉	5-Methylquinoxaline	3203	98%	—
S0774	哌啶	Piperidine	2908	98%	—
S0775	β-甲基吲哚	β-Methylindole	3019	97%	—
S0776	5-乙基-2-甲基吡啶	5-Ethyl-2-methylpyridine	3546	97%	—

表 D.1（续）

编码	香料名称	英文名称	FEMA 编号	含量 ≥	备注
S0777	3-乙基吡啶	3-Ethylpyridine	3394	98%	—
S0778	2-乙酰基吡啶	2-Acetylpyridine	3251	97%	—
S0779	3-乙酰基吡啶	3-Acetylpyridine	3424	97%	—
S0780	甲酸肉桂酯	Cinnamyl formate	2299	95%	—
S0781	异戊胺	Isopentylamine	3219	98%	—
S0782	苯乙胺	Phenethylamine	3220	95%	—
S0783	2-甲基-1,3-二硫环戊烷	2-Methyl-1,3-dithiolane	3705	99%	—
S0784	6-乙酰氧基二氢茶螺烷	6-Acetoxydihydrotheaspirane	3651	97%	—
S0785	4,5-二甲基噻唑	4,5-Dimethyl thiazole	3274	97%	—
S0786	3-巯基己醇	3-Mercaptohexanol	3850	99%	—
S0787	三硫丙酮	Trithioacetone	3475	99%	—
S0788	2,6-二甲基吡嗪	2,6-Dimethylpyrazine	3273	98%(2,3-二甲基吡嗪、2,5-二甲基吡嗪和 2,6-二甲基吡嗪之和)	—
S0789	2-(甲硫基)乙酸乙酯	Ethyl 2-(methylthio) acetate	3835	98%	—
S0790	乙酸 3-巯基己酯	3-Mercaptohexyl acetate	3851	81.7%	次要成分:3-巯基己醇、乙酸 3-乙酰基巯基己酯
S0791	2-(甲基二硫基)丙酸乙酯	Ethyl 2-(methyldithio) propionate	3834	98%	—
S0792	3-((甲硫基)丁酸乙酯	Ethyl 3-(methylthio) butyrate	3836	97%	—
S0793	丁酸 3-巯基己酯	3-Mercaptohexyl butyrate	3852	90%	—
S0794	己酸 3-巯基己酯	3-Mercaptohexyl hexanoate	3853	95%	—
S0795	糠醇	Furfuryl alcohol	2491	97%	—

表 D.1（续）

编码	香料名称	英文名称	FEMA 编号	含量 ≥	备注
S0796	四氢糠醇	Tetrahydro furfuryl alcohol	3056	99%	—
S0798	2-乙基-3-甲基吡嗪	2-Ethyl-3-Methylpyrazine	3155	97%(2-乙基-3-甲基吡嗪、2-乙基-5-甲基吡嗪和2-乙基-6-甲基吡嗪之和)	—
S0799	3-甲基-2-丁硫醇	3-Methyl-2-butanethiol	3304	99%	—
S0800	2-甲基-3-四氢呋喃硫醇	2-Methyl-3-tetrahydrofuranthiol	3787	97%	—
S0801	丙硫醇	Propanethiol	3521	97%	—
S0802	1,3-丙二硫醇	1,3-Propanedithiol	3588	98%	—
S0803	烯丙基硫醇(2-丙烯基-1-硫醇)	Allyl mercaptan(2-propene-1-thiol)	2035	75%（丙烯基二硫醚、丙烯基硫醚和丙烯基硫醇之和不低于 98%）	—
S0804	4-甲氧基-2-甲基-2-丁硫醇	4-Methoxy-2-methyl-2-butanethiol	3785	98%	—
S0805	2-苯乙硫醇	2-Phenylethyl mercaptan	3894	99%	—
S0806	3-巯基-3-甲基-1-丁醇	3-Mercapto-3-methyl-1-butanol	3854	96%	—
S0807	甲基 2-甲基-3-呋喃基二硫醚	Methyl 2-methyl-3-furyl disufide	3573	97%	—
S0808	甲基乙基硫醚	Methyl ethyl sulfide	3860	98%	—
S0809	甲基苯基二硫醚	Methyl phenyl disulfide	3872	97%	—
S0810	二乙基硫醚	Diethyl sulfide	3825	98%	—
S0811	二丙基三硫醚	Dipropyl trisulfide	3276	99%(含二丙基二硫醚)	—
S0812	丙烯基丙基二硫醚	Propenyl propyl disulfide	3227	92%(顺式和反式异构体的混合物)	次要成分:二丙基二硫醚
S0813	二烯丙基硫醚	Allyl sulfide	2042	98.0%	—

表 D.1（续）

编码	香料名称	英文名称	FEMA 编号	含量 ≥	备注
S0814	二烯丙基三硫醚	Diallyl trisulfide	3265	65%（烯丙基二硫醚、烯丙基三硫醚和烯丙基四硫醚之和不低于 95%）	—
S0815	二烯丙基四硫醚（二烯丙基聚硫醚）	Diallyl tetrasulfide(Diallyl polysulfide)	3533	95%	—
S0816	2-甲硫甲基-2-丁烯醛	2-(Methylthio)methyl-2-butenal	3601	99%	—
S0817	3-甲硫基己醛	3-Methylthio hexanal	3877	95.8%	—
S0818	乙酸环己酯	Cyclohexyl acetate	2349	98%	—
S0819	邻-氨基苯乙酮	*o*-Amino acetophenone	3906	97.0%	—
S0820	2-甲基-3-甲硫基呋喃	2-Methyl-3-(methylthio)furan	3949	95%	—
S0821	甲酸 3-巯基 3-甲基丁酯	3-Mercapto-3-methyl-butyl formate	3855	95%	—
S0822	乙酸 3-甲硫基丙酯	3-(Methylthio)propyl acetate	3883	97%	—
S0823	3-甲基硫代丁酸 *S*-甲酯（异戊酸甲硫醇酯）	*S*-Methyl 3-methylbutanethioate (Methylthiol isovalerate)	3864	95%	—
S0824	甲硫磺酸 S-甲酯	Methyl methanethiosulfonate	—	95.0%	—
S0825	2-甲硫基丁酸甲酯	Methyl 2-methythio butyrate	3708	99%	—
S0826	3-甲硫基-1-己醇乙酸酯	3-(Methylthio)-1-hexyl acetate	3789	99%	—
S0827	甲硫醇乙酸酯	S-methyl thioacetate	3876	98%	—
S0828	(5*H*)-5-甲基-6,7-二氢环戊基并(b)吡嗪	(5*H*)-5-Methyl-6, 7-dihydro-cyclopenta (b) pyrazine	3306	97%	—
S0829	2-甲氧基吡嗪	2-Methoxypyrazine	3302	99%	—
S0830	2-,5 或 6-甲氧基-3-甲基吡嗪	2-,5 or 6-Methoxy-3-methyl-pyrazine	3183	97%（异构体之和）	—

表 D.1（续）

编码	香料名称	英文名称	FEMA 编号	含量 ≥	备注
S0831	2-乙酰基-3,5(或 6)-二甲基吡嗪	2-Acetyl-3,5(or6)dimethyl pyrazine	3327	97%(异构体之和)	—
S0832	2-乙酰基 3-甲基吡嗪	2-Acetyl 3-methyl pyrazine	3964	98%	—
S0833	四氢吡咯(吡咯烷)	Tetrahydropyrrole(Pyrrolidine)	3523	95%	—
S0834	2-异丁基吡啶	2-Isobutyl pyridine	3370	97%	—
S0835	2-乙基-4,5-二甲基噁唑	2-Ethyl-4,5-dimethyloxazole	3672	99%	—
S0836	硫化铵	Ammonium sulfide	2053	95.0%	—
S0837	2-巯基丙酸乙酯	Ethyl 2-mercaptopropionate	3279	99%	—
S0838	*N*-(4-羟基-3-甲氧基苄基)壬酰胺	*N*-(4-Hydroxy-3-methoxybenzyl)-nonanamide	2787	96%	—
S0839	1,4-二噻烷	1,4-Dithiane	3831	97%	—
S0840	桃金娘烯醇	Myrtenol	3439	95%	—
S0841	胡椒碱	Piperine	2909	97%	—
S0842	2,3-二甲基苯并呋喃	2,3-Dimethylbenzofuran	3535	97%	—
S0844	γ-紫罗兰酮	γ-Ionone	3175	95%	—
S0845	α-二氢紫罗兰酮	Dihydro-Alpha-ionone	3628	99.0%	—
S0846	*d*-胡椒酮(对-蓋-1-烯-3-酮)	*d*-Piperitone(*p*-menth-1-en-3-one)	2910	94%	次要成分:薄荷醇、薄荷酮
S0847	胡椒烯酮(对-蓋-1,4(8)-二烯-3-酮)	Piperitenone(*p*-Mentha-1,4(8)-dien-3-one)	3560	95%(异构体之和)	—
S0848	*l*-天冬氨酸	*l*-Aspartic acid	3656	98%	—
S0849	*d*,*l*-异亮氨酸	*d*,*l*-Isoleucine	3295	98%	—
S0853	琥珀酸二钠	Disodium succinate	3277	98.0%	—
S0857	δ-十六内酯	δ-Hexadecalactone	4673	95.0%	—

表 D.1（续）

编码	香料名称	英文名称	FEMA 编号	含量 ≥	备注
S0858	（+/-）二氢薄荷内酯	（+/-）Dihydromintlactone	4032	99%	—
S0859	顺式-4-十二烯醛	(*Z*)-4-Dodecenal	4036	94%（含有十二醛）	—
S0860	4,5-环氧反式-2-癸烯醛	4,5-Epoxy trans-2-decenal	4037	87%（反式异构体）	次要成分：顺式异构体
S0861	2-乙基-5-甲基吡嗪	2-Ethyl-5-methylpyrazine	3154	95%	—
S0862	顺式-3-顺式-6-壬二烯-1-醇	*cis*-3-*cis*-6-Nonadien-1-ol	3885	97%	—
S0863	2-甲基-1-丁醇	2-Methyl-1-butanol	3998	99%	—
S0864	异龙脑	Isoborneol	2158	92%	次要成分：龙脑
S0865	2-壬醇	2-Nonanol	3315	98.0%	—
S0866	反式-2-辛烯-1-醇	(*E*)-2-Octen-1-ol（*trans*-2-Octen-1-ol）	3887	96%	—
S0867	香芹醇	Carveol	2247	96%（顺式和反式异构体之和）	—
S0868	对-盖烷-2-酮	*p*-Menthan-2-one	3176	97.0%	—
S0869	4-甲基-3-戊烯-2-酮	4-Methyl-3-penten-2-one	3368	95%	—
S0870	反式，反式-3,5 辛二烯-2-酮	*trans*,*trans*-3,5-Octadien-2-one	4008	95%	—
S0871	2-甲基呋喃	2-Methyl furan	4179	97%	—
S0872	3-癸烯-2-酮	3-Decen-2-one	3532	95%	—
S0873	2-辛烯-4-酮	2-Octen-4-one	3603	96%	—
S0874	2-呋喃基-2-丙酮	(2-Furyl)-2-propanone	2496	97%	—
S0875	5-甲基-2,3-己二酮	5-Methyl-2,3-hexanedione	3190	95%	—
S0876	2-甲基-3-戊烯酸	2-Methyl-3-pentenoic acid	3464	99%（顺式和反式异构体的混合物）	—
S0877	L-酪氨酸	L-Tyrosine	3736	98%	—

表 D.1（续）

编码	香料名称	英文名称	FEMA 编号	含量 ≥	备注
S0878	2-氧代戊二酸	2-Oxopentanedioic acid	3891	99%	—
S0879	4-茴香酸	4-Anisic acid	3945	98%（检测方法按照 GB/T 14455.5 的规定）	—
S0880	亚油酸	Linoleic acid	3380	60%	—
S0882	L-胱氨酸	L-Cystine	—	98.5%～101.5%（以干基计）	—
S0883	L-蛋氨酸	L-Methionine	—	98.5%～101.5（$C_5H_{11}NO_2S$，以干基计）	—
S0884	L-谷氨酰胺	L-Glutamine	3684	98%	—
S0885	2-丙硫醇	2-Propanethiol	3897	98%	—
S0886	4-巯基-4-甲基-2-戊酮	4-Mercapto-4-methyl-2-pentanone	3997	48%	次要成分：4-甲基-3-戊烯-2-酮
S0887	1,2-乙二硫醇	1,2-Ethanedithiol	3484	99%	—
S0888	异戊烯基硫醇	Prenyl mercaptan	3896	98%	—
S0889	*d*,*l*-(3-氨基-3-羧基丙基)二甲基氯化锍(甲基蛋氨酸-氯化锍)	*d*, *l*-(3-Amino-3-carboxypropyl) dimethylsulfonium chloride (*d*,*l*-methylmethionine sulfonium chloride)	3445	98%	—
S0890	2-甲基-3-硫代乙酰氧基-4,5-二氢呋喃	2-Methyl-3-thioacetoxy-4,5-dihydrofuran	3636	99%	—
S0891	异丁基硫醇	Isobutyl mercaptan	3874	97%	—
S0892	苄基硫醇	Benzenethiol	3616	97%	—
S0893	异硫氰酸苄酯	Benzyl isothiocyanate	—	97%	—

表 D.1（续）

编码	香料名称	英文名称	FEMA 编号	含量 ≥	备注
S0894	甲基烯丙基三硫醚	Allyl methyl trisulfide	3253	80%	次要成分：二甲基三硫醚、烯丙基三硫醚
S0895	2-戊基噻吩	2-Pentyl thiophene	4387	99.0%	—
S0896	3,5-二乙基-1,2,4-三硫杂环戊烷	3,5-Diethyl-1,2,4-trithiolane	4030	95%（顺式和反式异构体之和）	—
S0897	噻吩	Thiophene	—	95.0%	—
S0898	2,4,6-三甲基二氢-4*H*-1,3,5-二噻嗪	2,4,6-Trimethyldihydro-4*H*-1,3,5-dithiazine	4018	99%	—
S0899	异硫氰酸 3-甲硫基丙酯	3-Methylthiopropyl isothiocyanate	3312	98%	—
S0900	3-甲基丁基硫醇	3-Methylbutanethiol	3858	97%	—
S0901	2-乙酰基-2-噻唑啉	2-Acetyl-2-thiazoline	3817	98%	—
S0902	甲基丙基三硫醚	Methyl propyl trisulfide	3308	45%	次要成分：二丙基三硫醚、二丙基二硫醚、二甲基二硫醚、甲基丙基硫醚
S0903	噻唑	Thiazole	3615	98%	—
S0904	吡嗪	Pyrazine	4015	98%	—
S0905	甲基 1-丙烯基二硫醚	Methyl 1-propenyl disulfide	3576	90%	次要成分：二丙基二硫醚、1-丙烯基二硫醚
S0906	甲酸丙酯	Propyl formate	2943	94%	次要成分：丙醇
S0907	香兰素 3-(L-盖氧基)丙-1,2-二醇缩醛	Vanlillin 3-(L-menthoxy)propane-1,2-diol acetal	3904	94%	次要成分：香兰素
S0908	3-戊烯-2-酮	3-Penten-2-one	3417	98%	—

表 D.1（续）

编码	香料名称	英文名称	FEMA 编号	含量 ≥	备注
S0909	十二酸甲酯(月桂酸甲酯)	Methyl dodecanoate(Methyl laurate)	2715	94%	次要成分：十四酸甲酯、癸酸甲酯、十六酸甲酯
S0910	乙酸紫苏酯(对-1,8-盖二烯-7-醇乙酸酯)	Perillyl acetate(*p*-Mentha-1,8-dien-7-yl acetate)	3561	97%	—
S0911	苹果酸二乙酯	Diethyl malate	2374	99%	—
S0912	甲硫基乙酸甲酯	Methyl (methylthio) acetate	4003	98%	—
S0913	2-乙酰基-1-吡咯啉	2-Acetyl-1-pyrroline	4249	95%	—
S0914	甲酸异丙酯	Isopropyl formate	2944	99%	—
S0915	4-甲基-2-戊烯醛	4-Methyl-2-pentenal	3510	97%(异构体之和)	—
S0916	亚油酸乙酯	Ethyl linoleate	—	95.0%	—
S0917	2,4,6-三异丁基-5,6-二氢-4*H*-1,3,5-二噻嗪	2,4,6-Triisobutyl-5,6-dihydro-4*H*-1,3,5-dithiazine	4017	95%(三个立体异构体的混合物)	—
S0918	乙酸十二醇酯	Dodecyl acetate	2616	98%	—
S0919	2-乙基丁醛	2-Ethyl butyraldehyde	2426	95%	—
S0920	辛酸辛酯	Octyl caprylate	2811	98%	—
S0921	己醛二乙缩醛	Hexanal diethyl acetal	—	95.0%	—
S0922	丙酸异丙酯	Isopropyl propionate	2959	98%	—
S0923	丁酸反式-2-己烯酯	*trans*-2-Hexenyl butyrate	3926	95%	—
S0924	异硫氰酸丁酯	Butyl Isothiocyanate	4082	95%	—
S0925	*N*-葡糖酰基乙醇胺	*N*-Gluconyl ethanolamine	4254	99%	—
S0926	*N*-乳酰基乙醇胺	*N*-Lactoyl ethanolamine	4256	90%	次要成分：2-氨基乙醇乳酸

表 D.1（续）

编码	香料名称	英文名称	FEMA 编号	含量 ≥	备注
S0927	1-庚烯-3-醇	1-Hepten-3-ol	4129	98%	—
S0928	乙硫醇	Ethanethiol	4258	99%	—
S0930	乙酸 L-龙脑酯	L-Bornyl acetate	4080	95%	—
S0931	反式-α-突厥酮	*trans*-α-Damaone	4088	95.0%	—
S0932	二乙基二硫醚	Diethyl disulfide	4093	99%	—
S0933	2,5-二甲基-3(2*H*)呋喃酮	2,5-Dimethyl-3(2*H*)furanone	4101	95.0%	—
S0934	香叶酸	Geranic acid	4121	95%(顺式和反式异构体之和)	—
S0935	1-(3-羟基-5-甲基-2-噻吩)乙酮	1-(3-Hydroxy-5-methyl-2-thienyl)ethanone	4142	98%	—
S0936	异黄葵内酯	Isoambrettolide	4145	95%	次要成分:顺式异构体
S0937	异丁酸异龙脑酯	Isobornyl isobutyrate	4146	95%	—
S0938	*N*-甲基邻氨基苯甲酸异丁酯	Isobutyl *N*-methylanthranilate	4149	95%	—
S0939	丁酸 3-(甲硫基)丙酯	Methionyl butyrate [3-(methylthio) propyl butyrate]	4160	99%	—
S0940	(*S*1) -甲氧基-3-庚硫醇	(*S*1) -Methoxy-3-heptanethiol	4162	95%	—
S0941	5-*Z*-辛烯酸甲酯	Methyl 5-*Z*-octenoate	4165	95%	—
S0942	*N*-乙酰基邻氨基苯甲酸甲酯	Methyl *N*-acetylanthranilate	4170	95%	—
S0943	3-甲基-2-(3-甲基-2-丁烯)呋喃	3-Methyl -2-(3-methylbut-2-enyl)furan	4174	98%	—
S0944	乙酸植醇酯	Phytyl acetate	4197	95%(顺式和反式异构体之和)	—
S0945	3,7,11-三甲基十二碳-2,6,10-三烯醇乙酸酯	3,7,11-Trimethyldodeca-2,6,10-trienyl acetate	4213	99%(顺式和反式异构体之和)	—
S0946	三乙胺	Triethylamine	4246	95%	—
S0947	丙酸茴香酯	Anisyl propionate	2102	97%	—

表 D.1（续）

编码	香料名称	英文名称	FEMA 编号	含量 ≥	备注
S0948	丁酸 3-丁酮-2-醇酯	Butan-3-one-2-yl butanoate	3332	96%	—
S0949	异喹啉	Isoquinoline	2978	97%	—
S0950	2-丙酰噻唑	2-Propionylthiazole	3611	98%	—
S0951	2(4)-异丙基-4(2),6-二甲基二氢(4*H*)-1,3,5-二噻嗪	2(4)-Isopropyl-4(2),6-dimethyldihydro(4*H*)-1,3,5-dithiazine	3782	71%(2-异丙基-4,6-二甲基二氢(4*H*)-1,3,5-二噻嗪和 4-异丙基-2,6-二甲基二氢(4*H*)-1,3,5-二噻嗪之和)	次要成分：2,4,6-三甲基二氢-1,3,5-二噻嗪、6-甲基-2,4-二异丙基-1,3,5-二噻嗪、4-甲基-2,6-二异丙基-1,3,5-二噻嗪、2,4,6-三异丙基-二氢-1,3,5-二噻嗪
S0952	丁酸松油酯	Terpinyl butyrate	3049	95%(以酯计)	—
S0953	3-正丁基苯酞	3-*n*-Butylphthalide	3334	97%	—
S0954	2,2-二甲基-5-(1-甲基-1-丙烯基)四氢呋喃	2, 2-Dimethyl-5-(1-methylpropen-1-yl) tetrahydrofuran	3665	98%	—
S0955	(6*R*)-3-甲基-6-(1-甲基乙基)-2-环己烯-1-酮	2-Cyclohexen-1-one, 3-methyl-6-(1-methylethyl)-,(6R)-	4200	99%	—
S0956	3-甲基-2-丁烯-1-醇	3-Methyl-2-buten-1-ol	3647	99%	—
S0957	对-盖-1-烯-9-醇乙酸酯	1-*p*-Menthen-9-yl acetate	3566	97%	—
S0958	乙酸 2-辛烯酸酯	2-Octen-1-yl acetate	3516	97%	—
S0959	1-(对-甲氧基苯基)-2-丙酮	1-(*p*-Methoxyphenyl)-2-propanone	2674	97%	—
S0960	十八酸丁酯(硬脂酸丁酯)	Butyl stearate	2214	99%(以酯计)	—
S0961	(+/-)-1-苯乙基硫醇	(+/-)-1-Phenylethylmercaptan	4061	98%	—
S0962	4-异丙基-2-环己烯酮	4-Isopropyl-2-cyclohexenone	3939	97%	—

表 D.1（续）

编码	香料名称	英文名称	FEMA 编号	含量 ≥	备注
S0963	邻-甲氧基苯甲酸甲酯	Methyl *o*-methoxybenzoate	2717	97%	—
S0964	丙酮醛	Pyruvaldehyde	2969	95%	—
S0965	甲基乙基三硫醚	Methyl ethyl trisulfide	3861	97%	—
S0966	2-甲基-2-(甲二硫基)-丙醛	2-Methyl-2-(methyldithio)propanal	3866	95%	—
S0967	二(甲硫基)甲烷	Bis-(Methylthio)methane	3878	99%	—
S0968	2,3,5-三硫杂己烷	2,3,5-Trithiahexane	4021	95%	—
S0969	4-乙基辛酸	4-Ethyl octanoic acid	3800	99%	—
S0970	二氢诺卡酮	Dihydronootkatone	3776	90%	次要成分:圆柚酮
S0971	1-乙氧基-3-甲基-2-丁烯	1-Ethoxy-3-methyl-2-butene	3777	99%	—
S0972	2-乙烯基-2-甲基-5-(1-甲基乙烯基)四氢呋喃	2-Ethenyl-2-methyl-5-(1-methylethenyl)-tetrahydrofuran	3759	97%	—
S0973	异戊酸糠酯	Furfuryl isovalerate	3283	98%(以酯计)	—
S0974	异戊酸芳樟酯	Linalyl isovalerate	2646	96%	—
S0975	3-甲基-2-丁醇	3-Methyl-2-butanol	3703	98%	—
S0976	3-甲基-1-戊醇	3-Methyl-1-pentanol	3762	98.0%	—
S0977	4-甲基-2-戊酮	4-Methyl-2-pentanone	2731	99.0%	—
S0978	反式-3-顺式-6-壬二烯醇	*trans*-3-*cis*-6-Nonadienol	3884	92%	次要成分:反式,反式-3,6-壬二烯-1-醇
S0979	庚酸甲酯	Methyl heptanoate	2705	99.0%	—
S0980	顺式-3-己烯醇丙酸酯	(*Z*)-3-Hexenyl propionate	3933	97%	—
S0981	反式-2-癸烯酸乙酯	Ethyl *trans*-2-decenoate	3641	95%	—
S0982	2-乙基苯酚	2-Ethyl phenol	—	95.0%	—

表 D.1（续）

编码	香料名称	英文名称	FEMA 编号	含量 ≥	备注
S0984	*N*-甲基吡咯-2-甲醛	*N*-Methyl pyrrol-2 -carboxaldehyde	4332	98.0%	—
S0985	乙酸香兰素酯	Vanillin acetate	3108	97%	—
S0986	*l*-组氨酸	*l*-Histidine	3694	98%	—
S0987	δ-突厥酮	δ-Damaone	3622	96.5%	—
S0988	2-甲基戊酸乙酯	Ethyl 2-methylpentanoate	3488	98%	—
S0989	4-甲硫基-2-丁酮	4-Methylthio-2-butanone	3375	97%	—
S0991	甲基 3-甲基-1-丁烯基二硫醚	Methyl 3-methyl-1-butenyl disulfide	3865	97%	—
S0992	1-巯基-2-丙酮	1-Mercapto-2-propanone	3856	98%	—
S0993	乙酸正戊酯	Pentyl acetate	—	95.0%	—
S0994	胡薄荷酮	Pulegone	2963	95%	—
S0995	1-苯基丙醇-1	1-Phenylpropan-1-ol	2884	97%	—
S0996	4-苯基 2-丁醇	4-Phenyl-2-butanol	2879	97%	—
S0997	庚醇-3	Heptan-3-ol	3547	99.0%	—
S0999	对-盖-1-烯-3-醇	*p*-Menth-1-en-3-ol	3179	97%	—
S1000	4-苧醇	4-Thujanol	3239	98%	—
S1001	丙酮酸顺式-3-己烯酯(丙酮酸叶醇酯)	*cis*-3-Hexenyl pyrovate (Leaf pyrovate)	3934	98%	—
S1002	联苯	Biphenyl	3129	99%	—
S1003	顺式-4-羟基-6-十二烯酸内酯	(*Z*)-4-Hydroxy-6-dodecenoic acid lactone	3780	95.5%	—
S1004	甲基亚磺酰甲烷	Methylsulfinylmethane	3875	99%	—
S1006	反式和顺式-4,8-二甲基-3,7-壬二烯-2-酮	(*E*)and(*Z*)-4,8-Dimethyl-3,7-nonadien-2-one	3969	94%	次要成分:4,8-二甲基-3,7-壬二烯-2-醇

表 D.1（续）

编码	香料名称	英文名称	FEMA 编号	含量 ≥	备注
S1007	异亚戊基异戊胺	Isopentylidene isopentylamine	3990	93%	次要成分：二异戊胺、3-甲基丁醛
S1008	戊酸异戊酯	Isoamyl valerate	—	95.0%	—
S1009	丙酸反式-2-己烯酯	*trans*-2-Hexenyl propionate	3932	95%	—
S1010	硫化氢（仅用于热反应香料）	Hydrogen sulfide	3779	95.0%	—
S1011	戊酸甲酯	Methyl valerate	2752	98.05%	—
S1012	丁酸异丙酯	Isopropyl butyrate	2935	98.0%	—
S1013	烯丙基甲基二硫醚	Allyl methyl disulfide	3127	90%	次要成分：二甲基二硫醚、二烯丙基二硫醚
S1014	3-壬酮	3-Nonanone	3440	95.9%	—
S1015	二苄基二硫醚	Benzyl disulfide	3617	98%	—
S1016	苯乙酸顺式-3-己烯酯（苯乙酸叶醇酯）	*cis*-3-Hexenyl phenylacetate（Leaf phenylacetate）	3633	97%（顺式异构体>90%）	—
S1017	乙酸 3-（乙酰巯基）己酯	3-Acetylmercaptohexyl acetate	3816	98%	—
S1018	己酸甲硫醇酯	S-Methyl hexanethioate（Methyl thiohexanoate）	3862	95%	—
S1019	反式-2-丁烯酸（巴豆酸）	（*E*）-2-Butenoic acid（Crotonic acid）	3908	98%	—
S1020	戊酸顺式-3-己烯酯（戊酸叶醇酯）	（*Z*）-3-Hexenyl valerate（Leaf valerate）	3936	97%	—
S1021	己酸苄酯	Benzyl hexanoate	4026	95%	—
S1022	烯丙基丙基二硫醚	Allyl propyl disulfide	4073	93%	次要成分：烯丙基丙基硫醚、烯丙基二丙基硫醚

表 D.1（续）

编码	香料名称	英文名称	FEMA 编号	含量 ≥	备注
S1023	2,8-表硫-顺式-对-蓋烷（4,7,7-三甲基-6-硫杂双环[3.2.1]辛烷）（硫代桉叶素）	2,8-Epithio-*cis*-*p*-menthane[4,7,7-Trimethyl-6-thiabicyclo(3.2.1)octane](Thiocineole)	4108	93%	次要成分:苧烯
S1024	癸酸甲酯	Methyl decanoate	—	98.0%	—
S1025	甲酸异丁酯	Isobutyl formate	2197	94%	次要成分:异丁醇
S1026	4-庚酮	4-Heptanone	2546	99.0%	—
S1027	戊酸丁酯	Butyl valerate	2217	99.0%	—
S1028	丁酸环己酯	Cyclohexyl butyrate	2351	98%	—
S1029	山梨酸乙酯(2,4-己二烯酸乙酯)	Ethyl sorbate(Ethyl 2,4-hexadiencate)	2459	98%	—
S1030	单油酸甘油酯	Glyceryl monooleate	2526	65%(单油酸甘油酯、双油酸甘油酯、三油酸甘油酯含量不低于 95%)	—
S1031	5-羟基-4-辛酮	5-Hydroxy-4-octanone	2587	95%	—
S1032	壬酸甲酯	Methyl nonanoate	2724	96.0%	—
S1033	丙酸橙花酯	Neryl propionate	2777	95.0%	—
S1034	肉桂酸丙酯	Propyl cinnamate	2938	98%(以酯计)	—
S1035	丁酸玫瑰酯	Rhodinyl butyrate	2982	85.0%	次要成分:玫瑰醇
S1036	异丁酸玫瑰酯	Rhodinyl isobutyrate	2983	95%(以酯计)	—
S1037	丙酸松油酯	Terpinyl propionate	3053	95.0%	—
S1038	丙酸糠酯	Furfuryl propionate	3346	98%	—
S1039	戊酸糠酯	Furfuryl pentanoate	3397	98%(以酯计)	—
S1040	异茉莉酮	Isojasmone	3552	95%	—

表 D.1（续）

编码	香料名称	英文名称	FEMA 编号	含量 ≥	备注
S1041	苄基甲基硫醚	Benzyl methyl sulfide	3597	98%	—
S1042	3-甲基-2-丁烯醛	3-Methyl-2-butenal	3646	99%	—
S1043	2,4-癸二烯酸丙酯	Propyl 2,4-decadienoate	3648	95%(异构体之和)	—
S1044	反式-2-己烯酸己酯	Hexyl *trans*-2-hexenoate	3692	92%	次要成分:反式-3-己烯酸己酯
S1045	4-烯丙基-2,6-二甲氧基苯酚	4-Allyl-2,6-dimethoxyphenol	3655	98%	—
S1046	2-羟基-4-甲基戊酸甲酯	Methyl 2-hydroxy-4-methylpentanoate	3706	99%	—
S1047	反式-2-辛烯酸甲酯	Methyl *trans*-2-octenoate	3712	90%	次要成分:反式-3-辛烯酸甲酯
S1048	2,2,6-三甲基-6-乙烯基四氢吡喃	2,2,6-Trimethyl-6-vinyltetrahydropyran	3735	99%	—
S1049	香紫苏内酯	lareolide (Decahydro-3a, 6, 6, 9a-tetramethyl-naphtho(2,1b)furan-2(1*H*)-one)	3794	98%	—
S1050	苯甲酸甲硫醇酯	S-Methyl benzothioate	3857	95%	—
S1051	反式-2-己烯酸顺式-3-己烯酯	(*Z*)-3-Hexenyl(*E*)-2-hexenoate	3928	86%	次要成分:3-己烯酸 3-己烯酯、己酸己烯酯
S1052	2-巯基苯甲醚	2-Mercaptoanisole	4159	95%	—
S1053	香兰素苏和赤-2,3-丁二醇缩醛	Vanillin erythro and threo-butan-2,3-diol acetal	4023	95%	—
S1054	反式 6-甲基-3-庚烯-2-酮	(*E*)-6-Methyl-3-hepten-2-one	4001	96%	—
S1055	(±)3-巯基丁酸乙酯	(±)-Ethyl-3-mercaptobutyrate	3977	97%	—
S1056	3-巯基-2-甲基戊醇	3-Mercapto-2-methylpentan-1-ol	3996	99%	—
S1057	乙醛二异戊醇缩醛	Acetaldehyde diisoamyl acetal	4024	95%	—
S1058	(+/-)-2-苯基-4-甲基-2-己烯醛	(+/-)-2-Phenyl-4-methyl-2-hexenal	4194	95.0%	—

表 D.1（续）

编码	香料名称	英文名称	FEMA 编号	含量 ≥	备注
S1059	2-庚硫醇	2-Heptanethiol	4128	98%	—
S1060	2-(2-羟基-4-甲基-3-环己烯基)-丙酸 γ-内酯	2-(2-Hydroxy-4-methyl-3-cyclohexenyl)-propionic acid γ-lactone(Wine Lactone)	4140	95.0%	—
S1061	L-盖基甲基醚(2-异丙基-5-甲基环己基甲基醚)	L-Menthyl methyl ether(2-Isopropyl-5-methylcyclohexyl methyl ehte)	4054	99%	—
S1062	己酸异丙酯	Isopropyl hexanoate	2950	99%	—
S1063	2,4-己二烯-1-醇	2,4-Hexadien-1-ol	3922	98%	—
S1064	十六烷酸甲酯	Methyl hexadecanoate	—	99.0%	—
S1065	5-甲基-2-噻吩甲醛	5-Methyl-2-thiophenecarboxaldehyde	3209	95%	—
S1066	4-甲基-2,6-二甲氧基苯酚	4-Methyl-2,6-dimethoxyphenol	3704	97%	—
S1067	对-甲氧基肉桂醛	*p*-Methoxycinnamaldehyde	3567	96%	—
S1068	2,4,5-三甲基噁唑	2,4,5-Trimethyloxazole	4394	95%	—
S1069	苯甲醛二乙缩醛	Benzaldehyde diethyl acetal	—	95.0%	—
S1070	*d*-新薄荷醇	*d*-Neo-Menthol	2666	99%	—
S1071	2-壬烯酸 γ-内酯	2-Nonenoic acid gamma-lactone	4188	97%	—
S1072	反式-4-癸烯酸乙酯	Ethyl *trans*-4-decenoate	3642	95%	—
S1073	晚香玉内酯{二氢-5-[(*Z*,*Z*)-2,5-辛二烯]-2(3*H*)-呋喃酮}	Tuberose Lactone {Dihydro-5-[(*Z*,*Z*)-octa-2,5-dienyl]-2(3*H*)-furanone}	4067	45%	次要成分:γ-十二内酯、二氢-5-[2(*Z*)-辛烯]-2(3*H*)-呋喃酮
S1074	4-甲基-2-戊基-1,3-二氧戊环(己醛1,2-丙二醇缩醛)	4-Methyl-2-pentyl-1, 3-dioxolane (Hexanal propylene glycol acetal)	3630	97%(异构体之和)	—
S1075	乙酸 3-巯基庚酯	3-Mercaptoheptyl acetate	4289	99%	—

表 D.1（续）

编码	香料名称	英文名称	FEMA 编号	含量 ≥	备注
S1077	植醇（叶绿醇）（叶黄烯醇）（3，7，11，15-四甲基-2-十六烯-1-醇）	phytol（3，7，11，15-Tetramethyl-2-hexadecen-1-ol）	4196	95%（顺式和反式异构体之和）	—
S1078	异戊醛二乙缩醛	Isovaleraldehyde diethyl acetal	4371	95%	—
S1079	异硫氰酸 3-丁烯酯	3-Butenyl isothiocyanate	4418	97%	—
S1080	异硫氰酸 4-戊烯酯	4-Pentenyl isothiocyanate	4427	95%	—
S1081	异硫氰酸 5-己烯酯	5-Hexenyl isothiocyanate	4421	96%	—
S1082	顺式-9-十八烯醇乙酸酯（乙酸油醇酯）	*cis*-9-Octadecenyl acetate（Oleyl acetate）	4359	92%	次要成分：乙酸十六醇酯、乙酸十八醇酯
S1083	糠基甲基醚	Furfuryl methyl ether	3159	99%	—
S1084	3-己酮	3-Hexanone	3290	97.1%	—
S1085	异硫氰酸 2-丁酯	2-Butyl isothiocyanate	4419	97%	—
S1086	异硫氰酸异丁酯	Isobutyl isothiocyanate	4424	97%	—
S1087	异硫氰酸 6-（甲硫基）己酯	6-（Methylthio）hexyl isothiocyanate	4415	95%	—
S1088	异硫氰酸 5-（甲硫基）戊酯	5-（Methylthio）pentyl isothiocyanate	4416	96%	—
S1089	异硫氰酸戊酯	Amyl isothiocyanate	4417	97%	—
S1090	异硫氰酸异丙酯	Isopropyl isothiocyanate	4425	95%	—
S1091	异硫氰酸异戊酯	Isoamyl isothiocyanate	4423	98%	—
S1092	2,5-二甲基呋喃	2,5-Dimethylfuran	4106	95%	—
S1093	环紫罗兰酮	Cycloionone	3822	96.7%	—
S1094	2-异丁基-4-甲基-1,3-二氧戊环（异戊醛 1,2-丙二醇缩醛）	2-Isobutyl-4-methyl-1,3-dioxolane（Isovaleraldehyde propylene glycol acetal）	4286	95%	—

表 D.1（续）

编码	香料名称	英文名称	FEMA 编号	含量 ≥	备注
S1095	顺式和反式-2-异丙基-4-甲基-1,3-二氧戊环（异丁醛 1,2-丙二醇缩醛）	*cis*-and *trans*-2-Isopropyl-4-methyl-1,3-dioxolane (Isobutyraldehyde propylene glycol acetal)	4287	96%	—
S1096	4-氨基丁酸（γ-氨基丁酸）	4-Aminobutyric acid(Gamma-Aminobutyric acid)	4288	99%	—
S1097	*N*-(2-(3,4-二甲氧基苯基)乙基)-3,4-二甲氧基肉桂酸酰胺	*N*-[2-(3,4-Dimethoxyphenyl) ethyl]-3,4-dimethoxycinnamic acid amide	4310	99%	—
S1098	二-(1-丙烯基)硫醚（异构体混合物）	Di-(1-propenyl)-sulfide(mixture of isomers)	4386	95%（异构体混合物）	—
S1099	乙酸 2-戊酯	2-Pentyl acetate	4012	98%	—
S1100	乙胺	Ethylamine	4236	95%	—
S1101	2,8-二硫杂-4-壬烯-4-甲醛（5-(甲硫基)-2-(甲硫基甲基)2-戊烯醛）	2,8-Dithianon-4-en-4-carboxaldehyde5-(Methylthio)-2-(methylthiomethyl)-2-pentenal)(Methialdol)	3483	98%	—
S1102	1-丁烯-1-基甲基硫醚	1-Buten-1-yl methyl sulfide	3820	98%	—
S1103	二异丙基二硫醚	Diisopropyl disulfide	3827	96%	—
S1104	(*E*)-2-癸烯酸	(*E*)-2-Decenoic acid	3913	97%	—
S1105	L-苧烯	L-Limonene	—	95.0%($C_{10}H_{16}$)	—
S1106	正己硫醇	1-Hexanethiol	3842	95%	—
S1107	2-癸酮	2-Decanone	4271	96%	—
S1108	二糠基醚	Difurfuryl ether	3337	97%	—
S1109	异丁酸乙基香兰素酯	Ethyl vanillin isobutyrate	3837	98%	—

表 D.1(续)

编码	香料名称	英文名称	FEMA 编号	含量 ≥	备注
S1110	8-罗勒烯醇乙酸酯(2,6-二甲基-2,5,7-辛三烯-1-醇乙酸酯)	8-Ocimenyl acetate(2,6-dimethyl-2,5,7-octatriene-1-yl acetate)	3886	96%(异构体之和)	—
S1111	丁胺	Butylamine	3130	99%	—
S1112	1-氨基-2-丙醇	1-Amino-2-propanol	3965	95%	—
S1113	反式-1,5-辛二烯-3-酮	(*E*)-1,5-Octadien-3-one	4405	97%	—
S1114	2,5-二甲基-4-乙氧基-3(2*H*)呋喃酮	2,5-dimethyl-4-ethoxy-3(2*H*)furanone	4104	95.0%	—
S1115	反式-2-顺式-4-顺式-7-十三碳三烯醛	2-*trans*-4-*cis*-7-*cis*-Tridecatrienal	3638	71%	次要成分:4-顺-7-顺-十三碳二烯醇、3-顺-7-顺-十三碳二烯醇、2-反-7-醇-十三碳二烯醛、2-反-4-反-7-顺-三碳三烯醛
S1116	反式-2-顺式-4-癸二烯酸甲酯	Methyl (*E*)-2-(*Z*)-4- decadienoate	3859	93%	次要成分:反式,反式-2,4-癸二烯酸甲酯
S1117	2-(4-甲基-2-羟基苯基)-丙酸-γ-内酯	2-(4-Methyl-2-hydroxyphenyl) propionic acid-γ-lactone	3863	98%	—
S1118	丙酸顺式-5-辛烯酯	(*Z*)-5-Octenyl propionate	3890	93%	次要成分:丙酸反式-5-辛烯酯、丙酸顺式-5-辛烯醇
S1119	3-甲基-2-丁烯硫醇乙酸酯	3-Methyl-2-butenyl thioacetate (Prenyl thioacetate)	3895	99%	—
S1120	1-吡咯啉	1-Pyrroline	3898	99%	—
S1121	2,3,4-三甲基-3-戊醇	2,3,4-Trimethyl-3-pentanol	3903	97%	—

表 D.1（续）

编码	香料名称	英文名称	FEMA 编号	含量 ≥	备注
S1122	二异丙基三硫醚	Diisopropyl trisulfide	3968	95%	—
S1123	2-丙酰基-1-吡咯啉	2-Propionyl-1-pyrroline	4063	95%	—
S1124	3,6-二乙基-1,2,4,5-四硫杂环己烷与3,5-二乙基-1,2,4-三硫杂环戊烷的混合物	Mixture of 3,6-Diethyl-1,2,4,5-tetra thiane and 3,5-diethyl-1,2,4-trithiolane	4094	95.0%	—
S1125	2,5-二羟基-1,4-二噻烷（巯基乙醛二聚体）	2, 5-Dihydroxy-1, 4-dithiane (Mercaptoacetaldehyde)	3826	97%	—
S1126	3-己烯醛（反式/顺式混合物）	3-Hexenal(*trans*-/*cis* -mix)	3923	80%（顺式和反式异构体之和）	次要成分：反式-2-己烯醛
S1127	4-羟基-3,5-二甲氧基苯甲醛	4-Hydroxy-3,5-dimethoxybenzaldehyde	4049	98%	—
S1128	2-十一烯-1-醇	2-Undecen-1-ol	4068	95%	—
S1129	2-(4-羟基苯基)-乙胺（酪胺）	2-(4-hydroxyphenyl)ethylamine(Tyramine)	4215	95%	—
S1130	4[(2-呋喃甲基)硫基]-2-戊酮（4-糠硫基-2-戊酮）	4-[(2-Furanmethyl) thio]-2-pentanone (4-Furfurylthio -2-pentanone)	3840	97%	—
S1131	己酸甲硫基甲酯	Methylthiomethyl hexanoate	3880	97%	—
S1132	2,6-二甲基-4-庚酮	2,6-Dimethyl-4-heptanone(Diisobutyl ketone)	3537	80%	次要成分：4,6-二甲基-2-庚酮
S1134	反式-3-己烯醇	*trans*-3-Hexenol	4356	98%	—
S1135	甲酸松油酯	Terpinyl formate	3052	95%（以酯计）	—
S1136	脱氢圆柚酮	Dehydronootkatone	4091	95%	—
S1137	己酸香叶酯	Geranyl hexanoate	2515	95%（以酯计）	—
S1138	3-甲基己醛	3-Methyl hexanal	4261	95.0%	—

表 D.1（续）

编码	香料名称	英文名称	FEMA 编号	含量 ≥	备注
S1139	（反式，反式）-2，4-壬二烯	(*E*,*E*)-2,4-Nonadiene	4292	79%	次要成分：1，3-壬二烯、其他壬二烯异构体
S1140	1-辛烯	1-Octene	4293	97.0%	—
S1141	2-甲基苯乙酮	2-Methyl acetophenone	4316	95%	—
S1142	1-乙基-2-甲酰基吡咯（茶吡咯）	1-Ethyl-2-formylpyrrole (Tea pyrrole)	4317	99.0%	—
S1143	2-(4-甲基-5-噻唑基）乙醇辛酸酯	2-(4-Methyl-5-thiazolyl)ethyl octanoate	4280	98%	—
S1144	2-乙基-6-甲基吡嗪	2-Ethyl-6-methylpyrazine	3919	95%（2-乙基-5-甲基吡嗪和2-乙基-6-甲基吡嗪之和）	—
S1145	对-丙基苯酚	*p*-Propylphenol	3649	98%	—
S1146	3，5-二乙基-2-甲基吡嗪	3,5-Diethyl-2-methylpyrazine	3916	97%	—
S1147	马鞭草烯酮	Verbenone	4216	95%	—
S1148	4-戊烯醛	4-Pentenal	4262	97%	—
S1149	乙酰乙酸乙酯丙二醇缩酮	Ethyl acetoacetate propylene glycol ketal	4294	95%	—
S1150	山梨酸甲酯	Methyl sorbate	3714	99%	—
S1151	2，5-二乙基四氢呋喃	2,5-Diethyl tetrahydrofurane	3743	97%	—
S1152	脱氢薄荷呋喃内酯	Dehydromenthofurolactone	3755	95%	—
S1153	乙酸桃金娘烯酯	Myrtenyl acetate	3765	98%	—
S1154	2-(4-甲基-5-噻唑基）乙醇己酸酯	2-(4-Methyl-5-thiazolyl)ethyl hexanoate	4279	98%	—
S1155	2-(4-甲基-5-噻唑基）乙醇丁酸酯	2-(4-Methyl-5-thiazolyl)ethyl butyrate	4277	98%	—
S1156	吡咯	Pyrrole	3386	98%	—
S1157	*S*-烯丙基-*L*-半胱氨酸	*S*-Allyl-*L*-cysteine	4322	95%（参照《中国药典》中的相关检测方法）	—

表 D.1（续）

编码	香料名称	英文名称	FEMA 编号	含量 ≥	备注
S1158	2-巯基-3-丁醇	2-Mercapto-3-butanol	3502	99.0%	—
S1159	硫代香叶醇	Thiogeraniol	3472	95%	次要成分：松油醇
S1160	蒎烷硫醇	Pinanyl mercaptan	3503	95%（10-巯基蒎烷、2-巯基蒎烷和 3-巯基蒎烷之和）	—
S1161	α-甲基-β-羟基丙基 α-甲基-β-巯丙基硫醚	α-Methyl-β-hydroxypropyl α-methyl-β-mercapto-propyl sulfide	3509	99%	—
S1163	柠檬醛二乙缩醛	Citral diethyl acetal	2304	92%（顺式和反式异构体之和）	—
S1164	3-丙烯基-6-乙氧基苯酚	Propenylguaethol	2922	97%	—
S1165	β-甲基紫罗兰酮	Methyl-β-ionone	2712	88.0%	次要成分：α-异甲基紫罗兰酮和 β-异甲基紫罗兰酮
S1166	δ-甲基紫罗兰酮	Methyl-δ-ionone	2713	95.0%（四个异构体之和）	—
S1167	2,6-壬二烯醛二乙缩醛	2,6-Nonadienal diethyl acetal	3378	90%（指定化合物、异构体和 2-壬烯醛二乙缩醛不低于 98%）	—
S1168	9-十一烯醛	9-Undecenal	3094	96%	—
S1169	10-十一烯醛	10-Undecenal	3095	90%（总癸烯醛不低于 97%）	—
S1172	兔耳草醛（仙客来醛）	Cyclamen aldehyde	2743	90%	次要成分：2-甲基-3-（p-异丙基苯基）丙酸、3-甲基-3-（p-异丙基苯基）丙醛
S1174	β-环高柠檬醛	β-Homocyclocitral	3474	92%	次要成分：β-环高香叶酸甲酯、β-环柠檬醛、β-紫罗兰酮、β-环高香叶酸乙酯

表 D.1（续）

编码	香料名称	英文名称	FEMA 编号	含量 ≥	备注
S1175	*l*-薄荷酮甘油缩酮	*l*-Menthone 1,2-glycerol Ketal	3807	98.0%	—
S1176	4-甲硫基-4-甲基-2-戊酮	4-(Methylthio)-4-methyl-2-pentanone	3376	99%	—
S1177	3-巯基-2-戊酮	3-Mercapto-2-pentanone	3300	98%	—
S1178	*d*,*l*-薄荷酮甘油缩酮	*d*,*l*-Menthone 1,2-glycerol Ketal	3808	98%	—
S1179	α-甲基紫罗兰酮	Methyl-α-ionone	2711	90%(甲基紫罗兰酮异构体之和不低于 95%)	—
S1180	α-异甲基紫罗兰酮	α-iso-Methylionone	2714	85%(异构体之和不低于 95%)	—
S1181	烯丙基 α-紫罗兰酮	Allyl α-ionone	2033	88%(异构体之和不低于 95%)	—
S1182	6-甲基香豆素	6-Methylcoumarin	2699	99%	—
S1183	2-巯基丙酸	2-Mercaptopropionic acid	3180	95%	—
S1185	乙酸二甲基苄基原酯	Benzyl dimethyl carbinyl acetate	2392	98%	—
S1186	环己基乙酸烯丙酯	Allyl cyclohexaneacetate	2023	96%	—
S1187	乙酸玫瑰酯	Rhodinyl acetate	2981	87%(总酯)	次要成分:玫瑰醇
S1188	3-(2-呋喃基)丙酸乙酯	Ethyl 3-(2-furyl)propanoate	2435	95%	—
S1189	丙酸烯丙酯	Allyl propionate	2040	99%	—
S1191	3-(2-呋喃基)丙酸异丁酯	Isobutyl 3-(2-furan)propionate	2198	96%	—
S1192	硫代丙酸糠酯	Furfuryl thiopropionate	3347	97%	—
S1193	丁酸二甲基苄基原酯	Dimethyl benzyl carbinyl butyrate	2394	95%	—
S1194	环己基丁酸烯丙酯	Allyl cyclohexanebutyrate	2024	98%	—
S1195	1,3-壬二醇乙酸酯(混合酯)	1,3-Nonanediol acetate(mixed esters)	2783	95%(1,3-壬二醇单乙酸酯和1,3-壬二醇二乙酸酯之和)	—
S1196	丁酸苏合香酯	Styralyl butyrate	2686	98%	—

表 D.1（续）

编码	香料名称	英文名称	FEMA 编号	含量 ≥	备注
S1197	乙酸柏木酯	Cedryl acetate	—	95.0%	—
S1198	异丁酸麦芽酚酯	Maltol isobutyrate	3462	96%	—
S1199	2-甲基-4-戊烯酸乙酯	Ethyl 2-methyl-4-pentenoate	3489	98.0%	—
S1200	乙酸四氢糠酯	Tetrahydrofurfuryl acetate	3055	97%	—
S1201	庚炔羧酸甲酯	Methyl heptine carbonate	2729	95%	—
S1202	辛炔羧酸甲酯	Methyl octyne carbonate	2726	97%	—
S1203	癸二酸二乙酯	Diethyl sebacate	2376	98%	—
S1204	10-十一烯酸乙酯	Ethyl 10-undecenoate	2461	98.0%	—
S1205	苯乙酸烯丙酯	Allyl phenylacetate	2039	99%	—
S1206	三乙酸甘油酯	Triacetin	2007	98.5%（检测方法按照 YC 144 的规定）	—
S1207	苯乙酸香叶酯	Geranyl phenylacetate	2516	97%	—
S1208	苯乙酸对甲酚酯	*p*-Cresyl phenylacetate	3077	97%	—
S1209	4-苯基丁酸甲酯(苯丁酸甲酯)	Methyl 4-phenylbutyrate	2739	97%	—
S1210	4-苯基丁酸乙酯(苯丁酸乙酯)	Ethyl 4-phenylbutyrate	2453	97%	—
S1211	肉桂酸烯丙酯	Allyl cinnamate	2022	97%	—
S1212	2-甲基-3-戊烯酸乙酯	Ethyl 2-methyl-3-pentenoate	3456	98%	—
S1213	亚硝酸乙酯	Ethyl nitrite	2446	99.0%	—
S1214	庚酸戊酯	Amyl heptanoate	2073	93%	次要成分:2-甲基己酸戊酯
S1215	3-乙酰基-2,5-二甲基呋喃	3-Acetyl-2,5-dimethylfuran	3391	99%	—

表 D.1（续）

编码	香料名称	英文名称	FEMA 编号	含量 ≥	备注
S1216	2,5-二甲基-3-氧代(2*H*)-4-呋喃丁酸酯	2,5-Dimethyl-3-Oxo-(2*H*)-fur-4-yl butyrate	3970	93%	次要成分:4-羟基-2,5-二甲基呋喃-3-酮、丁酸
S1217	2-甲氧基-3(5 或 6)-异丙基吡嗪	2-Methoxy-3(5 or 6)-isopropylpyranzine	3358	97%(异构体之和)	—
S1218	2-甲基-3(5 或 6)-糠硫基吡嗪	2-Methyl-3,5-or 6-(furfurylthio)-pyrazine (mixture of isomers)	3189	99%	—
S1219	2-甲基(或乙基)-3(5 或 6)-甲氧基吡嗪	2-Methyl(or ethyl)-(3,5 or 6)-methoxy pyrazine	3280	99%(六个指定化合物之和)	—
S1220	2,5-二甲基-2,5-二羟基-1,4-二硫代环己烷	2,5-Dimethyl-2,5-dihydroxy-1,4-dithiane	3450	95%	—
S1221	5,7-二氢-2-甲基噻嗯并-(3,4-d)嘧啶	5,7-Dihydro-2-methylthieno(3,4-d)-pyrimidine	3338	98%	—
S1222	2-乙氧基噻唑	2-Ethoxythiazole	3340	99%	—
S1223	2,4-二甲基-5-乙酰基噻唑	2,4-Dimethyl-5-acetylthiazole	3267	97%	—
S1224	乙酸异丁香酯	Isoeugenyl acetate	2470	98%	—
S1225	3-甲基丁酸对-甲酚酯(异戊酸对甲酚酯)	*p*-Methylphenyl 3-methylbutyrate (*p*-Cresyl isovalerate)	3387	98%	—
S1226	*l*-薄荷醇乙二醇碳酸酯	*l*-Menthol ethylene glycol carbonate	3805	96%	—
S1227	3-(2-甲基丙基)吡啶	3-(2-Methylpropyl)pyridine	3371	97%	—
S1228	乙基香兰素 1,2-丙二醇缩醛	Ethylvanillin propylene glycol acetal	3838	97%(指定化合物与乙基香兰素之和)	—
S1232	苄基异丁基原醇(α-异丁基苯乙醇)	Isobutyl benzyl carbinol (α-Butyl iso phenethyl alcohol)	2208	96%	—

表 D.1（续）

编码	香料名称	英文名称	FEMA 编号	含量 ≥	备注
S1233	4-苯基-3-丁烯-2-醇	4-Phenyl-3-buten-2-ol	2880	96%	—
S1234	2-甲基-4-苯基-2-丁醇	2-Methyl-4-phenyl-2-butanol	3629	97%	—
S1235	*l*-薄荷醇丙二醇碳酸酯	*l*-Menthol 1-(or2-)-propylene glycol carbonate	3806	98.0%	—
S1236	辛酸烯丙酯	Allyl octanoate	2037	97.0%	—
S1237	α-丙基苯乙醇	α-Propylphenethyl alcohol	2953	96%	—
S1238	龙葵醇(β-甲基苯乙醇)	Hydratropyl alcohol (β-Methylphenethyl alcohol)	2732	98%	—
S1239	四氢芳樟醇	Tetrahydrolinalool	3060	98.0%	—
S1240	2,3-二巯基丁烷	2,3-Dimercaptobutane	3477	99%	—
S1241	β-萘乙醚	β-Naphthyl ethyl ether	2768	99%	—
S1242	异丁基 β-萘醚	β-Naphthyl isobutyl ether	3719	98%	—
S1243	邻-丙基苯酚	*o*-Propylphenol	3522	96%	—
S1244	苄基异丁香酚	Isoeugenyl benzyl ether	3698	96%	—
S1245	2-甲基-3(5 或 6)-甲硫基吡嗪	2-Methyl-3(5-or 6)-(methylthio)pyrazine	3208	99%(异构体之和)	—
S1246	香茅氧基乙醛	Citronellyloxyacetaldehyde	2310	75%	次要成分:香叶氧基乙醛、香茅醇
S1247	乙醛苯乙醇丙醇缩醛	Acetaldehyde phenylethyl propyl acetal	2004	96%	—
S1248	2-甲基-3-(对甲基苯基)丙醛	2-Methyl-3-(*p*-methylphenyl) propanal (Satinaldehyde)	2748	95%	—
S1249	2-苯基-3-(2-呋喃基)丙-2-烯醛	2-Phenyl-3-(2-furyl)prop-2-enal	3586	99%	—
S1250	3,5,5-三甲基己醛	3,5,5-Trimethylhexanal	3524	97.0%	—
S1251	2-甲基-3(5 或 6)-乙氧基吡嗪	2-Methyl-3(5 or 6)-ethoxypyrazine	3569	97%	—

表 D.1（续）

编码	香料名称	英文名称	FEMA 编号	含量 ≥	备注
S1252	庚醛甘油缩醛	Heptanal glyceryl acetal	2542	96%（混合的异构体和未反应的醛之和）	—
S1253	苯乙醛甘油缩醛	Phenylacetaldehyde glyceryl acetal	2877	95%	—
S1254	对-异丙基苯乙醛	*p*-Isopropyl phenylacetaldehyde	2954	97%	—
S1255	2-甲基-4-苯丁醛	2-Methyl-4-phenylbutyraldehyde	2737	95%	—
S1256	龙葵醛	Hydratropic aldehyde	2886	95%	—
S1257	龙葵醛二甲缩醛	Hydratropic aldehyde dimethyl acetal	2888	95%	—
S1258	羟基香茅醛二乙缩醛	Hydroxycitronellal diethyl acetal	2584	95%	—
S1259	柠檬醛二甲缩醛	Citral dimethyl acetal	2305	92%（异构体之和）	—
S1260	4-甲基-5-(2-乙酰氧乙基)-噻唑	4-Methyl-5-(2-acetoxyethyl) thiazole	3205	97%	—
S1261	α-丁基肉桂醛	α-Butylcinnamaldehyde	2191	98%	—
S1263	4-甲基-1-苯基-2-戊酮	4-Methyl-1-phenyl-2-pentanone	2740	98%	—
S1264	1-(对-甲氧基苯基)-1-戊烯-3-酮	1-(*p*-Methoxyphenyl)-1-penten-3-one	2673	98%	—
S1265	α-己叉基环戊酮	α-Hexylidenecyclopentanone	2573	98%	—
S1266	四甲基乙基环己烯酮	Tetramethyl ethylcyclohexenone	3061	97%（5-乙基-2,3,4,5-四甲基环己烯酮和5-乙基-3,4,5,6-四甲基环己烯酮之和）	—
S1267	糠硫醇甲酸酯	Furfurylthiol formate	3158	97%	—
S1268	甲基 β-萘酮	Methyl β-naphthyl ketone	2723	97%	—
S1269	2-(3-苯丙基)-四氢呋喃	2-(3-Phenylpropyl)tetrahydrofuran	2898	98%	—
S1270	烯丙基乙酸	Allyl acetic acid	2843	97.0%	—

表 D.1（续）

编码	香料名称	英文名称	FEMA 编号	含量 ≥	备注
S1271	甲酸二甲基苄基原酯	Dimethyl benzyl carbinyl formate	2395	93%	次要成分：α，α-二甲基苯乙基醇
S1272	4-乙酰基-6-叔丁基-1,1-二甲基茚满	4-Acetyl-6-*t*-butyl-1,1-dimethylindane	3653	97%	—
S1273	癸醛二甲缩醛(1,1-二甲氧基癸烷)	Decanal dimethyl acetal (1,1-Dimethoxydecane)	2363	95%	—
S1274	乙酸环己基乙酯	Cyclohexane ethyl acetate	2348	98%	—
S1275	对-甲苯氧基乙酸乙酯	Ethyl (*p*-tolyloxy) acetate	3157	98%	—
S1276	乙酸二甲基苯乙基原酯	Dimethyl phenethyl carbinyl acetate	2735	97%	—
S1277	丙酸甲基苯基原酯	Methyl phenylcarbinyl propionate	2689	98%	—
S1278	2-呋喃基丙烯酸丙酯	Propyl 2-furanacrylate	2945	97%	—
S1279	异丁酸二甲基苯乙基原酯	Dimethyl phenethyl carbinyl isobutyrate	2736	96%	—
S1280	异丁酸 2-苯氧基乙酯	2-Phenoxyethyl isobutyrate	2873	97%	—
S1281	十三碳二酸环乙二醇二酯	Ethylene brassylate	3543	95%	—
S1282	邻氨基苯甲酸异丁酯	Isobutyl anthranilate	2182	96%	—
S1283	对-叔丁基苯乙酸甲酯	Methyl *p*-*tert*-butylphenylacetate	2690	97%	—
S1285	苯乙酸辛酯	Octyl phenylaceteate	2812	98%	—
S1286	苯乙酸苄酯	Benzyl phenylacetate	2149	98%	—
S1287	苯乙酸芳樟酯	Linalyl phenylacetate	3501	95%	—
S1288	苯乙酸香茅酯	Citronellyl phenylacetate	2315	98%	—
S1289	苯乙酸愈创木酚酯	Guaiacyl phenylacetate	2535	97%	—
S1290	3-甲基 2-丁烯酸 2-苯乙酯(千里酸苯乙酯)	2-Phenethyl 3-methyl-2-butenoate(Phenethyl senecioate)	2869	97%	—

表 D.1（续）

编码	香料名称	英文名称	FEMA 编号	含量 ≥	备注
S1291	3-苯基缩水甘油酸乙酯	Ethyl 3-phenylglycidate	2454	98%	—
S1292	肉桂酸芳樟酯	Linalyl cinnamate	2641	94%	次要成分：芳樟醇
S1293	1,2-二[(1′-乙氧基)-乙氧基]丙烷	1,2-Di[(1′-ethoxy)ethoxy]propane	3534	97%	—
S1295	*N*-乙基-2-异丙基-5-甲基-环己烷甲酰胺	*N*-Ethyl-2-isopropyl-5-methylcyclohexane carboxamide	3455	99.0%	—
S1296	3-*l*-盖氧基-1,2-丙二醇	3-*l*-Menthoxypropane-1,2-diol	3784	99%	—
S1297	香兰基丁醚	Vanillyl butyl ether	3796	95%	—
S1298	9-癸烯醛	9-Decenal	3912	98%	—
S1299	2-仲丁基环己酮	2-*sec*-Butylcyclohexanone	3261	94%	次要成分：2-异丁基环己酮
S1300	2,3-十一碳二酮	2,3-Undecadione	3090	97%	—
S1301	环己烷基甲酸	Cyclohexanecarboxylic acid	3531	98%	—
S1302	5 和 6-癸烯酸(牛奶内酯)	5- and 6-Decenoic acid (Milk lactone)	3742	95%	—
S1303	八乙酸蔗糖酯	Sucrose octaacetate	3038	97.0%	—
S1304	丁酸烯丙酯	Allyl butyrate	2021	98.0%	—
S1305	异丁酸香兰素酯	Vanillin isobutyrate	3754	98%	—
S1306	戊二酸单 *l*-薄荷醇酯	*l*-Monomenthyl glutarate	4006	72%	次要成分：戊二酸二薄荷醇酯、戊二酸
S1307	苯甲酰基乙酸乙酯	Ethyl benzoylacetate	2423	88%（指定化合物和苯甲酸乙酯之和不低于 96%）	—
S1308	ε-十二内酯	ε-Dodecalactone	3610	99%	—
S1309	八氢香豆素	Octahydrocoumarin	3791	99%	—

表 D.1（续）

编码	香料名称	英文名称	FEMA 编号	含量 ≥	备注
S1310	2,5-二甲基-3-呋喃硫醇	2,5-Dimethyl-3-furathiol	3451	98%	—
S1311	1,2-丁二硫醇	1,2-Butanedithiol	3528	98%	—
S1312	双-(2,5-二甲基-3-呋喃基)二硫醚	Bis(2,5-dimethyl-3-furyl)disufide	3476	99%	—
S1313	丙基-2-甲基-3-呋喃基二硫醚	Propyl 2-methyl-3-furyl disulfide	3607	97%	—
S1314	二环己基二硫醚	Dicyclohexyl disulfide	3448	97%	—
S1315	糠基异丙基硫醚	Furfuryl isopropyl sulfide	3161	97%	—
S1316	2-乙基苯硫酚	2-Ethyl thiophenol	3345	98%	—
S1317	2-(乙酰氧基)丙酸甲硫醇酯	Methylthio 2-(acetyloxy)propionate	3788	98%	—
S1318	2-(丙酰氧基)丙酸甲硫醇酯	Methylthio 2-(propionyloxy)propionate	3790	98%	—
S1319	3-糠硫基丙酸乙酯	Ethyl 3-(furfurylthio)propionate	3674	97%	—
S1320	2-甲硫基吡嗪	2-Methylthiopyrazine	3231	99%	—
S1321	异硫氰酸苯乙酯	Phenethyl isothiocyanate	4014	99%	—
S1322	2-(3-苯丙基)吡啶	2-(3-Phenylpropyl)pyridine	3751	97%	—
S1323	4,5-二甲基-2-乙基-3-噻唑啉	4,5-Dimethyl-2-ethyl-3-thiazoline	3620	98%	—
S1324	2-仲丁基-4,5-二甲基-3-噻唑啉	2-(2-Butyl)-4,5-dimethyl-3-thiazoline	3619	98%	—
S1325	吡嗪乙硫醇	Pyrazine ethanethiol	3230	97%	—
S1326	水杨酸苯酯	Phenyl salicylate	3960	99%	—
S1327	庚醛二甲缩醛	Heptanal dimethyl acetal	2541	98%	—
S1328	羟基香茅醛二甲缩醛	Hydroxy citronellal dimethyl acetal	2585	95%	—
S1329	对-丙基茴香醚	*p*-Propyl anisole	2930	99%	—
S1330	异丁酸对-甲酚酯	*p*-Tolyl isobutyrate	3075	95%	—

表 D.1（续）

编码	香料名称	英文名称	FEMA 编号	含量 ≥	备注
S1331	异丁酸邻-甲酚酯	*o*-Tolyl isobutyrate	3753	95%	—
S1332	柠檬醛丙二醇缩醛	Citral propylene glycol acetal	—	95.0%	—
S1333	反式-2-己烯醛二乙缩醛	*trans*-2-Hexenal diethyl acetal	4047	97%	—
S1334	2-巯基噻吩	2-Mercaptothiophene	3062	98%	—
S1335	对-蓋-3,8-二醇	*p*-Menth-3,8-diol	4053	99%	—
S1336	1,8-辛二硫醇	1,8-Octanedithiol	3514	99%	—
S1337	螺[2,4-二硫杂-1-甲基-8-氧杂双环[3.3.0]-辛烷-3,3′-(1′-氧杂-2′-甲基)环戊烷]	spiro[2,4-Dithia-1-methyl-8-oxabicyclo[3.3.0]octane-3,3′-(1′-oxa-2′-methyl)cyclopentane]	3270	95%	—
S1338	3-壬烯-2-酮	3-Nonen-2-one	3955	95%	—
S1339	3-甲基-2,4-壬二酮	3-Methyl-2,4-nonadione	4057	97%	—
S1340	2,5-二甲基-3-硫代乙酰氧基呋喃	2,5-Dimethyl-3-thioacetoxyfuran	4034	98%	—
S1341	反式-4-己烯醛	*trans*-4-Hexenal	4046	92%（顺式和反式异构体之和）	—
S1342	3-[(2-甲基-3-呋喃)硫基]-2-丁酮	(+/-)-3-[(2-Methyl-3-furyl)thio]-2-butanone	4056	99%	—
S1343	3-巯基-2-甲基戊醛	3-Mercapto-2-methylpentanal	3994	96%	—
S1344	2-(L-蓋氧基)乙醇	2-(L-Menthoxy) ethanol	4154	99%	—
S1345	丙酸四氢糠酯	Tetrahydrofurfuryl propionate	3058	97%	—
S1346	异戊酸烯丙酯	Allyl isovalerate	2045	98.0%	—
S1347	3-辛酮-1-醇	3-Octanon-1-ol	2804	90%	次要成分：1-羟基-3-辛酮
S1348	三丙酸甘油酯	Glyceryl tripropanoate	3286	97%	—
S1349	辛酸 α-糠酯	α-Furfuryl octanoate	3396	98%（以酯计）	—

表 D.1（续）

编码	香料名称	英文名称	FEMA 编号	含量 ≥	备注
S1350	丁酸反式-2-辛烯醇酯	*trans*-2-Octen-1-yl butanoate	3517	96%	—
S1351	苯乙醛二异丁缩醛	Phenylacetaldehyde diisobutyl acetal	3384	97%	—
S1352	1,3-二苯基-2-丙酮	1,3-Diphenyl-2-propanone	2397	97%	—
S1353	10-十一烯酸丁酯	Butyl 10-undecylenate	2216	98%	—
S1354	乙酸檀香酯	Santalyl acetate	3007	95%(乙酸 α-檀香酯和乙酸 β-檀香酯之和)	—
S1355	2-乙基丁酸香叶酯	Geranyl 2-ethylbutyrate	3339	95%(以酯计)	—
S1356	3-羟甲基-2-辛酮	3-Hydroxymethyl-2-octanone	3292	90%	次要成分:3-亚甲基-2-辛酮
S1357	1,2-环己二酮	1,2-Cyclohexanedione	3458	99%	—
S1359	赤、苏-3-巯基-2-甲基丁-1-醇(3-巯基-2-甲基丁醇)	Rythro and threo-3-Mercapto-2-methylbutan-1-ol (3-Mercapto-2-methylbutyl alcohol)	3993	98%	—
S1360	4-甲基联苯	4-Methyl biphenyl	3186	98%	—
S1361	α-戊基肉桂醇	α-Amylcinnamyl alcohol	2065	95%	—
S1362	1-苯基-3-甲基-戊醇-3	1-phenyl-3-methyl-3-pentanol	2883	98%	—
S1363	5-苯基戊醇	5-Phenylpentanol	3618	98%	—
S1364	对-盖烷醇-2	*p*-Menthan-2-ol	3562	95%	—
S1365	脱氢二氢紫罗兰醇	Dehydrodihydroionol	3446	70%	次要成分:四氢紫罗兰醇
S1366	乙基葑醇	Ethyl fenchol	3491	99%	—
S1368	*N*1-(2-甲氧基-4-甲基苄基)-*N*2-(2-(5-甲基-2-吡啶基)乙基)草酰胺	*N*1-(2-methoxy-4-methylbenzyl)-*N*2-(2-(5-methylpyridin-2-yl)ethyl)oxalamide	4234	99%	—

表 D.1（续）

编码	香料名称	英文名称	FEMA 编号	含量 ≥	备注
S1369	*N*1-(2,4-二甲氧基苄基)-*N*2-(2-(2-吡啶基)乙基)草酰胺	*N*1-(2,4-dimethoxybenzyl)-*N*2-(2-(pyridin-2-yl)ethyl)oxalamide	4233	99%	—
S1370	*N*-(4-庚基)-(3,4-亚甲二氧基)苯甲酰胺	*N*-(heptan-4-yl)benzo[*d*][1,3]dioxole-5-carboxamide	4232	99%	—
S1371	二苄醚	Dibenzyl ether	2371	99%	—
S1372	5-羟基-十二酸甘油酯	Glyceryl 5-hydroxydodecanoate	3686	40%(单 5-羟基-十二酸甘油酯、双 5-羟基-十二酸甘油酯、三 5-羟基-十二酸甘油酯甘油酯之和)	次要成分：δ-十二内酯、5-羟基十二酸、甘油
S1373	三丁酸甘油酯	Tributyrin	2223	99%	—
S1374	壬酸烯丙酯	Allyl nonanoate	2036	96.5%	—
S1375	5-羟基癸酸甘油酯	Glyceryl 5-hydroxydecanoate	3685	56%(单 5-羟基癸酸甘油酯、双 5-羟基癸酸甘油酯、三 5-羟基癸酸甘油酯之和)	次要成分：δ-癸内酯、5-羟基癸酸、甘油
S1376	丙酸 3-苯基丙酯	3-Phenylpropyl propionate	2897	99%	—
S1377	肉桂酸异丙酯	Isopropyl cinnamate	2939	98%	—
S1378	2-酮基-4-丁硫醇	2-Keto-4-butanethiol	3357	99.0%	—
S1379	甲基-对-甲苯缩水甘油酸乙酯	Ethyl methyl-*p*-toly glycidate	3757	96%	—
S1380	5-羟基-8-十一碳烯酸 δ-内酯	5-Hydroxy-8-undecenoic acid delta-lactone	3758	95%	—
S1381	*N*-环丙基-反式-2-顺式-壬二烯酰胺	*N*-Cyclopropyl-(*E*)2,(*Z*)6-nonadienamide	4087	95%	—
S1382	*N*-乙基-反式-2-顺式-6-壬二烯酰胺	*N*-Ethyl-(*E*)2,(*Z*)6-nonadienamide	4113	96%	—

表 D.1（续）

编码	香料名称	英文名称	FEMA 编号	含量 ≥	备注
S1383	2,4-二甲基-1,3-二氧戊环（乙醛 1,2-丙二醇缩醛）	2,4-Dimethyl-1,3-dioxolane (Acetaldehyde propylene glycol acetal)	4099	95%	—
S1384	β-萘甲醚	β-Naphthyl methyl ether	4704	99%	—
S1385	二羟基丙酮	Dihydroxyacetone	4033	97%	—
S1386	二苯基二硫醚	Phenyl disulfide	3225	98%	—
S1387	乙基香芹酚	Ethyl carvacrol	2246	95%	—
S1388	甲基苯甲醛甘油缩醛（邻-、间-、对-异构体混合物）	Tolualdehyde glyceryl acetal (*o*-, *m*-, *p*-mixed isomers)	3067	95%（邻-甲基苯甲醛甘油缩醛、间-甲基苯甲醛甘油缩醛和对-甲基苯甲醛甘油缩醛之和）	—
S1389	(+/-)-反式和顺式-4,8-二甲基 3,7-壬二烯-2-醇	(+/-)-*trans*-and *cis*-4, 8-Dimethyl-3, 7-nonadien-2-ol	4102	95%	—
S1390	(+/-)反式和顺式 -4,8-二甲基-3,7-壬二烯-2-醇乙酸酯	(+/-)-*trans*-and *cis*-4, 8-Dimethyl-3, 7-nonadien-2-yl acetate	4103	95%	—
S1391	反式和顺式-1-甲氧基-1-癸烯	*trans*-and *cis*-1-Methoxy-1-decene	4161	98%（顺式和反式异构体之和）	—
S1392	2-(4-甲基-5-噻唑基)乙醇癸酸酯	2-(4-Methyl-5-thiazolyl)ethyl decanoate	4281	95%	—
S1393	2-(4-甲基-5-噻唑基)乙醇异丁酸酯	2-(4-Methyl-5-thiazolyl)ethyl isobutyrate	4278	98%	—
S1394	2-(4-甲基-5-噻唑基)乙醇甲酸酯	2-(4-Methyl-5-thiazolyl)ethyl formate	4275	95%	—
S1395	异戊酸 3-苯丙酯	3-Phenylpropyl isovalerate	2899	98%	—
S1396	D,L-薄荷脑(+/-)-1,2-丙二醇碳酸酯	D,L-Methol(+/-)-propylene glycol carbonate	3992	87%	次要成分：1-(羟甲基)乙基盖烷-3-醇碳酸酯
S1397	乙酸 1-乙氧基乙醇酯	1-Ethoxyethyl acetate	4069	95%	—

表 D.1（续）

编码	香料名称	英文名称	FEMA 编号	含量 ≥	备注
S1398	*N*-异丁基-反-2-反-4-癸二烯酸酰胺	*N*-Isobutyldeca-*trans*-2-*trans*-4-dienamide	4148	95%	—
S1399	二苯乙醇酮（2-羟基-2-苯基苯乙酮）	Benzoin(2-Hydroxy-2-phenylacetophenone)	2132	98%	—
S1400	甲基异戊基二硫醚	Methyl isopentyl disulfide	4168	92%	次要成分：巴豆酸
S1401	邻氨基苯甲酸烯丙酯	Allyl anthranilate	2020	98%	—
S1402	6-环己基己酸烯丙酯	Allyl cyclohexanehexanoate	2025	98%	—
S1403	5-环己基戊酸烯丙酯	Allyl cyclohexanevalerate	2027	98%	—
S1404	2-乙基丁酸烯丙酯	Allyl 2-ethylbutyrate	2029	99.0%	—
S1405	惕各酸烯丙酯(反式-2-甲基-2-丁烯酸烯丙酯)	Allyl tiglate(Allyl *trans*-2-methyl-2-butenoate)	2043	98%	—
S1406	10-十一烯酸烯丙酯	Allyl 10-undecenoate	2044	98.0%	—
S1407	α-戊基肉桂醛二甲缩醛	α-Amylcinnamaldehyde dimethyl acetal	2062	97%	—
S1408	乙酸 α-戊基肉桂酯	α-Amylcinnamyl acetate	2064	97%	—
S1409	甲酸 α-戊基肉桂酯	α-Amylcinnamyl formate	2066	85%(甲酸 α-戊基肉桂酯和戊基肉桂醇之和不低于 97%)	—
S1410	异戊酸 α-戊基肉桂酯	α-Amylcinnamyl isovalerate	2067	97%	—
S1411	4(2-呋喃基)丁酸异戊酯	Isoamyl 4(2-furan)butyrate	2070	95%	—
S1412	3(2-呋喃基)丙酸异戊酯	Isoamyl 3(2-furan)propionate	2071	96%	—
S1413	2-戊基-5 或 6-酮-1,4-二噁烷	2-Amyl-5 or 6-keto-1,4-dioxane	2076	97%	—
S1414	丙酮酸异戊酯	Isoamyl pyruvate	2083	97%	—
S1415	苄基丁基醚	Benzyl butyl ether	2139	92.6%	次要成分：苯甲醇

表 D.1（续）

编码	香料名称	英文名称	FEMA 编号	含量 ≥	备注
S1416	*N*-3,7-二甲基-2,6-辛二烯-环丙基甲酰胺	*N*-3，7-Dimethyl-2，6-octadienylcyclopropylcarboxamide	4267	98%	—
S1417	*N*-(乙氧羰基甲基)-对蓋烷-3-甲烷酰胺	[*N*-(Ethoxycarbonyl) methyl]-*p*-menthane-3-carboxamide	4309	99%	—
S1420	(反式,顺式)-2,6-壬二烯-1-醇乙酸酯	(*E*,*Z*)-2,6-Nonadien-1-ol acetate	3952	95%	—
S1421	邻氨基苯甲酸苯乙酯	Phenylethyl anthranilate	2859	98%	—
S1422	2-丙酰基-2-噻唑啉	2-Propionyl-2-thiazoline	4064	99%	—
S1423	顺式-8-十四烯醛	(*Z*)-8-Tetradecenal	4066	99%	—
S1424	烯丙硫醇己酸酯	Allyl thiohexanoate	4076	99%	—
S1425	双香兰素	Divanillin	4107	91%	次要成分:香兰素
S1426	顺式和反式-2-庚基环丙烷羧酸	*cis* and *trans*-2-Heptylcyclopropane carboxylic acid	4130	95%	—
S1427	5-羟基-4-甲基己酸 δ-内酯	5-Hydroxy-4-methylhexanoic acid δ-lactone	4141	96%	—
S1428	4-巯基-2-戊酮	4-Mercapto-2-pentanone	4157	95%	—
S1429	2,4,6-三硫杂庚烷	2,4,6-Trithiaheptane	4214	95%	—
S1430	1-(4-甲氧苯基)-4-甲基-1-戊烯-3-酮	1-(4-Methoxyphenyl)-4-methyl-1-penten-3-one	3760	97%	—
S1431	3(2)-羟基-5-甲基-2(3)-己酮	3(2)-Hydroxy-5-methyl-2(3)-hexanone	3989	97%(3-羟基-5-甲基-2-己酮、2-羟基-5-甲基-3-己酮的混合物)	—
S1432	二巯基甲烷	Dimercaptomethane	4097	95%	—
S1433	4-羟基-2-丁烯酸 γ-内酯(2(5*H*)-呋喃酮)	4-Hydroxy-2-butenoic acid γ-lactone (2(5*H*)-furanone)	4138	97%	—

表 D.1（续）

编码	香料名称	英文名称	FEMA 编号	含量 ≥	备注
S1434	(+/-)-3-甲硫基丁酸异丁酯	(+/-)-Isobutyl 3-methylthiobutyrate	4150	97%	—
S1435	3-甲硫基-2-丁酮	3-(Methylthio)-2-butanone	4181	97%	—
S1436	顺式和反式-5-乙基-4-甲基-2-(2-甲基丙基)-噻唑啉	*cis*- and *trans*-5-Ethyl-4-methyl-2-(2- methylpropyl)-thiazoline	4319	96%	—
S1437	1-戊硫醇	1-Pentanethiol	4333	97%	—
S1438	(+/-)-4-巯基-4-甲基-2-戊醇	(+/-)-4-mercapto-4-methyl-2-pentanol	4158	98%	—
S1439	异戊酸环己酯	cyclohexyl isovalerate	2355	95%	—
S1440	2-噻吩基二硫醚	2-thienyl disulfide	3323	98%	—
S1441	双(2-甲基-3-呋喃基)四硫醚	bis(2-methyl-3-furyl)tetrasulfide	3260	96%	—
S1442	辛酸对-甲酚酯	*p*-tolyl octanoate	3733	96%	—
S1443	丙酸麦芽酚酯	maltol propionate	3941	98%	—
S1444	顺式-2-己烯-1-醇	(*Z*)-2-hexen-1-ol	3924	92%	次要成分:反式-2-己烯叶醇
S1445	(+/-)反式和顺式-2-己烯醛丙二醇缩醛	(+/-) *trans*- and *cis*-2-hexenal propylene glycol acetal	4272	97%	—
S1446	乙酸 2-乙基丁酯	2-ethylbutyl acetate	2425	98%	—
S1447	2,5-二乙基-3-甲基吡嗪	2,5-diethyl-3-methylpyrazine	3915	97%	—
S1448	4-(甲硫基)-2-戊酮	4-(methylthio)-2-pentanone	4182	98%	—
S1449	甲硫基甲硫醇	methylthiomethylmercaptan	4185	97%	—

表 D.1（续）

编码	香料名称	英文名称	FEMA 编号	含量 ≥	备注
S1450	顺式和反式-5-乙基-4-甲基-2-(1-甲基丙基)-噻唑啉	*cis*- and *trans*-5-ethyl-4-methyl-2-(1-methylpropyl)-thiazoline	4318	97%	—
S1451	辛醛二甲缩醛	octanal dimethyl acetal	2798	95%	—
S1452	3-巯基-3-甲基-1-丁醇乙酸酯	3-mercapto-3-methyl-1-butyl acetate	4324	95%	—
S1453	(*R*,*S*)-3-羟基丁酸 *l*-薄荷酯	*l*-menthyl (*R*,*S*)-3-hydroxybutyrate	4308	95%	—
S1454	异戊酸异丙酯	isopropyl isovalerate	2961	95%	—
S1455	顺式-4-癸烯醇乙酸酯	cis-4-decenyl acetate	3967	98%	—
S1456	惕各酸香叶酯	geranyl tiglate	4044	96%	—
S1457	*N*-苯甲酰邻氨基苯甲酸	*N*-benzoylanthranilic acid	4078	99%	—
S1458	2,6,10-三甲基-2,6,10-十五碳三烯-14-酮	2,6,10-trimethyl-2,6,10-pentadecat-rien-14-one	3442	96%	—
S1459	2,5-二甲基噻唑	2,5-dimethylthiazole	4035	95%	—
S1460	甲硫基甲醇丁酸酯	methylthiomethyl butyrate	3879	97%	—
S1461	2-甲硫基乙醇	2-(methylthio) ethanol	4004	98%	—
S1462	二乙基三硫醚	diethyl trisulfide	4029	95%	—
S1463	顺式和反式-1-巯基-对-蓋烷-3-酮	*cis*- and *trans*-1-mercapto-*p*- menthan-3-one	4300	89%(包含 8-9%胡椒酮和 1-2%α-松油醇)	—
S1464	4-羟基-4-甲基-7-顺式-癸烯酸 γ-内酯	4-hydroxy-4-methyl-7-*cis*-decenoic acid *gamma* lactone	3937	97%	—

表 D.1（续）

编码	香料名称	英文名称	FEMA 编号	含量 ≥	备注
S1465	2-甲基辛醛	2-methyloctanal	2727	96.5%	—
S1466	3-甲基-5-丙基-2-环己烯-1-酮	3-methyl-5-propyl-2-cyclohexen-1-one	3577	95%	—
S1467	2,4-壬二烯-1-醇	2,4-nonadien-1-ol	3951	92%	次要成分:2-壬烯-1-醇
S1468	环戊硫醇	cyclopentanethiol	3262	98%	—

中华人民共和国国家标准

GB 29939—2013

食品安全国家标准
食品添加剂　琥珀酸二钠

2013-11-29 发布　　2014-06-01 实施

中华人民共和国
国家卫生和计划生育委员会　发布

食品安全国家标准
食品添加剂 琥珀酸二钠

1 范围

本标准适用于以琥珀酸为主要原料，经中和、干燥等工艺制得的食品添加剂琥珀酸二钠。

2 分子式、结构式和相对分子质量

2.1 分子式

琥珀酸二钠(无水品)：$C_4H_4Na_2O_4$。

琥珀酸二钠(结晶品)：$C_4H_4Na_2O_4 \cdot 6H_2O$。

2.2 结构式

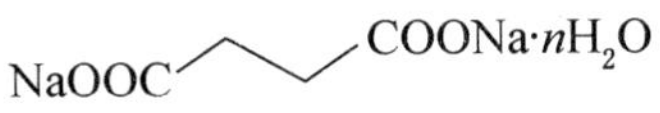

$n=6$ 或 0

2.3 相对分子质量

琥珀酸二钠(无水品)：162.05(按 2007 年国际相对原子质量)。

琥珀酸二钠(结晶品)：270.14(按 2007 年国际相对原子质量)。

3 技术要求

3.1 感官要求

感官要求应符合表 1 的规定。

表 1 感官要求

项 目	要 求	检验方法
色泽	无色或白色	取适量试样置于白瓷盘内，在自然光线下，观察其色泽和状态，并嗅其气味
状态	结晶或粉末	
气味	无臭、无异味	

3.2 理化指标

理化指标应符合表 2 的规定。

表 2 理化指标

项目		指标		检验方法
		结晶品	无水品	
琥珀酸二钠($C_4H_4Na_2O_4$)含量(以干基计)(w)/%		98.0～101.0		附录 A 中 A.3
干燥减量(w)/%		37.0～41.0	≤2.0	GB 5009.3 直接干燥法[a]
pH(50 g/L 溶液)		7.0～9.0		GB/T 9724
硫酸盐(以 SO_4 计)		通过试验		A.4
易氧化物		通过试验		A.5
重金属(以 Pb 计)/(mg/kg)	≤	20		GB/T 5009.74
总砷(以 As 计)/(mg/kg)	≤	3		GB/T 5009.11

[a] 干燥温度和时间分别为 120 ℃±2 ℃和 2 h。

附 录 A
检验方法

A.1 一般规定

本标准除另有规定外，所用试剂的纯度应在分析纯以上，所用标准滴定溶液、杂质测定用标准溶液、制剂及制品，应按 GB/T 601、GB/T 602、GB/T 603 的规定制备，实验用水应符合 GB/T 6682—2008 中三级水的规定。试验中所用溶液在未注明用何种溶剂配制时，均指水溶液。

A.2 鉴别试验

A.2.1 取铂丝，用 10 %盐酸溶液湿润后，蘸取试样，在无色火焰中燃烧，火焰即显黄色。

A.2.2 用 0.1 %盐酸溶液调节试样溶液(1 g 试样溶于 20 mL 水中)的 pH 至 6～7，取此溶液 5 mL，加入 1 mL 氯化铁溶液(1 g 氯化铁溶于 10 mL 水中)，生成褐色沉淀。

A.3 琥珀酸二钠含量的测定

A.3.1 试剂和材料

A.3.1.1 冰乙酸。

A.3.1.2 结晶紫指示液：5 g/L。

A.3.1.3 高氯酸标准滴定溶液：$c(HClO_4)=0.1$ mol/L。

A.3.2 分析步骤

称取预先经 120 ℃±2 ℃干燥 2 h 的试样 0.15 g，精确至 0.000 1 g，溶于 30 mL 冰乙酸中，加入 1 mL 结晶紫指示液，用高氯酸标准滴定溶液滴定，直至溶液的颜色由紫色经蓝色变成绿色，即为滴定终点。同时进行空白滴定试验。

A.3.3 结果计算

琥珀酸二钠含量的质量分数 w_1 按式(A.1)计算：

$$w_1=\frac{(V-V_0)\times c\times M}{m\times 1\,000\times 2}\times 100\% \quad \cdots\cdots\cdots\cdots(\text{A.1})$$

式中：

V ——试样消耗高氯酸标准滴定溶液的体积，单位为毫升(mL)；

V_0 ——空白试验消耗高氯酸标准滴定溶液的体积，单位为毫升(mL)；

c ——高氯酸标准滴定溶液的准确浓度，单位为摩尔每升(mol/L)；

M ——琥珀酸二钠的摩尔质量，单位为克每摩尔(g/mol)[$M(C_4H_4Na_2O_4)=162.05$]；

m ——试样质量，单位为克(g)；

1 000——换算系数；

2 ——换算系数。

试验结果以平行测定结果的算术平均值为准。在重复性条件下获得的两次独立测定结果的绝对差值不大于 0.5 %。

A.4 硫酸盐的测定

A.4.1 试剂和材料

A.4.1.1 盐酸溶液:1+3。

A.4.1.2 硫酸溶液:0.005 mol/L。

A.4.1.3 氯化钡溶液:称取氯化钡 12 g,用水溶解并稀释定容至 100 mL。

A.4.2 分析步骤

称取试样 1.0 g,置于 50 mL 比色管中,加水 30 mL 溶解,加入盐酸溶液 1 mL,用水稀释至 50 mL,此为试样液。另取一比色管,加入硫酸溶液 0.40 mL、盐酸溶液 1 mL,加水稀释至 50 mL,此为对照液。若溶液不够澄清,则将两份溶液在同样条件下过滤。分别加入氯化钡溶液 2 mL,混匀后放置 10 min,在黑色背景上从比色管上方比较两者浊度。试样液浊度小于或等于对照液浊度,为通过试验。

A.5 易氧化物的测定

A.5.1 试剂和材料

A.5.1.1 硫酸溶液:量取 1 mL 硫酸,缓慢注入到 20 mL 水中,混匀。

A.5.1.2 高锰酸钾溶液:0.02 mol/L。

A.5.2 分析步骤

称取 2.0 g 试样,加 20 mL 水和 30 mL 硫酸溶液溶解。加入 4.0 mL 高锰酸钾溶液,溶液的粉红色在 3 min 内不褪色,为通过试验。

中华人民共和国国家标准

GB 29940—2013

食品安全国家标准
食品添加剂　柠檬酸亚锡二钠

2013-11-29 发布　　　　2014-06-01 实施

中华人民共和国
国家卫生和计划生育委员会　发布

食品安全国家标准
食品添加剂　柠檬酸亚锡二钠

1　范围

本标准适用于以柠檬酸、氯化亚锡、氢氧化钠为原料经加工制得的食品添加剂柠檬酸亚锡二钠。

2　分子式和相对分子质量

2.1　分子式

$C_6H_6O_8SnNa_2$

2.2　相对分子质量

370.80(按 2007 年国际相对原子质量)

3　技术要求

3.1　感官要求

感官要求应符合表 1 的规定。

表 1　感官要求

项　目	要　求	检验方法
色泽	无色或白色	取适量试样置于白瓷盘内，在自然光线下，观察其色泽和状态
状态	结晶或粉末	

3.2　理化指标

理化指标应符合表 2 的规定。

表 2　理化指标

项　目		指标	检验方法
亚锡(Sn^{2+})含量(w)/%	≥	29.0	附录 A 中 A.3
pH(10 g/L 溶液)		5.0～7.0	GB/T 9724
水不溶物(w)/%	≤	0.05	A.4
总砷(以 As 计)/(mg/kg)	≤	2	GB/T 5009.11
铅(Pb)/(mg/kg)	≤	3	GB 5009.12

附 录 A

检验方法

A.1 一般规定

本标准除另有规定外，所用试剂的纯度应在分析纯以上，所用标准滴定溶液、杂质测定用标准溶液、制剂及制品，应按 GB/T 601、GB/T 602、GB/T 603 的规定制备，试验用水应符合 GB/T 6682—2008 中三级水的规定。试验中所用溶液在未注明用何种溶剂配制时，均指水溶液。

A.2 鉴别试验

A.2.1 试剂和材料

A.2.1.1 盐酸溶液：5%。

A.2.1.2 磷钼酸铵试纸：称取 1 g 磷钼酸铵，用 10 mL 氢氧化钠溶液(100 g/L)溶解。将无灰滤纸放入该溶液中浸透后，取出于暗处晾干即得。

A.2.1.3 吡啶-乙酸酐溶液：3+1。

A.2.2 鉴别步骤

A.2.2.1 取铂丝，用盐酸溶液湿润后，蘸取试样，在无色火焰中燃烧，火焰显现黄色。

A.2.2.2 称取 1 g 试样，溶于 10 mL 盐酸溶液中，配制成 10%的试样溶液，取 1 滴试样溶液，滴在磷钼酸铵试纸上，试纸应显蓝色。

A.2.2.3 称取 1 g 试样，溶于 10 mL 水中，配制成 10%的试样溶液，取 1 mL 试样溶液，加 5 mL 吡啶-乙酸酐溶液，振摇，溶液即显黄色到红色或紫红色。

A.3 亚锡(Sn^{2+})含量的测定

A.3.1 方法提要

在酸性介质中，以淀粉为指示剂，用碘酸钾标准滴定溶液滴定试样液，稍微过量的碘酸钾在酸溶液中马上转化为游离碘，游离碘遇淀粉即变蓝色指示终点。根据碘酸钾标准滴定溶液的消耗量求出亚锡的含量。

A.3.2 试剂和材料

A.3.2.1 盐酸溶液：20%。

A.3.2.2 淀粉指示液：10 g/L。

A.3.2.3 碘酸钾标准滴定溶液：$c\left(\frac{1}{6}KIO_3\right)=0.1$ mol/L。

A.3.3 分析步骤

称取 0.7 g 试样，精确至 0.000 1 g，置于 250 mL 具塞锥形瓶中，加 25 mL 水及 5 mL 盐酸溶液，摇匀，加入 3 mL 淀粉指示液后，立即用碘酸钾标准滴定溶液滴定至溶液由无色变为蓝色，即为滴定终点。

A.3.4 结果计算

亚锡(Sn^{2+})含量的质量分数 w_1 按式(A.1)计算：

$$w_1 = \frac{V \times c \times M}{m \times 1\,000 \times 2} \times 100\% \qquad \cdots\cdots\cdots\cdots(A.1)$$

式中：

V ——滴定消耗碘酸钾标准滴定溶液的体积，单位为毫升(mL)；

c ——碘酸钾标准滴定溶液的浓度，单位为摩尔每升(mol/L)；

M ——锡的摩尔质量，单位为克每摩尔(g/mol)[$M(Sn)=118.71$]；

m ——试样质量，单位为克(g)；

1 000——换算系数；

2 ——换算系数。

试验结果以平行测定结果的算术平均值为准。在重复性条件下获得的两次独立测定结果的绝对差值不大于 0.2%。

A.4 水不溶物的测定

A.4.1 仪器和设备

A.4.1.1 玻璃砂芯坩埚：滤板孔径为 3 μm～4 μm。

A.4.1.2 电热恒温干燥箱：105 ℃±2 ℃。

A.4.2 分析步骤

称取约 4 g 试样，精确至 0.01 g，置于 400 mL 烧杯中，加 100 mL 热水，溶解，用预先在 105 ℃±2 ℃电热恒温干燥箱烘至恒重的玻璃砂芯坩埚抽滤，用 200 mL 热水分 4 次洗涤水不溶物。将玻璃砂芯坩埚连同水不溶物置于 105 ℃±2 ℃电热恒温干燥箱中，烘至恒重。

A.4.3 结果计算

水不溶物的质量分数 w_2 按式(A.2)计算：

$$w_2 = \frac{m_1 - m_2}{m} \times 100\% \qquad \cdots\cdots\cdots\cdots(A.2)$$

式中：

m_1——水不溶物和玻璃砂芯坩埚的质量，单位为克(g)；

m_2——玻璃砂芯坩埚的质量，单位为克(g)；

m ——试样质量，单位为克(g)。

试验结果以平行测定结果的算术平均值为准。在重复性条件下获得的两次独立测定结果的绝对差值不大于算术平均值的 10%。

中华人民共和国国家标准

GB 29941—2013

食品安全国家标准

食品添加剂　脱乙酰甲壳素(壳聚糖)

2013-11-29 发布　　　　2014-06-01 实施

中华人民共和国国家卫生和计划生育委员会　发布

食品安全国家标准
食品添加剂 脱乙酰甲壳素(壳聚糖)

1 范围

本标准适用于以甲壳素或虾、蟹壳为主要原料,经脱钙、脱蛋白、脱乙酰基等工艺加工制得的食品添加剂脱乙酰甲壳素(壳聚糖)。

2 技术要求

2.1 感官要求

感官要求应符合表1的规定。

表1 感官要求

项目	要求	检验方法
色泽	白色或微黄色,片状产品有光泽	取适量试样置于白瓷盘内,于光线充足、无异味的环境中,按感官要求逐项检验
状态	片状或粉状	
气味	具有本身固有气味,无异味	

2.2 理化指标

理化指标应符合表2的规定。

表2 理化指标

项目		指标	检验方法
脱乙酰基度(w)/%	≥	85	附录A中A.3
黏度(10 g/L,20 ℃)/(mPa·s)		符合声称	A.4
水分(w)/%	≤	10.0	GB 5009.3 直接干燥法
灰分(w)/%	≤	1.0	GB 5009.4
酸不溶物(w)/%	≤	1.0	A.5
pH(10 g/L 溶液)		6.5~8.5	A.6
无机砷(以As计)/(mg/kg)	≤	1	GB/T 5009.11
铅(Pb)/(mg/kg)	≤	2	GB 5009.12

附 录 A
检验方法

A.1 一般规定

本标准除另有规定外，所用试剂的纯度应在分析纯以上，所用标准滴定溶液、杂质测定用标准溶液、制剂及制品，应按 GB/T 601、GB/T 602、GB/T 603 的规定制备，实验用水应符合 GB/T 6682—2008 中三级水的规定。试验中所用溶液在未注明用何种溶剂配制时，均指水溶液。

A.2 鉴别试验

A.2.1 试剂

A.2.1.1 乙酸溶液：1+99。

A.2.1.2 甲基橙指示液：1 g/L。

A.2.1.3 氢氧化钠溶液：40 g/L。

A.2.2 鉴别步骤

A.2.2.1 取 1.0 g 试样，溶于 100 mL 乙酸溶液中，滴加几滴甲基橙指示液，溶液显棕黄色。

A.2.2.2 取 1.0 g 试样，溶于 100 mL 乙酸溶液中，滴加 10 mL 氢氧化钠溶液，溶液显乳白色浑浊，并逐渐形成白色絮状沉淀。

A.3 脱乙酰基度的测定

A.3.1 电位滴定法

A.3.1.1 方法提要

用过量的盐酸溶液溶解脱乙酰甲壳素试样，盐酸与脱乙酰甲壳素中的氨基等摩尔结合后，溶液中含有过量的盐酸。用氢氧化钠溶液滴定时，氢氧化钠首先中和过量的盐酸，溶液 pH 发生变化，即第一个"突跃"，然后氢氧化钠再中和与脱乙酰甲壳素中氨基结合的盐酸，达到滴定等电点时，溶液 pH 出现第二个"突跃"，由两个"突跃"之间消耗的氢氧化钠量计算出试样中的氨基含量，从而得到试样的脱乙酰基度。

A.3.1.2 试剂和材料

A.3.1.2.1 盐酸标准滴定溶液：$c(HCl)=0.1$ mol/L。

A.3.1.2.2 氢氧化钠标准滴定溶液：$c(NaOH)=0.1$ mol/L。

A.3.1.3 仪器和设备

A.3.1.3.1 电磁搅拌器。

A.3.1.3.2 酸度计或电位滴定仪。

A.3.1.4 分析步骤

A.3.1.4.1 试样处理

称取于 105 ℃±2 ℃烘干至恒重的试样 0.2 g,精确至 0.000 1 g,加入 30 mL 盐酸标准滴定溶液,搅拌至完全溶解,再加 50 mL 水,混匀。

A.3.1.4.2 滴定

用氢氧化钠标准滴定溶液滴定 A.3.1.4.1 得到的溶液,测其 pH,每滴加 0.5 mL 记录一次。当滴加至 pH 接近“突跃”时,逐滴滴定,记录氢氧化钠标准滴定溶液的体积和相应的 pH,得到 pH-氢氧化钠标准滴定溶液体积曲线,找出其“突跃”点。记录两次突跃点间所消耗的氢氧化钠标准滴定溶液的体积数值。

A.3.1.5 结果计算

脱乙酰基度的质量分数 w_1 按式(A.1)计算:

$$w_1 = \frac{\Delta V \times c_1 \times 10^{-3} \times 16}{m_1 \times 0.0994} \times 100\% \quad \cdots\cdots\cdots\cdots(A.1)$$

式中:

ΔV ——两个“突跃”点之间消耗的氢氧化钠标准滴定溶液的体积,单位为毫升(mL);

c_1 ——氢氧化钠标准滴定溶液的浓度,单位为摩尔每升(mol/L);

10^{-3} ——单位换算系数;

16 ——氨基的摩尔质量,单位为克每摩尔(g/mol);

m_1 ——试样质量,单位为克(g);

0.099 4——理论氨基含量(16/161)。

试验结果以平行测定结果的算术平均值为准。在重复性条件下获得的两次独立测定结果的绝对差值不大于算术平均值的 2%。

A.3.2 碱量法

A.3.2.1 方法提要

用盐酸溶液溶解试样,溶液中游离的 H^+ 用氢氧化钠溶液滴定,以甲基橙-苯胺蓝作为滴定终点指示液,通过消耗的氢氧化钠的量计算出试样中的氨基含量,从而得到脱乙酰基度。

A.3.2.2 试剂和材料

A.3.2.2.1 盐酸标准滴定溶液:c(HCl)=0.1 mol/L。

A.3.2.2.2 氢氧化钠标准滴定溶液:c(NaOH)=0.1 mol/L。

A.3.2.2.3 甲基橙-苯胺蓝指示液:甲基橙溶液(1 g/L)与苯胺蓝溶液(1 g/L)以 1∶2 体积比混合。

A.3.2.3 仪器和设备

电磁搅拌器。

A.3.2.4 分析步骤

A.3.2.4.1 试样处理

称取于 105 ℃±2 ℃烘干至恒重的试样 0.2 g,精确至 0.000 1 g,置于 250 mL 锥形瓶中,加入

30 mL盐酸标准滴定溶液，将锥形瓶置于电磁搅拌器座上。在 20 ℃～25 ℃下搅拌至试样溶解后，加入 2 滴～3 滴甲基橙-苯胺蓝指示液。

A.3.2.4.2 滴定

用氢氧化钠标准滴定溶液滴定 A.3.2.4.1 中所得溶液，当锥形瓶中溶液颜色由紫红色变为蓝绿色时，停止滴定。读取所耗氢氧化钠标准滴定溶液体积数值。

A.3.2.5 结果计算

脱乙酰基度的质量分数 w_2 按式(A.2)计算：

$$w_2=\frac{(c_2V_2-c_0V_0)\times 10^{-3}\times 16}{m_2\times 0.099\,4}\times 100\% \qquad \cdots\cdots\cdots\cdots(\text{A.2})$$

式中：

c_2 ——盐酸标准滴定溶液的浓度，单位为摩尔每升(mol/L)；

V_2 ——加入盐酸标准滴定溶液的体积，单位为毫升(mL)；

c_0 ——氢氧化钠标准滴定溶液的浓度，单位为摩尔每升(mol/L)；

V_0 ——滴定用氢氧化钠标准滴定溶液的体积，单位为毫升(mL)；

10^{-3} ——单位换算系数；

16 ——氨基的摩尔质量，单位为克每摩尔(g/mol)；

m_2 ——试样质量，单位为克(g)；

0.099 4——理论氨基含量(16/161)。

试验结果以平行测定结果的算术平均值为准。在重复性条件下获得的两次独立测定结果的绝对差值不大于算术平均值的 5%。

A.4 黏度的测定

A.4.1 试剂和材料

冰乙酸。

A.4.2 仪器和设备

旋转式黏度计。

A.4.3 分析步骤

在室温 20 ℃～25 ℃下，称取于 105 ℃±2 ℃烘干至恒重的试样 3.0 g，边搅拌边加入到 300 mL 水中，然后加入冰乙酸 3.0 g，搅拌 1 h 使其充分溶解(如果试样在 1 h 内不能充分溶解，则需延长时间，直至试样充分溶解)，在 20 ℃±1 ℃条件下，用旋转式黏度计测定其黏度。

A.5 酸不溶物的测定

A.5.1 分析步骤

称取试样 2.0 g，加入 400 mL 质量分数为 1%的乙酸溶液，搅拌至完全溶解，用在 105℃±2 ℃下烘干至恒重并称重的筛网(孔径为 0.100 mm)过滤，105 ℃±2 ℃下烘干至恒重。

A.5.2 结果计算

酸不溶物的质量分数 w_3 按式(A.3)计算：

$$w_3 = \frac{m_3 - m_0}{m} \times 100\% \qquad \cdots\cdots(A.3)$$

式中：

m_3——烘干后试样与筛网总质量，单位为克(g)；

m_0——烘干后筛网质量，单位为克(g)；

m ——试样质量，单位为克(g)。

试验结果以平行测定结果的算术平均值为准。在重复性条件下获得的两次独立测定结果的绝对差值不大于算术平均值的 5 %。

A.6 pH 的测定

配制浓度为 10 g/L 的试样溶液，用磁力搅拌器搅拌 1 h，然后按 GB/T 9724 的规定测定试样溶液的 pH。

中华人民共和国国家标准

GB 29942—2013

食品安全国家标准
食品添加剂　维生素 E（*dl*-α-生育酚）

2013-11-29 发布　　2014-06-01 实施

中华人民共和国
国家卫生和计划生育委员会　发布

食品安全国家标准
食品添加剂 维生素 E(*dl*-α-生育酚)

1 范围

本标准适用于以异植物醇和三甲基氢醌为主要原料,经化学合成法制得的食品添加剂维生素 E (*dl*-α-生育酚)。

2 化学名称、分子式、结构式和相对分子质量

2.1 化学名称

dl-2,5,7,8-四甲基-2-(4,8,12-三甲基-十三烷基)-6-色原醇。

2.2 分子式

$C_{29}H_{50}O_2$

2.3 结构式

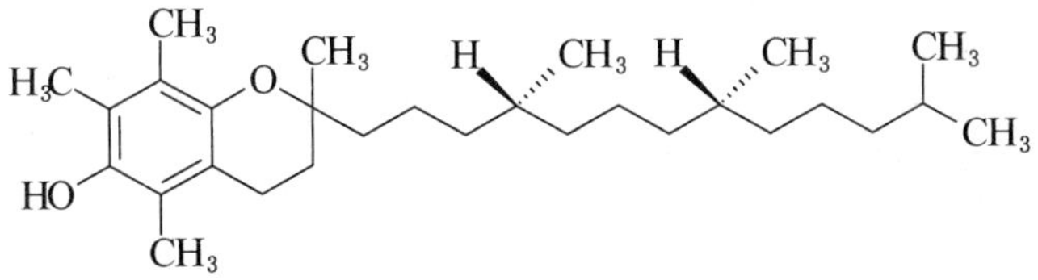

2.4 相对分子质量

430.71(按 2007 年国际相对原子质量)。

3 技术要求

3.1 感官要求

感官要求应符合表 1 的规定。

表 1 感官要求

项目	要求	检验方法
色泽	淡黄色至琥珀色,暴露在空气或光线下色泽会变深	取适量试样置于白瓷点滴板上,在自然光线下,观察其色泽和状态
状态	澄清的黏稠液体	

3.2 理化指标

理化指标应符合表 2 的规定。

表 2 理化指标

项目		指标	检验方法
维生素 E(*dl*-*α*-生育酚)含量(*w*)/%		96.0～102.0	附录 A 中 A.3
折光率 n_D^{20}		1.503～1.507	GB/T 614
吸光度 $E_{1\,cm}^{1\%}$(292 nm)		71～76	A.4
灼烧残渣(*w*)/%	≤	0.1	GB/T 9741
酸度		通过试验	A.5
铅(Pb)/(mg/kg)	≤	2	GB 5009.12

附 录 A

检验方法

A.1 一般规定

本标准除另有规定外,所用试剂的纯度应在分析纯以上,所用标准滴定溶液、杂质测定用标准溶液、制剂及制品,应按 GB/T 601、GB/T 602、GB/T 603 的规定制备,实验用水应符合 GB/T 6682—2008 中三级水的规定。试验中所用溶液在未注明用何种溶剂配制时,均指水溶液。

A.2 鉴别试验

A.2.1 溶解性

不溶于水,易溶于乙醇,可混溶于乙醚。

A.2.2 比旋光度试验

A.2.2.1 试剂和材料

三氯甲烷:色谱纯。

A.2.2.2 仪器和设备

旋光仪。

A.2.2.3 分析步骤

称取试样 5.0 g,加三氯甲烷溶解并稀释至 50 mL,将此试样溶液置于旋光仪中进行测定,具体分析步骤按 GB/T 613 的规定进行。测得的比旋光度 α_m(20 ℃,D)应为 0 (°) · dm^2/kg^{-1} ±0.05 (°) · dm^2/kg。

A.2.3 硝酸呈色试验

A.2.3.1 试剂和材料

A.2.3.1.1 无水乙醇。

A.2.3.1.2 硝酸。

A.2.3.2 分析步骤

称取试样约 10 mg,加 10 mL 无水乙醇溶解后,加 2 mL 硝酸,摇匀,在 75 ℃水浴中加热 15 min,溶液应呈现亮红色至橙色。

A.2.4 最大吸收波长试验

A.2.4.1 仪器和设备

紫外分光光度计。

A.2.4.2　分析步骤

称取试样 0.01 g，加无水乙醇溶解并稀释至 200 mL，摇匀，置于紫外分光光度计中进行扫描，在 292 nm±2 nm 处应有最大吸收峰。

A.3　维生素 E(*dl*-*α*-生育酚)含量的测定

A.3.1　方法提要

用气相色谱法，在选定的工作条件下，通过非极性石英毛细管色谱柱使试样与杂质分离，用氢火焰离子化检测器检测，用内标法定量，计算试样中维生素 E(*dl*-*α*-生育酚)含量。

A.3.2　试剂和材料

A.3.2.1　正己烷：色谱纯。
A.3.2.2　十六酸十六醇酯。
A.3.2.3　维生素 E(*dl*-*α*-生育酚)标准品。
A.3.2.4　维生素 E(*dl*-*α*-醋酸生育酚)标准品。

A.3.3　仪器和设备

气相色谱仪，配氢火焰离子化检测器。

A.3.4　参考色谱条件

A.3.4.1　色谱柱：柱长 30 m，柱内径 0.25 mm，固定相为聚二甲基硅氧烷，膜厚 0.25 μm。
A.3.4.2　柱温：280 ℃。
A.3.4.3　检测器：火焰离子化检测器，温度 290 ℃。
A.3.4.4　进样口：温度 290 ℃；分流进样，分流比 1∶30；进样量 1 μL。
A.3.4.5　载气：氮气，流速 1 mL/min。
A.3.4.6　A.3.4.1～A.3.4.5 为推荐的色谱柱及典型色谱操作条件，*dl*-*α*-生育酚含量测定典型气相色谱图参见附录 B。其他能达到等同分离效果的色谱柱和色谱条件均可使用。

A.3.5　分析步骤

A.3.5.1　内标溶液的制备

称取适量十六酸十六醇酯(内标物)，加正己烷溶解、稀释、摇匀，作为内标溶液。此内标溶液每毫升含 3 mg 十六酸十六醇酯。

A.3.5.2　标准溶液的制备

称取约 30 mg 维生素 E(*dl*-*α*-生育酚)标准品，精确至 0.000 1 g，置于 10 mL 棕色容量瓶中，加内标溶液溶解并稀释至刻度，摇匀，作为标准溶液。

A.3.5.3　试样溶液的制备

称取约 30 mg 试样，精确至 0.000 1 g，置于 10 mL 棕色容量瓶中，加内标溶液溶解并稀释至刻度，摇匀，作为试样溶液。

A.3.5.4 系统适用性试验

分别称取等量的维生素 E(*dl*-*α*-生育酚)标准品和维生素 E(*dl*-*α*-醋酸生育酚)标准品，加正己烷溶解，配制成每毫升正己烷中分别含 1 mg 维生素 E(*dl*-*α*-生育酚)标准品和 1 mg 维生素 E(*dl*-*α*-醋酸生育酚) 标准品的混合溶液。在 A.3.4 参考色谱条件下，多次进样，对混合溶液进行色谱分析，测定分离度 R，R 应不小于 3。

A.3.5.5 仪器校正

在 A.3.4 参考色谱条件下，取 A.3.5.2 标准溶液连续进样，直至连续 3 针的相对响应因子 f 为常数(相对偏差在 2%范围内)。根据标准品保留时间定性，测量维生素 E(*dl*-*α*-生育酚)和内标物的峰面积，将相应的值分别记作 A_S 和 A_P。按式(A.1)计算出相对响应因子 f。

A.3.5.6 含量测定

量取 1.0 μL 试样溶液注入气相色谱仪，记录色谱图，测量维生素 E(*dl*-*α*-生育酚)和内标物的峰面积，将相应的值分别记作 A_2 和 A_1。按式(A.2)计算出试样中维生素 E(*dl*-*α*-生育酚)含量。

A.3.5.7 结果计算

A.3.5.7.1 相对响应因子

相对响应因子 f 按式(A.1)计算：

$$f=\frac{A_S}{A_P}\times\frac{m_P}{m_S} \qquad \cdots\cdots(A.1)$$

式中：

A_S——标准溶液色谱图中维生素 E(*dl*-*α*-生育酚)的峰面积值；

A_P——标准溶液色谱图中内标物的峰面积值；

m_P——标准溶液中内标物的质量，单位为毫克(mg)；

m_S——标准溶液中维生素 E(*dl*-*α*-生育酚)的质量，单位为毫克(mg)。

A.3.5.7.2 含量

维生素 E(*dl*-*α*-生育酚)含量的质量分数 w_1 按式(A.2)计算：

$$w_1=\frac{m_1}{f}\times\frac{A_2}{A_1}\times\frac{1}{m_0}\times 100\% \qquad \cdots\cdots(A.2)$$

式中：

m_1——试样溶液中内标物的质量，单位为毫克(mg)；

f ——相对响应因子；

A_2——试样溶液色谱图中维生素 E(*dl*-*α*-生育酚)的峰面积值；

A_1——试样溶液色谱图中内标物的峰面积值；

m_0——试样质量，单位为毫克(mg)。

试验结果以平行测定结果的算术平均值为准。在重复性条件下获得的两次独立测定结果的绝对差值不大于算术平均值的 2%。

A.4 吸光度的测定

A.4.1 试剂和材料

无水乙醇。

A.4.2 仪器和设备

分光光度计。

A.4.3 分析步骤

称取约 0.01 g 试样，精确至 0.002 g，加无水乙醇溶解并稀释至 200 mL，摇匀，得到试样液。取此试样液置于 1 cm 比色皿中，以无水乙醇做空白对照，用分光光度计在 292 nm 处测定其吸光度（吸光度应控制为 0.2～0.8，否则应调整试样液浓度，再重新测定吸光度）。

A.4.4 结果计算

吸光度 $E_{1\,\mathrm{cm}}^{1\%}$(292 nm)按式(A.3)计算：

$$E_{1\,\mathrm{cm}}^{1\%}(292\ \mathrm{nm})=\frac{A}{c}\times\frac{1}{100} \qquad \cdots\cdots\cdots\cdots(\mathrm{A.3})$$

式中：

A ——被测试样液的吸光度；

c ——被测试样液的浓度，单位为克每毫升(g/mL)；

100——浓度换算系数。

试验结果以平行测定结果的算术平均值为准。在重复性条件下获得的两次独立测定结果的绝对差值与算术平均值的比值不大于 2%。

A.5 酸度的测定

A.5.1 试剂和材料

A.5.1.1 无水乙醇。

A.5.1.2 乙醚。

A.5.1.3 酚酞指示液：10 g/L。

A.5.1.4 氢氧化钠标准滴定溶液：$c(\mathrm{NaOH})=0.1$ mol/L。

A.5.2 分析步骤

量取无水乙醇与乙醚各 12.5 mL，置于锥形瓶中，配成混合溶液，用氢氧化钠标准滴定溶液滴定至酚酞指示液指示溶液为中性。称取 1.0 g 试样，加入锥形瓶中，使其溶解，再加 0.5 mL 酚酞指示液，然后用氢氧化钠标准滴定溶液滴定，滴定至溶液显淡粉红色，30 s 内不褪色，即为滴定终点。记录加试样后消耗的氢氧化钠标准滴定溶液的体积。所需氢氧化钠标准滴定溶液的体积不超过 1.0 mL 即为试样通过试验。

附 录 B

维生素 E(*dl-α*-生育酚)含量测定典型气相色谱图

维生素 E(*dl-α*-生育酚)含量测定典型气相色谱图见图 B.1。

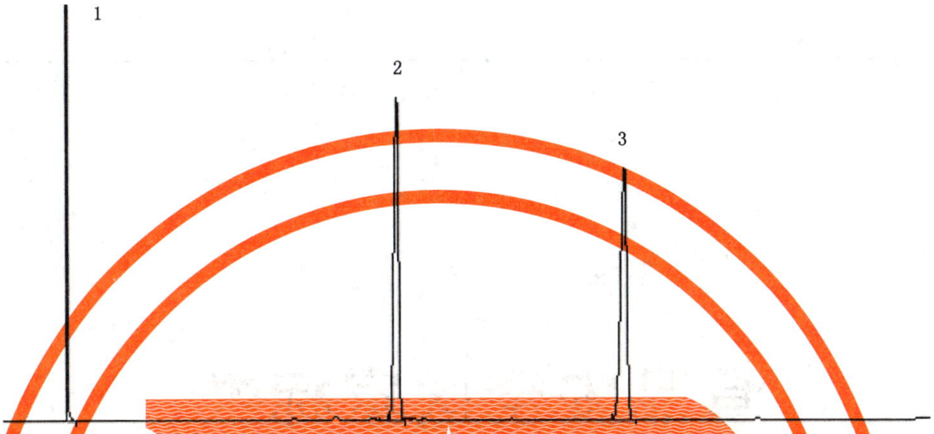

说明:
1——溶剂(正己烷);
2——维生素 E(*dl-α*-生育酚);
3——内标物(十六酸十六醇酯)。

图 B.1 维生素 E(*dl-α*-生育酚)含量测定典型气相色谱图

中华人民共和国国家标准

GB 29943—2013

食品安全国家标准
食品添加剂
棕榈酸视黄酯(棕榈酸维生素 A)

2013-11-29 发布　　2014-06-01 实施

中华人民共和国
国家卫生和计划生育委员会　发布

食品安全国家标准

食品添加剂
棕榈酸视黄酯(棕榈酸维生素 A)

1 范围

本标准适用于以醋酸维生素 A(或 β-紫罗兰酮)和棕榈酸为主要原料,经加工制得的食品添加剂棕榈酸视黄酯(棕榈酸维生素 A 或维生素 A 棕榈酸酯)。

2 化学名称、分子式、结构式和相对分子质量

2.1 化学名称

3,7-二甲基-9-(2,6,6-三甲基-1-环己烯-1-基)-2,4,6,8-壬四烯-1-棕榈酸酯。

2.2 分子式

$C_{36}H_{60}O_2$

2.3 结构式

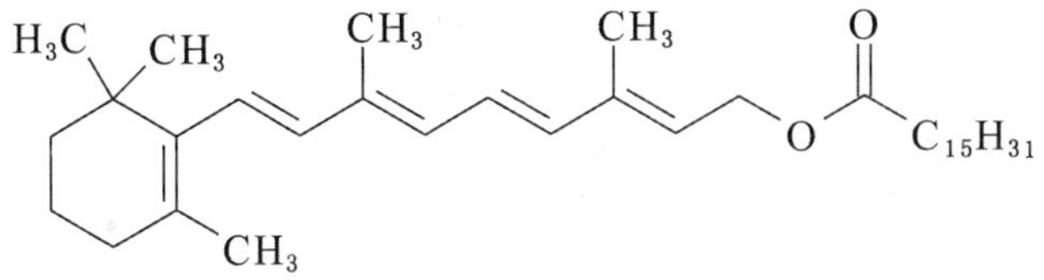

2.4 相对分子质量

525.09(按 2007 年国际相对原子质量)。

3 技术要求

3.1 感官要求

感官要求应符合表 1 的规定。

表 1 感官要求

项 目	要 求	检验方法
色泽	淡黄色至黄棕色	取适量试样置于白瓷点滴板上,在自然光线下,观察其色泽和状态
状态	油状液体(低温时可固化)	

3.2 理化指标

理化指标应符合表 2 的规定。

表 2 理化指标

项　目		指　标	检验方法
棕榈酸视黄酯(棕榈酸维生素 A)含量[a]/(IU/g)	≥	5×10^5	附录 A 中 A.4
酸值(以 KOH 计)/(mg/g)	≤	2.0	A.5
过氧化值/(meq/kg)	≤	10.0	GB/T 5538
铅(Pb)/(mg/kg)	≤	2	GB 5009.12

注：商品化的棕榈酸视黄酯(棕榈酸维生素 A)产品应以符合本标准的棕榈酸视黄酯(棕榈酸维生素 A)为原料，可添加符合相关食品品质量规格要求的食用植物油、淀粉、糊精、蔗糖、抗氧化剂、抗结剂、增稠剂等辅料而制成。

[a] 维生素 A 以维生素 A 醇当量或国际单位(IU)表示，1 μg 维生素 A 醇当量＝3.33 IU。棕榈酸视黄酯(棕榈酸维生素 A)实际含量为标示量的 95.0%～110.0%。

附 录 A

检验方法

A.1 操作提示

试样应在密闭、避光和不超过 25 ℃条件下贮存。配制的试样溶液应尽快使用,建议在 2 h 内使用。试样中如出现结晶,可在 65 ℃条件下混匀,但加热时间不宜过长。含量测定过程中,应最小程度地接触光和空气中的氧及其他氧化剂,使用低光化玻璃仪器。

A.2 一般规定

本标准除另有规定外,所用试剂的纯度应在分析纯以上,所用标准滴定溶液、杂质测定用标准溶液、制剂及制品,应按 GB/T 601、GB/T 602、GB/T 603 的规定制备,实验用水应符合 GB/T 6682—2008 中三级水的规定。试验中所用溶液在未注明用何种溶剂配制时,均指水溶液。

A.3 鉴别试验

A.3.1 试剂和材料

A.3.1.1 棕榈酸视黄酯(棕榈酸维生素 A)对照品。

A.3.1.2 环己烷溶液:每升环己烷中含 1 g 二丁基羟基甲苯。

A.3.1.3 展开剂:环己烷+乙醚(4+1)。

A.3.1.4 色谱用硅胶板。

A.3.2 分析步骤

A.3.2.1 试样溶液的制备

称取适量试样,用环己烷溶液配制成每毫升中约含 3.3 IU 棕榈酸视黄酯(棕榈酸维生素 A)的试样溶液。

A.3.2.2 对照溶液的制备

称取适量棕榈酸视黄酯(棕榈酸维生素 A)对照品,用环己烷溶液配制成每毫升中约含 3.3 IU 棕榈酸视黄酯(棕榈酸维生素 A)的对照溶液。

A.3.2.3 薄层色谱分析

分别量取试样溶液和对照溶液各 3 μL,于色谱用硅胶板上分别点样后置于盛有展开剂的层析缸中,展开至溶剂前沿距原点超过 15 cm,取出硅胶板,晾干,在紫外灯下(波长 254 nm 处)观察。试样溶液显示的主斑点应与对照溶液所显示主斑点的位置一致。

A.4 棕榈酸视黄酯(棕榈酸维生素 A)含量的测定

A.4.1 试剂和材料

A.4.1.1 戊烷。
A.4.1.2 异丙醇:色谱纯。
A.4.1.3 甲醇:色谱纯。
A.4.1.4 水:GB/T 6682—2008 中的一级水。
A.4.1.5 异丙醇溶液:每升异丙醇中含 1 g 二丁基羟基甲苯。
A.4.1.6 四丁基氢氧化铵溶液:0.1 mol/L,以异丙醇为溶剂配制。
A.4.1.7 全反式醋酸维生素 A 标准品:按 A.4.3.1 紫外分光光度法测定标准品中醋酸维生素 A 的含量。在测定过程中,用全反式醋酸维生素 A 标准品作为试样,试样溶液的最大吸收峰应在 326 nm 附近,且吸光度比值 A_{λ}/A_{326} 应符合表 A.1 的要求。

表 A.1 不同波长的吸光度比值

吸光度之比	指标
A_{300}/A_{326}	≤0.60
A_{350}/A_{326}	≤0.54
A_{370}/A_{326}	≤0.14

A.4.2 仪器和设备

A.4.2.1 紫外分光光度计。
A.4.2.2 高效液相色谱仪,配紫外检测器(检测波长 326 nm)。

A.4.3 分析步骤

A.4.3.1 紫外分光光度法

A.4.3.1.1 方法提要

维生素 A 分子中含有 5 个共轭双键,在波长 326 nm 附近具有最大吸收峰,其最大吸收峰的位置随溶剂不同而异,因而可用于含量测定。

A.4.3.1.2 试样溶液的制备

称取试样 25 mg～100 mg,精确至 0.001 g,加入 5 mL 戊烷,并用异丙醇稀释配制成每毫升含 10 IU～15 IU 棕榈酸视黄酯(棕榈酸维生素 A)或醋酸维生素 A 的试样溶液。

A.4.3.1.3 测定

取适量试样溶液,采用紫外分光光度法验证试样溶液的最大吸收峰是否在 326 nm 附近。如果试样溶液的最大吸收峰在 326 nm 附近,则测定试样溶液在波长 300 nm、326 nm、350 nm 和 370 nm 处的吸光度,并计算不同波长下的吸光度 A_{λ} 与 326 nm 处吸光度 A_{326} 之比 A_{λ}/A_{326}。

如果不同波长的吸光度比值符合表 A.1 的要求,则按 A.4.4 结果计算中的式(A.1)计算试样中棕榈酸视黄酯(棕榈酸维生素 A)或醋酸维生素 A 的含量。

如果试样溶液的最大吸收峰不在 326 nm 附近,或者吸光度比值有一项或多项不符合表 A.1 的要求,则应按 A.4.3.2 液相色谱法测定含量。

A.4.3.2 液相色谱法

A.4.3.2.1 方法提要

棕榈酸视黄酯(棕榈酸维生素 A)在四丁基氢氧化铵的作用下,水解为维生素 A 醇,注入反相色谱柱上,用流动相洗脱分离,紫外检测器测定,外标法计算棕榈酸视黄酯(棕榈酸维生素 A)含量。

A.4.3.2.2 参考色谱条件

A.4.3.2.2.1 色谱柱:C_{18}液相色谱柱,125 mm×4 mm,粒径 5 μm,或同等性能的色谱柱。

A.4.3.2.2.2 流动相:甲醇∶水=95∶5(体积比)。

A.4.3.2.2.3 流速:1 mL/min。

A.4.3.2.2.4 检测波长:325 nm。

A.4.3.2.2.5 进样量:10 μL。

A.4.3.2.2.6 保留时间:维生素 A 醇的保留时间约为 3 min。

A.4.3.2.3 试样溶液的制备

称取约 0.1 g 试样,精确至 0.000 1 g,置于 100 mL 容量瓶中,用 5 mL 戊烷迅速溶解。加入 40 mL 四丁基氢氧化铵溶液。轻轻振摇,让混合液在 60 ℃~65 ℃下水解反应 10 min(可采用水浴超声处理)。冷却至室温,用异丙醇溶液稀释至 100 mL,轻摇混匀防止产生气泡,得到试样储备液。移取适量试样储备液,用异丙醇稀释配制成每毫升约含 100 IU 棕榈酸视黄酯(棕榈酸维生素 A)的试样溶液。

A.4.3.2.4 标准溶液的制备

称取适量全反式醋酸维生素 A 标准品(称样量约含 1×10^5 IU 全反式醋酸维生素 A),精确至 0.000 1 g,置于 100 mL 容量瓶中,用 5 mL 戊烷迅速溶解。加入 40 mL 四丁基氢氧化铵溶液。轻摇混匀,让混合液在 60 ℃~65 ℃下水解反应 10 min(可采用水浴超声处理)。冷却至室温,用异丙醇溶液稀释至 100 mL,轻摇混匀防止产生气泡,得到标准储备液。

移取 5.0 mL 标准储备液,置于 50 mL 容量瓶中,用异丙醇稀释定容至刻度,得到标准溶液。

A.4.3.2.5 测定

在 A.4.3.2.2 参考色谱条件下,分别对试样溶液和标准溶液进行测定,重复进样两次,分别记录相应色谱图中维生素 A 醇的峰面积值。按 A.4.4 结果计算中的式(A.2)计算试样中棕榈酸视黄酯(棕榈酸维生素 A)的含量。

A.4.4 结果计算

A.4.4.1 紫外分光光度法

棕榈酸视黄酯(棕榈酸维生素 A)或醋酸维生素 A 含量 w_1 以国际单位每克(IU/g)计,按式(A.1)计算:

$$w_1=\frac{A_{326}\times 1\ 900\times V}{m\times 100} \qquad \cdots\cdots(\text{A.1})$$

式中：

A_{326} ——试样溶液在 326 nm 处的吸光度；

1 900——棕榈酸视黄酯(棕榈酸维生素 A)或醋酸维生素 A 的吸光度与含量之间的换算系数；

V ——试样溶液的稀释体积，单位为毫升(mL)；

m ——试样的质量，单位为克(g)；

100 ——换算系数。

试验结果以平行测定结果的算术平均值为准。在重复性条件下获得的两次独立测定结果的绝对差值不大于算术平均值的 2 %。

A.4.4.2 液相色谱法

棕榈酸视黄酯(棕榈酸维生素 A)含量 w_2 以国际单位每克(IU/g)计，按式(A.2)计算：

$$w_2 = \frac{A_1 \times c \times m_2}{A_2 \times m_1} \quad \cdots\cdots\cdots\cdots (A.2)$$

式中：

A_1——试样溶液色谱图中维生素 A 醇的平均峰面积值；

c ——用 A.4.3.1 紫外分光光度法测得的全反式醋酸维生素 A 标准品的含量，单位为国际单位每克(IU/g)；

m_2——全反式醋酸维生素 A 标准品的称样量，单位为毫克(mg)；

A_2——标准溶液色谱图中维生素 A 醇的平均峰面积值；

m_1——试样的质量，单位为毫克(mg)。

试验结果以平行测定结果的算术平均值为准。在重复性条件下获得的两次独立测定结果的绝对差值不大于算术平均值的 10 %。

A.5 酸值的测定

A.5.1 试剂和材料

A.5.1.1 无水乙醇。

A.5.1.2 石油醚。

A.5.1.3 氢氧化钾-乙醇标准滴定溶液：c(KOH)=0.1 mol/L。

A.5.1.4 酚酞指示液：10 g/L。

A.5.2 分析步骤

准确称取约 2 g 试样，精确到 0.001 g，溶于 50 mL 由等体积无水乙醇和石油醚组成的混合溶剂中(该混合溶剂预先用氢氧化钾-乙醇标准滴定溶液滴定至中性)，若试样不能完全溶解，则加热到约 90 ℃以确保试样完全溶解。加入 0.5 mL 酚酞指示液，立即用氢氧化钾-乙醇标准滴定溶液滴定，滴定至溶液呈淡粉色并维持 30 s 不褪色即为滴定终点。

A.5.3 结果计算

酸值(以 KOH 计)w_3 以毫克每克(mg/g)计，按式(A.3)计算：

$$w_3 = \frac{V \times c \times M}{m} \quad \cdots\cdots\cdots\cdots (A.3)$$

式中：

V ——试样所消耗氢氧化钾-乙醇标准滴定溶液的体积，单位为毫升(mL)；

c ——氢氧化钾-乙醇标准滴定溶液的实际浓度，单位为摩尔每升(mol/L)；

M——氢氧化钾的摩尔质量，单位为毫克每毫摩尔(mg/mmol)[M(KOH)＝56.1]；

m ——试样的质量，单位为克(g)。

试验结果以平行测定结果的算术平均值为准。在重复性条件下获得的两次独立测定结果的绝对差值不大于算术平均值的 5 %。

中华人民共和国国家标准

GB 29944—2013

食品安全国家标准

食品添加剂 *N*-[*N*-(3,3-二甲基丁基)]-L-*α*-天门冬氨-L-苯丙氨酸1-甲酯(纽甜)

2013-11-29 发布 2014-06-01 实施

中华人民共和国
国家卫生和计划生育委员会 发布

食品安全国家标准

食品添加剂　N-[N-(3,3-二甲基丁基)]-L-α-天门冬氨-L-苯丙氨酸 1-甲酯(纽甜)

1　范围

本标准适用于以阿斯巴甜和3,3-二甲基丁醛为主要原料,在氢气存在下于甲醇溶液中进行反应,经过去除甲醇、洗涤和干燥等步骤而制得的食品添加剂 N-[N-(3,3-二甲基丁基)]-L-α-天门冬氨-L-苯丙氨酸 1-甲酯(纽甜)。

2　化学名称、分子式、结构式和相对分子质量

2.1　化学名称

N-[N-(3,3-二甲基丁基)-L-α-天门冬氨]-L-苯丙氨酸 1-甲酯。

2.2　分子式

$C_{20}H_{30}N_2O_5$

2.3　结构式

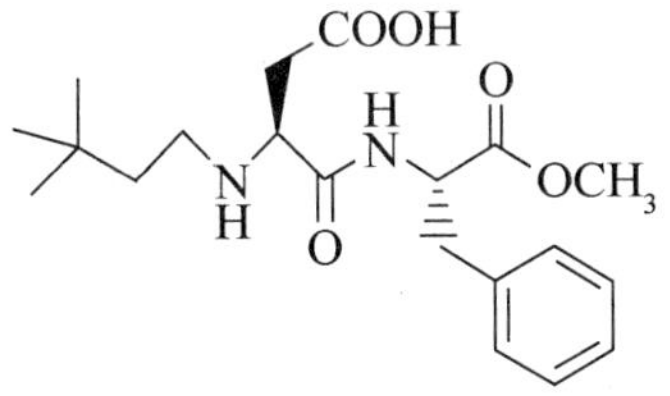

2.4　相对分子质量

378.47(按2007年国际相对原子质量)。

3　技术要求

3.1　感官要求

感官要求应符合表1的规定。

表1　感官要求

项　目	要　求	检验方法
色泽	白色至灰白色	取适量试样置于白瓷盘内,在自然光线下观察其色泽和状态
状态	粉末	

3.2 理化指标

理化指标应符合表2的规定。

表2 理化指标

项　目		指　标	检验方法
纽甜含量(以干基计,w)/%		97.0～102.0	附录A中A.3
N-[*N*-(3,3-二甲基丁基)-α-天门冬氨]-L-苯丙氨酸(w)/%	≤	1.5	A.4
其他相关物质(w)/%	≤	2.0	A.5
水分(w)/%	≤	5.0	GB/T 6283
灼烧残渣(w) /%	≤	0.2	GB/T 9741
pH(5 g/L 溶液)		5.0～7.0	GB/T 9724
铅(Pb)/(mg/kg)	≤	1	GB 5009.12
比旋光度 α_m(20 ℃,D)/[(°)·dm^2/kg]		−43.3～−40.0	GB/T 613[a]
[a] 配制质量分数为0.5%的试样溶液,计算结果以干基计。			

附 录 A

检验方法

A.1 一般规定

本标准除另有规定外，所用试剂的纯度应在分析纯以上，所用标准滴定溶液、杂质测定用标准溶液、制剂及制品，应按 GB/T 601、GB/T 602、GB/T 603 的规定制备，试验用水应符合 GB/T 6682—2008 中三级水的规定。试验中所用溶液在未注明用何种溶剂配制时，均指水溶液。

A.2 鉴别试验

A.2.1 溶解性

微溶于水，易溶于乙醇。

A.2.2 红外光谱

试样的溴化钾分散物的红外光谱应符合附录 B 中的标准红外光谱图。

A.3 纽甜含量的测定

A.3.1 试剂和材料

A.3.1.1 乙腈：色谱纯。
A.3.1.2 庚烷磺酸钠：色谱纯。
A.3.1.3 三乙胺：色谱纯。
A.3.1.4 水：GB/T 6682—2008 中一级水。
A.3.1.5 磷酸。
A.3.1.6 纽甜标准品。

A.3.2 仪器和设备

高效液相色谱仪：配紫外检测器或其他等效的检测器。

A.3.3 参考色谱条件

A.3.3.1 色谱柱：C_{18} 色谱柱，4.6 mm（内径）×100 mm（长），粒度 5 μm。或其他等同分离效果的色谱柱和色谱条件。
A.3.3.2 流动相：将 3.0 g 庚烷磺酸钠溶于 740 mL 水中，加入 3.8 mL 三乙胺，用磷酸调整溶液 pH 至 3.5，然后加水稀释至 750 mL。再加入 250 mL 乙腈，用磷酸调整溶液 pH 至 3.7，过滤后备用。
A.3.3.3 柱温：45 ℃。
A.3.3.4 流速：1.5 mL/min。
A.3.3.5 进样量：20 μL。
A.3.3.6 检测波长：210 nm。

A.3.4 分析步骤

A.3.4.1 标准溶液的制备

称取适量纽甜标准品，精确至 0.000 1 g，用流动相配制成浓度约为 1.0 mg/mL 的标准溶液。

A.3.4.2 试样溶液的制备

称取适量试样，精确至 0.000 1 g，用流动相配制成浓度约为 1.0 mg/mL 的试样溶液。

A.3.4.3 测定

在 A.3.3 参考色谱条件下，分别对标准溶液和试样溶液进行色谱分析。记录试样溶液色谱图与标准溶液色谱图中纽甜主峰面积。

A.3.5 结果计算

纽甜含量的质量分数 w_1 按式(A.1)计算：

$$w_1 = \frac{r_U}{r_S} \times \frac{c_S}{c_U} \times 100\% \qquad \cdots\cdots(A.1)$$

式中：

r_U——试样溶液色谱图中主峰的峰面积值；

r_S——标准溶液色谱图中主峰的峰面积值；

c_S——标准溶液的实际浓度，单位为毫克每毫升(mg/mL)；

c_U——试样溶液的实际浓度，单位为毫克每毫升(mg/mL)。

A.4 ***N*-[*N*-(3,3-二甲基丁基)-*α*-天门冬氨]-L-苯丙氨酸的测定**

A.4.1 试剂和材料

A.4.1.1 乙腈：色谱纯。

A.4.1.2 庚烷磺酸钠：色谱纯。

A.4.1.3 三乙胺：色谱纯。

A.4.1.4 水：GB/T 6682—2008 中一级水。

A.4.1.5 *N*-[*N*-(3,3-二甲基丁基)-*α*-天门冬氨]-L-苯丙氨酸标准品。

A.4.2 仪器和设备

同 A.3.2。

A.4.3 参考色谱条件

同 A.3.3。

A.4.4 分析步骤

A.4.4.1 标准溶液的制备

以流动相(A.3.3.2)为溶剂，称取适量 *N*-[*N*-(3,3-二甲基丁基)-*α*-天门冬氨]-L-苯丙氨酸标准品，精确至 0.000 1 g，配制成浓度约为 0.03 mg/mL 的标准溶液。

A.4.4.2 试样溶液的制备

以流动相(A.3.3.2)为溶剂，称取适量试样，精确至0.000 1 g，配制成浓度约为2 mg/mL的试样溶液。

A.4.4.3 测定

在A.4.3参考色谱条件下，分别对标准溶液和试样溶液进行色谱分析。记录试样溶液色谱图与标准溶液色谱图中*N*-[*N*-(3,3-二甲基丁基)-*α*-天门冬氨]-L-苯丙氨酸的峰面积。

A.4.5 结果计算

N-[*N*-(3,3-二甲基丁基)-*α*-天门冬氨]-L-苯丙氨酸的质量分数w_2按式(A.2)计算：

$$w_2 = \frac{r_U}{r_S} \times \frac{c_S}{c_U} \times 100\% \qquad \cdots\cdots(A.2)$$

式中：

r_U——试样溶液色谱图中*N*-[*N*-(3,3-二甲基丁基)-*α*-天门冬氨]-L-苯丙氨酸的峰面积值；

r_S——标准溶液色谱图中*N*-[*N*-(3,3-二甲基丁基)-*α*-天门冬氨]-L-苯丙氨酸的峰面积值；

c_S——标准溶液的实际浓度，单位为毫克每毫升(mg/mL)；

c_U——试样溶液的实际浓度，单位为毫克每毫升(mg/mL)。

A.5 其他相关物质的测定

A.5.1 试剂和材料

A.5.1.1 乙腈：色谱纯。

A.5.1.2 庚烷磺酸钠：色谱纯。

A.5.1.3 三乙胺：色谱纯。

A.5.1.4 水：GB/T 6682—2008中一级水。

A.5.1.5 纽甜标准品。

A.5.1.6 *N*-[*N*-(3,3-二甲基丁基)-*α*-天门冬氨]-L-苯丙氨酸标准品。

A.5.2 仪器和设备

同A.3.2。

A.5.3 参考色谱条件

同A.3.3。

A.5.4 分析步骤

A.5.4.1 标准溶液的制备

同A.3.4.1。

A.5.4.2 试样溶液的制备

以流动相(A.3.3.2)为溶剂，称取适量试样，精确至0.000 1 g，配制成浓度约为2 mg/mL的试样溶液。

A.5.4.3 测定

在A.5.3参考色谱条件下，分别对标准溶液和试样溶液进行色谱分析。记录试样溶液色谱图与标准溶液色谱图中的主峰面积。

A.5.5 结果计算

其他相关物质的质量分数 w_3 按式(A.3)计算：

$$w_3=\frac{r_T}{r_S}\times\frac{c_S}{c_U}\times 100\% \qquad \cdots\cdots(A.3)$$

式中：

r_T——试样溶液色谱图中杂质(纽甜、*N*-[*N*-(3,3-二甲基丁基)-*α*-天门冬氨]-L-苯丙氨酸和溶剂峰除外)的峰面积值；

r_S——标准溶液色谱图中纽甜的峰面积值；

c_S——标准溶液的实际浓度，单位为毫克每毫升(mg/mL)；

c_U——试样溶液的实际浓度，单位为毫克每毫升(mg/mL)。

附 录 B

纽甜的标准红外光谱图

纽甜的标准红外光谱图见图 B.1。

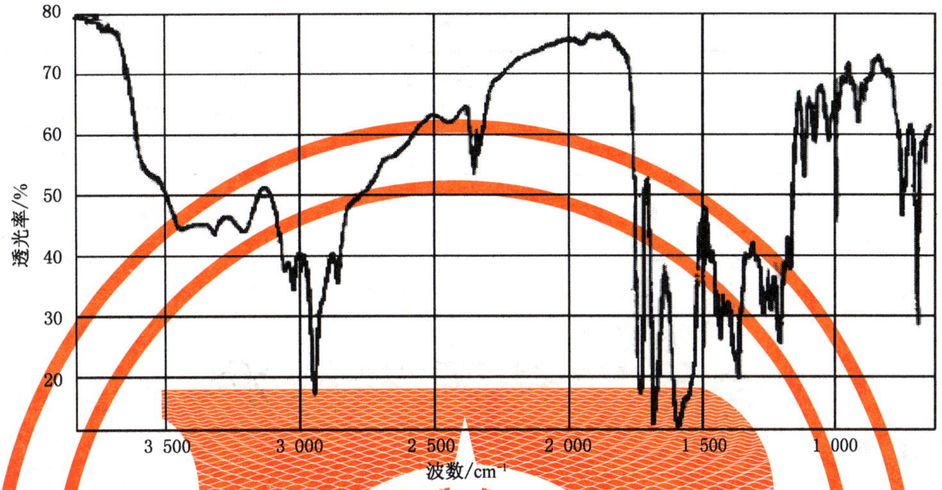

图 B.1 纽甜的标准红外光谱图

中华人民共和国国家标准

GB 29945—2013

食品安全国家标准
食品添加剂 槐豆胶(刺槐豆胶)

2013-11-29 发布 2014-06-01 实施

中华人民共和国
国家卫生和计划生育委员会 发布

食品安全国家标准
食品添加剂　槐豆胶(刺槐豆胶)

1　范围

本标准适用于以刺槐豆种子 *Ceratonia siliqua*(L.) Taub.(Fam. *Leguminosae*)的胚乳或胚乳粉为原料,经加工制得的食品添加剂槐豆胶(刺槐豆胶)。商品化的槐豆胶(刺槐豆胶)可含有用于标准化目的的糊精和糖类。

2　结构式

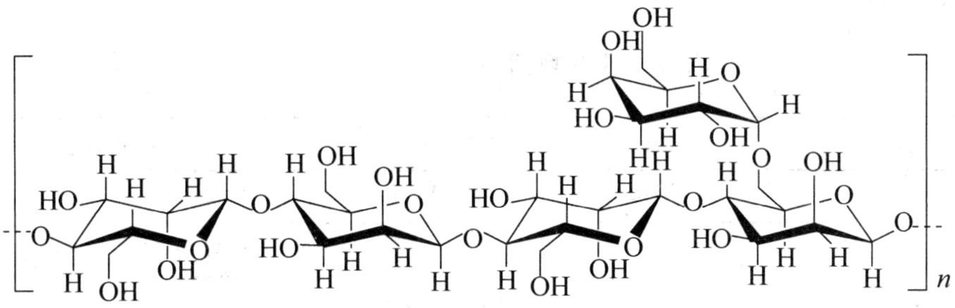

3　技术要求

3.1　感官要求

感官要求应符合表 1 的规定。

表 1　感官要求

项　目	要　求	检验方法
色泽	白色至微黄色	取适量试样置于白瓷盘内,在自然光线下观察其色泽和状态
状态	粉末	

3.2　理化指标

理化指标应符合表 2 的规定。

表 2　理化指标

项　目		指　标	检验方法
干燥减量(*w*)/%	≤	14.0	GB 5009.3 直接干燥法[a]
灰分(*w*)/%	≤	1.2	GB 5009.4[b]

表 2（续）

项　目		指　标	检验方法
酸不溶物(*w*) /%	≤	4.0	附录 A 中 A.3
蛋白质(*w*)/%	≤	7.0	GB 5009.5[c]
残留溶剂(乙醇和异丙醇,*w*)/%	≤	1.0	A.4
淀粉试验		通过试验	A.5
铅(Pb)/(mg/kg)	≤	2	GB 5009.12

[a] 干燥温度和时间分别为 105 ℃±2 ℃和 5 h。

[b] 灼烧温度和时间分别为 800 ℃±25 ℃和 3 h ～4 h。

[c] 蛋白质系数为 6.25。

3.3 微生物指标

微生物指标应符合表 3 的规定。

表 3 微生物指标

项　目		指　标	检验方法
菌落总数/(CFU/g)	≤	5 000	GB 4789.2
大肠埃希氏菌/(MPN/g)	<	3.0	GB 4789.38
沙门氏菌		未检出/25 g	GB 4789.4
霉菌和酵母/(CFU/g)	≤	500	GB 4789.15

附 录 A

检验方法

A.1 一般规定

本标准除另有规定外，所用试剂的纯度应在分析纯以上，所用标准滴定溶液、杂质测定用标准溶液、制剂及制品，应按 GB/T 601、GB/T 602、GB/T 603 的规定制备，试验用水应符合 GB/T 6682—2008 中三级水的规定。试验中所用溶液在未注明用何种溶剂配制时，均指水溶液。

A.2 鉴别试验

A.2.1 溶解性试验

不溶于乙醇。

A.2.2 凝胶试验

在试样溶液中加入少量硼酸钠试液(10 g/L)，溶液形成凝胶。

A.2.3 黏性试验

称取 2 g 试样，置于一个 400 mL 烧杯中，加入约 4 mL 异丙醇，使试样完全润湿。加入 200 mL 水，在强力搅拌下直至试样完全均匀分散，形成乳白色、微黏稠溶液。取此溶液 100 mL，置于另一个 400 mL烧杯中，在沸水浴中加热约 10 min，冷却至室温。溶液黏性会有明显升高(此为槐豆胶区别于瓜尔胶之处)。

A.3 酸不溶物的测定

A.3.1 试剂和材料

A.3.1.1 硫酸。

A.3.1.2 助滤剂：硅藻土，经 105 ℃±2 ℃、3 h 干燥处理。

A.3.2 仪器和设备

A.3.2.1 过滤坩埚(经 105 ℃±2 ℃、3 h 干燥处理)。

A.3.2.2 干燥器。

A.3.3 分析步骤

称取 2.0 g 试样，溶于一盛有 150 mL 水和 1.5 mL 硫酸的 250 mL 烧杯中。用表面皿盖上烧杯，在蒸气浴上加热 6 h，加热过程中随时补充蒸发损失掉的水分。加热完成后，称取干燥处理后的助滤剂 500 mg，加入到试样溶液中，用已称重的过滤坩埚进行过滤。用热水洗涤滤渣数次，然后将坩埚连同滤渣在 105 ℃±2 ℃下干燥 3 h，在干燥器内冷却后称量。

A.3.4 结果计算

酸不溶物的质量分数 w_1 按式(A.1)计算：

$$w_1=\frac{m_1-m_2-m_3}{m_4}\times 100\% \qquad \cdots\cdots(A.1)$$

式中：

m_1——干燥后坩埚连同残渣的总质量，单位为克(g)；

m_2——助滤剂的质量，单位为克(g)；

m_3——坩埚的质量，单位为克(g)；

m_4——试样的质量，单位为克(g)。

A.4 残留溶剂(乙醇和异丙醇)的测定

A.4.1 试剂和材料

A.4.1.1 乙醇：色谱纯。

A.4.1.2 异丙醇：色谱纯。

A.4.1.3 叔丁醇：色谱纯。

A.4.2 仪器和设备

气相色谱仪，配有火焰离子化检测器。

A.4.3 参考色谱条件

A.4.3.1 色谱柱：填料为25%联苯-75%二甲聚硅氧烷，60 m×0.25mm(内径)，膜厚0.25 μm。或其他等同分离效果的色谱柱和色谱条件。

A.4.3.2 载气：氦气或氮气。

A.4.3.3 流速：1.5 mL/min。

A.4.3.4 进样口温度：280 ℃。

A.4.3.5 柱温：40 ℃保持6 min，以4 ℃/min升至110 ℃，再以25 ℃/min升至250 ℃，保持10 min。

A.4.3.6 检测器温度：250 ℃。

A.4.4 分析步骤

A.4.4.1 溶剂标准溶液的制备

分别称取100 mg乙醇和异丙醇，置于一个装有约90 mL水的100 mL容量瓶中，加水稀释至100 mL，混匀。

A.4.4.2 叔丁醇标准溶液的制备

称取100 mg叔丁醇，置于一个装有约90 mL水的100 mL容量瓶中，加水稀释至100 mL，混匀。

A.4.4.3 混合标准溶液的制备

吸取1 mL、2 mL、3 mL、4 mL和5 mL溶剂标准溶液(A.4.4.1)，分别置于5个100 mL容量瓶中，分别加入4 mL叔丁醇标准溶液(A.4.4.2)，然后加水稀释至100 mL，混匀。

A.4.4.4 试样溶液的制备

在一个盛有 200 mL 水的 1 000 mL 圆底蒸馏烧瓶中，加入 1 mL 合适的消泡剂，使其分散。加入约 4 g 试样(精确至 0.000 1 g)，摇振 1 h。将此烧瓶与分馏柱相连，调节温度，使泡沫不进入柱子，接馏出液约 95 mL。在馏出液中加入 4 mL 叔丁醇标准溶液，加水补充至 100 mL，此为试样溶液。

A.4.4.5 标准曲线的绘制

分别注入 1 μL 混合标准溶液，在 A.4.3 参考色谱条件下进行测定，分别记录乙醇、异丙醇和叔丁醇的峰面积值。以各溶剂(乙醇或异丙醇)峰面积与叔丁醇峰面积的比值对各溶剂(乙醇或异丙醇)在混合标准溶液中的浓度(mg/mL)做标准曲线，分别得到乙醇标准曲线和异丙醇标准曲线。

A.4.4.6 测定

注入 1 μL 试样溶液，在 A.4.3 参考色谱条件下进行测定，记录乙醇、异丙醇和叔丁醇的峰面积值。计算各溶剂(乙醇或异丙醇)峰面积与叔丁醇峰面积的比值。根据标准曲线，确定每种溶剂的浓度。

A.4.5 结果计算

乙醇或异丙醇的质量分数 w_2 按式(A.2)计算：

$$w_2 = \frac{c \times 100}{m \times 1\,000} \times 100\% \qquad \text{(A.2)}$$

式中：

c ——根据标准曲线得到的试样溶液中各溶剂(乙醇或异丙醇)的浓度，单位为毫克每毫升(mg/mL)；

100 ——试样溶液的体积，单位为毫升(mL)；

m ——试样的质量，单位为克(g)；

1 000——质量换算系数。

乙醇和异丙醇的质量分数之和为残留溶剂(乙醇和异丙醇)的质量分数。

A.5 淀粉试验

A.5.1 试剂和材料

碘溶液：称取碘 14.0 g，溶于含有碘化钾 36.0 g 的 100 mL 水溶液中，加入三滴盐酸，加水稀释至 1 000 mL。

A.5.2 分析步骤

称取试样 1.0 g，分散于 10 mL 水中。加入碘溶液，无蓝色出现，即为通过试验。

中华人民共和国国家标准

GB 29946—2013

食品安全国家标准
食品添加剂 纤维素

2013-11-29 发布 2014-06-01 实施

中华人民共和国
国家卫生和计划生育委员会 发布

食品安全国家标准
食品添加剂　纤维素

1　范围

本标准适用于以来源于纤维性植物的 α-纤维素浆为原料，经纯化和机械粉碎后得到的食品添加剂纤维素。

2　分子式、结构式和相对分子质量

2.1　分子式

$(C_{12}H_{20}O_{10})_n$

2.2　结构式

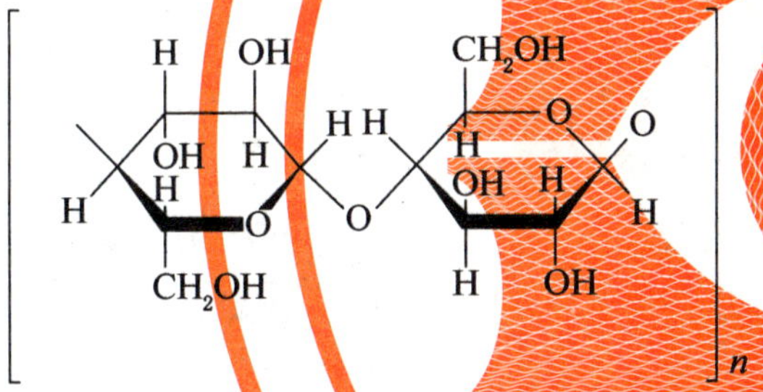

2.3　相对分子质量

324_n（按 2007 年国际相对原子质量，n 一般大于 500）。

3　技术要求

3.1　感官要求

感官要求应符合表 1 的规定。

表 1　感官要求

项　目	要　求	检验方法
色泽	白色	取适量试样置于白瓷盘内，在自然光线下观察其色泽和状态
状态	粉状、颗粒状或片状	

3.2　理化指标

理化指标应符合表 2 的规定。

表 2 理化指标

项目		指标	检验方法
纤维素[$(C_{12}H_{20}O_{10})_n$]含量(w)/%	≥	92	GB/T 5009.10
干燥减量(w)/%	≤	7	GB 5009.3 直接干燥法[a]
pH		5.0～7.5	附录 A 中 A.3
水溶物(w)/%	≤	1.5	A.4
灰分(w)/%	≤	0.3	GB 5009.4[b]
淀粉试验		通过试验	A.5
铅(Pb)/(mg/kg)	≤	2	GB 5009.12

[a] 干燥温度和时间分别为 105 ℃±2 ℃和 3 h。

[b] 在 800 ℃±25 ℃灼烧至恒重。

附 录 A

检验方法

A.1 一般规定

本标准除另有规定外,所用试剂的纯度应在分析纯以上,所用标准滴定溶液、杂质测定用标准溶液、制剂及制品,应按 GB/T 601、GB/T 602、GB/T 603 的规定制备,试验用水应符合 GB/T 6682—2008 中三级水的规定。试验中所用溶液在未注明用何种溶剂配制时,均指水溶液。

A.2 鉴别试验

A.2.1 溶解性试验

不溶于水、乙醇、乙醚及无机酸溶液。微溶于氢氧化钠溶液。

A.2.2 悬浮性试验

将 30 g 试样与 270 mL 水混合,混合液在高速搅拌机(约 12 000 r/min)中混合 5 min。最终溶液为自由流动的悬浮液或为流动性差的浓厚的、含块状物的悬浮液。如果得到自由流动的悬浮液,则取 100 mL该溶液,置于 100 mL 量筒中,静置 1 h,在量筒底部出现固体沉淀。

A.3 pH 的测定

称取 105 ℃±2 ℃下干燥 3 h 后的试样 10.0 g,与 90 mL 水混合,静置 1 h,期间偶尔搅拌,离心分离。然后用酸度计测定上清液的 pH。

A.4 水溶物的测定

A.4.1 分析步骤

称取 105 ℃±2 ℃下干燥 3 h 后的试样约 6 g,精确至 0.001 g,与 90 mL 新煮沸并冷却的水混合,静置 10 min,期间偶尔搅拌,过滤,弃去 10 mL 初滤液,如有需要,将剩余滤液重新过滤以得到澄清滤液。取 15 mL 滤液移入已知质量的蒸发皿中,放置在蒸气浴上蒸发至干,再于 105 ℃±2 ℃下干燥 1 h,在干燥器内冷却后称量。

A.4.2 结果计算

水溶物的质量分数 w_1 按式(A.1)计算:

$$w_1 = \frac{m_1 - m_2}{m_0} \times 100\% \qquad \cdots\cdots(A.1)$$

式中:

m_1——干燥后蒸发皿连同干燥物的总质量,单位为克(g);

m_2——蒸发皿的质量，单位为克(g)；

m_0——试样的质量，单位为克(g)。

A.5 淀粉试验

A.5.1 试剂和材料

碘溶液：称取碘 14.0 g，溶于含有碘化钾 36.0 g 的 100 mL 水溶液中，加入 3 滴盐酸，加水稀释至 1 000 mL。

A.5.2 分析步骤

取 20 mL 鉴别试验 A.2.2 中的混合液，加入几滴碘溶液，混匀，无紫蓝色或蓝色出现，即为通过试验。

中华人民共和国国家标准

GB 29947—2013

食品安全国家标准
食品添加剂 萜烯树脂

2013-11-29 发布

2014-06-01 实施

中华人民共和国
国家卫生和计划生育委员会 发布

食品安全国家标准
食品添加剂　萜烯树脂

1　范围

本标准适用于食品添加剂萜烯树脂，食品添加剂萜烯树脂主要由 α-蒎烯、β-蒎烯和二戊烯聚合体组成。

2　技术要求

2.1　感官要求

感官要求应符合表 1 的规定。

表 1　感官要求

项目	要求	检验方法
色泽	淡黄色至黄色	取适量试样置于白瓷盘内，在自然光线下观察其色泽和状态
状态	固体	

2.2　理化指标

理化指标应符合表 2 的规定。

表 2　理化指标

项目		指标	检验方法
加氏颜色等级	≤	4	GB/T 9281.1[a]
酸值(以 KOH 计)/(mg/g)	≤	5	附录 A 中 A.2
皂化值(以 KOH 计)/(mg/g)	≤	5	A.3
铅(Pb)/(mg/kg)	≤	3	GB 5009.12

[a] 试样液为质量分数为 50% 试样石油醚溶液。

附 录 A
检验方法

A.1 一般规定

本标准除另有规定外，所用试剂的纯度应在分析纯以上，所用标准滴定溶液、杂质测定用标准溶液、制剂及制品，应按 GB/T 601、GB/T 602、GB/T 603 的规定制备，试验用水应符合 GB/T 6682—2008 中三级水的规定。试验中所用溶液在未注明用何种溶剂配制时，均指水溶液。

A.2 酸值的测定

A.2.1 试剂和材料

A.2.1.1 异丙醇。

A.2.1.2 甲苯。

A.2.1.3 氢氧化钾标准滴定溶液：$c(KOH)=0.1\ mol/L$。

A.2.1.4 酚酞-异丙醇溶液：称取 1 g 酚酞，溶于异丙醇，用异丙醇稀释至 100 mL。

A.2.2 分析步骤

制备由等体积异丙醇和甲苯组成的混合溶剂。量取该混合溶剂 125 mL，加入 2 mL 酚酞-异丙醇溶液，用氢氧化钾标准滴定溶液中和至溶液呈淡粉红色并保持 30 s 不退色，得到中性混合溶剂。称取 10 g～20 g 试样，精确至 0.000 1 g，加入中性混合溶剂使试样完全溶解，必要时可加热，得到试样溶液。用氢氧化钾标准滴定溶液滴定，滴定至溶液呈粉红色并保持 30 s 不退色即为滴定终点。

A.2.3 结果计算

酸值 w_1 以氢氧化钾(KOH)计，数值以毫克每克(mg/g)表示，按式(A.1)计算：

$$w_1=\frac{V\times c\times M}{m} \qquad \text{(A.1)}$$

式中：

V ——滴定试样溶液所消耗氢氧化钾标准滴定溶液的体积，单位为毫升(mL)；

c ——氢氧化钾标准滴定溶液的实际浓度，单位为摩尔每升(mol/L)；

M——氢氧化钾的摩尔质量，单位为克每摩尔(g/mol)[$M(KOH)=56.1$]；

m——试样质量，单位为克(g)。

A.3 皂化值的测定

A.3.1 试剂和材料

A.3.1.1 异丙醇。

A.3.1.2 甲苯。

A.3.1.3 氢氧化钾-甲醇溶液：0.1 mol/L。

A.3.1.4 盐酸标准滴定溶液：$c(HCl)=0.1\ mol/L$。

A.3.1.5 酚酞指示液：10 g/L。

A.3.2　分析步骤

称取试样 2 g,精确至 0.000 1 g,加入到一个 250 mL 的锥形瓶中,加入 25 mL 甲苯和异丙醇的混合溶液(甲苯和异丙醇的体积比为 2∶1),使试样溶解。然后,使用移液管加入 50.0 mL 氢氧化钾甲醇溶液。将冷凝器连接到锥形瓶上,加热回流直至试样完全皂化(一般需要 30 min)。冷却至室温,在锥形瓶中加入 2 滴～3 滴酚酞指示液,然后用盐酸标准滴定溶液滴定过剩的氢氧化钾至溶液红色刚消失为止,并记录消耗的盐酸标准滴定溶液的体积。同时做空白试验。

A.3.3　结果计算

皂化值 w_2 以氢氧化钾(KOH)计,数值以毫克每克(mg/g)表示,按式(A.2)计算:

$$w_2 = \frac{(V_B - V_S) \times c \times M}{m} \qquad \cdots\cdots(A.2)$$

式中:

V_B ——滴定空白所消耗盐酸标准滴定溶液的体积,单位为毫升(mL);

V_S ——滴定试样所消耗盐酸标准滴定溶液的体积,单位为毫升(mL);

c ——盐酸标准滴定溶液的实际浓度,单位为摩尔每升(mol/L);

M ——氢氧化钾的摩尔质量,单位为克每摩尔(g/mol)[M(KOH)=56.1];

m ——试样质量,单位为克(g)。

中华人民共和国国家标准

GB 29948—2013

食品安全国家标准
食品添加剂　聚丙烯酸钠

2013-11-29 发布　　　　2014-06-01 实施

中华人民共和国
国家卫生和计划生育委员会　发布

食品安全国家标准

食品添加剂　聚丙烯酸钠

1　范围

本标准适用于以丙烯酸钠为原料，以硫酸铵为催化剂聚合制得的食品添加剂聚丙烯酸钠。

2　分子式和结构式

2.1　分子式

$(C_3H_3NaO_2)_n$

2.2　结构式

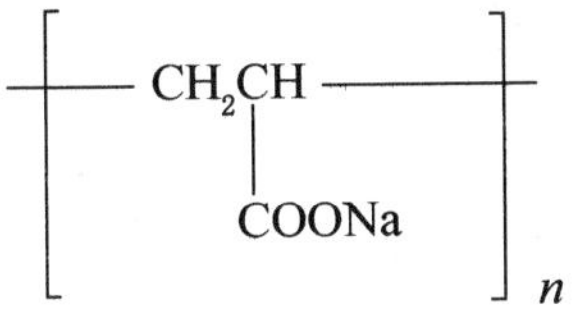

3　技术要求

3.1　感官要求

感官要求应符合表1的规定。

表1　感官要求

项　目	要　求	检验方法
色泽	白色	取适量试样置于白瓷盘中，在自然光线下观察其色泽和状态
状态	粉末或颗粒	

3.2　理化指标

理化指标应符合表2的规定。

表2　理化指标

项　目		指　标	检验方法
游离碱		通过试验	附录A中A.3
硫酸盐(以 SO_4 计，w)/%	≤	0.48	A.4
残留单体(w)/%	≤	1.0	A.5

表 2（续）

项　目		指　标	检验方法
低聚物（w）/%	≤	5.0	A.6
干燥减量（w）/%	≤	10.0	GB 5009.3 直接干燥法[a]
灼烧残渣（以干基计，w）/%	≤	76.0	A.7
重金属（以 Pb 计）/（mg/kg）	≤	20	GB/T 5009.74
总砷（以 As 计）/（mg/kg）	≤	3	GB/T 5009.11

[a] 干燥温度和时间分别为 105 ℃±2 ℃和 4 h。

附 录 A

检验方法

A.1 一般规定

本标准除另有规定外，所用试剂的纯度应在分析纯以上，所用标准滴定溶液、杂质测定用标准溶液、制剂及制品，应按 GB/T 601、GB/T 602、GB/T 603 的规定制备，试验用水应符合 GB/T 6682—2008 中三级水的规定。试验中所用溶液在未注明用何种溶剂配制时，均指水溶液。

A.2 鉴别试验

A.2.1 在 10 mL 试样溶液(1 g 试样溶于 500 mL 水)中加入 1 mL 浓度为 0.5 mol/L 的硫酸镁溶液，摇匀，产生白色沉淀。

A.2.2 取铂丝，用盐酸溶液(10%)湿润后，蘸取试样，在无色火焰中燃烧，火焰即显黄色。

A.3 游离碱的测定

A.3.1 试剂和材料

A.3.1.1 氯化钙溶液：75 g/L。

A.3.1.2 酚酞指示液：10 g/L。

A.3.2 分析步骤

称取试样 0.20 g，加入 60 mL 水，振摇溶解。加入 3 mL 氯化钙溶液，在温水浴上加热约 20 min，冷却后过滤。用水洗滤渣，合并洗液和滤液，加水稀释至 100 mL，将此试样溶液记为溶液 A。取 50 mL 溶液 A，加 2 滴酚酞指示液，溶液无粉色出现，即为通过试验。

A.4 硫酸盐的测定

A.4.1 试剂和材料

A.4.1.1 盐酸溶液：1+3。

A.4.1.2 硫酸溶液：0.005 mol/L。

A.4.1.3 氯化钡溶液：称取氯化钡 12.0 g，用水溶解并稀释定容至 100 mL，混匀。

A.4.2 分析步骤

移取 20 mL A.3.2 中的溶液 A，置于 50 mL 比色管中，加入 1 mL 盐酸溶液，用水稀释至 50 mL，此为试样溶液。另取一支比色管，加入 0.40 mL 硫酸溶液，再加入 1 mL 盐酸溶液，用水稀释至 50 mL，此为对照液。若溶液不够澄清，则将两份溶液在同样条件下过滤。分别加入氯化钡溶液 2 mL，混匀后放置 10 min。在黑色背景上从比色管上方比较两者浊度，试样溶液浊度不应超过对照液浊度，即试样中硫酸盐含量(以 SO_4 计)不超过 0.48%。

A.5 残留单体的测定

A.5.1 试剂和材料

A.5.1.1 盐酸。

A.5.1.2 溴酸钾-溴化钾溶液：称取 1.4 g 溴酸钾和 8.1 g 溴化钾，混合，用水溶解后稀释至 100 mL。

A.5.1.3 碘化钾溶液：称取 16.5 g 碘化钾，用水溶解后稀释至 100 mL，需避光贮存。

A.5.1.4 硫代硫酸钠标准滴定溶液：$c(Na_2S_2O_3)=0.1$ mol/L。

A.5.1.5 淀粉指示液：10 g/L。

A.5.2 分析步骤

称取约 1 g 试样，精确至 0.000 1 g，置于一个 300 mL 的碘量瓶中，加水 100 mL，静置约 24 h，期间不时振摇使之溶解。加入 10 mL 溴酸钾-溴化钾溶液，充分摇匀，快速加入约 10 mL 盐酸并立即盖紧瓶塞，充分摇匀。向碘量瓶中加入 20 mL 碘化钾溶液，于暗处放置 20 min。松塞，使碘化钾溶液混入混合液中，立即塞紧瓶塞。充分摇匀后，加入几滴淀粉指示液，用硫代硫酸钠标准滴定溶液滴定。同时做空白试验。

A.5.3 结果计算

残留单体的质量分数 w_1 按式(A.1)计算：

$$w_1=\frac{(V_0-V)\times c\times M}{m\times 1\ 000\times 2}\times 100\% \qquad \cdots\cdots(A.1)$$

式中：

V_0 ——空白滴定消耗硫代硫酸钠标准滴定溶液的体积，单位为毫升(mL)；

V ——试样溶液滴定消耗硫代硫酸钠标准滴定溶液的体积，单位为毫升(mL)；

c ——硫代硫酸钠标准滴定溶液的实际浓度，单位为摩尔每升(mol/L)；

M ——残留单体的摩尔质量，单位为克每摩尔(g/mol)[$M(C_3H_3NaO_2)=94$]；

m ——试样的质量，单位为克(g)；

1 000 ——体积换算因子；

2 ——换算因子。

A.6 低聚物的测定

A.6.1 试剂和材料

A.6.1.1 盐酸。

A.6.1.2 氢氧化钠溶液：400 g/L。

A.6.1.3 盐酸溶液：1→30。

A.6.1.4 氯化钙溶液：75 g/L。

A.6.1.5 酚酞指示液：10 g/L。

A.6.2 仪器和设备

A.6.2.1 玻璃坩埚：G4，孔径 4 μm ～7 μm；使用前在 105 ℃±2 ℃下干燥 30 min，在干燥器内冷却后称量。

A.6.2.2 干燥器。

A.6.3 分析步骤

称取约 2 g 试样，精确至 0.001 g，加水 200 mL，不时振摇使试样溶解。边搅拌，边加入 50 mL 盐酸，在搅拌下，于 40 ℃水浴中温热 30 min，然后静置 24 h。过滤，在滤液中加入 1 滴酚酞指示液，加入氢氧化钠溶液至滤液呈淡粉色，滴加盐酸溶液至粉色消失。加入水 200 mL，边搅拌边滴加 25 mL 氯化钙溶液，在搅拌下于约 40 ℃水浴中温热 30 min。用玻璃坩埚（A.6.2.1）抽滤，然后用 3 份每份约10 mL 的水洗涤滤渣，于 105 ℃±2 ℃下干燥 3 h，在干燥器内冷却后称重。

A.6.4 结果计算

低聚物的质量分数 w_2 按式（A.2）计算：

$$w_2=\frac{(m_2-m_1)\times 1.032}{m}\times 100\% \qquad \cdots\cdots\cdots\cdots(\text{A.2})$$

式中：

m_2 ——干燥后坩埚和残渣的质量，单位为克（g）；

m_1 ——坩埚的质量，单位为克（g）；

1.032 ——换算因子；

m ——试样的质量，单位为克（g）。

A.7 灼烧残渣（以干基计）的测定

A.7.1 试剂和材料

硫酸。

A.7.2 仪器和设备

坩埚：在 450 ℃～550 ℃下灼烧 3 h，在干燥器内冷却后称重。

A.7.3 分析步骤

称取 1 g～2 g 预先在 105 ℃±2 ℃下干燥了 4 h 的试样，精确至 0.000 1 g，置于坩埚中，加入少量硫酸，缓缓加热，直至试样完全挥发或炭化。继续加热至硫酸蒸气逸尽，在 450 ℃～550 ℃下灼烧 3 h。将坩埚和残渣在干燥器内冷却后称重。

A.7.4 结果计算

灼烧残渣的质量分数 w_3 按式（A.3）计算：

$$w_3=\frac{m_2-m_1}{m}\times 100\% \qquad \cdots\cdots\cdots\cdots(\text{A.3})$$

式中：

m_2——灼烧后残渣和坩埚的质量，单位为克（g）；

m_1——坩埚的质量，单位为克（g）；

m ——试样的质量，单位为克（g）。

中华人民共和国国家标准

GB 29949—2013

食品安全国家标准
食品添加剂　阿拉伯胶

2013-11-29 发布　　　　2014-06-01 实施

中华人民共和国国家卫生和计划生育委员会　发布

食品安全国家标准
食品添加剂　阿拉伯胶

1　范围

本标准适用于以从阿拉伯胶树[*Acacia senegal*(L.)Willdenow]或与其接近的金合欢属树[*Acacia seyal*(Fam. Leguminosae)]的枝干获得的胶状分泌物为原料，经物理加工制得的食品添加剂阿拉伯胶。

2　技术要求

2.1　感官要求

感官要求应符合表1的规定。

表1　感官要求

项目	要求	检验方法
色泽	白色至棕黄色	取适量试样置于白瓷盘内，在自然光线下观察其色泽和状态
状态	颗粒状或粉状	

2.2　理化指标

理化指标应符合表2的规定。

表2　理化指标

项目		指标		检验方法	
		颗粒状物	粉状物	颗粒状物	粉状物
干燥减量(w)/%	≤	15	10	GB 5009.3 直接干燥法[a]	
灰分(w)/%	≤	4		GB 5009.4[b]	
酸不溶灰分(w)/%	≤	0.5		附录A中A.3	
酸不溶物(w)/%	≤	1		A.4	
铅(Pb)/(mg/kg)	≤	2		GB 5009.12	
淀粉或糊精		通过试验		A.5	
单宁胶		通过试验		A.6	

[a] 干燥温度和时间分别为105 ℃±2 ℃和5 h。
[b] 灼烧温度和时间分别为675 ℃±25 ℃和8 h。

2.3　微生物指标

微生物指标应符合表3的规定。

表 3 微生物指标

项 目		指 标	检验方法
大肠埃希氏菌/(MPN/g)	<	3.0	GB 4789.38
沙门氏菌		未检出/ 25 g	GB 4789.4

附 录 A
检验方法

A.1 一般规定

本标准除另有规定外，所用试剂的纯度应在分析纯以上，所用标准滴定溶液、杂质测定用标准溶液、制剂及制品，应按 GB/T 601、GB/T 602、GB/T 603 的规定制备，实验用水应符合 GB/T 6682—2008 中三级水的规定。试验中所用溶液在未注明用何种溶剂配制时，均指水溶液。

A.2 鉴别试验

A.2.1 溶解性

1 g 试样可溶于 2 mL 水中；不溶于乙醇。

A.2.2 旋光性

称取 1 g 试样（以干基计），溶于 100 mL 水中，静置消泡，此为试样液。用 200 mm 旋光管，按 GB/T 613的方法测定试样液的比旋光度，来源于阿拉伯胶树的试样液应呈左旋，来源于金合欢属树的试样液应呈右旋。

A.3 酸不溶灰分的测定

A.3.1 试剂和材料

盐酸溶液：10%。

A.3.2 分析步骤

量取 25 mL 盐酸溶液，加入到测定灰分时所得的灰分中，煮沸 5 min。用过滤坩埚或无灰分滤纸过滤，用热水洗涤滤渣数次，在 800 ℃±25 ℃下灼烧至恒重。

A.3.3 结果计算

酸不溶灰分的质量分数 w_1 按式(A.1)计算：

$$w_1 = \frac{m_1}{m_0} \times 100\% \qquad \text{(A.1)}$$

式中：

m_1——灼烧后残渣的质量，单位为克(g)；

m_0——试样的质量，单位为克(g)。

A.4 酸不溶物的测定

A.4.1 试剂和材料

盐酸溶液:10 %。

A.4.2 仪器和设备

A.4.2.1 过滤坩埚(经 105 ℃±2 ℃,3 h 干燥处理)。
A.4.2.2 干燥器。

A.4.3 分析步骤

称取 5 g 样品,精确至 0.001 g,置于盛有约 100 mL 水的 250 mL 锥形瓶中,溶解,加入 10 mL 盐酸溶液,缓慢煮沸 15 min。用过滤坩埚抽滤热溶液,并用热水洗涤滤渣数次,将坩埚连同滤渣在 105 ℃±2 ℃下干燥 3 h 后,于干燥器内冷却后称量。

A.4.4 结果计算

酸不溶物的质量分数 w_2 按式(A.2)计算:

$$w_2 = \frac{m_2 - m_1}{m} \times 100\% \qquad \cdots\cdots\cdots\cdots (A.2)$$

式中:
m_2——干燥后坩埚和残渣的总质量,单位为克(g);
m_1——坩埚的质量,单位为克(g);
m——试样的质量,单位为克(g)。

A.5 淀粉或糊精的测定

A.5.1 试剂和材料

碘溶液:称取碘 14.0 g,溶于含有碘化钾 36.0 g 的 100 mL 水溶液中,加入 3 滴盐酸,加水稀释至 1 000 mL。

A.5.2 分析步骤

配制 20 mg/mL 的试样溶液。取适量试样溶液,煮沸后冷却,加入几滴碘溶液,无蓝色或红色出现,即为通过试验。

A.6 单宁胶的测定

A.6.1 试剂和材料

氯化铁溶液:称取 9 g 氯化铁($FeCl_3 \cdot 6H_2O$),用水溶解后稀释至 100 mL,混匀。

A.6.2 分析步骤

配制 20 mg/mL 的试样溶液。取 10 mL 试样溶液，加入约 0.1 mL 氯化铁溶液，试样溶液不变黑或无黑色沉淀生成，即为通过试验。

中华人民共和国国家标准

GB 29950—2013

食品安全国家标准
食品添加剂　甘油

2013-11-29 发布　　2014-06-01 实施

中华人民共和国
国家卫生和计划生育委员会　发布

食品安全国家标准
食品添加剂　甘油

1　范围

本标准适用于食品添加剂甘油。

2　化学名称、分子式、结构式和相对分子质量

2.1　化学名称

丙三醇。

2.2　分子式

$C_3H_8O_3$

2.3　结构式

$$\begin{array}{l} CH_2—OH \\ | \\ CH—OH \\ | \\ CH_2—OH \end{array}$$

2.4　相对分子质量

92.09(按 2007 年国际相对原子质量)。

3　技术要求

3.1　感官要求

感官要求应符合表 1 的规定。

表 1　感官要求

项　　目	要　　求	检验方法
色泽	无色至微黄色	取适量试样置于比色管中,在自然光线下观察其色泽和状态
状态	透明黏稠状液体	

3.2　理化指标

理化指标应符合表 2 的规定。

表 2　理化指标

项　　目	指　　标	检验方法
甘油含量(w)/%	95.0～100.5	GB/T 13216
相对密度(25 ℃/25 ℃)　　≥	1.249	GB/T 5009.2
色泽	通过试验	附录 A 中 A.3
脂肪酸与酯类	通过试验	A.4
氯化物(以 Cl 计,w)/%　　≤	0.003	A.5
易炭化物	通过试验	A.6
灼烧残渣(w)/%　　≤	0.01	GB/T 13216
铅(Pb)/(mg/kg)　　≤	1	GB 5009.12

附　录　A
检 验 方 法

A.1　一般规定

本标准除另有规定外，所用试剂的纯度应在分析纯以上，所用标准滴定溶液、杂质测定用标准溶液、制剂及制品，应按 GB/T 601、GB/T 602、GB/T 603 的规定制备，实验用水应符合 GB/T 6682—2008 中三级水的规定。试验中所用溶液在未注明用何种溶剂配制时，均指水溶液。

A.2　鉴别试验

在 2～3 滴试样中加入 0.5 g 硫酸氢钾，加热，有丙烯醛样的气味产生。

A.3　色泽的测定

A.3.1　试剂和材料

A.3.1.1　六水合三氯化铁($FeCl_3 \cdot 6H_2O$)。

A.3.1.2　盐酸。

A.3.1.3　碘化钾。

A.3.1.4　盐酸溶液：1+39。

A.3.1.5　硫代硫酸钠标准滴定溶液：$c(Na_2S_2O_3)=0.1$ mol/L。

A.3.1.6　淀粉指示液：10 g/L。

A.3.2　仪器和设备

A.3.2.1　纳氏比色管：50 mL。

A.3.2.2　比色管架：通常比色管托板为白色，最好安装日光灯照明，提高观察颜色的效果。

A.3.3　分析步骤

A.3.3.1　三氯化铁比色储备液的制备

称取 55.0 g 六水合三氯化铁，溶于盐酸溶液中，配制成 1 000 mL 的溶液。吸取该溶液 10 mL，置于一个 250 mL 的碘量瓶中，加入 15 mL 水、5 mL 盐酸和 3 g 碘化钾，摇匀后静止 15 min。加入 100 mL 水稀释，加入淀粉指示液，用硫代硫酸钠标准滴定溶液滴定游离碘。同时进行空白试验，进行必要的修正。消耗的每毫升 0.1 mol/L 的硫代硫酸钠标准滴定溶液相当于 27.03 mg 的六水合三氯化铁。通过加入盐酸溶液来调整溶液的最终体积，使每毫升溶液含有 45.0 mg 六水合三氯化铁，得到三氯化铁比色储备液。

A.3.3.2　三氯化铁标准比色液的制备

移取 0.4 mL 三氯化铁比色储备液，置于纳氏比色管中，加水稀释至 50 mL，每毫升溶液含有 0.36 mg 六水合三氯化铁。

A.3.3.3 测定

将试样注入50 mL纳氏比色管中至刻度线,与三氯化铁标准比色液一起置于比色管架上。各管外套一黑纸筒,避免侧面光的影响。比较试样和三氯化铁标准比色液的颜色。比色时正对着白色背景,从上向下观测。

A.3.4 结果判定

试样颜色不深于三氯化铁标准比色液的颜色,即为通过试验。

A.4 脂肪酸与酯类的测定

A.4.1 试剂和材料

A.4.1.1 氢氧化钠溶液:0.5 mol/L。
A.4.1.2 盐酸标准滴定溶液:c(HCl)= 0.5 mol/L。
A.4.1.3 酚酞指示液:10 g/L。

A.4.2 仪器和设备

A.4.2.1 圆底烧瓶:250 mL。
A.4.2.2 回流冷凝器。

A.4.3 分析步骤

移取40.0 mL试样,置于圆底烧瓶中,加入50 mL新煮沸的水和5.0 mL氢氧化钠溶液。将装有混合液的烧瓶与回流冷凝器相连,加热至沸腾,煮沸5 min,冷却后,加入几滴酚酞指示液,立即用盐酸标准滴定溶液滴定,滴定至溶液红色刚好消失即为滴定终点。

A.4.4 结果判定

盐酸标准滴定溶液消耗的体积超过4 mL,即为通过试验。

A.5 氯化物(以Cl计)的测定

A.5.1 试剂和材料

A.5.1.1 吗啉。
A.5.1.2 硝酸。
A.5.1.3 盐酸溶液:0.01 mol/L。
A.5.1.4 硝酸银溶液:0.1 mol/L。

A.5.2 仪器和设备

A.5.2.1 纳氏比色管:50 mL。
A.5.2.2 圆底烧瓶:100 mL。
A.5.2.3 回流冷凝器。

A.5.3 分析步骤

A.5.3.1 试样溶液的制备

称取 5.0 g 试样，置于圆底烧瓶中，加入 15 mL 吗啉。将装有混合液的烧瓶与回流冷凝器相连，温和回流 3 h。冷却后，用 10 mL 水洗涤冷凝器，洗涤液接入烧瓶中，小心用硝酸酸化烧瓶中的溶液。将溶液转移到纳氏比色管中，加入 0.5 mL 硝酸银溶液，用水稀释至 50 mL 并混匀。

A.5.3.2 对照液的制备

用 0.40 mL 盐酸溶液代替试样，不进行加热和回流，其他步骤同试样溶液的制备(A.5.3.1)。

A.5.3.3 测定

比较试样溶液和对照液的浊度。试样溶液的浊度不得超过对照液的浊度，相当于氯化物(以 Cl 计)含量不得超过 0.003%。

A.6 易炭化合物的测定

A.6.1 试剂和材料

A.6.1.1 六水合氯化钴($CoCl_2 \cdot 6H_2O$)。

A.6.1.2 六水合三氯化铁($FeCl_3 \cdot 6H_2O$)。

A.6.1.3 碘化钾。

A.6.1.4 盐酸。

A.6.1.5 硫酸。

A.6.1.6 盐酸溶液：25+975。

A.6.1.7 过氧化氢溶液：质量分数为 3%。

A.6.1.8 氢氧化钠溶液：200 g/L。

A.6.1.9 硫酸溶液：1+4。

A.6.1.10 硫代硫酸钠标准滴定溶液：$c(Na_2S_2O_3)=0.1$ mol/L。

A.6.1.11 淀粉指示液：10 g/L。

A.6.2 仪器和设备

具塞比色管：25 mL，使用前用硫酸清洗干净。

A.6.3 分析步骤

A.6.3.1 氯化钴比色储备液的制备

称取 65.0 g 六水合氯化钴，溶于盐酸溶液中，配制成 1 000 mL 的溶液。吸取该溶液 5 mL，置于一个 250 mL 的碘量瓶中，加入 5 mL 过氧化氢溶液和 15 mL 氢氧化钠溶液，煮沸 10 min，冷却，再加入 2 g 碘化钾和 20 mL 硫酸溶液。当沉淀物溶解后，用硫代硫酸钠标准滴定溶液滴定游离碘。此滴定过程对空气氧化十分敏感，应用二氧化碳进行保护。消耗的每毫升 0.1 mol/L 的硫代硫酸钠标准滴定溶液相当于 23.79 mg 的六水合氯化钴。通过加入盐酸溶液来调整溶液的最终体积，使每毫升溶液含有 59.5 mg 六水合氯化钴，得到氯化钴比色储备液。

A.6.3.2 氯化铁比色储备液的制备

称取55.0 g六水合三氯化铁，溶于盐酸溶液中，配制成1 000 mL的溶液。吸取该溶液10 mL，置于一个250 mL的碘量瓶中，加入15 mL水、5 mL盐酸和3 g碘化钾，摇匀后静止15 min。加入100 mL水稀释，加入淀粉指示液，用硫代硫酸钠标准滴定溶液滴定游离碘。同时进行空白试验，进行必要的修正。消耗的每毫升0.1 mol/L的硫代硫酸钠标准滴定溶液相当于27.03 mg的六水合三氯化铁。通过加入盐酸溶液来调整溶液的最终体积，使每毫升溶液含有45.0 mg六水合三氯化铁，得到三氯化铁比色储备液。

A.6.3.3 标准比色液的制备

分别移取0.4 mL氯化钴比色储备液、3.0 mL氯化铁比色储备液和6.6 mL水，同置于一支具塞比色管中，混合均匀。

A.6.3.4 试样溶液的制备

分别移取5 mL试样和5 mL硫酸，同置于另一支具塞比色管中，控制温度18 ℃～20 ℃，轻轻混合1 min，静置1 h。

A.6.3.5 测定

在白色背景下，比较试样溶液和标准比色液的颜色。

A.6.4 结果判定

试样溶液的颜色不深于标准比色液，即为通过试验。

中华人民共和国国家标准

GB 29951—2013

食品安全国家标准
食品添加剂 柠檬酸脂肪酸甘油酯

2013-11-29 发布 2014-06-01 实施

中华人民共和国
国家卫生和计划生育委员会 发布

食品安全国家标准
食品添加剂　柠檬酸脂肪酸甘油酯

1　范围

本标准适用于由甘油与柠檬酸和可食用脂肪酸酯化制得或由可食用脂肪酸的单双甘油酯混合物与柠檬酸反应制得的食品添加剂柠檬酸脂肪酸甘油酯。它由柠檬酸和可食用脂肪酸与甘油的混合酯组成，可含有少量游离脂肪酸、游离甘油、游离柠檬酸和单双甘油酯，可全部或部分被氢氧化钠或氢氧化钾中和。

2　结构式

$$
\begin{array}{l}
CH_2—OR_1 \\
| \\
CH—OR_2 \\
| \\
CH_2—OR_3
\end{array}
$$

其中，R_1、R_2 和 R_3 中至少有一个为柠檬酸基团，一个为脂肪酸基团，其他可以是柠檬酸、脂肪酸或氢。

3　技术要求

3.1　感官要求

感官要求应符合表 1 的规定。

表 1　感官要求

项　　目	要　　求	检验方法
色泽	白色至浅棕色	取适量试样置于白瓷盘内，在自然光线下观察其色泽和状态
状态	油状至蜡状	

3.2　理化指标

理化指标应符合表 2 的规定。

表 2　理化指标

项　　目		指　　标	检验方法
硫酸灰分(*w*)/%	≤	0.5(未中和产品)	附录 A 中 A.3
		10(部分或完全中和的产品)	

表 2（续）

项　　目		指　　标	检验方法
游离甘油(w)/%	≤	4	A.4
总甘油(w)/%		8～33	A.5
总柠檬酸(w)/%		13～50	A.6
总脂肪酸(w)/%		37～81	A.7
铅(Pb)/(mg/kg)	≤	2	GB 5009.12

附 录 A
检 验 方 法

A.1 一般规定

本标准除另有规定外，所用试剂的纯度应在分析纯以上，所用标准滴定溶液、杂质测定用标准溶液、制剂及制品，应按 GB/T 601、GB/T 602、GB/T 603 的规定制备，实验用水应符合 GB/T 6682—2008 中三级水的规定。试验中所用溶液在未注明用何种溶剂配制时，均指水溶液。

A.2 鉴别试验

不溶于冷水，可分散于热水，可溶于油脂，不溶于冷乙醇。

A.3 硫酸灰分的测定

A.3.1 分析步骤

称取 2 g 试样，精确至 0.000 1 g，置于已在 800 ℃±25 ℃下灼烧至恒重的坩埚中，加入少量硫酸，缓缓加热，直至试样完全挥发或炭化。继续加热至硫酸蒸气逸尽，在 800 ℃±25 ℃的高温炉中灼烧至恒重。

A.3.2 结果计算

硫酸灰分的质量分数 w_1 按式(A.1)计算：

$$w_1 = \frac{m_1 - m_0}{m} \times 100\% \quad \cdots\cdots\cdots\cdots\cdots\cdots\cdots\cdots\cdots\cdots (A.1)$$

式中：

m_1——灼烧后坩埚和残渣的质量，单位为克(g)；

m_0——坩埚的质量，单位为克(g)；

m ——试样的质量，单位为克(g)。

A.4 游离甘油的测定

A.4.1 试剂和溶液

A.4.1.1 冰乙酸。

A.4.1.2 三氯甲烷。

A.4.1.3 高碘酸溶液：将 5.4 g 高碘酸溶解在 100 mL 水和 1 900 mL 冰乙酸的混合液中，混匀，避光保存在具塞玻璃瓶中。

A.4.1.4 碘化钾溶液：150 g/L。

A.4.1.5 硫代硫酸钠标准滴定溶液：$c(Na_2S_2O_3)=0.1$ mol/L。

A.4.1.6 淀粉指示液：10 g/L。

A.4.2 分析步骤

A.4.2.1 试样溶液的制备

先将试样熔融(温度不超过其熔点 10 ℃),并充分混匀。准确称取 1 g 混匀后的试样,精确至 0.001 g,置于 100 mL 容量瓶中,加入 50 mL 三氯甲烷使之溶解,再加入 25 mL 水,加塞密闭,强烈振摇 30 s～60 s,然后静置使三氯甲烷与水相分层(如形成乳浊状,则可加冰乙酸 3 mL 或 4 mL 破乳)。使用玻璃虹吸管,将水相转移至另一个 100 mL 容量瓶中。再分别用 25 mL、25 mL 和 20 mL 水萃取三氯甲烷溶液 3 次。将萃取后的水相集中到同一个容量瓶中,加水定容至 100 mL,混匀,此为试样溶液。

A.4.2.2 测定

准备两个 500 mL 的碘量瓶,分别加入 50 mL 高碘酸溶液。移取 50 mL 试样溶液(A.4.2.1),置于其中一个碘量瓶中。移取 50 mL 水,置于另一个碘量瓶中,做空白试验。分别摇匀后,静置 30 min～90 min。在每个碘量瓶中分别加入 20 mL 碘化钾溶液,小心摇匀后,在暗处静置 1 min～5 min。再分别加入 100 mL 水,用硫代硫酸钠标准滴定溶液分别进行滴定,滴定时用磁力搅拌器搅拌以保持溶液充分混匀。滴定至碘的棕色消退后,分别加入 2 mL 淀粉指示液,继续滴定,至溶液蓝色消退即为滴定终点。

A.4.3 结果计算

游离甘油的质量分数 w_2 按式(A.2)计算:

$$w_2=\frac{(V_0-V_1)\times c\times M}{m\times(50/100)\times 1\,000\times 4}\times 100\% \qquad \text{(A.2)}$$

式中:

V_0 ——空白滴定消耗硫代硫酸钠标准滴定溶液的体积,单位为毫升(mL);

V_1 ——试样水溶液滴定消耗硫代硫酸钠标准滴定溶液的体积,单位为毫升(mL);

c ——硫代硫酸钠标准滴定溶液的实际浓度,单位为摩尔每升(mol/L);

M ——甘油的摩尔质量,单位为克每摩尔(g/mol)[$M(C_3H_8O_3)=92$];

m ——试样的质量,单位为克(g);

50/100——试样溶液的体积比;

1 000 ——体积换算因子;

4 ——换算因子。

A.5 总甘油的测定

A.5.1 试剂和溶液

A.5.1.1 冰乙酸。

A.5.1.2 三氯甲烷。

A.5.1.3 氢氧化钾-乙醇溶液:0.5 moL/L。

A.5.1.4 高碘酸溶液:溶解 5.4 g 高碘酸在 100 mL 水和 1 900 mL 冰乙酸的混合液中,避光保存在具塞玻璃瓶中。

A.5.1.5 碘化钾溶液:150 g/L。

A.5.1.6 硫代硫酸钠标准滴定溶液:$c(Na_2S_2O_3)=0.1$ mol/L。

A.5.1.7 淀粉指示液:10 g/L。

A.5.2 仪器和设备

A.5.2.1 圆底烧瓶:250 mL。
A.5.2.2 回流冷凝器。

A.5.3 分析步骤

A.5.3.1 试样溶液的制备

称取约 2 g 试样,精确至 0.001 g,置于圆底烧瓶中,加入 50 mL 氢氧化钾-乙醇溶液。将装有混合液的烧瓶与回流冷凝器相连,加热回流 30 min。用 3 份每份为 25 mL 的水将圆底烧瓶中的混合液转移至 1 L 容量瓶中,准确加入 99 mL 三氯甲烷和 25 mL 冰乙酸,再加入约 500 mL 水,剧烈振摇约 1 min。用水稀释至刻度,充分混匀,静置让其分层。分层后得到的水相为试样溶液。

A.5.3.2 测定

准备两个 400 mL 的烧杯,分别加入 50 mL 高碘酸溶液。移取 50 mL 试样溶液(A.5.3.1),置于其中一个烧杯中。移取 50 mL 水,置于另一个烧杯中,做空白试验。小心摇匀后,盖上玻璃皿,暗处静置 30 min～90 min。在每一个烧杯中分别加入 20 mL 碘化钾溶液,小心摇匀后,静置 1 min～5 min。再分别加入 100 mL 水,用硫代硫酸钠标准滴定溶液分别进行滴定,滴定时用磁力搅拌器搅拌以保持溶液充分混匀。滴定至碘的棕色消退后,分别加入 2 mL 淀粉指示液,继续滴定,至溶液蓝色消退即为滴定终点。

A.5.4 结果计算

总甘油含量的质量分数 w_3 按式(A.3)计算:

$$w_3=\frac{(V_0-V_1)\times c\times M}{m\times(50/900)\times 1\ 000\times 4}\times 100\% \qquad \cdots\cdots(A.3)$$

式中:

V_0 ——空白滴定消耗硫代硫酸钠标准滴定溶液的体积,单位为毫升(mL);
V_1 ——试样水溶液滴定消耗硫代硫酸钠标准滴定溶液的体积,单位为毫升(mL);
c ——硫代硫酸钠标准滴定溶液的实际浓度,单位为摩尔每升(mol/L);
M ——甘油的摩尔质量,单位为克每摩尔(g/mol)[$M_1(C_3H_8O_3)=92$];
m ——试样的质量,单位为克(g);
50/900——试样溶液的体积比;
1 000 ——体积换算因子;
4 ——换算因子。

A.6 总柠檬酸的测定

A.6.1 原理

用氢氧化钾-乙醇溶液对试样进行皂化,通过萃取去除脂肪酸,试样中的柠檬酸转化成三甲硅烷(TMS)衍生物,采用气相色谱法进行分析。

A.6.2 试剂和材料

A.6.2.1 庚烷。

A.6.2.2 盐酸。

A.6.2.3 吡啶。

A.6.2.4 三甲基氯硅烷(TMCS)。

A.6.2.5 六甲基二硅烷(HMDS)。

A.6.2.6 *N*-甲基-*N*-三甲硅烷基-三氟乙酰胺(MSTFA)。

A.6.2.7 氢氧化钾-乙醇溶液:0.5 mol/L。

A.6.2.8 酒石酸溶液:1 mg/mL。

A.6.2.9 柠檬酸对照溶液:3 mg/mL。

A.6.3 仪器和设备

A.6.3.1 回流冷凝器。

A.6.3.2 旋转蒸发器。

A.6.3.3 分液漏斗。

A.6.3.4 气相色谱仪:配备火焰离子化检测器。

A.6.4 分析步骤

A.6.4.1 皂化反应

称取约 1 g 试样,精确至 0.001 g,置于一圆底烧瓶中,加入 25 mL 氢氧化钾-乙醇溶液,将装有混合液的烧瓶与回流冷凝器相连,回流 30 min。用盐酸对混合液进行酸化,然后在旋转蒸发器中对其进行蒸发。

A.6.4.2 萃取

用不超过 50 mL 的水将烧瓶中的蒸发浓缩物(A.6.4.1)定量转移到一个分液漏斗中,用 3 份每份为 50 mL 的庚烷进行萃取,弃去萃取物,将水相层转移至一个 100 mL 的容量瓶中,中和后加水稀释至刻度,混匀后备用。

A.6.4.3 衍生反应

吸取 1 mL 经 A.6.4.2 步骤得到的溶液以及 1 mL 酒石酸溶液,加入到一个 10 mL 带盖的圆底烧瓶中,蒸发至干。加入 1 mL 吡啶、0.2 mL 三甲基氯硅烷(TMCS)、0.4 mL 六甲基二硅烷(HMDS)和 0.1 mL *N*-甲基-*N*-三甲硅烷基-三氟乙酰胺(MSTFA)。将烧瓶的盖子盖紧并小心旋转直至溶质全部溶解。将烧瓶置入烘箱中,在 60 ℃下加热 1 h,得到三甲硅烷(TMS)衍生化的试样溶液。

A.6.4.4 气相色谱分析

A.6.4.4.1 参考气相色谱条件

A.6.4.4.1.1 色谱柱:玻璃柱,1.8 m×2 mm(内径),填充料为 10%的聚二甲基硅氧烷(DC-200),载体为红硅藻土(Q)(180 μm/150 μm);或其他等同分离效果的色谱柱和色谱条件。

A.6.4.4.1.2 柱温:165 ℃。

A.6.4.4.1.3 进样口温度:240 ℃。

A.6.4.4.1.4 检测器温度:240 ℃。

A.6.4.4.1.5 载气:氮气。

A.6.4.4.1.6 载体流速:24 mL/min。

A.6.4.4.1.7 进样量:5 μL。

A.6.4.4.2 测定

在 A.6.4.4.1 参考气相色谱条件下，对试样溶液(A.6.4.3)进行色谱分析，记录色谱图。用 1 mL 柠檬酸对照溶液代替 1 mL 的试样溶液，重复上述的衍生反应(A.6.4.3)和气相色谱分析。

A.6.5 结果计算

总柠檬酸的质量分数 w_4 按式(A.4)计算：

$$w_4 = \frac{A_{CS} \times A_{TR} \times m_{CR} \times 100}{A_{TS} \times A_{CR} \times m} \times 100\% \qquad \cdots\cdots (A.4)$$

式中：

A_{CS}——试样溶液色谱图中柠檬酸的峰面积值；

A_{TR}——柠檬酸对照溶液色谱图中酒石酸的峰面积值；

m_{CR}——1 mL 柠檬酸对照溶液中柠檬酸的质量，单位为克(g)；

100——稀释倍数；

A_{TS}——试样溶液色谱图中酒石酸的峰面积值；

A_{CR}——柠檬酸对照溶液色谱图中柠檬酸的峰面积值；

m ——试样的质量，单位为克(g)。

A.7 总脂肪酸的测定

A.7.1 试剂和材料

A.7.1.1 无水硫酸钠。

A.7.1.2 盐酸。

A.7.1.3 乙醚。

A.7.1.4 氯化钠溶液：100 g/L。

A.7.1.5 氢氧化钾-乙醇溶液：1 mol/L。

A.7.1.6 甲基橙指示液：1 g/L。

A.7.2 仪器和设备

A.7.2.1 分液漏斗。

A.7.2.2 回流冷凝器。

A.7.3 分析步骤

称取约 5 g 试样，精确至 0.001 g，置于一个 250 mL 的圆底烧瓶中，加入 50 mL 氢氧化钾-乙醇溶液，在水浴上回流 1 h。用 3 份每份为 25 mL 水将烧瓶中皂化反应后的混合液转移到一个 1 L 的分液漏斗中，加入 5 滴甲基橙指示液。小心加入盐酸直至溶液颜色变成鲜红色，然后摇匀，以分离出脂肪酸。用三份每份为 100 mL 乙醚萃取分离出来的脂肪酸。合并萃取液，用 50 mL 氯化钠溶液进行洗脱，直至洗出的氯化钠溶液为中性。用无水硫酸钠干燥试样溶液，过滤。然后在蒸气浴上将滤液中的乙醚蒸发掉，再放置 10 min，称量残留物。

A.7.4 结果计算

总脂肪酸的质量分数 w_5 按式(A.5)计算：

$$w_5 = \frac{m_1}{m} \times 100\% \qquad \cdots\cdots\cdots\cdots (A.5)$$

式中：

m_1——蒸发后残留物的质量，单位为克(g)；

m ——试样的质量，单位为克(g)。

中华人民共和国国家标准

GB 29952—2013

食品安全国家标准
食品添加剂 γ-辛内酯

2013-11-29 发布　　2014-06-01 实施

中华人民共和国国家卫生和计划生育委员会　发布

食品安全国家标准

食品添加剂　γ-辛内酯

1　范围

本标准适用于由正戊醇和丙烯酸(丙烯酸甲酯)或由已醛和丙二酸为原料制得的食品添加剂 γ-辛内酯。

2　化学名称、分子式、结构式和相对分子质量

2.1　化学名称

5-丁基二氢-2(3*H*)-呋喃酮。

2.2　分子式

$C_8H_{14}O_2$

2.3　结构式

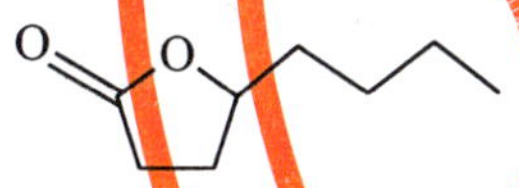

2.4　相对分子质量

142.20(按 2007 年国际相对原子质量)。

3　技术要求

3.1　感官要求

感官要求应符合表 1 的规定。

表 1　感官要求

项　　目	要　　求	检验方法
色泽	无色至微黄色	将试样置于比色管内,用目测法观察
状态	液体	
香气	甜香、椰子香、果香	GB/T 14454.2

3.2　理化指标

理化指标应符合表 2 的规定。

表 2 理化指标

项目		指标	检验方法
γ-辛内酯含量(w)/%	≥	98.0	附录 A
酸值(以 KOH 计)/(mg/g)	≤	6.0	GB/T 14455.5
折光指数(20 ℃)		1.443～1.447	GB/T 14454.4
相对密度(25 ℃/25 ℃)		0.970～0.980	GB/T 11540

附 录 A
γ-辛内酯含量的测定

A.1 仪器和设备

A.1.1 色谱仪:按 GB/T 11538—2006 中第 5 章的规定。

A.1.2 柱:毛细管柱。

A.1.3 检测器:氢火焰离子化检测器。

A.2 测定方法

面积归一化法:按 GB/T 11538—2006 中 10.4 测定含量。

A.3 重复性及结果表示

按 GB/T 11538—2006 中 11.4 的规定进行,应符合要求。

食品添加剂 γ-辛内酯气相色谱图(面积归一化法)参见附录 B。

附 录 B
食品添加剂 γ-辛内酯气相色谱图
（面积归一化法）

B.1 食品添加剂 γ-辛内酯气相色谱图

见图 B.1。

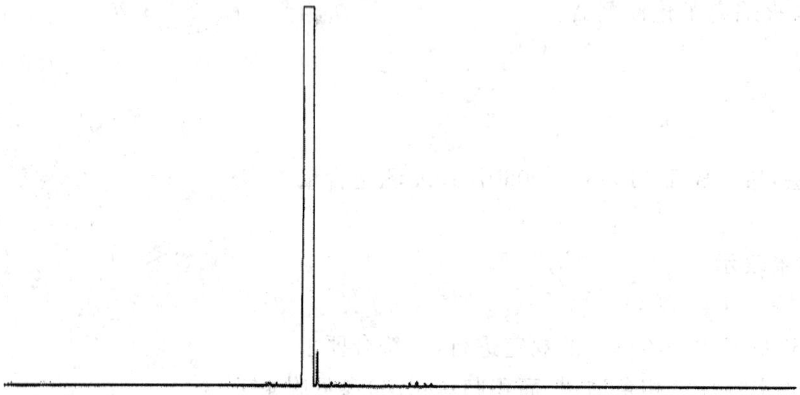

图 B.1 食品添加剂 γ-辛内酯气相色谱图

B.2 操作条件

B.2.1 柱：毛细管柱，长 30 m，内径 0.32 mm。

B.2.2 固定相：5%苯基甲基聚硅氧烷。

B.2.3 膜厚：0.25 μm。

B.2.4 色谱炉温度：100 ℃恒温 4 min；然后线性程序升温从 100 ℃～190 ℃，速率 10 ℃/min；最后在 190 ℃恒温 15 min。

B.2.5 进样口温度：250 ℃。

B.2.6 检测器温度：250 ℃。

B.2.7 检测器：氢火焰离子化检测器。

B.2.8 载气：氮气。

B.2.9 柱前压：34.45 kPa。

B.2.10 进样量：0.2 μL。

B.2.11 分流比：100∶1。

中华人民共和国国家标准

GB 29953—2013

食品安全国家标准
食品添加剂 δ-辛内酯

2013-11-29 发布 2014-06-01 实施

中华人民共和国
国家卫生和计划生育委员会 发布

食品安全国家标准
食品添加剂 δ-辛内酯

1 范围

本标准适用于由环戊酮和丙醛为原料制得的食品添加剂 δ-辛内酯。

2 化学名称、分子式、结构式和相对分子质量

2.1 化学名称

6-丙基四氢-2-吡喃酮。

2.2 分子式

$C_8H_{14}O_2$

2.3 结构式

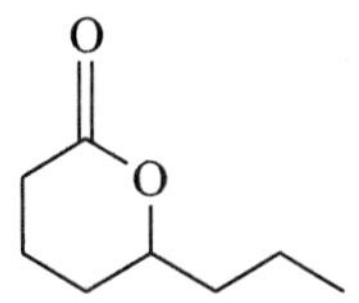

2.4 相对分子质量

142.20(按 2007 年国际相对原子质量)。

3 技术要求

3.1 感官要求

感官要求应符合表 1 的规定。

表 1 感官要求

项　　目	要　　求	检验方法
色泽	无色至苍黄色	将试样置于比色管内,用目测法观察
状态	液体	
香气	椰子样香气	GB/T 14454.2

3.2 理化指标

理化指标应符合表 2 的规定。

表2 理化指标

项目		指标	检验方法
δ-辛内酯含量(w)/%	≥	98.0	附录A
折光指数(20 ℃)		1.452～1.458	GB/T 14454.4
相对密度(25 ℃/25 ℃)		0.994～0.999	GB/T 11540

附 录 A
δ-辛内酯含量的测定

A.1 仪器和设备

A.1.1 色谱仪:按 GB/T 11538—2006 中第 5 章的规定。

A.1.2 柱:毛细管柱。

A.1.3 检测器:氢火焰离子化检测器。

A.2 测定方法

面积归一化法:按 GB/T 11538—2006 中 10.4 测定含量。

试样制备:量取试样 1 mL 溶于 4 mL 丙酮中,摇匀备用。

A.3 重复性及结果表示

按 GB/T 11538—2006 中 11.4 的规定进行,应符合要求。

食品添加剂 δ-辛内酯气相色谱图(面积归一化法)参见附录 B。

附 录 B
食品添加剂 δ-辛内酯气相色谱图
（面积归一化法）

B.1 食品添加剂 δ-辛内酯气相色谱图

见图 B.1。

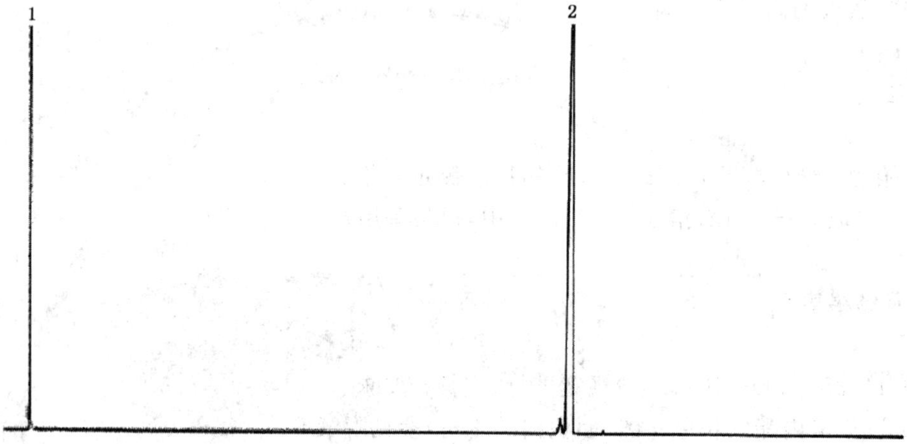

说明：

1——丙酮；

2——δ-辛内酯。

图 B.1 食品添加剂 δ-辛内酯气相色谱图

B.2 操作条件

B.2.1 柱：毛细管柱，长 30 m，内径 0.32 mm。

B.2.2 固定相：5%苯基甲基聚硅氧烷。

B.2.3 膜厚：0.25 μm。

B.2.4 色谱炉温度：线性程序升温从 50 ℃～180 ℃，速率 4 ℃/min；然后线性程序升温从 180 ℃～250 ℃，速率 25 ℃/min。

B.2.5 进样口温度：250 ℃。

B.2.6 检测器温度：250 ℃。

B.2.7 检测器：氢火焰离子化检测器。

B.2.8 载气：氮气。

B.2.9 柱前压：34.45 kPa。

B.2.10 进样量：0.2 μL。

B.2.11 分流比：100∶1。

中华人民共和国国家标准

GB 29954—2013

食品安全国家标准
食品添加剂 δ-壬内酯

2013-11-29 发布　　2014-06-01 实施

中华人民共和国
国家卫生和计划生育委员会　发布

食品安全国家标准

食品添加剂　δ-壬内酯

1　范围

本标准适用于由环戊酮和丁醛为原料制得的食品添加剂 δ-壬内酯。

2　化学名称、分子式、结构式和相对分子质量

2.1　化学名称

6-丁基四氢-2-吡喃酮。

2.2　分子式

$C_9H_{16}O_2$

2.3　结构式

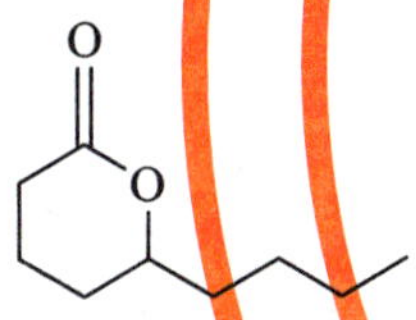

2.4　相对分子质量

156.22(按 2007 年国际相对原子质量)。

3　技术要求

3.1　感官要求

感官要求应符合表 1 的规定。

表 1　感官要求

项　　目	要　　求	检验方法
色泽	无色至苍黄色	将试样置于比色管内,用目测法观察
状态	液体	
香气	椰子样香气	GB/T 14454.2

3.2　理化指标

理化指标应符合表 2 的规定。

表 2 理化指标

项　　目	指　　标	检验方法
溶解度(25 ℃)	1 mL 试样全溶于 1 mL 95%(体积分数)乙醇中	GB/T 14455.3
δ-壬内酯含量(w)/%　　≥	98.0	附录 A
折光指数(20 ℃)	1.452～1.459	GB/T 14454.4
相对密度(25 ℃/25 ℃)	0.980～0.999	GB/T 11540

附　录　A
δ-壬内酯含量的测定

A.1　仪器和设备

A.1.1　色谱仪：按 GB/T 11538—2006 中第 5 章的规定。

A.1.2　柱：毛细管柱。

A.1.3　检测器：氢火焰离子化检测器。

A.2　测定方法

面积归一化法：按 GB/T 11538—2006 中 10.4 测定含量。

试样制备：量取试样 1 mL 溶于 4 mL 丙酮中，摇匀备用。

A.3　重复性及结果表示

按 GB/T 11538—2006 中 11.4 的规定进行，应符合要求。

食品添加剂 δ-壬内酯气相色谱图(面积归一化法)参见附录 B。

附 录 B
食品添加剂 δ-壬内酯气相色谱图
(面积归一化法)

B.1 食品添加剂 δ-壬内酯气相色谱图

见图 B.1。

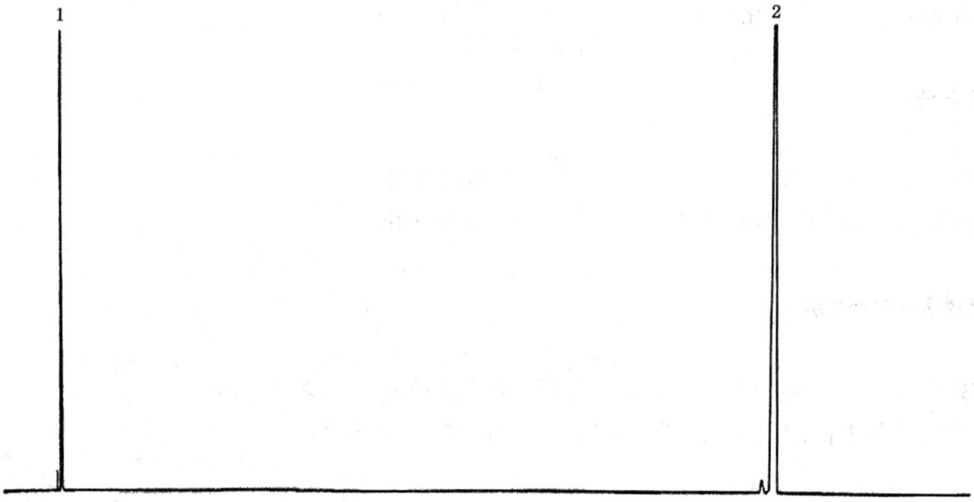

说明:

1——丙酮;

2——δ-壬内酯。

图 B.1 食品添加剂 δ-壬内酯气相色谱图

B.2 操作条件

B.2.1 柱:毛细管柱,长 30 m,内径 0.32 mm。

B.2.2 固定相:5%苯基甲基聚硅氧烷。

B.2.3 膜厚:0.25 μm。

B.2.4 色谱炉温度:线性程序升温从 50 ℃~180 ℃,速率 4 ℃/min;然后线性程序升温从 180 ℃~250 ℃,速率 25 ℃/min。

B.2.5 进样口温度:250 ℃。

B.2.6 检测器温度:250 ℃。

B.2.7 检测器:氢火焰离子化检测器。

B.2.8 载气:氮气。

B.2.9 柱前压:34.45 kPa。

B.2.10 进样量:0.2 μL。

B.2.11 分流比:100∶1。

中华人民共和国国家标准

GB 29955—2013

食品安全国家标准
食品添加剂 δ-十一内酯

2013-11-29 发布　　2014-06-01 实施

中华人民共和国
国家卫生和计划生育委员会　发布

食品安全国家标准
食品添加剂　δ-十一内酯

1　范围

本标准适用于由环戊酮和己醛为原料制得的食品添加剂 δ-十一内酯。

2　化学名称、分子式、结构式和相对分子质量

2.1　化学名称

6-己基四氢-2-吡喃酮。

2.2　分子式

$C_{11}H_{20}O_2$

2.3　结构式

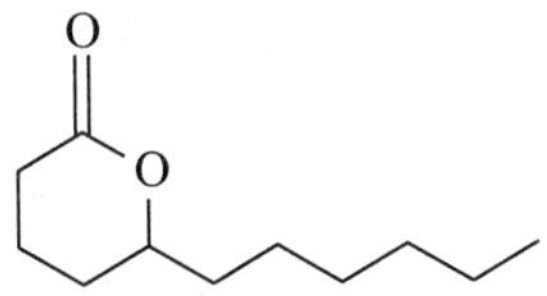

2.4　相对分子质量

184.28(按 2007 年国际相对原子质量)。

3　技术要求

3.1　感官要求

感官要求应符合表 1 的规定。

表 1　感官要求

项　目	要　求	检验方法
色泽	无色至苍黄色	将试样置于比色管内，用目测法观察
状态	液体	
香气	奶香、桃子样香气	GB/T 14454.2

3.2　理化指标

理化指标应符合表 2 的规定。

表 2　理化指标

项　目	指　标	检验方法
溶解度(25 ℃)	1 mL 试样全溶于 1 mL 95%(体积分数)乙醇中	GB/T 14455.3
δ-十一内酯含量(*w*)/%　　≥	98.0	附录 A
折光指数(20 ℃)	1.457～1.461	GB/T 14454.4
相对密度(25℃/25 ℃)	0.956～0.961	GB/T 11540

附 录 A
δ-十一内酯含量的测定

A.1 仪器和设备

A.1.1 色谱仪:按 GB/T 11538—2006 中第 5 章的规定。

A.1.2 柱:毛细管柱。

A.1.3 检测器:氢火焰离子化检测器。

A.2 测定方法

面积归一化法:按 GB/T 11538—2006 中 10.4 测定含量。

试样制备:量取试样 1 mL 溶于 4 mL 丙酮中,摇匀备用。

A.3 重复性及结果表示

按 GB/T 11538—2006 中 11.4 的规定进行,应符合要求。

食品添加剂 δ-十一内酯气相色谱图(面积归一化法)参见附录 B。

附 录 B
食品添加剂 δ-十一内酯气相色谱图
（面积归一化法）

B.1 食品添加剂 δ-十一内酯气相色谱图

见图 B.1。

说明：
1——丙酮；
2——δ-十一内酯。

图 B.1 食品添加剂 δ-十一内酯气相色谱图

B.2 操作条件

B.2.1 柱：毛细管柱，长 30 m，内径 0.32 mm。
B.2.2 固定相：5%苯基甲基聚硅氧烷。
B.2.3 膜厚：0.25 μm。
B.2.4 色谱炉温度：线性程序升温从 50 ℃～180 ℃，速率 4 ℃/min；然后线性程序升温从 180 ℃～250 ℃，速率 25 ℃/min。
B.2.5 进样口温度：250 ℃。
B.2.6 检测器温度：250 ℃。
B.2.7 检测器：氢火焰离子化检测器。
B.2.8 载气：氮气。
B.2.9 柱前压：34.45 kPa。
B.2.10 进样量：0.2 μL。
B.2.11 分流比：100∶1。

中华人民共和国国家标准

GB 29956—2013

食品安全国家标准
食品添加剂 δ-突厥酮

2013-11-29 发布　　2014-06-01 实施

中华人民共和国
国家卫生和计划生育委员会 发布

食品安全国家标准
食品添加剂 δ-突厥酮

1 范围

本标准适用于由异丙叉丙酮、间戊二烯、乙醛为主要原料制得的食品添加剂 δ-突厥酮。

2 化学名称、分子式、结构式和相对分子质量

2.1 化学名称

1-(2,6,6-三甲基-3-环己烯基)-2-丁烯-1-酮。

2.2 分子式

$C_{13}H_{20}O$

2.3 结构式

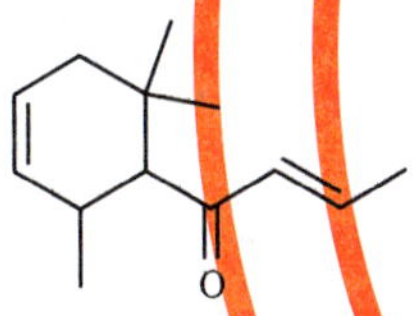

2.4 相对分子质量

192.30(按 2007 年国际相对原子质量)。

3 技术要求

3.1 感官要求

感官要求应符合表 1 的规定。

表 1 感官要求

项 目	要 求	检验方法
色泽	无色至苍黄色	将试样置于比色管内,用目测法观察
状态	液体(低温下为凝固体)	
香气	果香	GB/T 14454.2

3.2 理化指标

理化指标应符合表 2 的规定。

表 2 理化指标

项 目	指 标	检验方法
溶解度(25 ℃)	1 mL 试样全溶于 10 mL 95%(体积分数)乙醇中	GB/T 14455.3
δ-突厥酮含量(三个异构体总和,w)/% ≥	96.5	附录 A
折光指数(20 ℃)	1.485～1.502	GB/T 14454.4
相对密度(25 ℃/25 ℃)	0.920～0.940	GB/T 11540

附　录　A
δ-突厥酮含量的测定

A.1　仪器和设备

A.1.1　色谱仪：按 GB/T 11538—2006 中第 5 章的规定。

A.1.2　柱：毛细管柱。

A.1.3　检测器：氢火焰离子化检测器。

A.2　测定方法

面积归一化法：按 GB/T 11538—2006 中 10.4 测定含量。

A.3　重复性及结果表示

按 GB/T 11538—2006 中 11.4 的规定进行，应符合要求。

食品添加剂 δ-突厥酮气相色谱图（面积归一化法）参见附录 B。

附　录　B
食品添加剂 δ-突厥酮气相色谱图
（面积归一化法）

B.1　食品添加剂 δ-突厥酮气相色谱图

见图 B.1。

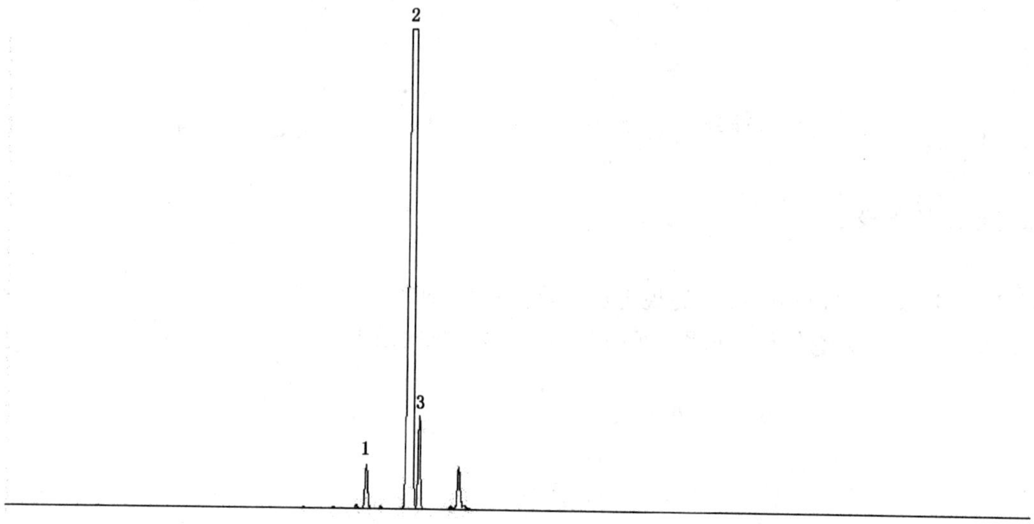

说明：

1——反式-顺式-δ-突厥酮；

2——反式-反式-δ-突厥酮；

3——顺式-反式-δ-突厥酮。

图 B.1　食品添加剂 δ-突厥酮气相色谱图

B.2　操作条件

B.2.1　柱：毛细管柱，长 30 m，内径 0.32 mm。

B.2.2　固定相：5%苯基甲基聚硅氧烷。

B.2.3　膜厚：0.25 μm。

B.2.4　色谱炉温度：70 ℃恒温 2 min；然后线性程序升温从 70 ℃～210 ℃，速率 10 ℃/min；最后在 210 ℃恒温 25 min。

B.2.5　进样口温度：250 ℃。

B.2.6　检测器温度：250 ℃。

B.2.7　检测器：氢火焰离子化检测器。

B.2.8　载气：氮气。

B.2.9 柱前压：69 kPa。

B.2.10 进样量：0.2 μL。

B.2.11 分流比：100 ∶ 1。

中华人民共和国国家标准

GB 29957—2013

食品安全国家标准
食品添加剂 二氢-β-紫罗兰酮

2013-11-29 发布

2014-06-01 实施

中华人民共和国
国家卫生和计划生育委员会 发布

食品安全国家标准
食品添加剂　二氢-β-紫罗兰酮

1　范围

本标准适用于由 β-紫罗兰酮为原料制得的食品添加剂二氢-β-紫罗兰酮。

2　化学名称、分子式、结构式和相对分子质量

2.1　化学名称

4-(2,6,6-三甲基-1-环己烯基)-3-丁基-2-酮。

2.2　分子式

$C_{13}H_{22}O$

2.3　结构式

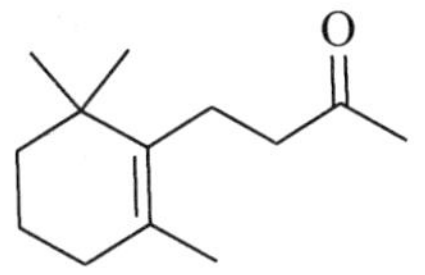

2.4　相对分子质量

194.32(按 2007 年国际相对原子质量)。

3　技术要求

3.1　感官要求

感官要求应符合表 1 的规定。

表 1　感官要求

<table>
<tr><th>项　目</th><th>要　求</th><th>检验方法</th></tr>
<tr><td>色泽</td><td>无色至苍黄色</td><td rowspan="2">将试样置于比色管内，用目测法观察</td></tr>
<tr><td>状态</td><td>液体</td></tr>
<tr><td>香气</td><td>果香，带木香底韵</td><td>GB/T 14454.2</td></tr>
</table>

3.2　理化指标

理化指标应符合表 2 的规定。

表 2 理化指标

项 目	指 标	检验方法
含量(二氢-β-紫罗兰酮和四氢-β-紫罗兰酮总和,w)/% ≥	99.0	附录 A
折光指数(20 ℃)	1.479～1.485	GB/T 14454.4
相对密度(25 ℃/25 ℃)	0.920～0.930	GB/T 11540

附 录 A
二氢-β-紫罗兰酮含量的测定

A.1 仪器和设备

A.1.1 色谱仪:按 GB/T 11538—2006 中第 5 章的规定。

A.1.2 柱:毛细管柱。

A.1.3 检测器:氢火焰离子化检测器。

A.2 测定方法

面积归一化法:按 GB/T 11538—2006 中 10.4 测定含量。

A.3 重复性及结果表示

按 GB/T 11538—2006 中 11.4 的规定进行,应符合要求。

食品添加剂二氢-β-紫罗兰酮气相色谱图(面积归一化法)参见附录 B。

附　录　B
食品添加剂二氢-β-紫罗兰酮气相色谱图
（面积归一化法）

B.1　食品添加剂二氢-β-紫罗兰酮气相色谱图

见图 B.1。

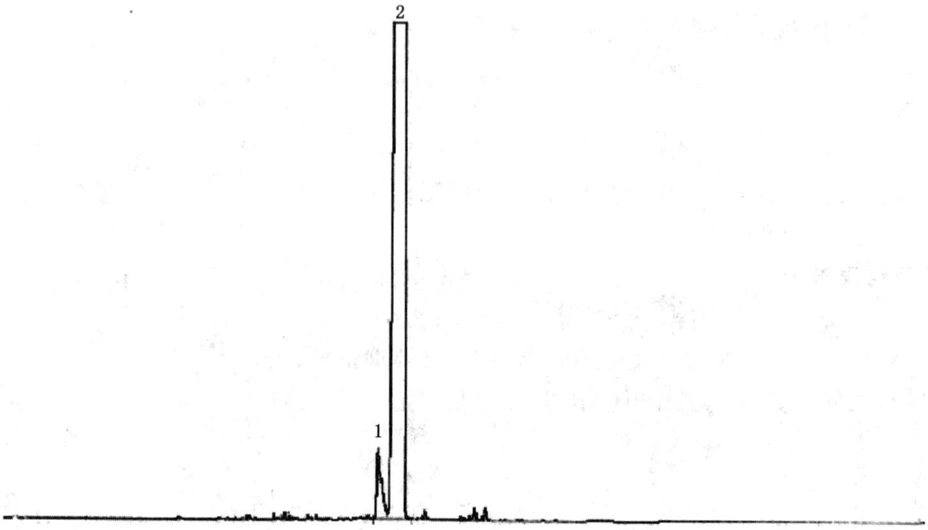

说明：
1——四氢-β-紫罗兰酮；
2——二氢-β-紫罗兰酮。

图 B.1　食品添加剂二氢-β-紫罗兰酮气相色谱图

B.2　操作条件

B.2.1　柱：毛细管柱，长 30 m，内径 0.25 mm。
B.2.2　固定相：改性聚乙二醇。
B.2.3　膜厚：0.25 μm。
B.2.4　色谱炉温度：120 ℃恒温 2 min；然后线性程序升温从 120 ℃～200 ℃，速率 5 ℃/min；最后在 200 ℃恒温 5 min。
B.2.5　进样口温度：250 ℃。
B.2.6　检测器温度：250 ℃。
B.2.7　检测器：氢火焰离子化检测器。
B.2.8　载气：氮气。
B.2.9　柱前压：69 kPa。
B.2.10　进样量：0.2 μL。
B.2.11　分流比：100∶1。

中华人民共和国国家标准

GB 29958—2013

食品安全国家标准
食品添加剂 *l*-薄荷醇丙二醇碳酸酯

2013-11-29 发布　　2014-06-01 实施

中华人民共和国
国家卫生和计划生育委员会 发布

食品安全国家标准
食品添加剂　*l*-薄荷醇丙二醇碳酸酯

1　范围

本标准适用于由 *l*-薄荷醇和丙二醇为原料制得的食品添加剂 *l*-薄荷醇丙二醇碳酸酯。

2　化学名称、分子式、结构式和相对分子质量

2.1　化学名称

l-薄荷醇丙二醇碳酸酯。

2.2　分子式

$C_{14}H_{26}O_4$

2.3　结构式

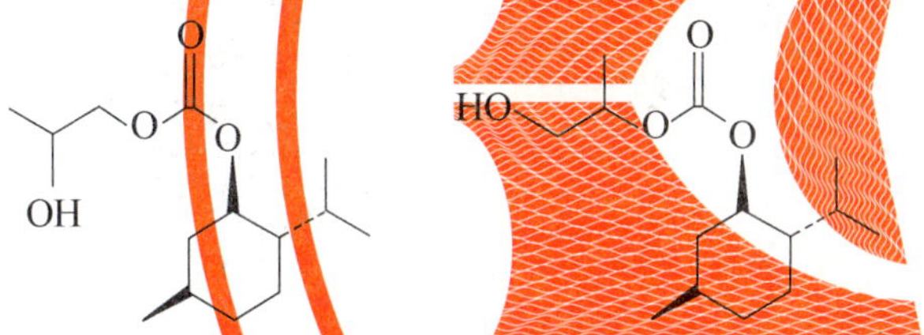

2.4　相对分子质量

258.36(按 2007 年国际相对原子质量)。

3　技术要求

3.1　感官要求

感官要求应符合表 1 的规定。

表 1　感官要求

项　目	要　求	检验方法
色泽	无色	将试样置于比色管内，用目测法观察
状态	液体	
香气	薄荷样的凉味	GB/T 14454.2

3.2　理化指标

理化指标应符合表 2 的规定。

表 2 理化指标

项目	指标	检验方法
l-薄荷醇丙二醇碳酸酯含量(异构体总和,w)/% ≥	98.0	附录 A
折光指数(20 ℃)	1.455～1.461	GB/T 14454.4
相对密度(25 ℃/25 ℃)	1.010～1.018	GB/T 11540
旋光度(20 ℃)	−70°～−60°	GB/T 14454.5

附　录　A
l-薄荷醇丙二醇碳酸酯含量的测定

A.1　仪器和设备

A.1.1　色谱仪：按 GB/T 11538—2006 中第 5 章的规定。
A.1.2　柱：毛细管柱。
A.1.3　检测器：氢火焰离子化检测器。

A.2　测定方法

面积归一化法：按 GB/T 11538—2006 中 10.4 测定含量。

A.3　重复性及结果表示

按 GB/T 11538—2006 中 11.4 的规定进行，应符合要求。

食品添加剂 *l*-薄荷醇丙二醇碳酸酯气相色谱图（面积归一化法）参见附录 B。

附　录　B
食品添加剂 *l*-薄荷醇丙二醇碳酸酯气相色谱图
（面积归一化法）

B.1　食品添加剂 *l*-薄荷醇丙二醇碳酸酯气相色谱图

见图 B.1。

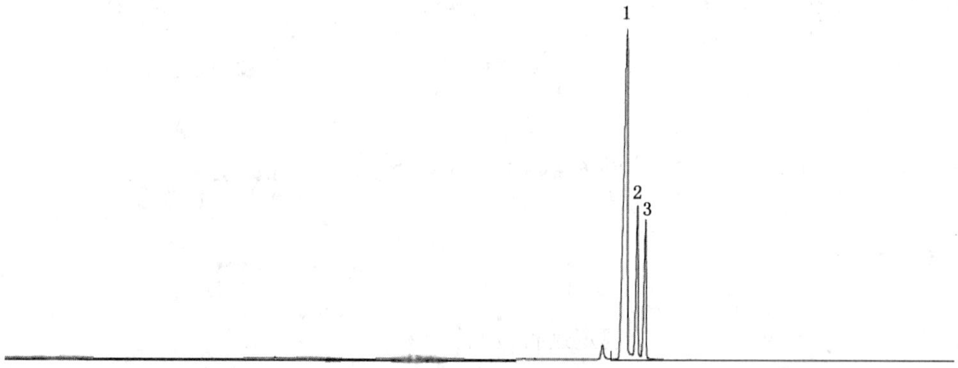

说明：

1——*l*-薄荷醇丙二醇碳酸酯异构体 1；

2——*l*-薄荷醇丙二醇碳酸酯异构体 2；

3——*l*-薄荷醇丙二醇碳酸酯异构体 3。

图 B.1　食品添加剂 *l*-薄荷醇丙二醇碳酸酯气相色谱图

B.2　操作条件

B.2.1　柱：毛细管柱，长 30 m，内径 0.25 mm。

B.2.2　固定相：聚乙二醇。

B.2.3　膜厚：0.25 μm。

B.2.4　色谱炉温度：80 ℃恒温 3 min；然后线性程序升温从 80 ℃～200 ℃，速率 10 ℃/min；最后在 200 ℃恒温 10 min。

B.2.5　进样口温度：250 ℃。

B.2.6　检测器温度：270 ℃。

B.2.7　检测器：氢火焰离子化检测器。

B.2.8　载气：氮气。

B.2.9　柱前压：21.04 kPa。

B.2.10　进样量：0.3 μL。

B.2.11　分流比：50∶1。

中华人民共和国国家标准

GB 29959—2013

食品安全国家标准

食品添加剂 *d*,*l*-薄荷酮甘油缩酮

2013-11-29 发布

2014-06-01 实施

中华人民共和国
国家卫生和计划生育委员会 发布

食品安全国家标准

食品添加剂 *d*,*l*-薄荷酮甘油缩酮

1 范围

本标准适用于由薄荷酮和甘油为原料制得的食品添加剂 *d*,*l*-薄荷酮甘油缩酮。

2 化学名称、分子式、结构式和相对分子质量

2.1 化学名称

1,4-二氧杂螺[4,5]癸烷-2-甲醇。

2.2 分子式

$C_{13}H_{24}O_{3}$

2.3 结构式

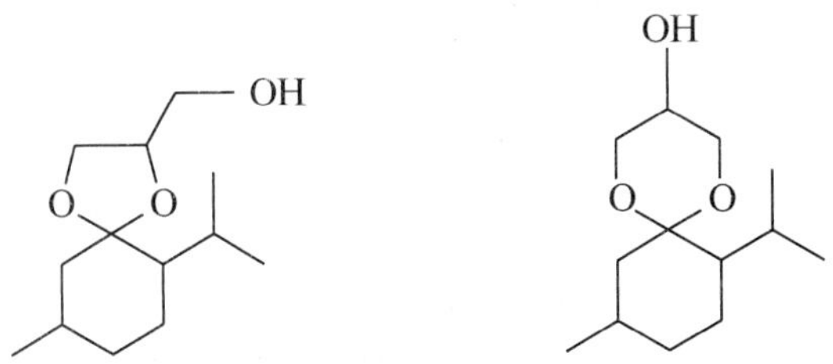

2.4 相对分子质量

228.33(按 2007 年国际相对原子质量)。

3 技术要求

3.1 感官要求

感官要求应符合表 1 的规定。

表 1 感官要求

项 目	要 求	检验方法
色泽	无色	将试样置于比色管内,用目测法观察
状态	黏稠液体	
香气	薄荷样的凉味	GB/T 14454.2

3.2 理化指标

理化指标应符合表 2 的规定。

表 2 理化指标

项　目		指　标	检验方法
d,*l*-薄荷酮甘油缩酮含量(异构体总和,*w*)/%	≥	98.0	附录 A
酸值(以 KOH 计)/(mg/g)	≤	1.0	GB/T 14455.5
折光指数(20 ℃)		1.470 0～1.478 0	GB/T 14454.4
相对密度(25 ℃/25 ℃)		1.025～1.033	GB/T 11540

附 录 A
d,*l*-薄荷酮甘油缩酮含量的测定

A.1 仪器和设备

A.1.1 色谱仪:按 GB/T 11538—2006 中第 5 章的规定。

A.1.2 柱:毛细管柱。

A.1.3 检测器:氢火焰离子化检测器。

A.2 测定方法

面积归一化法:按 GB/T 11538—2006 中 10.4 测定含量。

A.3 重复性及结果表示

按 GB/T 11538—2006 中 11.4 的规定进行,应符合要求。

食品添加剂 *d*,*l*-薄荷酮甘油缩酮气相色谱图(面积归一化法)参见附录 B。

附　录　B
食品添加剂 *d*,*l*-薄荷酮甘油缩酮气相色谱图
（面积归一化法）

B.1　食品添加剂 *d*,*l*-薄荷酮甘油缩酮气相色谱图

见图 B.1。

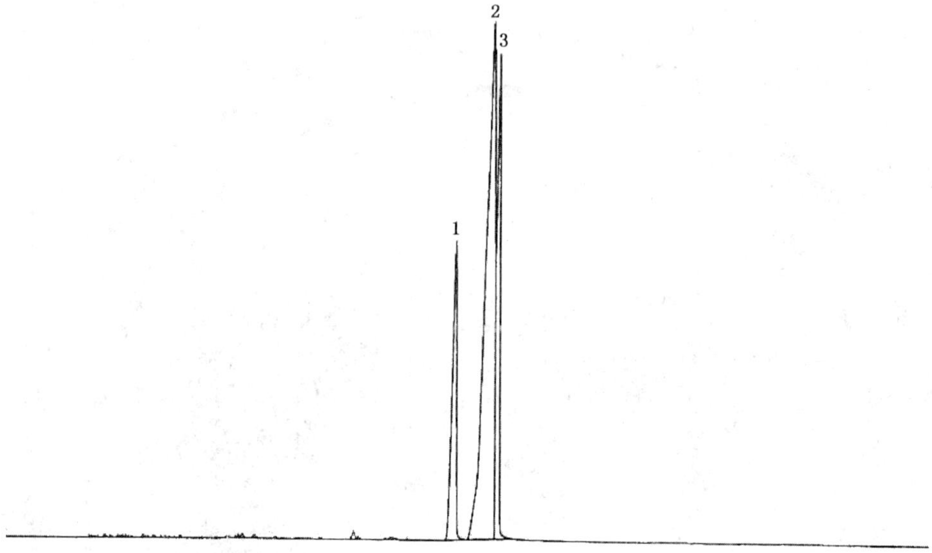

说明：
1——*d*,*l*-薄荷酮甘油缩酮异构体 1；
2——*d*,*l*-薄荷酮甘油缩酮异构体 2；
3——*d*,*l*-薄荷酮甘油缩酮异构体 3。

图 B.1　食品添加剂 *d*,*l*-薄荷酮甘油缩酮气相色谱图

B.2　操作条件

B.2.1　柱：毛细管柱，长 30 m，内径 0.25 mm。
B.2.2　固定相：聚乙二醇。
B.2.3　膜厚：0.25 μm。
B.2.4　色谱炉温度：190 ℃恒温。
B.2.5　进样口温度：260 ℃。
B.2.6　检测器温度：260 ℃。
B.2.7　检测器：氢火焰离子化检测器。
B.2.8　载气：氮气。
B.2.9　柱前压：0.1 MPa。
B.2.10　进样量：0.6 μL。
B.2.11　分流比：100∶1。

中华人民共和国国家标准

GB 29960—2013

食品安全国家标准
食品添加剂　二烯丙基硫醚

2013-11-29 发布　　2014-06-01 实施

中华人民共和国
国家卫生和计划生育委员会　发布

食品安全国家标准
食品添加剂 二烯丙基硫醚

1 范围

本标准适用于由烯丙基氯和硫化钠为原料制得的食品添加剂二烯丙基硫醚。

2 化学名称、分子式、结构式和相对分子质量

2.1 化学名称

二烯丙基硫醚。

2.2 分子式

$C_6H_{10}S$

2.3 结构式

2.4 相对分子质量

114.21(按 2007 年国际相对原子质量)。

3 技术要求

3.1 感官要求

感官要求应符合表 1 的规定。

表 1 感官要求

项　目	要　求	检验方法
色泽	无色至苍黄色	将试样置于比色管内,用目测法观察
状态	液体	
香气	大蒜香气	GB/T 14454.2

3.2 理化指标

理化指标应符合表 2 的规定。

表 2 理化指标

项目	指标	检验方法
二烯丙基硫醚含量(*w*)/% ≥	98.0	附录 A
折光指数(20 ℃)	1.488～1.492	GB/T 14454.4
相对密度(25 ℃/25 ℃)	0.886～0.892	GB/T 11540

附 录 A
二烯丙基硫醚含量的测定

A.1 仪器和设备

A.1.1 色谱仪:按 GB/T 11538—2006 中第 5 章的规定。

A.1.2 柱:毛细管柱。

A.1.3 检测器:氢火焰离子化检测器。

A.2 测定方法

面积归一化法:按 GB/T 11538—2006 中 10.4 测定含量。

A.3 重复性及结果表示

按 GB/T 11538—2006 中 11.4 的规定进行,应符合要求。

食品添加剂二烯丙基硫醚气相色谱图(面积归一化法)参见附录 B。

附 录 B
食品添加剂二烯丙基硫醚气相色谱图
（面积归一化法）

B.1 食品添加剂二烯丙基硫醚气相色谱图

见图 B.1。

图 B.1 食品添加剂二烯丙基硫醚气相色谱图

B.2 操作条件

B.2.1 柱：毛细管柱，长 30 m，内径 0.25 mm。

B.2.2 固定相：聚乙二醇。

B.2.3 膜厚：0.25 μm。

B.2.4 色谱炉温度：80 ℃恒温 10 min；然后线性程序升温从 80 ℃～200 ℃，速率 10 ℃/min；最后在 200 ℃恒温 10 min。

B.2.5 进样口温度：240 ℃。

B.2.6 检测器温度：240 ℃。

B.2.7 检测器：氢火焰离子化检测器。

B.2.8 载气：氮气。

B.2.9 柱前压：60 kPa。

B.2.10 进样量：约 0.2 μL。

B.2.11 分流比：100∶1。

中华人民共和国国家标准

GB 29961—2013

食品安全国家标准

食品添加剂 4,5-二氢-3(2*H*)噻吩酮（四氢噻吩-3-酮）

2013-11-29 发布　　2014-06-01 实施

中华人民共和国国家卫生和计划生育委员会 发布

食品安全国家标准

食品添加剂 4,5-二氢-3(2*H*)噻吩酮（四氢噻吩-3-酮）

1 范围

本标准适用于由巯基乙酸和丙烯酸为原料制得的食品添加剂4,5-二氢-3(2*H*)噻吩酮(四氢噻吩-3-酮)。

2 化学名称、分子式、结构式和相对分子质量

2.1 化学名称

4,5-二氢-3(2*H*)噻吩酮。

2.2 分子式

C_4H_6OS

2.3 结构式

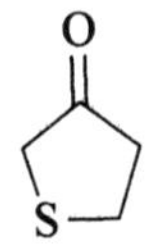

2.4 相对分子质量

102.15(按2007年国际相对原子质量)。

3 技术要求

3.1 感官要求

感官要求应符合表1的规定。

表1 感官要求

项目	要求	检验方法
色泽	无色至黄色	将试样置于比色管内,用目测法观察
状态	液体	
香气	大蒜香、肉香、蔬菜青香、黄油香	GB/T 14454.2

3.2 理化指标

理化指标应符合表2的规定。

表2 理化指标

项目	指标	检验方法
4,5-二氢-3(2*H*)噻吩酮含量(*w*)/% ≥	97.0	附录A
折光指数(20 ℃)	1.527～1.531	GB/T 14454.4
相对密度(20 ℃/20 ℃)	1.194～1.204	GB/T 11540

附 录 A
4,5-二氢-3(2*H*)噻吩酮含量的测定

A.1 仪器和设备

A.1.1 色谱仪:按 GB/T 11538—2006 中第 5 章的规定。

A.1.2 柱:毛细管柱。

A.1.3 检测器:氢火焰离子化检测器。

A.2 测定方法

面积归一化法:按 GB/T 11538—2006 中 10.4 测定含量。

A.3 重复性及结果表示

按 GB/T 11538—2006 中 11.4 的规定进行,应符合要求。

食品添加剂 4,5-二氢-3(2*H*)噻吩酮气相色谱图(面积归一化法)参见附录 B。

附　录　B
食品添加剂 4,5-二氢-3(2*H*)噻吩酮气相色谱图
(面积归一化法)

B.1　食品添加剂 4,5-二氢-3(2*H*)噻吩酮气相色谱图

见图 B.1。

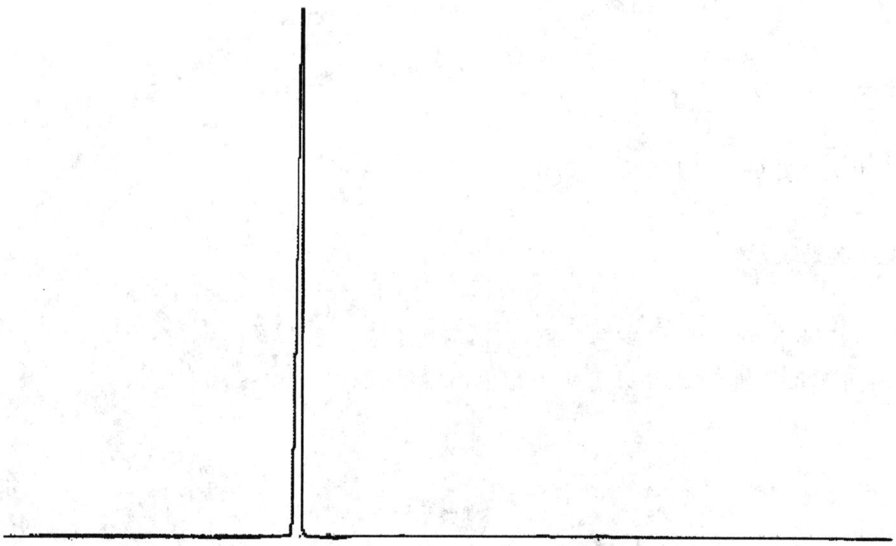

图 B.1　食品添加剂 4,5-二氢-3(2*H*)噻吩酮气相色谱图

B.2　操作条件

B.2.1　柱:毛细管柱,长 30 m,内径 0.25 mm。

B.2.2　固定相:聚乙二醇。

B.2.3　膜厚:0.25 μm。

B.2.4　色谱炉温度:130 ℃恒温 10 min;然后线性程序升温从 130 ℃～200 ℃,速率 10 ℃/min;最后在 200 ℃恒温 20 min。

B.2.5　进样口温度:240 ℃。

B.2.6　检测器温度:240 ℃。

B.2.7　检测器:氢火焰离子化检测器。

B.2.8　载气:氮气。

B.2.9　柱前压:60 kPa。

B.2.10　进样量:约 0.2 μL。

B.2.11　分流比:100∶1。

中华人民共和国国家标准

GB 29962—2013

食品安全国家标准

食品添加剂　2-巯基-3-丁醇

2013-11-29 发布　　2014-06-01 实施

中华人民共和国
国家卫生和计划生育委员会　发布

食品安全国家标准

食品添加剂 2-巯基-3-丁醇

1 范围

本标准适用于由2-巯基-3-丁酮为原料制得的食品添加剂2-巯基-3-丁醇。

2 化学名称、分子式、结构式和相对分子质量

2.1 化学名称

2-巯基-3-丁醇。

2.2 分子式

$C_4H_{10}OS$

2.3 结构式

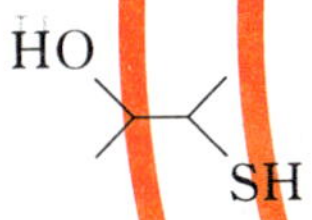

2.4 相对分子质量

106.18(按2007年国际相对原子质量)。

3 技术要求

3.1 感官要求

感官要求应符合表1的规定。

表1 感官要求

项目	要求	检验方法
色泽	无色至浅黄色	将试样置于比色管内,用目测法观察
状态	液体	
香气	强烈的刺激性气味,稀释后有葱香、肉香	GB/T 14454.2

3.2 理化指标

理化指标应符合表2的规定。

表2 理化指标

项　　目		指　　标	检验方法
2-巯基-3-丁醇含量(两个异构体总和,w)/%	≥	99.0	附录A
折光指数(20 ℃)		1.476～1.485	GB/T 14454.4
相对密度(25 ℃/25 ℃)		1.010～1.017	GB/T 11540

附　录　A
2-巯基-3-丁醇含量的测定

A.1　仪器和设备

A.1.1　色谱仪:按 GB/T 11538—2006 中第 5 章的规定。
A.1.2　柱:毛细管柱。
A.1.3　检测器:氢火焰离子化检测器。

A.2　测定方法

面积归一化法:按 GB/T 11538—2006 中 10.4 测定含量。

A.3　重复性及结果表示

按 GB/T 11538—2006 中 11.4 的规定进行,应符合要求。
食品添加剂 2-巯基-3-丁醇气相色谱图(面积归一化法)参见附录 B。

附　录　B
食品添加剂 2-巯基-3-丁醇气相色谱图
（面积归一化法）

B.1　食品添加剂 2-巯基-3-丁醇气相色谱图

见图 B.1。

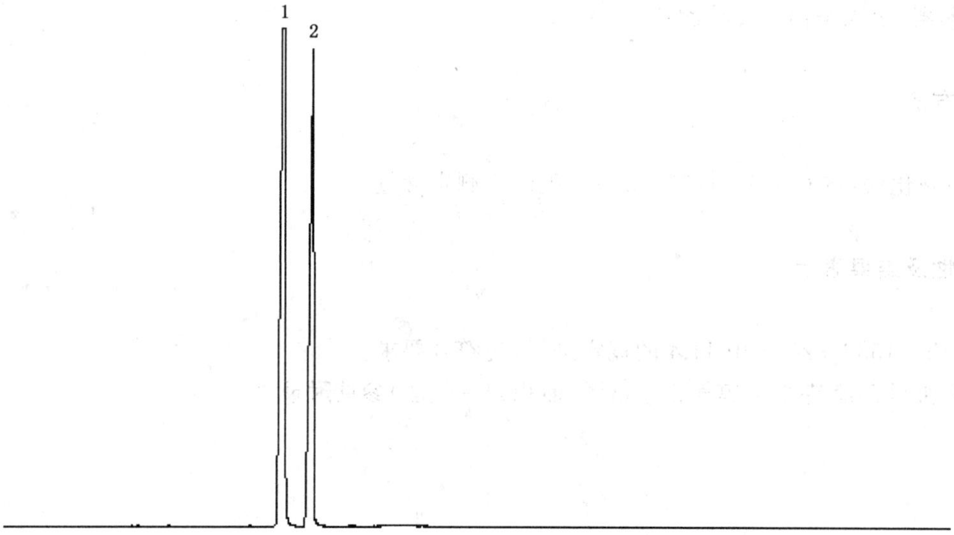

说明：

1——2-巯基-3-丁醇异构体 1；

2——2-巯基-3-丁醇异构体 2。

图 B.1　食品添加剂 2-巯基-3-丁醇气相色谱图

B.2　操作条件

B.2.1　柱：毛细管柱，长 30 m，内径 0.25 mm。

B.2.2　固定相：聚乙二醇。

B.2.3　膜厚：0.25 μm。

B.2.4　色谱炉温度：120 ℃恒温 10 min；然后线性程序升温从 120 ℃～200 ℃，速率 10 ℃/min；最后在 200 ℃恒温 20 min。

B.2.5　进样口温度：240 ℃。

B.2.6　检测器温度：240 ℃。

B.2.7　检测器：氢火焰离子化检测器。

B.2.8　载气：氮气。

B.2.9　柱前压：60 kPa。

B.2.10　进样量：约 0.2 μL。

B.2.11　分流比：100∶1。

中华人民共和国国家标准

GB 29963—2013

食品安全国家标准
食品添加剂
3-巯基-2-丁酮(3-巯基-丁-2-酮)

2013-11-29 发布　　　　2014-06-01 实施

中华人民共和国
国家卫生和计划生育委员会　发布

食品安全国家标准
食品添加剂
3-巯基-2-丁酮(3-巯基-丁-2-酮)

1 范围

本标准适用于由丁酮和硫磺为原料制得的食品添加剂 3-巯基-2-丁酮(3-巯基-丁-2-酮)。

2 化学名称、分子式、结构式和相对分子质量

2.1 化学名称

3-巯基-2-丁酮。

2.2 分子式

C_4H_8OS

2.3 结构式

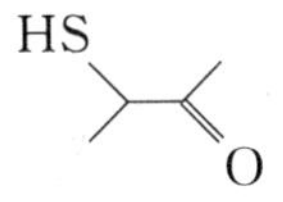

2.4 相对分子质量

104.17(按 2007 年国际相对原子质量)。

3 技术要求

3.1 感官要求

感官要求应符合表 1 的规定。

表 1 感官要求

项　　目	要　　求	检验方法
色泽	无色至苍黄色	将试样置于比色管内,用目测法观察
状态	液体,短期储存后变混浊	
香气	肉香、栗子样香气	GB/T 14454.2

3.2 理化指标

理化指标应符合表 2 的规定。

表 2　理化指标

项　　目	指　　标	检验方法
3-巯基-2-丁酮含量(w)/%　　　　≥	99.0	附录 A
折光指数(20 ℃)	1.470～1.480	GB/T 14454.4
相对密度(25 ℃/25 ℃)	1.015～1.045	GB/T 11540
注：该产品需在 5 ℃以下保存。		

附　录　A
3-巯基-2-丁酮含量的测定

A.1　仪器和设备

A.1.1　色谱仪：按 GB/T 11538—2006 中第 5 章的规定。

A.1.2　柱：毛细管柱。

A.1.3　检测器：氢火焰离子化检测器。

A.2　测定方法

面积归一化法：按 GB/T 11538—2006 中 10.4 测定含量。

A.3　重复性及结果表示

按 GB/T 11538—2006 中 11.4 的规定进行，应符合要求。

食品添加剂 3-巯基-2-丁酮气相色谱图(面积归一化法)参见附录 B。

附　录　B
食品添加剂 3-巯基-2-丁酮气相色谱图
（面积归一化法）

B.1　食品添加剂 3-巯基-2-丁酮气相色谱图

见图 B.1。

图 B.1　食品添加剂 3-巯基-2-丁酮气相色谱图

B.2　操作条件

B.2.1　柱：毛细管柱，长 30 m，内径 0.25 mm。
B.2.2　固定相：聚乙二醇。
B.2.3　膜厚：0.25 μm。
B.2.4　色谱炉温度：110 ℃恒温 10 min；然后线性程序升温从 110 ℃～200 ℃，速率 10 ℃/min；最后在 200 ℃恒温 20 min。
B.2.5　进样口温度：240 ℃。
B.2.6　检测器温度：240 ℃。
B.2.7　检测器：氢火焰离子化检测器。
B.2.8　载气：氮气。
B.2.9　柱前压：60 kPa。
B.2.10　进样量：约 0.2 μL。
B.2.11　分流比：100∶1。

中华人民共和国国家标准

GB 29964—2013

食品安全国家标准
食品添加剂　二甲基二硫醚

2013-11-29 发布　　2014-06-01 实施

中华人民共和国
国家卫生和计划生育委员会　发布

食品安全国家标准
食品添加剂　二甲基二硫醚

1　范围

本标准适用于由甲硫醇或氯甲烷为原料制得的食品添加剂二甲基二硫醚。

2　化学名称、分子式、结构式和相对分子质量

2.1　化学名称

二甲基二硫醚。

2.2　分子式

$C_2H_6S_2$

2.3　结构式

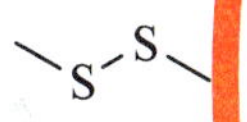

2.4　相对分子质量

94.19(按 2007 年国际相对原子质量)。

3　技术要求

3.1　感官要求

感官要求应符合表 1 的规定。

表 1　感官要求

项　　目	要　　求	检验方法
色泽	无色至苍黄色	将试样置于比色管内，用目测法观察
状态	液体	
香气	洋葱样香气	GB/T 14454.2

3.2　理化指标

理化指标应符合表 2 的规定。

表 2　理化指标

项　　目		指　　标	检验方法
二甲基二硫醚含量(w)/%	≥	97.0	附录 A
折光指数(20 ℃)		1.522～1.527	GB/T 14454.4
相对密度(25 ℃/25 ℃)		1.058～1.065	GB/T 11540

附 录 A
二甲基二硫醚含量的测定

A.1 仪器和设备

A.1.1 色谱仪:按 GB/T 11538—2006 中第 5 章的规定。

A.1.2 柱:毛细管柱。

A.1.3 检测器:氢火焰离子化检测器。

A.2 测定方法

面积归一化法:按 GB/T 11538—2006 中 10.4 测定含量。

A.3 重复性及结果表示

按 GB/T 11538—2006 中 11.4 的规定进行,应符合要求。

食品添加剂二甲基二硫醚气相色谱图(面积归一化法)参见附录 B。

附 录 B
食品添加剂二甲基二硫醚气相色谱图
（面积归一化法）

B.1 食品添加剂二甲基二硫醚气相色谱图

见图 B.1。

图 B.1 食品添加剂二甲基二硫醚气相色谱图

B.2 操作条件

B.2.1 柱：毛细管柱，长 30 m，内径 0.25 mm。

B.2.2 固定相：聚乙二醇。

B.2.3 膜厚：0.25 μm。

B.2.4 色谱炉温度：80 ℃恒温 10 min；然后线性程序升温从 80 ℃～200 ℃，速率 10 ℃/min；最后在 200 ℃恒温 10 min。

B.2.5 进样口温度：230 ℃。

B.2.6 检测器温度：230 ℃。

B.2.7 检测器：氢火焰离子化检测器。

B.2.8 载气：氮气。

B.2.9 柱前压：60 kPa。

B.2.10 进样量：约 0.2 μL。

B.2.11 分流比：100∶1。

中华人民共和国国家标准

GB 29965—2013

食品安全国家标准
食品添加剂　二丙基二硫醚

2013-11-29 发布　　2014-06-01 实施

中华人民共和国
国家卫生和计划生育委员会 发布

食品安全国家标准
食品添加剂　二丙基二硫醚

1　范围

本标准适用于由丙硫醇为原料制得的食品添加剂二丙基二硫醚。

2　化学名称、分子式、结构式和相对分子质量

2.1　化学名称

二丙基二硫醚。

2.2　分子式

$C_6H_{14}S_2$

2.3　结构式

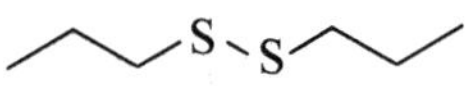

2.4　相对分子质量

150.30(按 2007 年国际相对原子质量)。

3　技术要求

3.1　感官要求

感官要求应符合表 1 的规定。

表 1　感官要求

项　目	要　求	检验方法
色泽	无色至苍黄色	将试样置于比色管内,用目测法观察
状态	液体	
香气	带有不持久的、刺激性的大蒜或洋葱的硫磺样香气	GB/T 14454.2

3.2　理化指标

理化指标应符合表 2 的规定。

表 2　理化指标

项　目	指　标	检验方法
二丙基二硫醚含量(*w*)/%　　≥	98.0	附录 A
折光指数(20 ℃)	1.495～1.500	GB/T 14454.4
相对密度(25 ℃/25 ℃)	0.950～0.960	GB/T 11540

附 录 A
二丙基二硫醚含量的测定

A.1 仪器和设备

A.1.1 色谱仪:按 GB/T 11538—2006 中第 5 章的规定。

A.1.2 柱:毛细管柱。

A.1.3 检测器:氢火焰离子化检测器。

A.2 测定方法

面积归一化法:按 GB/T 11538—2006 中 10.4 测定含量。

A.3 重复性及结果表示

按 GB/T 11538—2006 中 11.4 的规定进行,应符合要求。

食品添加剂二丙基二硫醚气相色谱图(面积归一化法)参见附录 B。

附 录 B
食品添加剂二丙基二硫醚气相色谱图
（面积归一化法）

B.1 食品添加剂二丙基二硫醚气相色谱图

见图 B.1。

图 B.1 食品添加剂二丙基二硫醚气相色谱图

B.2 操作条件

B.2.1 柱：毛细管柱，长 30 m，内径 0.25 mm。
B.2.2 固定相：聚乙二醇。
B.2.3 膜厚：0.25 μm。
B.2.4 色谱炉温度：140 ℃恒温 10 min；然后线性程序升温从 140 ℃～200 ℃，速率 10 ℃/min；最后在 200 ℃恒温 20 min。
B.2.5 进样口温度：240 ℃。
B.2.6 检测器温度：240 ℃。
B.2.7 检测器：氢火焰离子化检测器。
B.2.8 载气：氮气。
B.2.9 柱前压：60 kPa。
B.2.10 进样量：约 0.2 μL。
B.2.11 分流比：100：1。

中华人民共和国国家标准

GB 29966—2013

食品安全国家标准
食品添加剂　烯丙基二硫醚

2013-11-29 发布　　2014-06-01 实施

中华人民共和国
国家卫生和计划生育委员会　发布

食品安全国家标准
食品添加剂　烯丙基二硫醚

1　范围

本标准适用于由烯丙基氯和硫化钠为原料制得的食品添加剂烯丙基二硫醚。

2　化学名称、分子式、结构式和相对分子质量

2.1　化学名称

二烯丙基二硫醚。

2.2　分子式

$C_6H_{10}S_2$

2.3　结构式

2.4　相对分子质量

146.27(按 2007 年国际相对原子质量)。

3　技术要求

3.1　感官要求

感官要求应符合表 1 的规定。

表 1　感官要求

项　　目	要　　求	检验方法
色泽	无色至苍黄色	将试样置于比色管内，用目测法观察
状态	液体	
香气	大蒜香气	GB/T 14454.2

3.2　理化指标

理化指标应符合表 2 的规定。

表 2 理化指标

项　　目	指　　标	检验方法
含量(w)/%	烯丙基二硫醚≥90.0 烯丙基二硫醚＋烯丙基硫醚≥95.0	附录 A
折光指数(20 ℃)	1.537～1.551	GB/T 14454.4
相对密度(25 ℃/25 ℃)	0.998～1.015	GB/T 11540

附 录 A
烯丙基二硫醚含量的测定

A.1 仪器和设备

A.1.1 色谱仪：按 GB/T 11538 2006 中第 5 章的规定。

A.1.2 柱：毛细管柱。

A.1.3 检测器：氢火焰离子化检测器。

A.2 测定方法

面积归一化法：按 GB/T 11538—2006 中 10.4 测定含量。

A.3 重复性及结果表示

按 GB/T 11538—2006 中 11.4 的规定进行，应符合要求。

食品添加剂烯丙基二硫醚气相色谱图（面积归一化法）参见附录 B。

附 录 B
食品添加剂烯丙基二硫醚气相色谱图
（面积归一化法）

B.1 食品添加剂烯丙基二硫醚气相色谱图

见图 B.1。

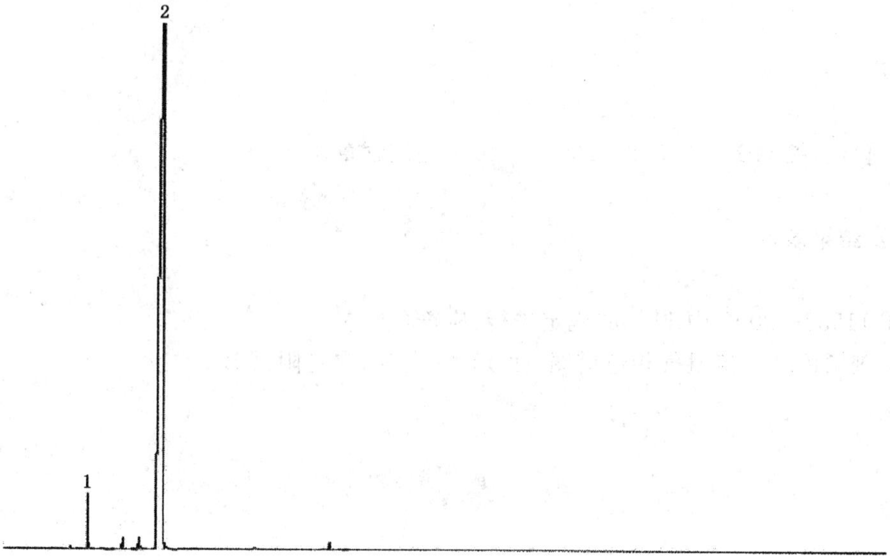

说明：

1——烯丙基硫醚；

2——烯丙基二硫醚。

图 B.1 食品添加剂烯丙基二硫醚气相色谱图

B.2 操作条件

B.2.1 柱：毛细管柱，长 30 m，内径 0.25 mm。

B.2.2 固定相：聚乙二醇。

B.2.3 膜厚：0.25 μm。

B.2.4 色谱炉温度：140 ℃恒温 10 min；然后线性程序升温从 140 ℃～200 ℃，速率 10 ℃/min；最后在 200 ℃恒温 20 min。

B.2.5 进样口温度：240 ℃。

B.2.6 检测器温度：240 ℃。

B.2.7 检测器：氢火焰离子化检测器。

B.2.8 载气：氮气。

B.2.9 柱前压：60 kPa。

B.2.10 进样量：约 0.2 μL。

B.2.11 分流比：100∶1。

中华人民共和国国家标准

GB 29967—2013

食品安全国家标准
食品添加剂 柠檬酸三乙酯

2013-11-29 发布　　　　2014-06-01 实施

中华人民共和国国家卫生和计划生育委员会 发布

食品安全国家标准

食品添加剂　柠檬酸三乙酯

1　范围

本标准适用于由柠檬酸和乙醇为原料制得的食品添加剂柠檬酸三乙酯。

2　化学名称、分子式、结构式和相对分子质量

2.1　化学名称

2-羟基-1,2,3-丙三羧酸三乙酯。

2.2　分子式

$C_{12}H_{20}O_7$

2.3　结构式

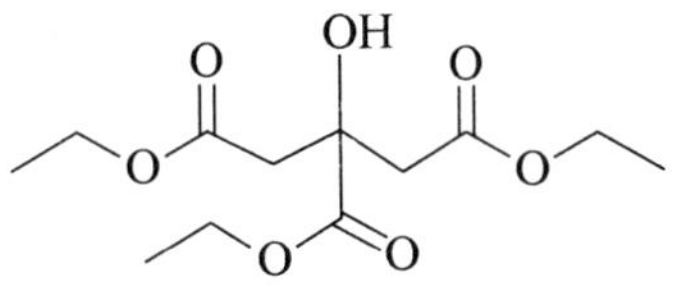

2.4　相对分子质量

276.29(按 2007 年国际相对原子质量)。

3　技术要求

3.1　感官要求

感官要求应符合表 1 的规定。

表 1　感官要求

项　　目	要　　求	检验方法
色泽	无色至微黄色	将试样置于比色管内,用目测法观察
状态	油状液体	
香气	微弱果香	GB/T 14454.2

3.2　理化指标

理化指标应符合表 2 的规定。

表 2　理化指标

项　　目		指　　标	检验方法
柠檬酸三乙酯含量(w)/%	≥	99.0	附录 A
折光指数(20 ℃)		1.440～1.446	GB/T 14454.4
相对密度(25 ℃/25 ℃)		1.136～1.140	GB/T 11540
酸值(以 KOH 计)/(mg/g)	≤	1.0	GB/T 14455.5
重金属(以 Pb 计)/(mg/kg)	≤	10	GB/T 5009.74
水分含量/%	≤	0.25	GB/T 6283

附 录 A
柠檬酸三乙酯含量的测定

A.1 仪器和设备

A.1.1 色谱仪:按 GB/T 11538—2006 中第 5 章的规定。

A.1.2 柱:毛细管柱。

A.1.3 检测器:氢火焰离子化检测器。

A.2 测定方法

面积归一化法:按 GB/T 11538—2006 中 10.4 测定含量。

A.3 重复性及结果表示

按 GB/T 11538—2006 中 11.4 的规定进行,应符合要求。

食品添加剂柠檬酸三乙酯气相色谱图(面积归一化法)参见附录 B。

附 录 B
食品添加剂柠檬酸三乙酯气相色谱图
（面积归一化法）

B.1 食品添加剂柠檬酸三乙酯气相色谱图

见图 B.1。

图 B.1 食品添加剂柠檬酸三乙酯气相色谱图

B.2 操作条件

B.2.1 柱：毛细管柱，长 30 m，内径 0.32 mm。
B.2.2 固定相：5%苯基甲基聚硅氧烷。
B.2.3 膜厚：0.45 μm。
B.2.4 色谱炉温度：240 ℃恒温。
B.2.5 进样口温度：280 ℃。
B.2.6 检测器温度：300 ℃。
B.2.7 检测器：氢火焰离子化检测器。
B.2.8 载气：氮气。
B.2.9 载气流速：1.6 mL/min。
B.2.10 进样量：0.2 μL。
B.2.11 分流比：30∶1。

中华人民共和国国家标准

GB 29968—2013

食品安全国家标准
食品添加剂　肉桂酸苄酯

2013-11-29 发布　　　　2014-06-01 实施

中华人民共和国
国家卫生和计划生育委员会　发布

食品安全国家标准

食品添加剂　肉桂酸苄酯

1　范围

本标准适用于由肉桂酸乙酯和苄醇为原料制得的食品添加剂肉桂酸苄酯。

2　化学名称、分子式、结构式和相对分子质量

2.1　化学名称

肉桂酸苄酯。

2.2　分子式

$C_{16}H_{14}O_2$

2.3　结构式

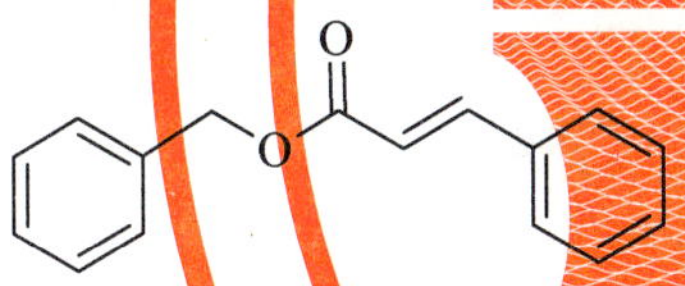

2.4　相对分子质量

238.29(按 2007 年国际相对原子质量)。

3　技术要求

3.1　感官要求

感官要求应符合表 1 的规定。

表 1　感官要求

项　　目	要　　求	检验方法
色泽	白色至苍黄色	将试样置于一洁净白纸上，用目测法观察
状态	固体	
香气	甜香、膏香	GB/T 14454.2

3.2　理化指标

理化指标应符合表 2 的规定。

表 2 理化指标

项　　目		指　　标	检验方法
肉桂酸苄酯含量(w)/%	≥	98.0	附录 A
酸值(以 KOH 计)/(mg/g)	≤	1.0	GB/T 14455.5
冻点(℃)	≥	25	GB/T 14454.7

附 录 A
肉桂酸苄酯含量的测定

A.1 仪器和设备

A.1.1 色谱仪:按 GB/T 11538 2006 中第 5 章的规定。

A.1.2 柱:毛细管柱。

A.1.3 检测器:氢火焰离子化检测器。

A.2 测定方法

面积归一化法:按 GB/T 11538—2006 中 10.4 测定含量。

试样制备:称取试样 1 g 溶于 10 mL 无水乙醇中,摇匀备用。

A.3 重复性及结果表示

按 GB/T 11538—2006 中 11.4 的规定进行,应符合要求。

食品添加剂肉桂酸苄酯气相色谱图(面积归一化法)参见附录 B。

附 录 B
食品添加剂肉桂酸苄酯气相色谱图
（面积归一化法）

B.1 食品添加剂肉桂酸苄酯气相色谱图

见图 B.1。

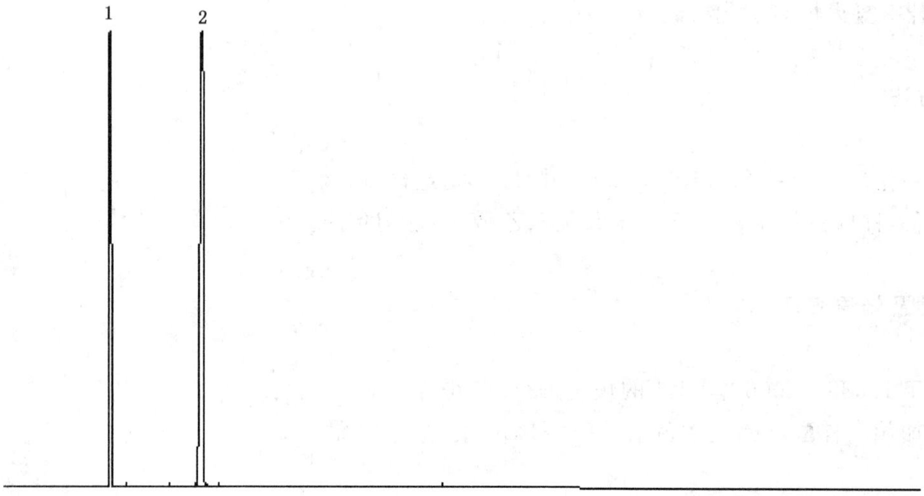

说明：

1——乙醇；

2——肉桂酸苄酯。

图 B.1 食品添加剂肉桂酸苄酯气相色谱图

B.2 操作条件

B.2.1 柱：毛细管柱，长 30 m，内径 0.25 mm。

B.2.2 固定相：100%二甲基聚硅氧烷。

B.2.3 膜厚：0.45 μm。

B.2.4 色谱炉温度：260 ℃恒温。

B.2.5 进样口温度：280 ℃。

B.2.6 检测器温度：300 ℃。

B.2.7 检测器：氢火焰离子化检测器。

B.2.8 载气：氮气。

B.2.9 载气流速：3 mL/min。

B.2.10 进样量：0.2 μL。

B.2.11 分流比：50∶1。

中华人民共和国国家标准

GB 29969—2013

食品安全国家标准
食品添加剂 肉桂酸肉桂酯

2013-11-29 发布　　2014-06-01 实施

中华人民共和国
国家卫生和计划生育委员会 发布

食品安全国家标准
食品添加剂　肉桂酸肉桂酯

1　范围

本标准适用于由肉桂酸乙酯和肉桂醇为原料制得的食品添加剂肉桂酸肉桂酯。

2　化学名称、分子式、结构式和相对分子质量

2.1　化学名称

3-苯基-2-丙烯醇 3-苯丙烯酸酯。

2.2　分子式

$C_{18}H_{16}O_2$

2.3　结构式

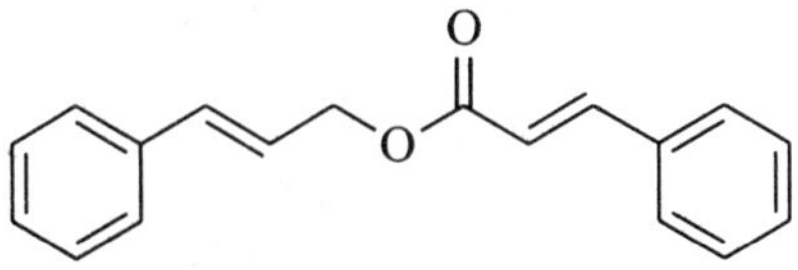

2.4　相对分子质量

264.32(按 2007 年国际相对原子质量)。

3　技术要求

3.1　感官要求

感官要求应符合表 1 的规定。

表 1　感官要求

项　目	要　求	检验方法
色泽	白色或无色	将试样置于一洁净白纸上,用目测法观察
状态	结晶	
香气	柔和的膏香、花香	GB/T 14454.2

3.2　理化指标

理化指标应符合表 2 的规定。

表 2 理化指标

项 目		指 标	检验方法
肉桂酸肉桂酯含量(w)/%	≥	95.0	附录 A
酸值(以 KOH 计)/(mg/g)	≤	2.0	GB/T 14455.5
熔点(℃)	≥	42	GB/T 14457.3

附 录 A
肉桂酸肉桂酯含量的测定

A.1 仪器和设备

A.1.1 色谱仪:按 GB/T 11538—2006 中第 5 章的规定。
A.1.2 柱:毛细管柱。
A.1.3 检测器:氢火焰离子化检测器。

A.2 测定方法

面积归一化法:按 GB/T 11538—2006 中 10.4 测定含量。
试样制备:称取试样 1 g 溶于 10 mL 无水乙醇中,摇匀备用。

A.3 重复性及结果表示

按 GB/T 11538—2006 中 11.4 的规定进行,应符合要求。
食品添加剂肉桂酸肉桂酯气相色谱图(面积归一化法)参见附录 B。

附　录　B
食品添加剂肉桂酸肉桂酯气相色谱图
（面积归一化法）

B.1　食品添加剂肉桂酸肉桂酯气相色谱图

见图 B.1。

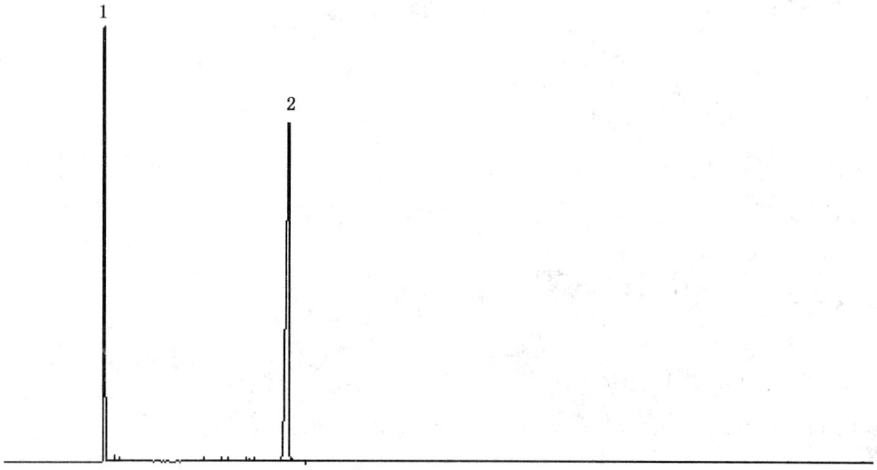

说明：
1——乙醇；
2——肉桂酸肉桂酯。

图 B.1　食品添加剂肉桂酸肉桂酯气相色谱图

B.2　操作条件

B.2.1　柱：毛细管柱，长 30 m，内径 0.25 mm。
B.2.2　固定相：100%二甲基聚硅氧烷。
B.2.3　膜厚：0.45 μm。
B.2.4　色谱炉温度：260 ℃恒温。
B.2.5　进样口温度：280 ℃。
B.2.6　检测器温度：300 ℃。
B.2.7　检测器：氢火焰离子化检测器。
B.2.8　载气：氮气。
B.2.9　载气流速：3 mL/min。
B.2.10　进样量：0.2 μL。
B.2.11　分流比：50∶1。

中华人民共和国国家标准

GB 29970—2013

食品安全国家标准

食品添加剂 2,5-二甲基吡嗪

2013-11-29 发布

2014-06-01 实施

中华人民共和国
国家卫生和计划生育委员会 发布

食品安全国家标准
食品添加剂　2,5-二甲基吡嗪

1　范围

本标准适用于由环氧丙烷和1,2-丙二胺为原料制得的食品添加剂2,5-二甲基吡嗪。

2　化学名称、分子式、结构式和相对分子质量

2.1　化学名称

2,5-二甲基吡嗪。

2.2　分子式

$C_6H_8N_2$。

2.3　结构式

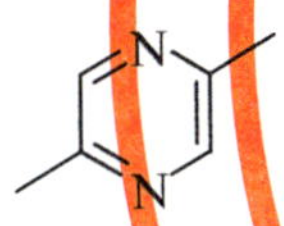

2.4　相对分子质量

108.14(按2007年国际相对原子质量)。

3　技术要求

3.1　感官要求

感官要求应符合表1的规定。

表1　感官要求

项　目	要　求	检验方法
色泽	无色至微黄色	将试样置于比色管内,用目测法观察
状态	液体	
香气	壤香、土豆样香气	GB/T 14454.2

3.2　理化指标

理化指标应符合表2的规定。

表 2 理化指标

项　目	指　标	检验方法
2,5-二甲基吡嗪含量(w)/% ≥	98.0	附录 A
折光指数(20 ℃)	1.497～1.503	GB/T 14454.4
相对密度(25 ℃/25 ℃)	0.982～1.000	GB/T 11540

附　录　A
2,5-二甲基吡嗪含量的测定

A.1　仪器和设备

A.1.1　色谱仪：按 GB/T 11538—2006 中第 5 章的规定。

A.1.2　柱：毛细管柱。

A.1.3　检测器：氢火焰离子化检测器。

A.2　测定方法

面积归一化法：按 GB/T 11538—2006 中 10.4 测定含量。

A.3　重复性及结果表示

按 GB/T 11538—2006 中 11.4 的规定进行，应符合要求。

食品添加剂 2,5-二甲基吡嗪气相色谱图（面积归一化法）参见附录 B。

附　录　B
食品添加剂 2,5-二甲基吡嗪气相色谱图
（面积归一化法）

B.1　食品添加剂 2,5-二甲基吡嗪气相色谱图

见图 B.1。

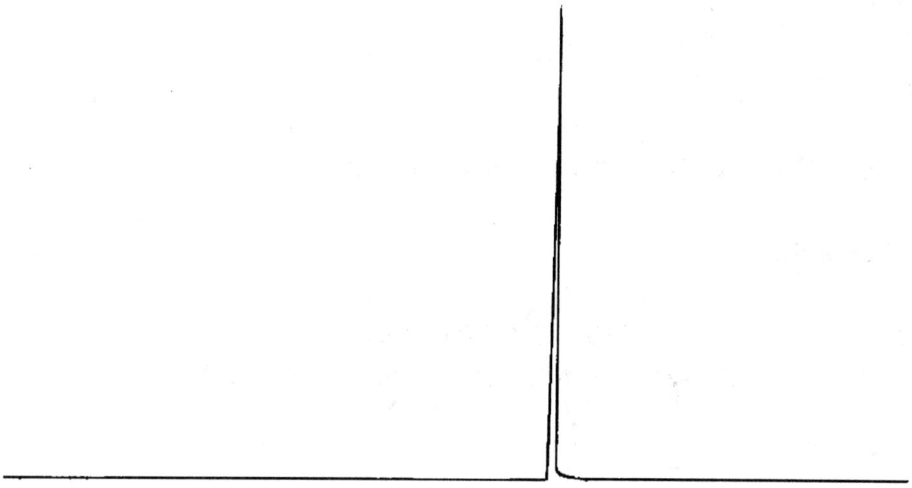

图 B.1　食品添加剂 2,5-二甲基吡嗪气相色谱图

B.2　操作条件

B.2.1　柱：毛细管柱，长 30 m，内径 0.25 mm。
B.2.2　固定相：聚乙二醇。
B.2.3　膜厚：0.25 μm。
B.2.4　色谱炉温度：50 ℃恒温 5 min；然后线性程序升温从 50 ℃～150 ℃，速率 3 ℃/min；最后在 150 ℃ 恒温 10 min。
B.2.5　进样口温度：240 ℃。
B.2.6　检测器温度：240 ℃。
B.2.7　检测器：氢火焰离子化检测器。
B.2.8　载气：氮气。
B.2.9　柱前压：60 kPa。
B.2.10　进样量：约 0.2 μL。
B.2.11　分流比：100∶1。

中华人民共和国国家标准

GB 29971—2013

食品安全国家标准
食品添加剂 苯甲醛丙二醇缩醛

2013-11-29 发布　　2014-06-01 实施

中华人民共和国
国家卫生和计划生育委员会 发布

附 录 A
肉桂酸苄酯含量的测定

A.1 仪器和设备

A.1.1 色谱仪:按 GB/T 11538—2006 中第 5 章的规定。

A.1.2 柱:毛细管柱。

A.1.3 检测器:氢火焰离子化检测器。

A.2 测定方法

面积归一化法:按 GB/T 11538—2006 中 10.4 测定含量。

试样制备:称取试样 1 g 溶于 10 mL 无水乙醇中,摇匀备用。

A.3 重复性及结果表示

按 GB/T 11538—2006 中 11.4 的规定进行,应符合要求。

食品添加剂肉桂酸苄酯气相色谱图(面积归一化法)参见附录 B。

附　录　B
食品添加剂肉桂酸苄酯气相色谱图
（面积归一化法）

B.1　食品添加剂肉桂酸苄酯气相色谱图

见图 B.1。

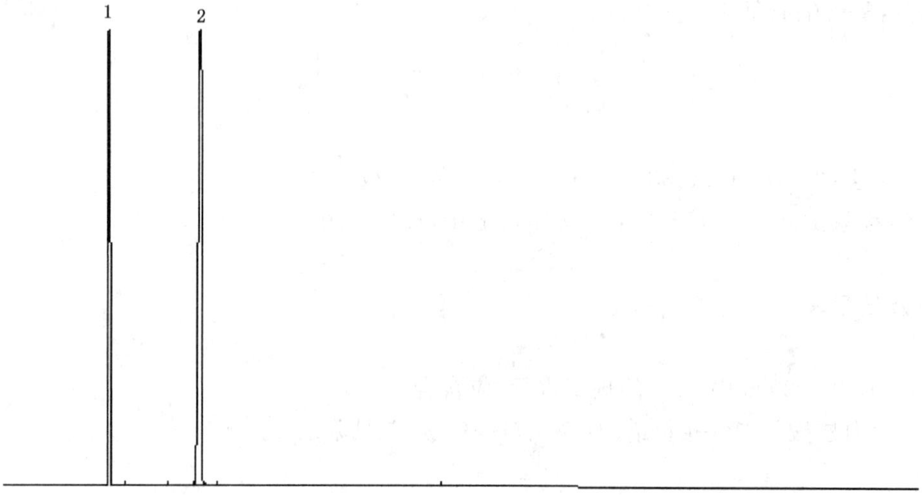

说明：

1——乙醇；

2——肉桂酸苄酯。

图 B.1　食品添加剂肉桂酸苄酯气相色谱图

B.2　操作条件

B.2.1　柱：毛细管柱，长 30 m，内径 0.25 mm。

B.2.2　固定相：100％二甲基聚硅氧烷。

B.2.3　膜厚：0.45 μm。

B.2.4　色谱炉温度：260 ℃恒温。

B.2.5　进样口温度：280 ℃。

B.2.6　检测器温度：300 ℃。

B.2.7　检测器：氢火焰离子化检测器。

B.2.8　载气：氮气。

B.2.9　载气流速：3 mL/min。

B.2.10　进样量：0.2 μL。

B.2.11　分流比：50∶1。

中华人民共和国国家标准

GB 29969—2013

食品安全国家标准
食品添加剂 肉桂酸肉桂酯

2013-11-29 发布　　2014-06-01 实施

中华人民共和国
国家卫生和计划生育委员会 发布

食品安全国家标准
食品添加剂　肉桂酸肉桂酯

1　范围

本标准适用于由肉桂酸乙酯和肉桂醇为原料制得的食品添加剂肉桂酸肉桂酯。

2　化学名称、分子式、结构式和相对分子质量

2.1　化学名称

3-苯基-2-丙烯醇 3-苯丙烯酸酯。

2.2　分子式

$C_{18}H_{16}O_{2}$

2.3　结构式

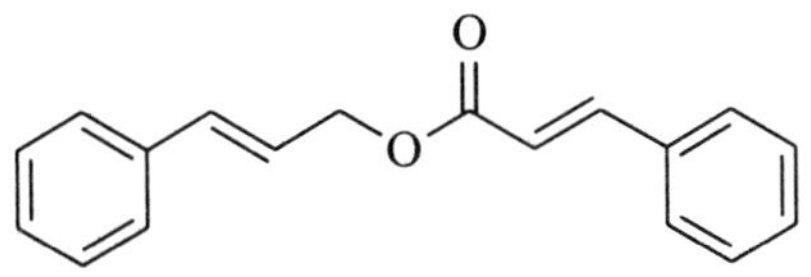

2.4　相对分子质量

264.32(按 2007 年国际相对原子质量)。

3　技术要求

3.1　感官要求

感官要求应符合表 1 的规定。

表 1　感官要求

项　目	要　求	检验方法
色泽	白色或无色	将试样置于一洁净白纸上，用目测法观察
状态	结晶	
香气	柔和的膏香、花香	GB/T 14454.2

3.2　理化指标

理化指标应符合表 2 的规定。

表 2 理化指标

项 目		指 标	检验方法
肉桂酸肉桂酯含量(w)/%	≥	95.0	附录 A
酸值(以 KOH 计)/(mg/g)	≤	2.0	GB/T 14455.5
熔点(℃)	≥	42	GB/T 14457.3

附 录 A
肉桂酸肉桂酯含量的测定

A.1 仪器和设备

A.1.1 色谱仪:按 GB/T 11538—2006 中第 5 章的规定。

A.1.2 柱:毛细管柱。

A.1.3 检测器:氢火焰离子化检测器。

A.2 测定方法

面积归一化法:按 GB/T 11538—2006 中 10.4 测定含量。

试样制备:称取试样 1 g 溶于 10 mL 无水乙醇中,摇匀备用。

A.3 重复性及结果表示

按 GB/T 11538—2006 中 11.4 的规定进行,应符合要求。

食品添加剂肉桂酸肉桂酯气相色谱图(面积归一化法)参见附录 B。

附 录 B
食品添加剂肉桂酸肉桂酯气相色谱图
（面积归一化法）

B.1 食品添加剂肉桂酸肉桂酯气相色谱图

见图 B.1。

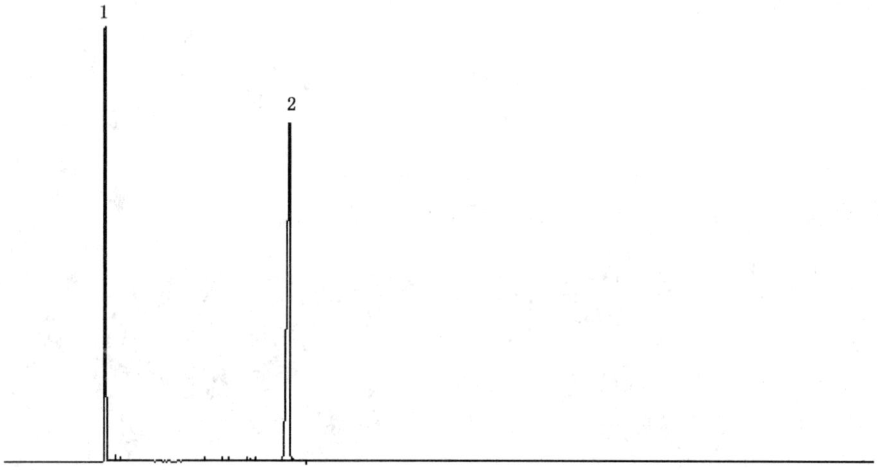

说明：

1——乙醇；

2——肉桂酸肉桂酯。

图 B.1 食品添加剂肉桂酸肉桂酯气相色谱图

B.2 操作条件

B.2.1 柱：毛细管柱，长 30 m，内径 0.25 mm。

B.2.2 固定相：100%二甲基聚硅氧烷。

B.2.3 膜厚：0.45 μm。

B.2.4 色谱炉温度：260 ℃恒温。

B.2.5 进样口温度：280 ℃。

B.2.6 检测器温度：300 ℃。

B.2.7 检测器：氢火焰离子化检测器。

B.2.8 载气：氮气。

B.2.9 载气流速：3 mL/min。

B.2.10 进样量：0.2 μL。

B.2.11 分流比：50∶1。

中华人民共和国国家标准

GB 29970—2013

食品安全国家标准
食品添加剂　2,5-二甲基吡嗪

2013-11-29 发布　　　　2014-06-01 实施

中华人民共和国
国家卫生和计划生育委员会　发布

食品安全国家标准

食品添加剂　2,5-二甲基吡嗪

1　范围

本标准适用于由环氧丙烷和1,2-丙二胺为原料制得的食品添加剂2,5-二甲基吡嗪。

2　化学名称、分子式、结构式和相对分子质量

2.1　化学名称

2,5-二甲基吡嗪。

2.2　分子式

$C_6H_8N_2$。

2.3　结构式

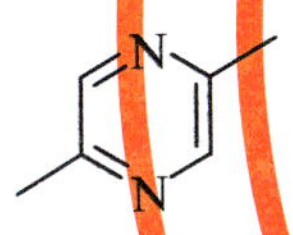

2.4　相对分子质量

108.14(按2007年国际相对原子质量)。

3　技术要求

3.1　感官要求

感官要求应符合表1的规定。

表1　感官要求

项　目	要　求	检验方法
色泽	无色至微黄色	将试样置于比色管内,用目测法观察
状态	液体	
香气	壤香、土豆样香气	GB/T 14454.2

3.2　理化指标

理化指标应符合表2的规定。

表 2 理化指标

项目	指标	检验方法
2,5-二甲基吡嗪含量(*w*)/% ≥	98.0	附录 A
折光指数(20 ℃)	1.497～1.503	GB/T 14454.4
相对密度(25 ℃/25 ℃)	0.982～1.000	GB/T 11540

附 录 A
2,5-二甲基吡嗪含量的测定

A.1 仪器和设备

A.1.1 色谱仪:按 GB/T 11538—2006 中第 5 章的规定。

A.1.2 柱:毛细管柱。

A.1.3 检测器:氢火焰离子化检测器。

A.2 测定方法

面积归一化法:按 GB/T 11538—2006 中 10.4 测定含量。

A.3 重复性及结果表示

按 GB/T 11538—2006 中 11.4 的规定进行,应符合要求。

食品添加剂 2,5-二甲基吡嗪气相色谱图(面积归一化法)参见附录 B。

附 录 B
食品添加剂 2,5-二甲基吡嗪气相色谱图
(面积归一化法)

B.1 食品添加剂 2,5-二甲基吡嗪气相色谱图

见图 B.1。

图 B.1 食品添加剂 2,5-二甲基吡嗪气相色谱图

B.2 操作条件

B.2.1 柱:毛细管柱,长 30 m,内径 0.25 mm。

B.2.2 固定相:聚乙二醇。

B.2.3 膜厚:0.25 μm。

B.2.4 色谱炉温度:50 ℃恒温 5 min;然后线性程序升温从 50 ℃~150 ℃,速率 3 ℃/min;最后在 150 ℃ 恒温 10 min。

B.2.5 进样口温度:240 ℃。

B.2.6 检测器温度:240 ℃。

B.2.7 检测器:氢火焰离子化检测器。

B.2.8 载气:氮气。

B.2.9 柱前压:60 kPa。

B.2.10 进样量:约 0.2 μL。

B.2.11 分流比:100∶1。

中华人民共和国国家标准

GB 29971—2013

食品安全国家标准

食品添加剂　苯甲醛丙二醇缩醛

2013-11-29 发布　　2014-06-01 实施

中华人民共和国
国家卫生和计划生育委员会　发布

食品安全国家标准
食品添加剂　苯甲醛丙二醇缩醛

1　范围

本标准适用于由苯甲醛和1,2-丙二醇为原料制得的食品添加剂苯甲醛丙二醇缩醛。

2　化学名称、分子式、结构式和相对分子质量

2.1　化学名称

4-甲基-2-苯基-1,3-二氧戊环。

2.2　分子式

$C_{10}H_{12}O_2$

2.3　结构式

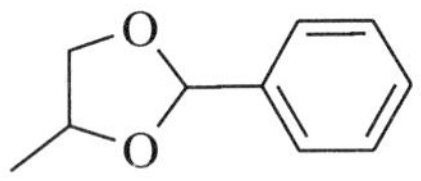

2.4　相对分子质量

164.20(按2007年国际相对原子质量)。

3　技术要求

3.1　感官要求

感官要求应符合表1的规定。

表1　感官要求

项　目	要　求	检验方法
色泽	无色至浅黄色	将试样置于比色管内,用目测法观察
状态	液体	
香气	柔和的杏仁样香气	GB/T 14454.2

3.2　理化指标

理化指标应符合表2的规定。

表 2　理化指标

项　　目		指　　标	检验方法
苯甲醛丙二醇缩醛含量(w)/%	≥	98.0	附录 A
酸值(以 KOH 计)/(mg/g)	≤	1.0	GB/T 14455.5
折光指数(20 ℃)		1.506～1.516	GB/T 14454.4
相对密度(25 ℃/25 ℃)		1.061～1.071	GB/T 11540

附　录　A
苯甲醛丙二醇缩醛含量的测定

A.1　仪器和设备

A.1.1　色谱仪：按 GB/T 11538—2006 中第 5 章的规定。

A.1.2　柱：毛细管柱。

A.1.3　检测器：氢火焰离子化检测器。

A.2　测定方法

面积归一化法：按 GB/T 11538—2006 中 10.4 测定含量。

A.3　重复性及结果表示

按 GB/T 11538—2006 中 11.4 的规定进行，应符合要求。

食品添加剂苯甲醛丙二醇缩醛气相色谱图（面积归一化法）参见附录 B。

附　录　B
食品添加剂苯甲醛丙二醇缩醛气相色谱图
（面积归一化法）

B.1　食品添加剂苯甲醛丙二醇缩醛气相色谱图

见图 B.1。

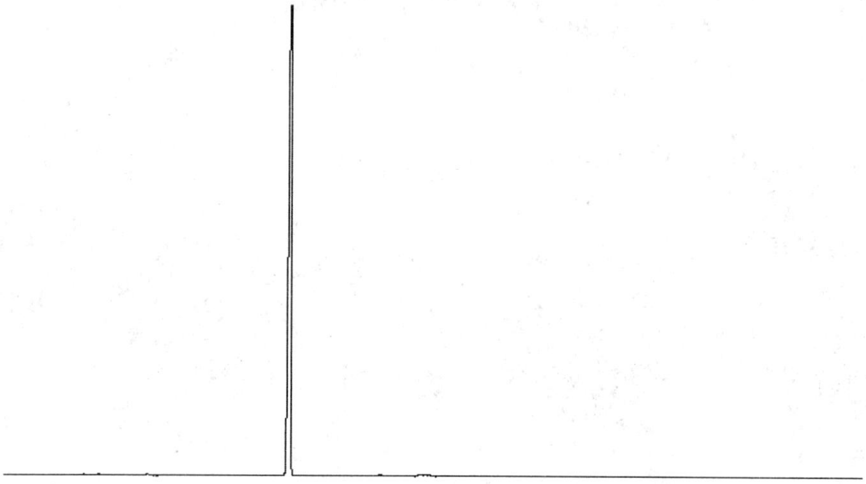

图 B.1　食品添加剂苯甲醛丙二醇缩醛气相色谱图

B.2　操作条件

B.2.1　柱：毛细管柱，长 30 m，内径 0.32 mm。

B.2.2　固定相：5%二苯基 95%二甲基聚硅氧烷。

B.2.3　膜厚：1.0 μm。

B.2.4　色谱炉温度：150 ℃恒温 3 min；然后线性程序升温从 150 ℃～250 ℃，速率 10 ℃/min；最后在 250 ℃恒温 5 min。

B.2.5　进样口温度：250 ℃。

B.2.6　检测器温度：280 ℃。

B.2.7　检测器：氢火焰离子化检测器。

B.2.8　载气：氮气。

B.2.9　柱前压：120 kPa。

B.2.10　进样量：0.1 μL。

B.2.11　分流比：50∶1。

中华人民共和国国家标准

GB 29972—2013

食品安全国家标准
食品添加剂　乙醛二乙缩醛

2013-11-29 发布　　　　2014-06-01 实施

中华人民共和国
国家卫生和计划生育委员会　发布

食品安全国家标准
食品添加剂　乙醛二乙缩醛

1　范围

本标准适用于由乙醛和乙醇为原料制得的食品添加剂乙醛二乙缩醛。

2　化学名称、分子式、结构式和相对分子质量

2.1　化学名称

1,1-二乙氧基乙烷。

2.2　分子式

$C_6H_{14}O_2$

2.3　结构式

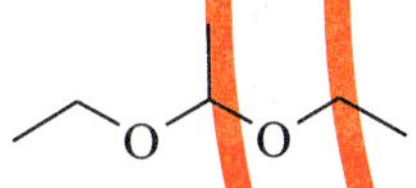

2.4　相对分子质量

118.18(按 2007 年国际相对原子质量)。

3　技术要求

3.1　感官要求

感官要求应符合表 1 的规定。

表 1　感官要求

项　目	要　求	检验方法
色泽	无色	将试样置于比色管内,用目测法观察
状态	液体	
香气	提神的、令人愉快的果香至青香	GB/T 14454.2

3.2　理化指标

理化指标应符合表 2 的规定。

表 2 理化指标

项 目		指 标	检验方法
乙醛二乙缩醛含量(w)/%	≥	95.0	附录 A
酸值(以 KOH 计)/(mg/g)	≤	1.0	GB/T 14455.5
折光指数(20 ℃)		1.378～1.386	GB/T 14454.4
相对密度(25 ℃/25 ℃)		0.822～0.831	GB/T 11540

附 录 A
乙醛二乙缩醛含量的测定

A.1 仪器和设备

A.1.1 色谱仪:按 GB/T 11538—2006 中第 5 章的规定。

A.1.2 柱:毛细管柱。

A.1.3 检测器:氢火焰离子化检测器。

A.2 测定方法

面积归一化法:按 GB/T 11538—2006 中 10.4 测定含量。

A.3 重复性及结果表示

按 GB/T 11538—2006 中 11.4 的规定进行,应符合要求。

食品添加剂乙醛二乙缩醛气相色谱图(面积归一化法)参见附录 B。

附　录　B
食品添加剂乙醛二乙缩醛气相色谱图
（面积归一化法）

B.1　食品添加剂乙醛二乙缩醛气相色谱图

见图 B.1。

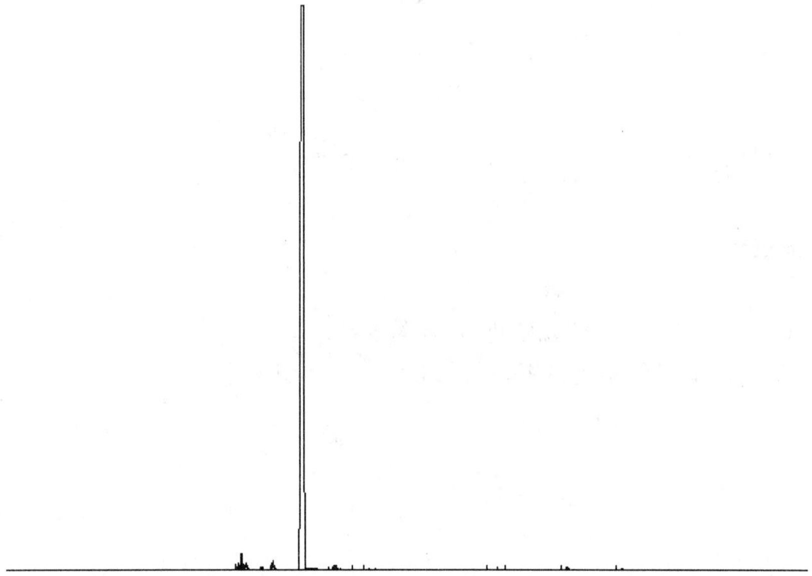

图 B.1　食品添加剂乙醛二乙缩醛气相色谱图

B.2　操作条件

B.2.1　柱：毛细管柱，长 30 m，内径 0.32 mm。

B.2.2　固定相：5%苯基甲基聚硅氧烷。

B.2.3　膜厚：0.25 μm。

B.2.4　色谱炉温度：80 ℃恒温。

B.2.5　进样口温度：250 ℃。

B.2.6　检测器温度：250 ℃。

B.2.7　检测器：氢火焰离子化检测器。

B.2.8　载气：氮气。

B.2.9　柱前压：50 kPa。

B.2.10　进样量：0.2 μL。

B.2.11　分流比：75∶1。

中华人民共和国国家标准

GB 29973—2013

食品安全国家标准
食品添加剂 2-异丙基-4-甲基噻唑

2013-11-29 发布　　2014-06-01 实施

中华人民共和国
国家卫生和计划生育委员会　发布

食品安全国家标准
食品添加剂　2-异丙基-4-甲基噻唑

1　范围

本标准适用于由异丁酰胺为主要原料制得的食品添加剂 2-异丙基-4-甲基噻唑。

2　化学名称、分子式、结构式和相对分子质量

2.1　化学名称

2-异丙基-4-甲基噻唑。

2.2　分子式

$C_7H_{11}NS$

2.3　结构式

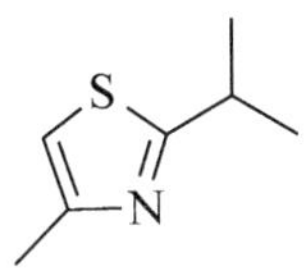

2.4　相对分子质量

141.24(按 2007 年国际相对原子质量)。

3　技术要求

3.1　感官要求

感官要求应符合表 1 的规定。

表 1　感官要求

项　目	要　求	检验方法
色泽	无色至黄色	将试样置于比色管内,用目测法观察
状态	液体	
香气	青香、药草香、蔬菜香、壤香	GB/T 14454.2

3.2　理化指标

理化指标应符合表 2 的规定。

表 2 理化指标

项 目	指 标	检验方法
2-异丙基-4-甲基噻唑含量(w)/% ≥	98.0	附录 A
折光指数(20 ℃)	1.480～1.502	GB/T 14454.4
相对密度(25 ℃/25 ℃)	0.997～1.007	GB/T 11540

附　录　A
2-异丙基-4-甲基噻唑含量的测定

A.1　仪器和设备

A.1.1　色谱仪:按 GB/T 11538—2006 中第 5 章的规定。

A.1.2　柱:毛细管柱。

A.1.3　检测器:氢火焰离子化检测器。

A.2　测定方法

面积归一化法:按 GB/T 11538—2006 中 10.4 测定含量。

A.3　重复性及结果表示

按 GB/T 11538—2006 中 11.4 的规定进行,应符合要求。

食品添加剂 2-异丙基-4-甲基噻唑气相色谱图(面积归一化法)参见附录 B。

附　录　B
食品添加剂2-异丙基-4-甲基噻唑气相色谱图
（面积归一化法）

B.1　食品添加剂2-异丙基-4-甲基噻唑气相色谱图

见图B.1。

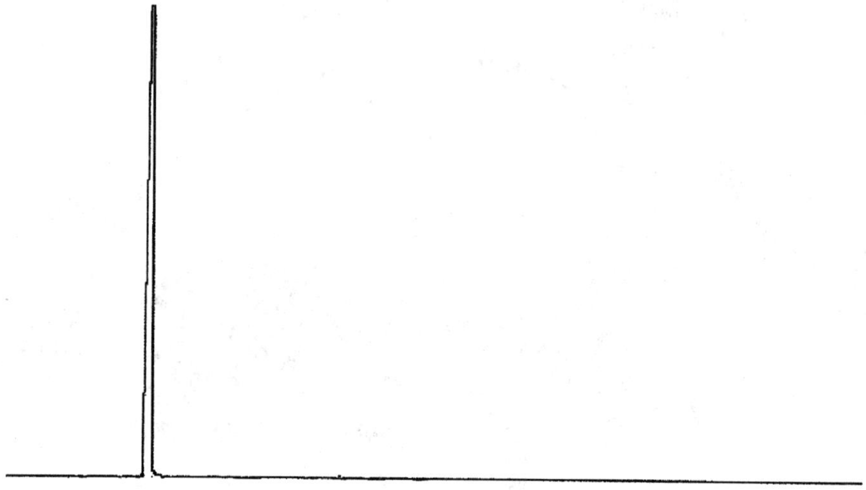

图 B.1　食品添加剂2-异丙基-4-甲基噻唑气相色谱图

B.2　操作条件

B.2.1　柱：毛细管柱，长30 m，内径0.25 mm。

B.2.2　固定相：聚乙二醇。

B.2.3　膜厚：0.25 μm。

B.2.4　色谱炉温度：110 ℃恒温10 min；然后线性程序升温从110 ℃～200 ℃，速率10 ℃/min；最后在200 ℃恒温20 min。

B.2.5　进样口温度：240 ℃。

B.2.6　检测器温度：240 ℃。

B.2.7　检测器：氢火焰离子化检测器。

B.2.8　载气：氮气。

B.2.9　柱前压：60 kPa。

B.2.10　进样量：约0.2 μL。

B.2.11　分流比：100∶1。

中华人民共和国国家标准

GB 29974—2013

食品安全国家标准
食品添加剂　糠基硫醇（咖啡醛）

2013-11-29 发布　　2014-06-01 实施

中华人民共和国
国家卫生和计划生育委员会　发布

食品安全国家标准
食品添加剂 糠基硫醇(咖啡醛)

1 范围

本标准适用于由糠醇和硫脲为原料制得的食品添加剂糠基硫醇(咖啡醛)。

2 化学名称、分子式、结构式和相对分子质量

2.1 化学名称

2-呋喃基甲硫醇。

2.2 分子式

C_5H_6OS

2.3 结构式

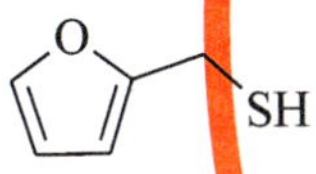

2.4 相对分子质量

114.16(按2007年国际相对原子质量)。

3 技术要求

3.1 感官要求

感官要求应符合表1的规定。

表1 感官要求

项　目	要　求	检验方法
色泽	无色(久置易变成深棕色)	将试样置于比色管内,用目测法观察
状态	油状液体	
香气	特别强烈的扩散性的气息,稀释后变为令人愉快的咖啡样香气、焦糖香-烘烤香、甜香	GB/T 14454.2

3.2 理化指标

理化指标应符合表2的规定。

表 2 理化指标

项 目	指 标	检验方法
糠基硫醇含量(*w*)/% ≥	97.0	附录 A
折光指数(20 ℃)	1.527～1.542	GB/T 14454.4
相对密度(25 ℃/25 ℃)	1.122～1.132	GB/T 11540

附 录 A
糠基硫醇含量的测定

A.1 仪器和设备

A.1.1 色谱仪:按 GB/T 11538—2006 中第 5 章的规定。

A.1.2 柱:毛细管柱。

A.1.3 检测器:氢火焰离子化检测器。

A.2 测定方法

面积归一化法:按 GB/T 11538—2006 中 10.4 测定含量。

A.3 重复性及结果表示

按 GB/T 11538—2006 中 11.4 的规定进行,应符合要求。

食品添加剂糠基硫醇气相色谱图(面积归一化法)参见附录 B。

附 录 B
食品添加剂糠基硫醇气相色谱图
（面积归一化法）

B.1 食品添加剂糠基硫醇气相色谱图

见图 B.1。

图 B.1 食品添加剂糠基硫醇气相色谱图

B.2 操作条件

B.2.1 柱：毛细管柱，长 30 m，内径 0.25 mm。

B.2.2 固定相：聚乙二醇。

B.2.3 膜厚：0.25 μm。

B.2.4 色谱炉温度：130 ℃恒温 10 min；然后线性程序升温从 130 ℃～200 ℃，速率 10 ℃/min；最后在 200 ℃恒温 20 min。

B.2.5 进样口温度：240 ℃。

B.2.6 检测器温度：240 ℃。

B.2.7 检测器：氢火焰离子化检测器。

B.2.8 载气：氮气。

B.2.9 柱前压：60 kPa。

B.2.10 进样量：约 0.2 μL。

B.2.11 分流比：100∶1。

中华人民共和国国家标准

GB 29975—2013

食品安全国家标准

食品添加剂 二糠基二硫醚

2013-11-29 发布　　　　2014-06-01 实施

中华人民共和国国家卫生和计划生育委员会　发布

食品安全国家标准

食品添加剂　二糠基二硫醚

1　范围

本标准适用于由糠硫醇为原料制得的食品添加剂二糠基二硫醚。

2　化学名称、分子式、结构式和相对分子质量

2.1　化学名称

二糠基二硫醚。

2.2　分子式

$C_{10}H_{10}O_2S_2$

2.3　结构式

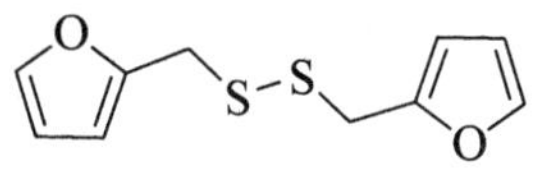

2.4　相对分子质量

226.31(按 2007 年国际相对原子质量)。

3　技术要求

3.1　感官要求

感官要求应符合表 1 的规定。

表 1　感官要求

项　目	要　求	检验方法
色泽	苍黄色(久置易变成酱红色)	将试样置于比色管内,用目测法观察
状态	油状液体	
香气	带有硫磺气息,稀释后带有强烈的烘烤香、烤肉香、坚果香	GB/T 14454.2

3.2　理化指标

理化指标应符合表 2 的规定。

表 2 理化指标

项 目		指 标	检验方法
二糠基二硫醚含量(*w*)/%	≥	96.0	附录 A
折光指数(20 ℃)		1.585～1.598	GB/T 14454.4
相对密度(25 ℃/25 ℃)		1.229～1.248	GB/T 11540

附 录 A
二糠基二硫醚含量的测定

A.1 仪器和设备

A.1.1 色谱仪:按 GB/T 11538—2006 中第 5 章的规定。

A.1.2 柱:毛细管柱。

A.1.3 检测器:氢火焰离子化检测器。

A.2 测定方法

面积归一化法:按 GB/T 11538—2006 中 10.4 测定含量。

A.3 重复性及结果表示

按 GB/T 11538—2006 中 11.4 的规定进行,应符合要求。

食品添加剂二糠基二硫醚气相色谱图(面积归一化法)参见附录 B。

附 录 B
食品添加剂二糖基二硫醚气相色谱图
（面积归一化法）

B.1 食品添加剂二糖基二硫醚气相色谱图

见图 B.1。

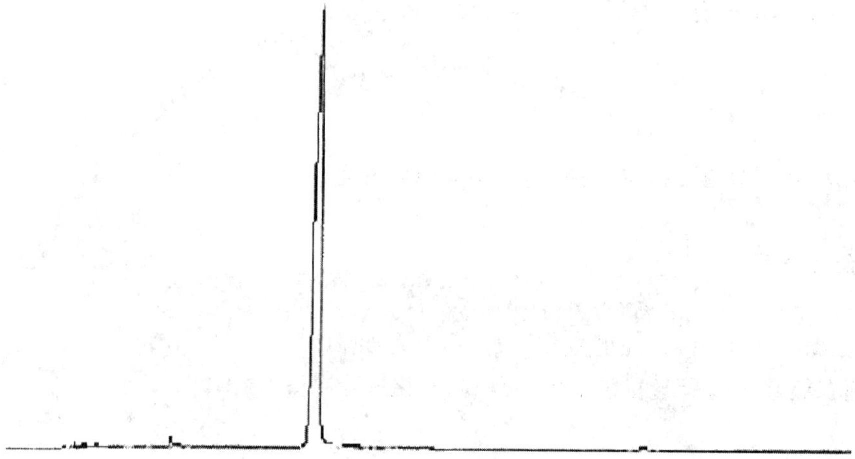

图 B.1 食品添加剂二糖基二硫醚气相色谱图

B.2 操作条件

B.2.1 柱：毛细管柱，长 30 m，内径 0.53 mm。

B.2.2 固定相：5%二苯基 95%二甲基聚硅氧烷。

B.2.3 膜厚：1.5 μm。

B.2.4 色谱炉温度：200 ℃恒温。

B.2.5 进样口温度：250 ℃。

B.2.6 检测器温度：250 ℃。

B.2.7 检测器：氢火焰离子化检测器。

B.2.8 载气：氮气。

B.2.9 柱前压：20 kPa。

B.2.10 进样量：约 0.2 μL。

B.2.11 分流比：100∶1。

中华人民共和国国家标准

GB 29976—2013

食品安全国家标准
食品添加剂 1-辛烯-3-醇

2013-11-29 发布　　　　2014-06-01 实施

中华人民共和国
国家卫生和计划生育委员会 发布

食品安全国家标准
食品添加剂　1-辛烯-3-醇

1　范围

本标准适用于由丙烯醛和1-溴戊烷为原料制得的食品添加剂1-辛烯-3-醇。

2　化学名称、分子式、结构式和相对分子质量

2.1　化学名称

1-辛烯-3-醇。

2.2　分子式

$C_8H_{16}O$

2.3　结构式

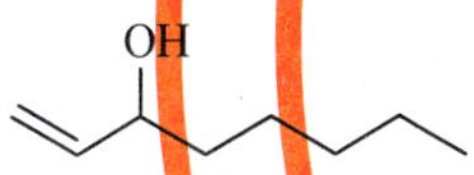

2.4　相对分子质量

128.21(按2007年国际相对原子质量)。

3　技术要求

3.1　感官要求

感官要求应符合表1的规定。

表1　感官要求

项　　目	要　　求	检验方法
色泽	无色至浅黄色	将试样置于比色管内,用目测法观察
状态	油状液体	
香气	蘑菇香、药草香	GB/T 14454.2

3.2　理化指标

理化指标应符合表2的规定。

表 2 理化指标

项　　目	指　　标	检验方法
1-辛烯-3-醇含量(w)/%　　≥	96.0	附录 A
折光指数(20 ℃)	1.431～1.442	GB/T 14454.4
相对密度(25 ℃/25 ℃)	0.833～0.845	GB/T 11540

附 录 A
1-辛烯-3-醇含量的测定

A.1 仪器和设备

A.1.1 色谱仪:按 GB/T 11538—2006 中第 5 章的规定。

A.1.2 柱:毛细管柱。

A.1.3 检测器:氢火焰离子化检测器。

A.2 测定方法

面积归一化法:按 GB/T 11538—2006 中 10.4 测定含量。

A.3 重复性及结果表示

按 GB/T 11538—2006 中 11.4 的规定进行,应符合要求。

食品添加剂 1-辛烯-3-醇气相色谱图(面积归一化法)参见附录 B。

附 录 B
食品添加剂 1-辛烯-3-醇气相色谱图
（面积归一化法）

B.1 食品添加剂 1-辛烯-3-醇气相色谱图

见图 B.1。

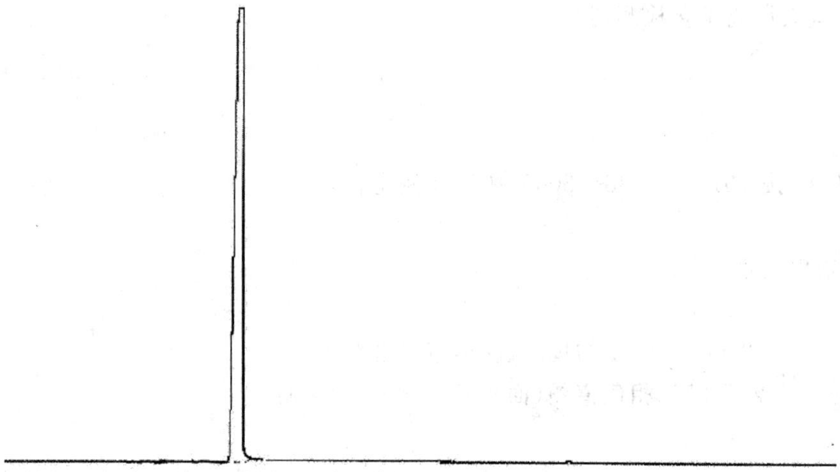

图 B.1 食品添加剂 1-辛烯-3-醇气相色谱图

B.2 操作条件

B.2.1 柱：毛细管柱，长 30 m，内径 0.25 mm。

B.2.2 固定相：聚乙二醇。

B.2.3 膜厚：0.25 μm。

B.2.4 色谱炉温度：120 ℃恒温 10 min；然后线性程序升温从 120 ℃～200 ℃，速率 10 ℃/min；最后在 200 ℃恒温 20 min。

B.2.5 进样口温度：240 ℃。

B.2.6 检测器温度：240 ℃。

B.2.7 检测器：氢火焰离子化检测器。

B.2.8 载气：氮气。

B.2.9 柱前压：60 kPa。

B.2.10 进样量：约 0.2 μL。

B.2.11 分流比：100∶1。

中华人民共和国国家标准

GB 29977—2013

食品安全国家标准

食品添加剂 2-乙酰基吡咯

2013-11-29 发布

2014-06-01 实施

中华人民共和国
国家卫生和计划生育委员会 发布

食品安全国家标准
食品添加剂　2-乙酰基吡咯

1　范围

本标准适用于由吡咯和 *N*,*N*-二甲基乙酰胺为原料制得的食品添加剂 2-乙酰基吡咯。

2　化学名称、分子式、结构式和相对分子质量

2.1　化学名称

2-乙酰基吡咯。

2.2　分子式

C_6H_7ON

2.3　结构式

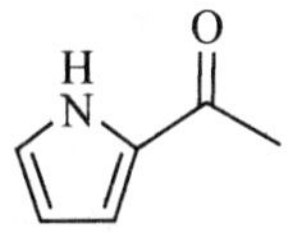

2.4　相对分子质量

109.13(按 2007 年国际相对原子质量)。

3　技术要求

3.1　感官要求

感官要求应符合表 1 的规定。

表 1　感官要求

<table>
<tr><th>项　目</th><th>要　求</th><th>检验方法</th></tr>
<tr><td>色泽</td><td>白色至微黄色</td><td rowspan="2">将试样置于一洁净白纸上,用目测法观察</td></tr>
<tr><td>状态</td><td>结晶</td></tr>
<tr><td>香气</td><td>面包香、胡桃香、甘草样香气</td><td>GB/T 14454.2</td></tr>
</table>

3.2　理化指标

理化指标应符合表 2 的规定。

表 2　理化指标

项　　目	指　　标	检验方法
2-乙酰基吡咯含量(w)/%　　　≥	97.0	附录 A
熔点/℃	87～93	GB/T 14457.3

附 录 A
2-乙酰基吡咯含量的测定

A.1 仪器和设备

A.1.1 色谱仪:按 GB/T 11538—2006 中第 5 章的规定。

A.1.2 柱:毛细管柱。

A.1.3 检测器:氢火焰离子化检测器。

A.2 测定方法

面积归一化法:按 GB/T 11538—2006 中 10.4 测定含量。

试样制备:称取试样 1 g 溶于 10 mL 无水乙醇中,摇匀备用。

A.3 重复性及结果表示

按 GB/T 11538—2006 中 11.4 的规定进行,应符合要求。

食品添加剂 2-乙酰基吡咯气相色谱图(面积归一化法)参见附录 B。

附　录　B
食品添加剂 2-乙酰基吡咯气相色谱图
（面积归一化法）

B.1　食品添加剂 2-乙酰基吡咯气相色谱图

见图 B.1。

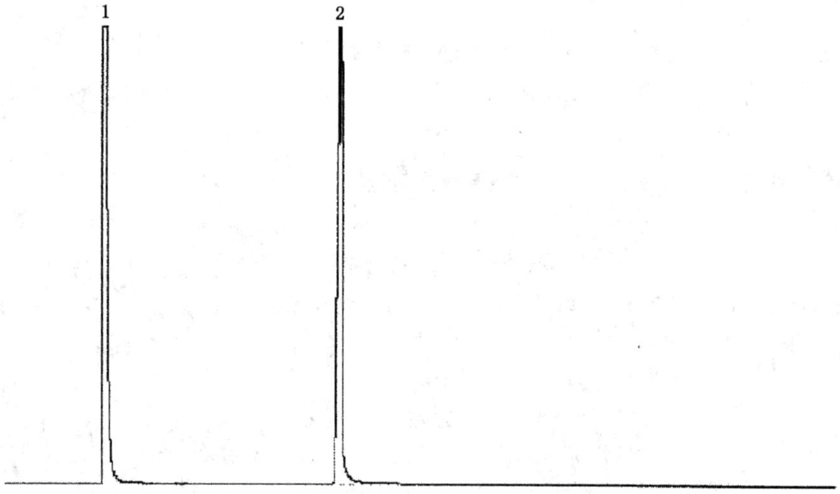

说明：

1——乙醇；

2——2-乙酰基吡咯。

图 B.1　食品添加剂 2-乙酰基吡咯气相色谱图

B.2　操作条件

B.2.1　柱：毛细管柱，长 30 m，内径 0.25 mm。

B.2.2　固定相：聚乙二醇。

B.2.3　膜厚：0.25 μm。

B.2.4　色谱炉温度：180 ℃恒温 10 min；然后线性程序升温从 180 ℃～200 ℃，速率 10 ℃/min；最后在 200 ℃恒温 20 min。

B.2.5　进样口温度：240 ℃。

B.2.6　检测器温度：240 ℃。

B.2.7　检测器：氢火焰离子化检测器。

B.2.8 载气：氮气。

B.2.9 柱前压：60 kPa。

B.2.10 进样量：约 0.2 μL。

B.2.11 分流比：100∶1。

中华人民共和国国家标准

GB 29978—2013

食品安全国家标准
食品添加剂 2-己烯醛(叶醛)

2013-11-29 发布

2014-06-01 实施

中华人民共和国
国家卫生和计划生育委员会 发布

食品安全国家标准

食品添加剂　2-己烯醛(叶醛)

1　范围

本标准适用于由丁醛和乙烯基乙醚为原料制得的食品添加剂 2-己烯醛(叶醛)。

2　化学名称、分子式、结构式和相对分子质量

2.1　化学名称

2-己烯醛。

2.2　分子式

$C_6H_{10}O$

2.3　结构式

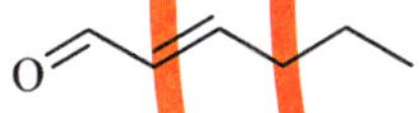

2.4　相对分子质量

98.14(按 2007 年国际相对原子质量)。

3　技术要求

3.1　感官要求

感官要求应符合表 1 的规定。

表 1　感官要求

项目	要求	检验方法
色泽	无色至苍黄色	将试样置于比色管内,用目测法观察
状态	油状液体	
香气	强烈的果香、青香、蔬菜样香气	GB/T 14454.2

3.2　理化指标

理化指标应符合表 2 的规定。

表 2 理化指标

项目		指标	检验方法
2-己烯醛含量(顺反异构体总和 w)/%	≥	92.0	附录 A
酸值(以 KOH 计)/(mg/g)	≤	10.0	GB/T 14455.5
折光指数(20 ℃)		1.443～1.449	GB/T 14454.4
相对密度(25 ℃/25 ℃)		0.841～0.848	GB/T 11540

附　录　A
2-己烯醛含量的测定

A.1　仪器和设备

A.1.1　色谱仪:按 GB/T 11538—2006 中第 5 章的规定。

A.1.2　柱:毛细管柱。

A.1.3　检测器:氢火焰离子化检测器。

A.2　测定方法

面积归一化法:按 GB/T 11538—2006 中 10.4 测定含量。

A.3　重复性及结果表示

按 GB/T 11538—2006 中 11.4 的规定进行,应符合要求。

食品添加剂 2-己烯醛气相色谱图(面积归一化法)参见附录 B。

附　录　B
食品添加剂 2-己烯醛气相色谱图
（面积归一化法）

B.1　食品添加剂 2-己烯醛气相色谱图

见图 B.1。

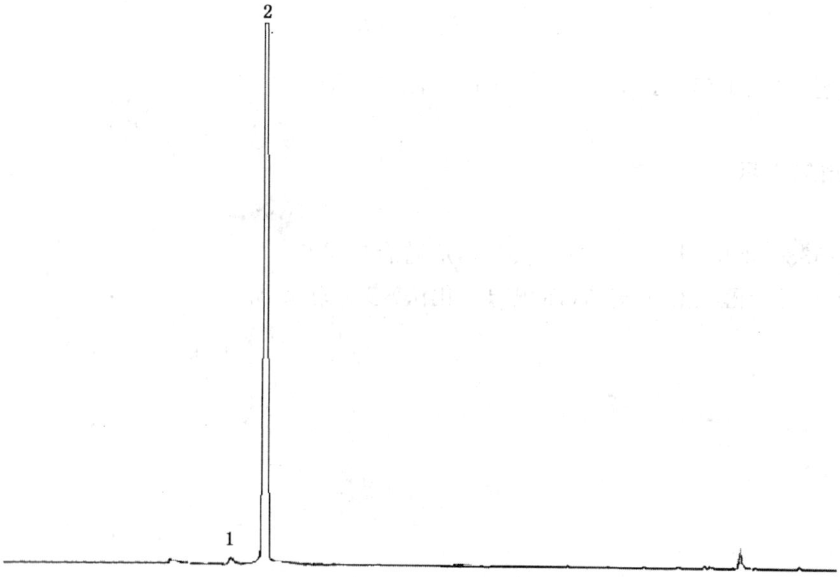

说明：

1——顺式-2-己烯醛；

2——反式-2-己烯醛。

图 B.1　食品添加剂 2-己烯醛气相色谱图

B.2　操作条件

B.2.1　柱：毛细管柱，长 30 m，内径 0.25 mm。

B.2.2　固定相：聚乙二醇。

B.2.3　膜厚：0.25 μm。

B.2.4　色谱炉温度：70 ℃恒温 10 min；然后线性程序升温从 70 ℃～200 ℃，速率 10 ℃/min；最后在 200 ℃恒温 10 min。

B.2.5　进样口温度：240 ℃。

B.2.6　检测器温度：240 ℃。

B.2.7 检测器:氢火焰离子化检测器。

B.2.8 载气:氮气。

B.2.9 柱前压:60 kPa。

B.2.10 进样量:约 0.2 μL。

B.2.11 分流比:100∶1。

中华人民共和国国家标准

GB 29979—2013

食品安全国家标准
食品添加剂　氧化芳樟醇

2013-11-29 发布　　2014-06-01 实施

中华人民共和国农业部
中华人民共和国国家卫生和计划生育委员会　发布

食品安全国家标准
食品添加剂　氧化芳樟醇

1　范围

本标准适用于由芳樟醇为原料制得的食品添加剂氧化芳樟醇(呋喃型)。

2　化学名称、分子式、结构式和相对分子质量

2.1　化学名称

2-甲基-5-(1-羟基-1-甲基乙基)-2-乙烯基四氢呋喃。

2.2　分子式

$C_{10}H_{18}O_2$

2.3　结构式

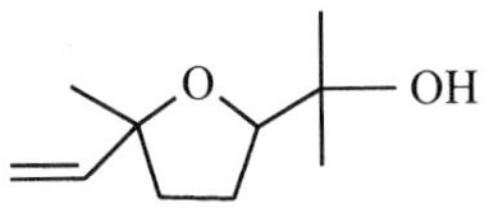

(呋喃型)

2.4　相对分子质量

170.25(按2007年国际相对原子质量)。

3　技术要求

3.1　感官要求

感官要求应符合表1的规定。

表1　感官要求

项　　目	要　　求	检验方法
色泽	无色至微黄色	将试样置于比色管内,用目测法观察
状态	液体	
香气	强烈的甜香-木香香气,带有花香底韵	GB/T 14454.2

3.2　理化指标

理化指标应符合表2的规定。

表 2　理化指标

项　　目		指　　标	检验方法
氧化芳樟醇含量(顺反异构体总和,w)/%	≥	95.0	附录 A
酸值(以 KOH 计)/(mg/g)	≤	3.0	GB/T 14455.5
折光指数(20 ℃)		1.451～1.456	GB/T 14454.4
相对密度(25 ℃/25 ℃)		0.938～0.948	GB/T 11540

附　录　A
氧化芳樟醇含量的测定

A.1　仪器和设备

A.1.1　色谱仪：按 GB/T 11538—2006 中第 5 章的规定。

A.1.2　柱：毛细管柱。

A.1.3　检测器：氢火焰离子化检测器。

A.2　测定方法

面积归一化法：按 GB/T 11538—2006 中 10.4 测定含量。

A.3　重复性及结果表示

按 GB/T 11538—2006 中 11.4 规定进行，应符合要求。

食品添加剂氧化芳樟醇气相色谱图(面积归一化法)参见附录 B。

附　录　B
食品添加剂氧化芳樟醇气相色谱图
（面积归一化法）

B.1　食品添加剂氧化芳樟醇气相色谱图

见图 B.1。

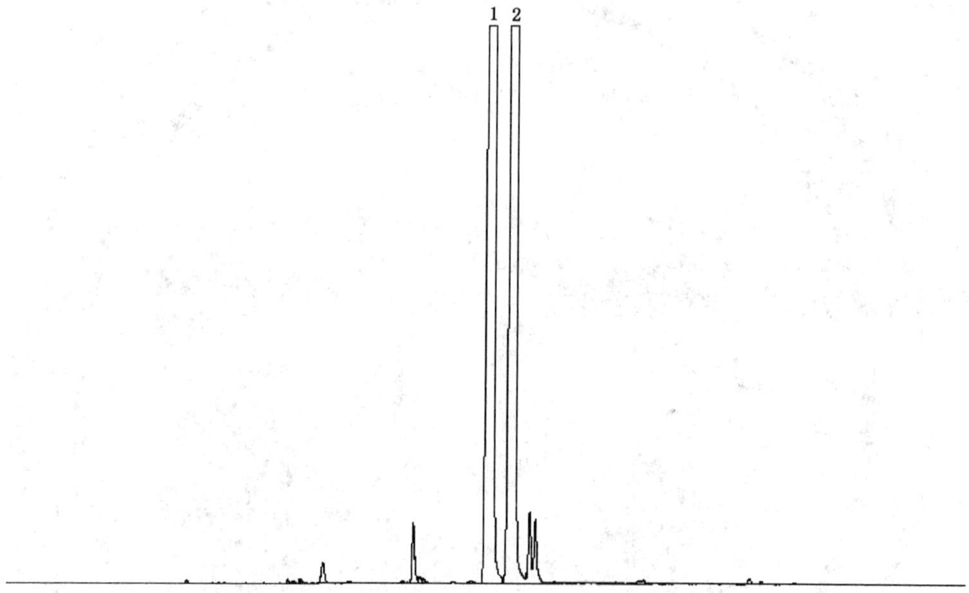

说明：

1——顺式氧化芳樟醇；

2——反式氧化芳樟醇。

图 B.1　食品添加剂氧化芳樟醇气相色谱图

B.2　操作条件

B.2.1　柱：毛细管柱，长 30 m，内径 0.25 mm。

B.2.2　固定相：100％二甲基聚硅氧烷。

B.2.3　膜厚：0.25 μm。

B.2.4　色谱炉温度：110 ℃恒温。

B.2.5　进样口温度：210 ℃。

B.2.6　检测器温度：260 ℃。

B.2.7　检测器：氢火焰离子化检测器。

B.2.8 载气:氮气。

B.2.9 柱前压:60 kPa。

B.2.10 进样量:0.1 μL。

B.2.11 分流比:100∶1。

中华人民共和国国家标准

GB 29980—2013

食品安全国家标准
食品添加剂　异硫氰酸烯丙酯

2013-11-29 发布　　2014-06-01 实施

中华人民共和国国家卫生和计划生育委员会　发布

食品安全国家标准

食品添加剂 异硫氰酸烯丙酯

1 范围

本标准适用于由硫氰酸钠和烯丙基氯为原料制得的食品添加剂异硫氰酸烯丙酯。

2 化学名称、分子式、结构式和相对分子质量

2.1 化学名称

异硫氰酸烯丙酯。

2.2 分子式

C_4H_5NS

2.3 结构式

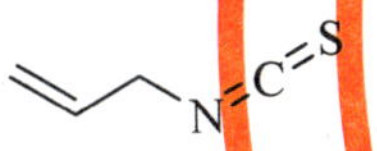

2.4 相对分子质量

99.15(按 2007 年国际相对原子质量)。

3 技术要求

3.1 感官要求

感官要求应符合表 1 的规定。

表 1 感官要求

项　　目	要　　求	检验方法
色泽	无色至苍黄色	将试样置于比色管内,用目测法观察
状态	液体	
香气	非常辛辣的刺激性气味	GB/T 14454.2[a]
[a] 评定时需用丙二醇将样品稀释 100 倍后进行。		

3.2 理化指标

理化指标应符合表 2 的规定。

表 2 理化指标

项 目		指 标	检验方法
异硫氰酸烯丙酯含量(*w*)/%	≥	98.0	附录 A
酸值(以 KOH 计)/(mg/g)	≤	1.0	GB/T 14455.5[a]
折光指数(20 ℃)		1.524～1.532	GB/T 14454.4
相对密度(25 ℃/25 ℃)		1.013～1.020	GB/T 11540
[a] 指示剂为酚红指示液。			

附 录 A
异硫氰酸烯丙酯含量的测定

A.1 仪器和设备

A.1.1 色谱仪:按 GB/T 11538—2006 中第5章的规定。

A.1.2 柱:毛细管柱。

A.1.3 检测器:氢火焰离子化检测器。

A.2 测定方法

面积归一化法:按 GB/T 11538—2006 中10.4测定含量。

A.3 重复性及结果表示

按 GB/T 11538—2006 中11.4的规定进行,应符合要求。

食品添加剂异硫氰酸烯丙酯气相色谱图(面积归一化法)参见附录B。

附 录 B
食品添加剂异硫氰酸烯丙酯气相色谱图
（面积归一化法）

B.1 食品添加剂异硫氰酸烯丙酯气相色谱图

见图 B.1。

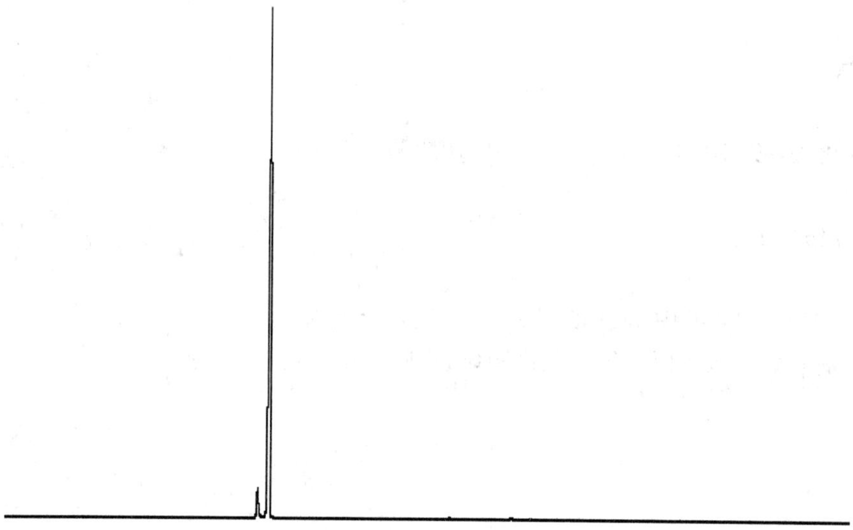

图 B.1 食品添加剂异硫氰酸烯丙酯气相色谱图

B.2 操作条件

B.2.1 柱：毛细管柱，长 30 m，内径 0.32 mm。

B.2.2 固定相：5%二苯基 95%二甲基聚硅氧烷。

B.2.3 膜厚：1.0 μm。

B.2.4 色谱炉温度：80 ℃恒温 3 min；然后线性程序升温从 80 ℃～250 ℃，速率 18 ℃/min；最后在 250 ℃ 恒温 5 min。

B.2.5 进样口温度：230 ℃。

B.2.6 检测器温度：280 ℃。

B.2.7 检测器：氢火焰离子化检测器。

B.2.8 载气：氮气。

B.2.9 柱前压：96 kPa。

B.2.10 进样量：0.1 μL。

B.2.11 分流比：50∶1。

中华人民共和国国家标准

GB 29981—2013

食品安全国家标准
食品添加剂
N-乙基-2-异丙基-5-甲基-环己烷甲酰胺

2013-11-29 发布　　2014-06-01 实施

中华人民共和国
国家卫生和计划生育委员会 发布

食品安全国家标准

食品添加剂 *N*-乙基-2-异丙基-5-甲基-环己烷甲酰胺

1 范围

本标准适用于由 *l*-薄荷脑和乙胺为原料制得的食品添加剂 *N*-乙基-2-异丙基-5-甲基-环己烷甲酰胺。

2 化学名称、分子式、结构式和相对分子质量

2.1 化学名称

N-乙基-2 异丙基-5-甲基-环己烷甲酰胺。

2.2 分子式

$C_{13}H_{25}ON$

2.3 结构式

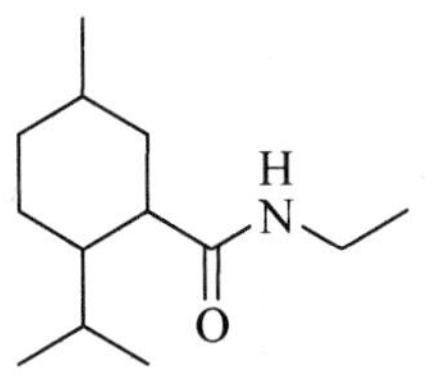

2.4 相对分子质量

211.35(按 2007 年国际相对原子质量)。

3 技术要求

3.1 感官要求

感官要求应符合表 1 的规定。

表 1 感官要求

项　　目	要　　求	检验方法
色泽	白色	将试样置于一洁净白纸上,用目测法观察
状态	结晶性固体	
香气	轻微的薄荷样凉味	GB/T 14454.2

3.2 理化指标

理化指标应符合表 2 的规定。

表 2 理化指标

项目	指标	检验方法
N-乙基-2-异丙基-5-甲基-环己烷甲酰胺含量(w)/% ≥	99.0	附录 A
熔点/℃	91～98	GB/T 14457.3

附　录　A
N-乙基-2 异丙基-5-甲基-环己烷甲酰胺含量的测定

A.1　仪器和设备

A.1.1　色谱仪：按 GB/T 11538—2006 中第 5 章的规定。

A.1.2　柱：毛细管柱。

A.1.3　检测器：氢火焰离子化检测器。

A.2　测定方法

面积归一化法：按 GB/T 11538—2006 中 10.4 测定含量。

试样制备：称取试样 1 g 溶于 2 mL 无水乙醇中，摇匀备用。

A.3　重复性及结果表示

按 GB/T 11538—2006 中 11.4 的规定进行，应符合要求。

食品添加剂 *N*-乙基-2-异丙基-5-甲基-环己烷甲酰胺气相色谱图（面积归一化法）参见附录 B。

附　录　B
食品添加剂 *N*-乙基-2-异丙基-5-甲基-环己烷甲酰胺气相色谱图
（面积归一化法）

B.1　食品添加剂 *N*-乙基-2-异丙基-5-甲基-环己烷甲酰胺气相色谱图

见图 B.1。

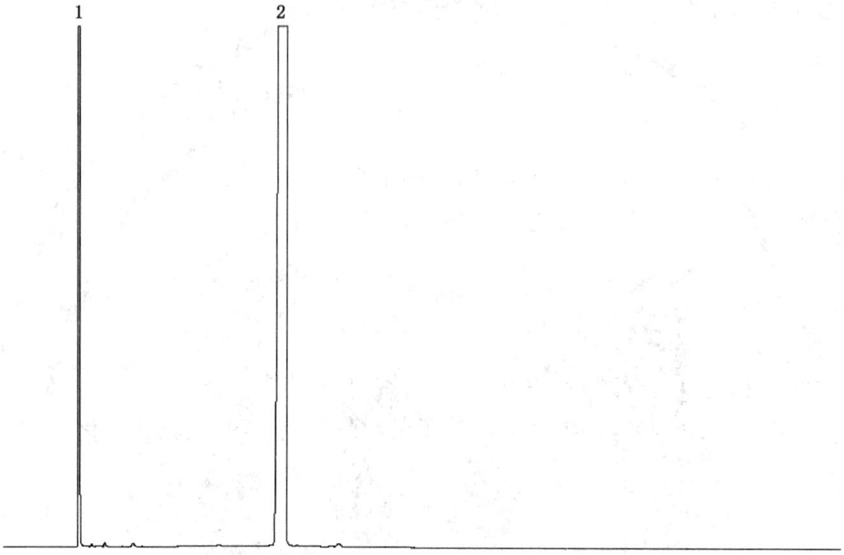

说明：

1——乙醇；

2——*N*-乙基-2-异丙基-5-甲基-环己烷甲酰胺。

图 B.1　食品添加剂 *N*-乙基-2-异丙基-5-甲基-环己烷甲酰胺气相色谱图

B.2　操作条件

B.2.1　柱：毛细管柱，长 30 m，内径 0.25 mm。

B.2.2　固定相：聚乙二醇。

B.2.3　膜厚：0.25 μm。

B.2.4　色谱炉温度：200 ℃恒温。

B.2.5　进样口温度：220 ℃。

B.2.6　检测器温度：250 ℃。

B.2.7　检测器：氢火焰离子化检测器。

B.2.8　载气：氮气。

B.2.9　载气流速：1.2 mL/min。

B.2.10　进样量：约 0.2 μL。

B.2.11　分流比：80∶1。

中华人民共和国国家标准

GB 29982—2013

食品安全国家标准
食品添加剂 δ-己内酯

2013-11-29 发布　　2014-06-01 实施

中华人民共和国
国家卫生和计划生育委员会　发布

食品安全国家标准

食品添加剂 δ-己内酯

1 范围

本标准适用于由环戊酮和甲醛为原料制得的食品添加剂 δ-己内酯。

2 化学名称、分子式、结构式和相对分子质量

2.1 化学名称

6-甲基四氢-2-吡喃酮。

2.2 分子式

$C_6H_{10}O_2$

2.3 结构式

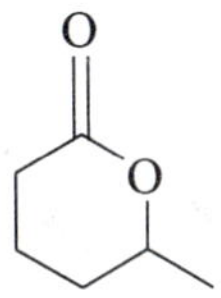

2.4 相对分子质量

114.14(按 2007 年国际相对原子质量)。

3 技术要求

3.1 感官要求

感官要求应符合表 1 的规定。

表 1 感官要求

项 目	要 求	检验方法
色泽	无色至苍黄色	将试样置于比色管内,用目测法观察
状态	液体	
香气	奶油香、果香、椰子香气	GB/T 14454.2

3.2 理化指标

理化指标应符合表 2 的规定。

表 2 理化指标

项　目		指　标	检验方法
δ-己内酯含量(w)/%	≥	98.0	附录 A
酸值(以 KOH 计)/(mg/g)	≤	5.0	GB/T 14455.5
折光指数(20 ℃)		1.449～1.453	GB/T 14454.4
相对密度(25 ℃/25 ℃)		1.036～1.050	GB/T 11540

附 录 A

δ-己内酯含量的测定

A.1 仪器和设备

A.1.1 色谱仪：按 GB/T 11538—2006 中第 5 章的规定。

A.1.2 柱：毛细管柱。

A.1.3 检测器：氢火焰离子化检测器。

A.2 测定方法

面积归一化法：按 GB/T 11538—2006 中 10.4 测定含量。

A.3 重复性及结果表示

按 GB/T 11538—2006 中 11.4 的规定进行，应符合要求。

食品添加剂 δ-己内酯气相色谱图（面积归一化法）参见附录 B。

附 录 B
食品添加剂 δ-己内酯气相色谱图
(面积归一化法)

B.1 食品添加剂 δ-己内酯气相色谱图

见图 B.1。

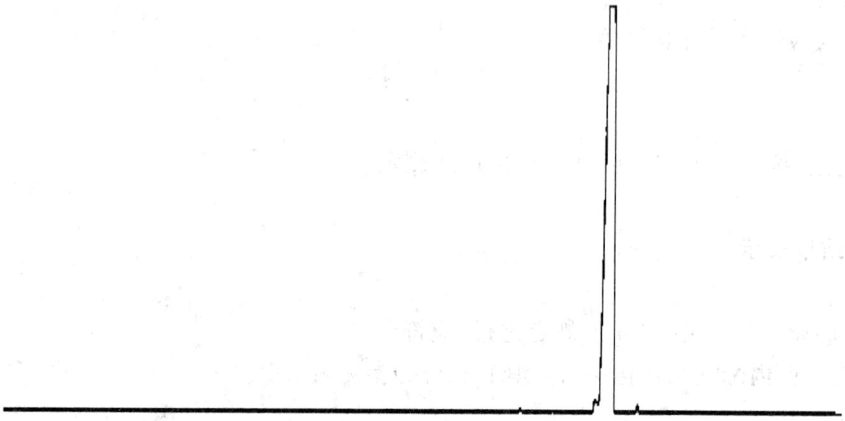

图 B.1 食品添加剂 δ-己内酯气相色谱图

B.2 操作条件

B.2.1 柱:毛细管柱,长 30 m,内径 0.32 mm。
B.2.2 固定相:5%苯基甲基聚硅氧烷。
B.2.3 膜厚:0.25 μm。
B.2.4 色谱炉温度:线性程序升温从 120 ℃～190 ℃,速率 5 ℃/min;然后线性程序升温从 190 ℃～250 ℃,速率 10 ℃/min;最后在 250 ℃恒温 10 min。
B.2.5 进样口温度:250 ℃。
B.2.6 检测器温度:250 ℃。
B.2.7 检测器:氢火焰离子化检测器。
B.2.8 载气:氮气。
B.2.9 载气流速:25 mL/mim。
B.2.10 进样量:0.2 μL。
B.2.11 分流比:100 : 1。

中华人民共和国国家标准

GB 29983—2013

食品安全国家标准
食品添加剂 δ-十四内酯

2013-11-29 发布　　　　2014-06-01 实施

中华人民共和国
国家卫生和计划生育委员会　发布

食品安全国家标准
食品添加剂　δ-十四内酯

1　范围

本标准适用于由环戊酮和壬醛为原料制得的食品添加剂 δ-十四内酯。

2　化学名称、分子式、结构式和相对分子质量

2.1　化学名称

6-壬基四氢-2-吡喃酮。

2.2　分子式

$C_{14}H_{26}O_2$

2.3　结构式

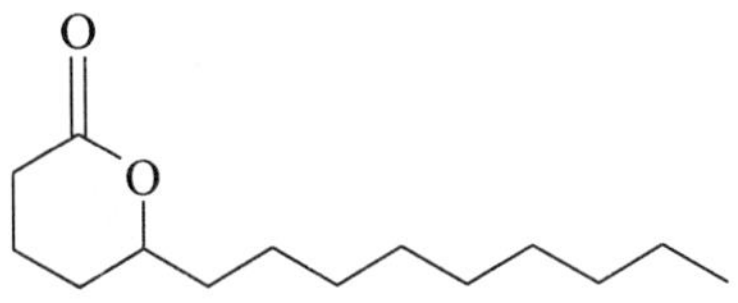

2.4　相对分子质量

226.4(按 2007 年国际相对原子质量)。

3　技术要求

3.1　感官要求

感官要求应符合表 1 的规定。

表 1　感官要求

项　目	要　求	检验方法
色泽	无色至苍黄色	将试样置于比色管内，用目测法观察
状态	液体	
香气	柔和的奶油香、麝香、白脱样香气	GB/T 14454.2

3.2　理化指标

理化指标应符合表 2 的规定。

表 2　理化指标

项　目		指　标	检验方法
δ-十四内酯含量(w)/%	≥	97.0	附录 A
酸值(以 KOH 计)/(mg/g)	≤	8.0	GB/T 14455.5
折光指数(20 ℃)		1.454～1.464	GB/T 14454.4
相对密度(25 ℃/25 ℃)		0.932～0.939	GB/T 11540

附　录　A
δ-十四内酯含量的测定

A.1　仪器和设备

A.1.1　色谱仪:按 GB/T 11538—2006 中第 5 章的规定。

A.1.2　柱:毛细管柱。

A.1.3　检测器:氢火焰离子化检测器。

A.2　测定方法

面积归一化法:按 GB/T 11538—2006 中 10.4 测定含量。

A.3　重复性及结果表示

按 GB/T 11538—2006 中 11.4 的规定进行,应符合要求。

食品添加剂 δ-十四内酯气相色谱图(面积归一化法)参见附录 B。

附 录 B
食品添加剂 δ-十四内酯气相色谱图
（面积归一化法）

B.1 食品添加剂 δ-十四内酯气相色谱图

见图 B.1。

图 B.1 食品添加剂 δ-十四内酯气相色谱图

B.2 操作条件

B.2.1 柱：毛细管柱，长 30 m，内径 0.32 mm。

B.2.2 固定相：5%苯基甲基聚硅氧烷。

B.2.3 膜厚：0.25 μm。

B.2.4 色谱炉温度：线性程序升温从 120 ℃～190 ℃，速率 5 ℃/min；然后线性程序升温从 190 ℃～250 ℃，速率 10 ℃/min；最后在 250 ℃恒温 10 min。

B.2.5 进样口温度：250 ℃。

B.2.6 检测器温度：250 ℃。

B.2.7 检测器：氢火焰离子化检测器。

B.2.8 载气：氮气。

B.2.9 载气流速：25 mL/mim。

B.2.10 进样量：0.2 μL。

B.2.11 分流比：100∶1。

中华人民共和国国家标准

GB 29984—2013

食品安全国家标准

食品添加剂　四氢芳樟醇

2013-11-29 发布　　2014-06-01 实施

中华人民共和国
国家卫生和计划生育委员会　发布

食品安全国家标准
食品添加剂　四氢芳樟醇

1　范围

本标准适用于由丙酮和乙炔为原料制得的食品添加剂四氢芳樟醇。

2　化学名称、分子式、结构式和相对分子质量

2.1　化学名称

3,7-二甲基-3-辛醇。

2.2　分子式

$C_{10}H_{22}O$

2.3　结构式

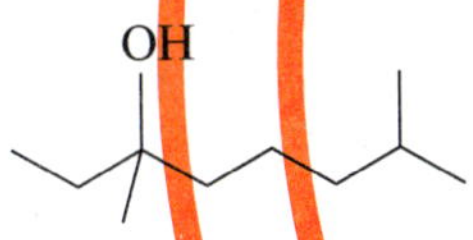

2.4　相对分子质量

158.28(按2007年国际相对原子质量)。

3　技术要求

3.1　感官要求

感官要求应符合表1的规定。

表1　感官要求

项　目	要　求	检验方法
色泽	无色	将试样置于比色管内,用目测法观察
状态	液体	
香气	显著的花香香气	GB/T 14454.2

3.2　理化指标

理化指标应符合表2的规定。

表 2 理化指标

项　目	指　标	检验方法
溶解度(25 ℃)	1 mL 试样全溶于 2 mL70%(体积分数)乙醇中	GB/T 14455.3
四氢芳樟醇含量(w)/%　　≥	98.0	附录 A
折光指数(20 ℃)	1.431～1.435	GB/T 14454.4
相对密度(25 ℃/25 ℃)	0.823～0.829	GB/T 11540

附 录 A
四氢芳樟醇含量的测定

A.1 仪器和设备

A.1.1 色谱仪:按 GB/T 11538—2006 中第 5 章的规定。

A.1.2 柱:毛细管柱。

A.1.3 检测器:氢火焰离子化检测器。

A.2 测定方法

面积归一化法:按 GB/T 11538—2006 中 10.4 测定含量。

A.3 重复性及结果表示

按 GB/T 11538—2006 中 11.4 的规定进行,应符合要求。

食品添加剂四氢芳樟醇气相色谱图(面积归一化法)参见附录 B。

附 录 B
食品添加剂四氢芳樟醇气相色谱图
（面积归一化法）

B.1 食品添加剂四氢芳樟醇气相色谱图

见图 B.1。

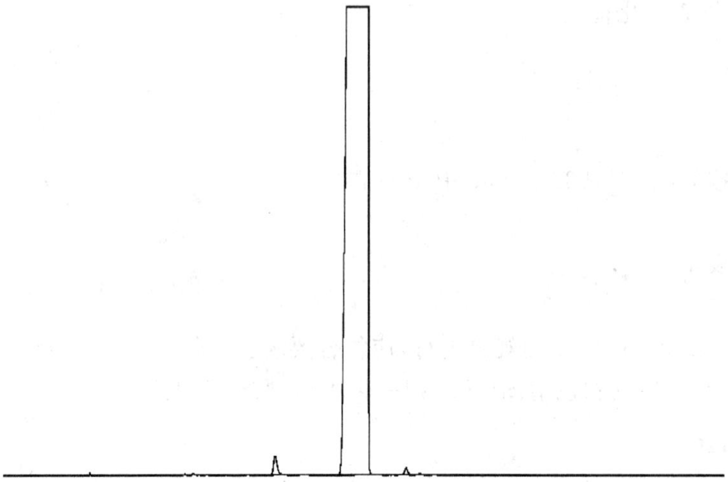

图 B.1 食品添加剂四氢芳樟醇气相色谱图

B.2 操作条件

B.2.1 柱：毛细管柱，长 50 m，内径 0.32 mm。
B.2.2 固定相：5%苯基甲基聚硅氧烷。
B.2.3 膜厚：0.33 μm。
B.2.4 色谱炉温度：100 ℃恒温。
B.2.5 进样口温度：240 ℃。
B.2.6 检测器温度：300 ℃。
B.2.7 检测器：氢火焰离子化检测器。
B.2.8 载气：氮气。
B.2.9 柱前压：0.12 MPa。
B.2.10 进样量：0.2 μL。
B.2.11 分流比：80∶1。

中华人民共和国国家标准

GB 29985—2013

食品安全国家标准

食品添加剂　叶醇(顺式-3-己烯-1-醇)

2013-11-29 发布　　2014-06-01 实施

中华人民共和国
国家卫生和计划生育委员会　发布

食品安全国家标准

食品添加剂　叶醇(顺式-3-己烯-1-醇)

1　范围

本标准适用于由间戊二烯和多聚甲醛为原料制得的食品添加剂叶醇(顺式-3-己烯-1-醇)。

2　化学名称、分子式、结构式和相对分子质量

2.1　化学名称

顺式-3-己烯-1-醇。

2.2　分子式

$C_6H_{12}O$

2.3　结构式

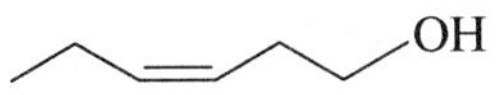

2.4　相对分子质量

100.16(按2007年国际相对原子质量)。

3　技术要求

3.1　感官要求

感官要求应符合表1的规定。

表1　感官要求

项　目	要　求	检验方法
色泽	无色	将试样置于比色管内,用目测法观察
状态	液体	
香气	强烈的草香-青香香气	GB/T 14454.2

3.2　理化指标

理化指标应符合表2的规定。

表 2 理化指标

项　目		指　标	检验方法
叶醇(顺式异构体)含量(*w*)/%	≥	98.0	附录 A
折光指数(20 ℃)		1.436～1.443	GB/T 14454.4
相对密度(25 ℃/25 ℃)		0.846～0.850	GB/T 11540

附 录 A
叶醇含量的测定

A.1 仪器和设备

A.1.1 色谱仪:按 GB/T 11538—2006 中第 5 章的规定。

A.1.2 柱:毛细管柱。

A.1.3 检测器:氢火焰离子化检测器。

A.2 测定方法

面积归一化法:按 GB/T 11538—2006 中 10.4 测定含量。

A.3 重复性及结果表示

按 GB/T 11538—2006 中 11.4 的规定进行,应符合要求。

食品添加剂叶醇气相色谱图(面积归一化法)参见附录 B。

附 录 B
食品添加剂叶醇气相色谱图
(面积归一化法)

B.1 食品添加剂叶醇气相色谱图

见图 B.1。

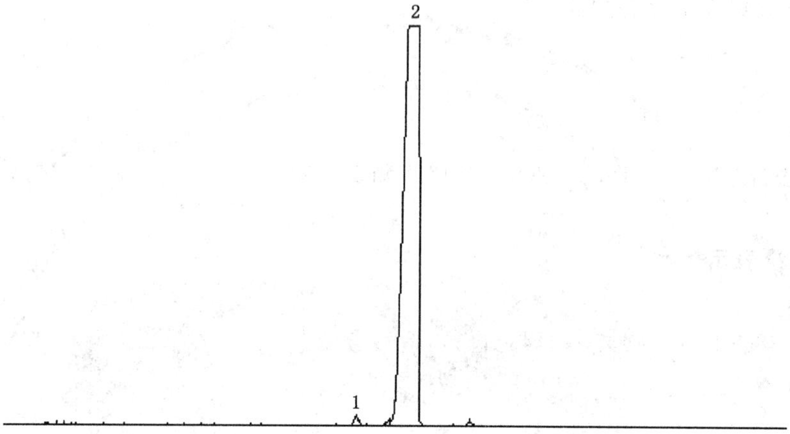

说明:

1——反式-3-己烯-1-醇;

2——叶醇(顺式-3-己烯-1-醇)。

图 B.1 食品添加剂叶醇气相色谱图

B.2 操作条件

B.2.1 柱:毛细管柱,长 30 m,内径 0.32 mm。

B.2.2 固定相:聚乙二醇。

B.2.3 膜厚:0.50 μm。

B.2.4 色谱炉温度:80 ℃恒温。

B.2.5 进样口温度:180 ℃。

B.2.6 检测器温度:200 ℃。

B.2.7 检测器:氢火焰离子化检测器。

B.2.8 载气:氮气。

B.2.9 柱前压:0.08 MPa。

B.2.10 进样量:0.2 μL。

B.2.11 分流比:80∶1。

中华人民共和国国家标准

GB 29986—2013

食品安全国家标准
食品添加剂　6-甲基-5-庚烯-2-酮

2013-11-29 发布　　2014-06-01 实施

中华人民共和国
国家卫生和计划生育委员会　发布

食品安全国家标准
食品添加剂　6-甲基-5-庚烯-2-酮

1　范围

本标准适用于由丙酮和乙炔为原料制得的食品添加剂 6-甲基-5-庚烯-2-酮。

2　化学名称、分子式、结构式和相对分子质量

2.1　化学名称

6-甲基-5-庚烯-2-酮。

2.2　分子式

$C_8H_{14}O$

2.3　结构式

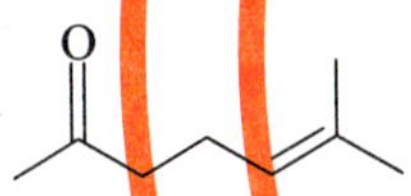

2.4　相对分子质量

126.19(按 2007 年国际相对原子质量)。

3　技术要求

3.1　感官要求

感官要求应符合表 1 的规定。

表 1　感官要求

项　目	要　求	检验方法
色泽	无色至微黄色	将试样置于比色管内,用目测法观察
状态	液体	
香气	强烈的脂肪气息、青柑橘样香气	GB/T 14454.2

3.2　理化指标

理化指标应符合表 2 的规定。

表 2 理化指标

项　目		指　标	检验方法
6-甲基-5-庚烯-2-酮含量(w)/%	≥	98.0	附录 A
酸值(以 KOH 计)/(mg/g)	≤	3.0	GB/T 14455.5
折光指数(20 ℃)		1.435～1.445	GB/T 14454.4
相对密度(25 ℃/25 ℃)		0.846～0.854	GB/T 11540

附　录　A
6-甲基-5-庚烯-2-酮含量的测定

A.1　仪器和设备

A.1.1　色谱仪：按 GB/T 11538—2006 中第 5 章的规定。

A.1.2　柱：毛细管柱。

A.1.3　检测器：氢火焰离子化检测器。

A.2　测定方法

面积归一化法：按 GB/T 11538—2006 中 10.4 测定含量。

A.3　重复性及结果表示

按 GB/T 11538—2006 中 11.4 的规定进行，应符合要求。

食品添加剂 6-甲基-5-庚烯-2-酮气相色谱图（面积归一化法）参见附录 B。

附 录 B
食品添加剂 6-甲基-5-庚烯-2-酮气相色谱图
(面积归一化法)

B.1 食品添加剂 6-甲基-5-庚烯-2-酮气相色谱图

见图 B.1。

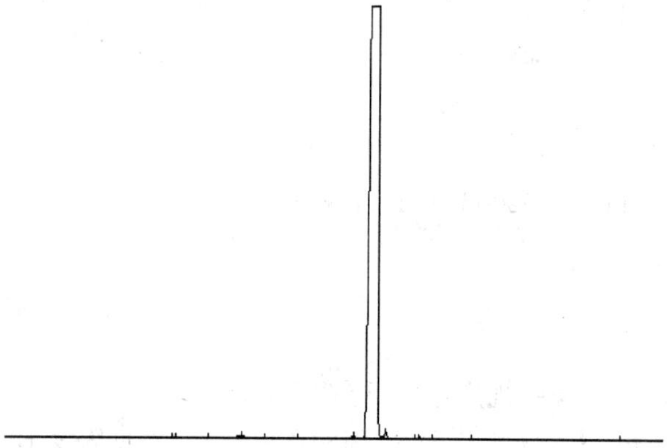

图 B.1 食品添加剂 6-甲基-5-庚烯-2-酮气相色谱图

B.2 操作条件

B.2.1 柱:毛细管柱,长 30 m,内径 0.25 mm。

B.2.2 固定相:100%二甲基聚硅氧烷。

B.2.3 膜厚:0.25 μm。

B.2.4 色谱炉温度:100 ℃恒温。

B.2.5 进样口温度:200 ℃。

B.2.6 检测器温度:250 ℃。

B.2.7 检测器:氢火焰离子化检测器。

B.2.8 载气:氮气。

B.2.9 柱前压:0.08 MPa。

B.2.10 进样量:0.2 μL。

B.2.11 分流比:100∶1。

中华人民共和国国家标准

GB 29987—2013

食品安全国家标准
食品添加剂 丁苯橡胶

2013-11-29 发布

2014-06-01 实施

中华人民共和国
国家卫生和计划生育委员会 发布

食品安全国家标准

食品添加剂　丁苯橡胶

1　范围

本标准适用于由丁二烯和苯乙烯为原料共聚而成的食品添加剂丁苯橡胶(包括丁二烯-苯乙烯 75/25、丁二烯-苯乙烯 50/50 橡胶)。

2　化学名称、分子式、结构式和相对分子质量

2.1　化学名称

丁二烯-苯乙烯橡胶。

2.2　分子式

$(C_{12}H_{14})_n$

$n=1\ 200 \sim 3\ 000$

2.3　结构式

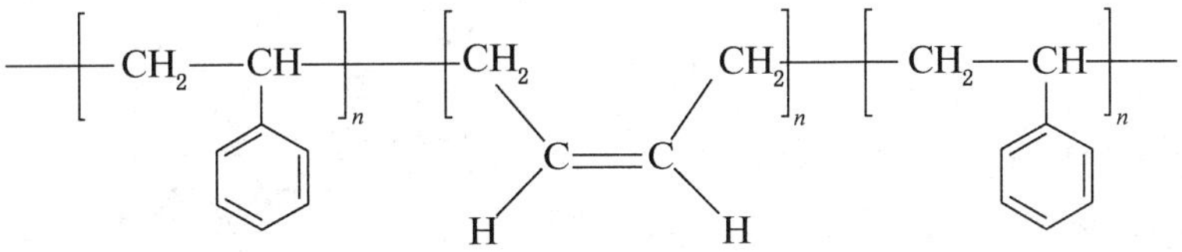

2.4　相对分子质量

$2.0\times10^5 \sim 5.0\times10^5$。

3　技术要求

3.1　感官要求

感官要求应符合表 1 的规定。

表 1　感官要求

项　目	要　求	检验方法
色泽	乳白色或淡黄色	取试样置于白瓷盘中,在自然光下,观察其色泽、状态,嗅其气味
状态	固体	
气味	具有丁苯橡胶固有气味	

3.2 理化指标

理化指标应符合表2的规定。

表2 理化指标

项目		指标		检验方法
		丁苯橡胶 50/50	丁苯橡胶 75/25	
铅(Pb)/(mg/kg)	≤	3.0		GB 5009.12
总砷(以As计)/(mg/kg)	≤	3.0		GB/T 5009.11
汞(Hg)/(mg/kg)	≤	3.0		GB/T 5009.17
镉(Cd)/(mg/kg)	≤	1.0		GB/T 5009.15
结合态苯乙烯(w)/%		45.0～50.0	22.0～26.0	附录A中A.3
残留苯乙烯/(mg/kg)	≤	30.0	20.0	A.4
1,3-丁二烯/(mg/kg)	≤	0.5		A.5
残留己烷/(mg/kg)	≤	100.0		A.6
醌类/(mg/kg)	≤	20.0		A.7
锂/(mg/kg)	≤	75.0		A.8

附 录 A

检验方法

A.1 一般规定

本标准所用试剂和水，在没有注明其他要求时，均指分析纯试剂和 GB/T 6682—2008 规定的三级水。试验中所用标准溶液、杂质标准溶液、制剂及制品，在没有注明其他要求时，均按 GB/T 601、GB/T 602、GB/T 603 的规定制备。试验中所用溶液在未注明用何种溶剂配制时，均指水溶液。

A.2 鉴别试验

A.2.1 方法提要

红外光谱是根据组成物质的离子基团在红外光范围内（$400\ cm^{-1}$～$4\ 000\ cm^{-1}$）的吸收谱带，对丁苯橡胶进行定性分析。

A.2.2 试剂和材料

A.2.2.1 甲苯。

A.2.2.2 溴化钾。

A.2.3 仪器和设备

红外分光光度计。

A.2.4 鉴别方法

试样在热甲苯中热解后于溴化钾片上蒸发。按照 GB/T 6040 的方法检测。所得红外光谱应与附录 B 中的红外光谱图基本一致。

A.3 结合态苯乙烯的测定

A.3.1 方法提要

试样中结合态苯乙烯含量与其折射率呈相关性，通过测定折射率计算含量。

A.3.2 试剂和材料

A.3.2.1 α-溴萘。

A.3.2.2 乙醇-甲苯共沸液（ETA）：将无水乙醇与甲苯按 7∶3 体积比混合。也可使用乙醇与甲苯按 7∶3 体积比混合，将该混合物与无水氧化钙一起加热煮沸回流 4 h，然后进行蒸馏，收集沸程不超过 1 ℃的共沸液馏分供试验用。

A.3.3 仪器和设备

A.3.3.1 阿贝折光仪：读数精确至小数第四位，并附有消色用补偿棱镜。为了测定固体的折光指数，可调其折射棱镜接近至水平位置。否则应采用钠蒸气灯作为光源。

A.3.3.2 支架：由 13 mm×13 mm 的铝片或不锈钢片制成，每个角上带一根长 38 mm 的镍铬引线。

A.3.3.3 真空烘箱。

A.3.3.4 铝箔：厚 0.025 mm ～0.08 mm，具有良好的撕裂强度。

A.3.4 分析步骤

A.3.4.1 试样液的制备

将试样压制成厚度不大于 0.5 mm 的薄片，再切成宽 13 mm、长 25 mm 的胶条。然后将该胶条固定在支架(A.3.3.2)的每根引线上，使得胶条的各个侧面与溶剂充分接触。将带有胶条的支架放入盛有 60 mL 乙醇-甲苯共沸液(ETA)的容积为 400 mL 烧瓶中。装上回流冷凝器，在溶剂微沸条件下抽提 1 h，弃去抽提液，再加入 60 mL 乙醇-甲苯共沸液(ETA)，继续抽提 1 h。从烧瓶中取出支架，放入压力约 1300 Pa、温度为 100 ℃±5 ℃的真空烘箱(A.3.3.3)中，将胶条干燥至质量恒重。

注：避免试样因过热而塑化。试样的充分抽提和干燥十分重要，因为无论是残留的溶剂，还是未抽提完的物质，都将引起折光指数测试误差。

待试样充分干燥后，将其从支架上取下，放在两片约 25 mm×25 mm 的洁净的铝箔之间，在约 100 ℃下，以 2.2 kN～6.6 kN 的压力对铝箔施压 3 min ～10 min(最好 3 min ～5 min)以压制成片。如果一次压制几个试片时，应按比例增加压力，以使施加在每个试片上的压力约在 3.45 MPa ～11.35 MPa。最终测量用试片的厚度不得超过 0.5mm，更薄可获得更好的测试效果。压后取出条状物，冷却后备用。

A.3.4.2 测定

将处理过的试样用锋利的剪刀剪为两半，并剥下一面的铝箔，用剪刀剪下一片宽 6 mm，长 12 mm 的试样，其中宽度较窄的两端之一端应为新剪的切口。

用一滴 α-溴萘(A.3.2.1)做接触液，将标准玻璃块紧压贴在棱镜上，校准折光仪。调整光源，使光线通过薄皱纸散射，可获得标准玻璃块的准确读数。转动调节器，直至分界线达到十字线上(应由亮区到暗区移动)，至少重复读数 3 次测定值。调整仪器，读取标准玻璃块的折光指数。校正完后，用乙醇和透镜纸清洁棱镜。

将试样置于棱镜上原放置标准玻璃块的位置，让试样的新剪切面朝向光源。将薄皱纸从光路移开，用手指将试样按压在棱镜上，停留 1 min，以使温度平衡。如果仍有充足的光线集中在试样的一端时，也可将上面的棱镜轻轻地压和在试样上(但仅在试样极薄时，才可以这样操作，否则会对棱镜或其固定件造成损坏)。调整补偿棱镜，直至在亮区和暗区之间看到一条具有最低色彩的、清晰的分界线为止。按压棱镜上的试样，检查试样和棱镜的接触情况(在进行此项检查时，分界线的位置不得产生变化)。试样的折射率应重复读取 3 次以上，且差值不应超过 0.000 1。第一次测读后，取具有新剪切面的另一半试样按相同方法，再测得两组读数，分别进行平均。如果两组读数平均值之差不大于 0.000 2，即可采用两组平均值的均值，如果差值大于 0.000 2，则应进行重复试验。

注：折光指数的测量应在固定的温度(如 25 ℃)下进行。

A.3.5 结果计算

25 ℃下的折光指数 n_{25} 按式(A.1)计算：

$$n_{25} = n_t + 0.000\ 37 \times (t - 25) \qquad \cdots\cdots\cdots\cdots (A.1)$$

式中：

n_t ——测定温度(t)下的折光指数；

0.000 37 ——相差 1 ℃时折光指数的校正系数；

t ——测定温度,单位为摄氏度(℃);

25 ——转换温度为25,单位为摄氏度(℃)。

结合态苯乙烯的质量分数 w_1 按式(A.2)计算或查表C.1:

$$w_1 = 23.50 + 1\ 164(n_{25} - 1.534\ 56) - 3\ 497(n_{25} - 1.534\ 56)^2 \quad \cdots\cdots\cdots\cdots(A.2)$$

式中:

n_{25} ——25 ℃下的折光指数;

23.50、1 164、1.534 56、3 497——是根据25 ℃下的折光指数与结合态苯乙烯含量对照表进行推算公式系数,不代表任何含义。

A.4 残留苯乙烯的测定

A.4.1 方法提要

试样中残留苯乙烯经二硫化碳提取后,气相色谱分离,用氢火焰离子化检测器检测,内标法定量。

A.4.2 试剂和材料

A.4.2.1 二硫化碳。

A.4.2.2 苯乙烯。

A.4.2.3 α-甲基苯乙烯(AMS)。

A.4.2.4 甲醇。

A.4.2.5 无水硫酸钠。

A.4.3 仪器和设备

A.4.3.1 气相色谱仪:配有氢火焰离子化检测器(FID)。

A.4.3.2 振荡器。

A.4.4 参考色谱条件

A.4.4.1 色谱柱:不锈钢色谱柱,3 m×5 mm,填充有15%聚乙二醇(聚合后的相对分子质量为6 000)+2%氢氧化钾,载体为硅藻土(粒度180 μm~250 μm,酸洗并经二甲基二氯硅烷处理)或其他等效色谱柱。

A.4.4.2 载气:氮气或氦气,流量为100 mL/min。

A.4.4.3 温度:进样口为200 ℃,柱温为160 ℃,检测器为250 ℃。

A.4.4.4 进样量:10 μL。

A.4.5 分析步骤

A.4.5.1 标准溶液的制备

取二硫化碳25 mL至100 mL容量瓶中,称量,精确至0.1 mg。用50 μL的注射器分别注入苯乙烯和α-甲基苯乙烯(AMS)各15 μL,每次加入后称量。记录注入液体的质量(mg),苯乙烯的质量为m_1,α-甲基苯乙烯(AMS)质量为m_2。用二硫化碳定容混匀。吸取该溶液2 mL至第二个100 mL容量瓶中,用二硫化碳定容后混匀,最后吸取该溶液25 mL,放入第三个100 mL容量瓶中,再用二硫化碳定容后混匀。

A.4.5.2 α-甲基苯乙烯(AMS)溶液的制备

取二硫化碳25 mL至100 mL容量瓶中,称量,精确至0.1 mg。用50 μL的注射器注入α-甲基苯乙烯(AMS)15 μL,称量,记录所注入α-甲基苯乙烯(AMS)的质量。用二硫化碳定容后混匀,吸取该溶液 2 mL，移入第二个 100 mL 容量瓶中，再用二硫化碳定容后混匀。最后，吸取该溶液 25 mL，移入第三个 100 mL 容量瓶中，用二硫化碳定容后混合。算出每毫升该溶液中 a-甲基苯乙烯(AMS)的质量(g)，记作 m_4 约为 7.5×10^{-7}。

A.4.5.3 试样溶液的制备

从样品的角上切取 5 cm×7.5 cm×12.5 cm 的试样一片，经隙度约 6 mm 的冷轧机反复颠倒轧压 4 次，从离边缘 2.5 cm 的新暴露的洁净聚合体试样中切取小条约 2 g。精确称取 1.5 g(记为 m_3)，放入有聚乙烯盖子的 100 mL 锥形瓶中，加 a-甲基苯乙烯(AMS)溶液 25.0 mL，于振荡器振摇至完全溶解(如不完全溶解，则增加 5 mL～10 mL 二硫化碳，以获得黏稠液体，在下一步中应按比例提高甲醇用量)，加甲醇 25 mL，加塞，在振荡器上强烈振摇 30min。当内容物沉降后，取液体 10 mL 放入 30 mL 锥形瓶中，加水 10 mL，盖上塞子。强烈振摇 1min，将瓶子倒转，静置分层。用注射器抽取下层的二硫化碳1 mL～2 mL，移入 20 mL 的锥形瓶，加入适量无水硫酸钠，加塞，摇动混匀后静置备用。

A.4.5.4 测定

在参考色谱条件下，将标准溶液和试样溶液分别进样 10μL，分别记取苯乙烯和 a-甲基苯乙烯(AMS)的峰面积。

A.4.6 结果计算

苯乙烯响应因子 F 按式(A.3)计算：

$$F=\frac{m_1\times a_2}{m_2\times a_1} \qquad \cdots\cdots(A.3)$$

式中：

m_1——标准溶液中苯乙烯的质量，单位为克(g)；

m_2——标准溶液中 a-甲基苯乙烯(AMS)的质量，单位为克(g)；

a_2——标准溶液中 a-甲基苯乙烯(AMS)的峰面积；

a_1——标准溶液中苯乙烯的峰面积。

残留苯乙烯的含量 w_2 以毫克每千克(mg/kg)表示，按式(A.4)计算：

$$w_2=\frac{A_1\times F\times 25\times m_4\times 10^6}{A_2\times m_3} \qquad \cdots\cdots(A.4)$$

式中：

A_1——样液中苯乙烯的峰面积；

A_2——样液中 a-甲基苯乙烯的峰面积；

m_3——试样质量，单位为克(g)；

m_4——每毫升 a-甲基苯乙烯(AMS)溶液中 a-甲基苯乙烯(AMS)的质量单位为克(g)；

F——苯乙烯相应因子；

25——标准溶液与样液稀释倍数比值；

10^6——单位换算系数。

试验结果以平行测定结果的算术平均值为准(保留一位小数)。

A.5 1,3-丁二烯的测定

A.5.1 方法提要

试样中 1,3-丁二烯单体被提取后，经气相色谱分离，用氢火焰离子化检测器检测，通过外标法定量。

A.5.2 试剂和材料

A.5.2.1 1,3-丁二烯。

A.5.2.2 二氯苯。

A.5.3 仪器和设备

A.5.3.1 气相色谱仪:配有氢火焰离子化检测器(FID)和自动顶空进样器。

A.5.3.2 顶空管形瓶:具有有机硅(涂有适当的聚四氟乙烯)或丁基橡胶的密封和压接帽,容量为10mL。

A.5.4 参考色谱条件

A.5.4.1 色谱柱:壁涂开管柱(WCOT)熔融石英柱,25 m ×0.32 mm,涂有Porabond Q,直径5 μm,或其他等效色谱柱。

A.5.4.2 载气:氢气,流量为2.5 mL/min,分流比为10∶1。

A.5.4.3 温度:进样口为150 ℃,检测器为320 ℃,柱温起始为50 ℃,保持10 min,以5 ℃/min的速率升至300 ℃。

A.5.4.4 顶空进样器的条件:样品温度为120 ℃,恒温时间为20 min,振动开/关时间为15 s /5 s,振动速度为2 000 r/min,注射器温度为125 ℃,注射器注满延迟为5 min,柱塞填满速度为200 μL/s,柱塞进样速度为250 μL/s,注射器冲洗时间为60 s。

A.5.5 分析步骤

A.5.5.1 1,3-丁二烯贮存溶液(约2 500 mg/L)的制备

将约20mL二氯苯加入带玻璃塞的25 mL容量瓶,测定其重量,精确至0.1mg。用巴氏滴管,通过缓慢鼓泡的方法将1,3-丁二烯从气瓶中通入。约30秒后移走滴管,避免在滴管上留下溶剂液滴。封好玻璃瓶,混合并且测定其质量,精确到0.1 mg。溶液中1,3-丁二烯含量应为62.5 mg左右。用二氯苯稀释至刻度,然后小心混合。计算1,3-丁二烯的实际浓度,单位为毫克每升(mg/L)。

A.5.5.2 1,3-丁二烯稀释贮存溶液(约25 mg/L)的制备

在25 mL容量瓶中加入约24 mL的二氯苯,再用微量注射器加入250 μL的1,3-丁二烯贮存溶液。注射时应始终保持注射器针头部在溶液的溶面以下,且拉回来前应旋动注射器。在瓶中加入二氯苯至刻度,并小心混合。计算混合标准溶液中1,3-丁二烯的实际浓度,单位为微克每毫升(μg/mL)。

注:稀释贮存溶液应含有约25 μg/mL的被测物质。如实际浓度与预期浓度差异过大,应加入适量贮存溶液以得到预期的25 μg/mL浓度的溶液。

A.5.5.3 1,3-丁二烯标准校正溶液的制备

在6个50 mL容量瓶中分别加入约45 mL的二氯苯,再分别加入200 μL、150 μL、100 μL、50 μL、10 μL和5 μL的1,3-丁二烯稀释贮存溶液,加入二氯苯定容摇匀,此时1,3-丁二烯的浓度约为0.1 μg/mL、0.075 μg/mL、0.05 μg/mL、0.025 μg/mL、0.005 μg/mL和0.0025 μg/mL。

注:标准校正溶液保存于密封容器中,在避免光照和开瓶的条件下,可在4 ℃储存3个月左右。容器打开两次后该溶液应废弃(建议将标准校正溶液分成每份5 mL,用顶空样品瓶妥善保存)。

A.5.5.4 试样溶液的制备

称取试样0.5 g±0.05 g,精确到1 mg,置入顶空管形瓶中。记录样品的实际质量。加入5.0 mL二

氯苯，用隔垫和压接帽封闭顶空管形瓶。在室温下储存至少 24 h，以促进橡胶溶解，也可以用持续摇晃或提高温度的方法来加速溶解，但应待固体完全溶解后方可继续。猛烈振动 1 min 使溶液均匀。振动过程应避免溶剂将隔垫弄湿。

A.5.5.5 校正溶液的制备

向 6 个顶空管形瓶中移入 5 mL 各浓度的 1,3-丁二烯标准校正溶液(A.5.5.3)，另有一个顶空管形瓶加入 5 mL 二氯苯。用隔垫和压接帽立即密封管形瓶。该校正溶液的储存时间最好与试样溶液的储存时间相同。

A.5.5.6 加标试样溶液的制备

称取固体橡胶试样 0.5 g±0.05 g，精确到 1 mg，置入顶空管形瓶中。记录样品的实际质量。添加 5.0 mL 的 0.05 μg/mL 的 1,3-丁二烯标准校正溶液，然后立即用隔垫和压接帽封闭管形瓶。在室温下储存至少 24 h，以促进橡胶溶解，待固体完全溶解后备用。

A.5.5.7 校正曲线

猛烈摇动校准溶液 1 min 使其均匀，再将顶空管形瓶安放在顶空自动进样器中自动进样，得到色谱图后，根据保留时间识别相关峰所对应的物质。通过电子积分仪计算峰面积，绘制峰面积和标准溶液中单体浓度的曲线图，得到 1,3-丁二烯的校准曲线(μg/mL)。

如相关系数低于 0.996，则应从 A.5.5.3 开始，重新进行试验。

A.5.5.8 测定

猛烈摇动试样溶液以及加标试样溶液 1 min 使其均匀，再将顶空管形瓶安放在顶空自动进样器中自动进样，得到色谱图后，根据保留时间识别相关峰所对应的物质。通过电子积分仪计算峰面积，并通过校正曲线计算单体的浓度。

A.5.6 结果计算

利用回归曲线计算胶基聚合物中残留单体含量。如果回归线方程如下：

$$y=ax[\mu g/mL]+b$$

则溶液中单体浓度的计算见式(A.5)：

$$c=(y-b)/a \qquad \cdots\cdots(A.5)$$

式中：

c——单体浓度，单位为微克每毫升(μg/mL)。

按式(A.6)计算 1,3-丁二烯在丁苯橡胶中的残留量 X_2，单位为毫克每千克(mg/kg)：

$$X_2=\frac{c\times(V_1+V_2)}{m_5} \qquad \cdots\cdots(A.6)$$

式中：

c ——自校正曲线计算得到的 1,3-丁二烯浓度，单位为微克每毫升(μg/mL)；

V_1 ——试样中二氯苯的体积，单位为毫升(mL)；

V_2 ——试样中丁苯橡胶的体积，单位为毫升(mL)，可根据丁苯橡胶的质量计算，其密度为0.92 g/cm^3；

m_5 ——丁苯橡胶试样的质量，单位为克(g)。

A.6 残留己烷的测定

A.6.1 方法提要

试样中残留己烷提取后，经毛细管气相色谱分离，用氢火焰离子化检测器检测，与标准溶液比较，检查试样中残留己烷的限量。

A.6.2 试剂和材料

A.6.2.1 异辛烷(2,2,4-三甲基戊烷)：色谱纯。
A.6.2.2 正壬烷。
A.6.2.3 正己烷。
A.6.2.4 甲醇。

A.6.3 仪器和设备

A.6.3.1 气相色谱仪：配有氢火焰离子化检测器(FID)。
A.6.3.2 振荡器。

A.6.4 参考色谱条件

A.6.4.1 色谱柱：304.8cm×0.476cm 的不锈钢柱，内填充红色硅燥土(粒度为 180μm～250μm，含 15% 二癸基酞酸盐)，或其他等效色谱柱。
A.6.4.2 载气：氮气，流量为 1.0 mL/min，分流比为 10：1。
A.6.4.3 温度：进样口为 240 ℃，检测器为 250 ℃，柱温起始为 120 ℃，保持 3min，以 5 ℃/min 的速率升至 160 ℃。
A.6.4.4 进样量：5 μL。

A.6.5 分析步骤

A.6.5.1 内标原液的制备

准确称取正壬烷 150 mg，移至 50 mL 容量瓶中，用异辛烷定容混匀，此内标原液每毫升含正壬烷 3 mg。

A.6.5.2 稀释内标溶液的制备

吸取内标原液 10.0 mL，至 100 mL 容量瓶中，用异辛烷定容并混匀。再吸取此溶液 5.0 mL，移入 250 mL 容量瓶，定容并混匀。此稀释内标液每毫升含正壬烷 6 μg。

A.6.5.3 己烷标准溶液的制备

准确称取正己烷 150 mg，移入 50 mL 容量瓶中，用异辛烷定容、混匀。吸取此溶液 1.0 mL 至 100 mL容量瓶中，用异辛烷定容后混匀，再吸取该溶液 10 mL 和内标原液 0.1 mL，放入 50 mL 容量瓶中，用异辛烷定容混匀，此标准溶液每毫升含己烷和正壬烷均为 6 μg。

A.6.5.4 试样溶液的制备

准确称取固体橡胶试样 1.5 g，放入容量约 110 mL 的瓶中，移入稀释内标液 25 mL，加塞，振荡 12h。加甲醇 50 mL，振摇 15min，使聚合物形成沉淀析出。自然静置至澄清后，将上层水相液轻轻倒入

250 mL 分液漏斗中,用 25 mL 甲醇洗涤聚合物沉淀,洗液同样并入分液漏斗,在分液漏斗中加冷水 50 mL～75 mL,振摇 1min,间歇排气泄压。静置分层,放出底层水相。另取冷水 50 mL 重复洗涤异辛烷层,经振摇、分层后,排除底层水相。移取异辛烷层液 10 mL,放入小瓶中供定量分析用。

A.6.5.5 测定

用两份己烷标准液进行色谱分析,每份 5μL。据此算出己烷和壬烷两峰面积。用同样方法,对两份试样溶液(每份 5 μL)进行色谱分析,并据此得出己烷、正壬烷峰面积。

A.6.6 结果计算

试样溶液的己烷和壬烷的峰面积之比不得超过己烷标准液所得的比值。

A.7 醌类的测定

A.7.1 方法提要

醌类物质在酸性条件下与 2,4-二硝基苯肼发生加成反应,在 620 nm 处分别测定试样和参照物的吸光值,然后计算其含量。

A.7.2 试剂和材料

A.7.2.1 对苯二酚。
A.7.2.2 硫酸溶液:15%。
A.7.2.3 碳酸钠溶液:0.1mol/L。
A.7.2.4 甲醇:脱一氧化碳。
A.7.2.5 盐酸。
A.7.2.6 二乙醇胺吡啶溶液:1%。
A.7.2.7 2,4-二硝基苯肼溶液:取 2,4-二硝基苯肼 100 mg,溶于 50 mL 脱一氧化碳的甲醇中,加盐酸 4 mL,用水定容至 100 mL。

A.7.3 仪器和设备

A.7.3.1 分光光度计。
A.7.3.2 比色皿:1cm。

A.7.4 分析步骤

A.7.4.1 对苯二酚标准液的制备

取对苯二酚 25.0 mg,精确至 0.000 1 g,至 100 mL 容量瓶中,加水溶解后,定容混匀。分别取该溶液 1.0 mL、2.0 mL、3.0 mL、4.0 mL 和 6.0 mL,放入 5 个 100 mL 容量瓶中,各用水定容混匀。分别取 2.0 mL,至 5 只 25 mL 的刻度管中,并各加 0.1 mol/L 碳酸钠液 0.5 mL,立即振摇,再加入 15%硫酸 1.0 mL(本操作所用时间不超过 15 s)。然后于每只刻度管中加 2,4-二硝基苯肼溶液 1.0 mL,加塞,于 70 ℃水浴中加热 1 h,冷至室温,各加水 13 mL 和苯 5.0 mL,加塞后剧烈振摇。待静置分层后,从各比色管中吸取苯层液 2.0 mL,分别放入两只均盛有 1%二乙醇胺的吡啶液 10 mL 的试管中。振摇后,放置 10 min 显色。

A.7.4.2 操作步骤

取洗过的试样 30 g,精确至 0.01g,记为 m_3,放入一 250 mL 的双口烧瓶中,加水 100 mL,在 66 ℃

下加热 2 h(不得至沸)。冷却至室温后,取该萃取液 5.0 mL,放入 25 mL 比色管中。取水 5.0 mL 放入另一比色管中作为空白试样。然后各加入 15%硫酸 1.0 mL。于含有试样萃取液的比色管中加 0.1 moL/L碳酸钠 0.5 mL,然后按 A.7.4.1 的方法进行,从“立即摇振,再加入 15%硫酸 1.0 mL……”开始操作。

将试样液盛于 1 cm 比色池中,于 620 nm 处测定吸光度,以空白试样为空白对照。按同样方法测定各标准溶液的吸光度,并根据标准液中对苯二酚的浓度与吸光度之间的关系绘制标准曲线,再根据标准曲线,得出试样液中醌类(以苯醌计)的质量。

A.7.5 结果计算

试样中的醌类含量 X_3(以苯醌计),单位为毫克每千克(mg/kg),按式(A.7)计算:

$$X_3 = \frac{20m_7}{m_6} \qquad \cdots\cdots (A.7)$$

式中:

m_6——所取试样量,单位为克(g);

m_7——标准曲线查出的醌的质量,单位为微克(μg);

20 ——样品的稀释倍数。

试验结果以平行测定结果的算术平均值为准(保留一位小数)。

A.8 锂的测定

A.8.1 方法提要

采用原子吸收分光光度计,配有锂空心阴极灯,在 670 nm 处分别测定试样和标样的吸光值,检查试样中锂的限量。

A.8.2 试剂和材料

A.8.2.1 碳酸锂:标准品。

A.8.2.2 盐酸。

A.8.3 仪器和设备

A.8.3.1 原子吸收分光光度计,配有锂元素空心阴极灯。

A.8.3.2 铂坩埚。

A.8.3.3 高温炉。

A.8.4 分析步骤

A.8.4.1 锂标准液的制备

取标准品碳酸锂 399.3 mg,至 1 000 mL 容量瓶中,用最少量的 1∶1 盐酸液溶解后,加水定容并混匀。取此液 10.0 mL 至 100 mL 容量瓶中,加水定容混匀。再取此液 10.0 mL 放入第二个 100 mL 容量瓶内,加盐酸 1.0 mL,用水稀释至刻度,混合。本标准液每 100 mL 含锂 75 μg。

A.8.4.2 试样液的制备

精确称取固体胶试样 1 g,包于无水无灰滤纸中,放入已知质量的铂坩埚中,在 100 ℃ 下加热 15 min,然后于高温炉中 1 h~2 h 内逐步加热至 500 ℃,维持该温度 15 min~20 min 后,取出,于干燥器中冷却。将坩埚中物料移入 100 mL 容量瓶中，加 1∶1 盐酸液 1 mL，再用水稀释至刻度后混匀。

A.8.4.3 测定

分别测定标准液和试样液的吸光度。

A.8.5 结果判定

由试样液所产生的吸光度不超过标准液所产生的吸光度，即为锂≤75.0 mg/kg。

附　录　B
丁苯橡胶红外光谱图

丁苯橡胶红外光谱图见图 B.1、图 B.2。

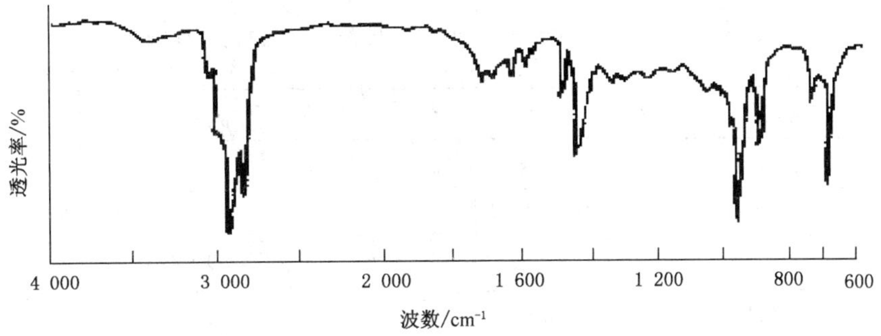

图 B.1　丁苯橡胶(75/25),固体

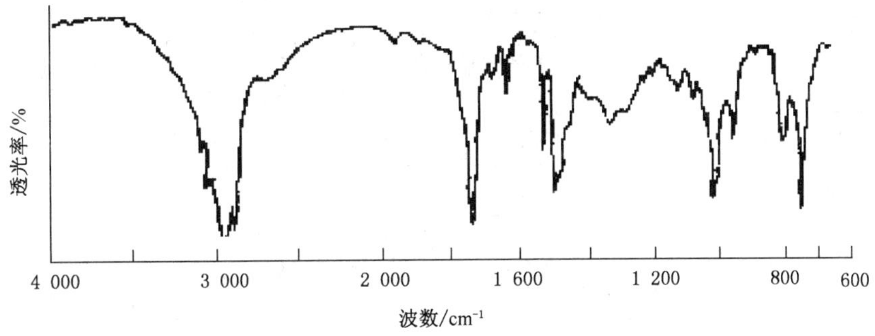

图 B.2　丁苯橡胶(50/50),固体

附 录 C
25 ℃下折光指数与结合态苯乙烯含量对照表

25 ℃下折光指数与结合态苯乙烯含量对照表见表 C.1。

表 C.1 25 ℃下折光指数与结合态苯乙烯含量对照表

折光指数 n_{25}	0	1	2	3	4	5	6	7	8	9
1.515	—	—	—	—	—	0.05	0.18	0.31	0.44	0.57
1.516	0.70	0.83	0.96	1.09	1.22	1.34	1.47	1.60	1.73	1.86
1.517	1.99	2.12	2.25	2.37	2.50	2.63	2.76	2.89	3.02	3.14
1.518	3.27	3.40	3.53	3.66	3.78	3.91	4.04	4.17	4.29	4.42
1.519	4.55	4.67	4.80	4.93	5.06	5.18	5.31	5.44	5.56	5.69
1.520	5.82	5.94	6.07	6.20	6.32	6.45	6.57	6.70	6.83	6.95
1.521	7.08	7.20	7.33	7.46	7.58	7.71	7.83	7.96	8.08	8.21
1.522	8.33	8.46	8.58	8.71	8.83	8.96	9.08	9.21	9.33	9.46
1.523	9.58	9.71	9.83	9.95	10.08	10.20	10.33	10.45	10.57	10.70
1.524	10.82	10.95	11.07	11.19	11.32	11.44	11.56	11.69	11.81	11.93
1.525	12.06	12.18	12.30	12.43	12.55	12.67	12.79	12.92	13.04	13.16
1.526	13.28	13.41	13.53	13.65	13.77	13.89	14.02	14.14	14.26	14.38
1.527	14.50	14.62	14.75	14.87	14.99	15.11	15.23	15.35	15.47	15.60
1.528	15.72	15.84	15.96	16.08	16.20	16.32	16.44	16.56	16.68	16.80
1.529	16.92	17.04	17.16	17.28	17.40	17.52	17.64	17.76	17.88	18.00
1.530	18.12	18.24	18.36	18.48	18.60	18.72	18.84	18.96	19.08	19.19
1.531	19.31	19.43	19.55	19.67	19.79	19.91	20.03	20.14	20.26	20.38
1.532	20.50	20.62	20.73	20.85	20.97	21.09	21.21	21.32	21.44	21.56
1.533	21.68	21.79	21.91	22.03	22.15	22.26	22.38	22.50	22.61	22.73
1.534	22.85	22.96	23.08	23.20	23.31	23.43	23.55	23.66	23.78	23.90
1.535	24.01	24.13	24.24	24.36	24.47	24.59	24.71	24.82	24.94	25.05
1.536	25.17	25.28	25.40	25.51	25.63	25.74	25.86	25.97	26.09	26.20
1.537	26.32	26.43	26.55	26.66	26.78	26.89	27.00	27.12	27.23	27.35
1.538	27.46	27.58	27.69	27.80	27.92	28.03	28.14	28.26	28.97	28.48
1.539	28.60	28.71	28.82	28.94	29.05	29.16	29.28	29.39	29.50	29.61
1.540	29.73	29.84	29.95	30.06	30.18	30.29	30.40	30.51	30.62	30.74
1.541	30.85	30.96	31.07	31.18	31.30	31.41	31.52	31.63	31.74	31.85
1.542	31.96	32.07	32.19	32.30	32.41	32.52	32.63	32.74	32.85	32.96
1.543	33.07	33.18	33.29	33.40	33.51	33.62	33.73	33.84	33.95	34.06

表 C.1（续）

折光指数 n_{25}	0	1	2	3	4	5	6	7	8	9
1.544	34.17	34.28	34.39	34.50	34.61	34.72	34.83	34.94	35.05	35.16
1.545	35.27	35.38	35.48	35.59	35.70	35.81	35.92	36.03	36.14	36.25
1.546	36.35	36.46	36.57	36.68	36.79	36.89	37.00	37.11	37.22	37.33
1.547	37.43	37.54	37.65	37.76	37.86	37.97	38.08	38.19	38.29	38.40
1.548	38.51	38.61	38.72	38.83	38.93	39.04	39.15	39.25	39.36	39.47
1.549	39.57	39.68	39.79	39.89	40.00	40.10	40.21	40.32	40.42	40.58
1.550	40.63	40.74	40.84	40.95	41.05	41.16	41.26	41.37	41.47	41.58
1.551	41.68	41.79	41.89	42.00	42.10	42.21	42.31	42.42	42.52	42.63
1.552	42.73	42.83	42.94	43.04	43.15	43.25	43.35	43.46	43.56	43.66
1.553	43.77	43.87	43.97	44.08	44.18	44.28	44.39	44.49	44.59	44.70
1.554	44.80	44.90	45.00	45.11	45.21	45.31	45.41	45.52	45.62	45.72
1.555	45.82	45.92	46.03	46.13	46.23	46.33	46.43	46.54	46.64	46.74
1.556	46.84	46.94	47.04	47.14	47.25	47.35	47.45	47.55	47.65	47.75
1.557	47.85	47.95	48.05	48.15	48.25	48.35	48.45	48.55	48.65	48.75
1.558	48.85	48.95	49.05	49.15	49.25	49.35	49.45	49.55	49.65	49.75
1.559	49.85	49.95	50.05	50.15	50.25	50.35	50.44	50.54	50.64	50.74
1.560	50.84	50.94	51.04	51.13	51.23	51.33	51.43	51.53	51.63	51.72
1.561	51.82	51.92	52.02	52.11	52.21	52.31	52.41	52.50	52.60	52.70
1.562	52.80	52.89	52.99	53.09	53.18	53.28	53.38	53.47	53.57	53.67
1.563	53.76	53.86	53.96	54.05	54.15	54.25	54.34	54.44	54.53	54.63
1.564	54.73	54.82	54.92	55.01	55.11	55.20	55.30	55.39	55.49	55.58

中华人民共和国国家标准

GB 29988—2013

食品安全国家标准
食品添加剂　海藻酸钾(褐藻酸钾)

2013-11-29 发布　　2014-06-01 实施

中华人民共和国
国家卫生和计划生育委员会　发布

食品安全国家标准
食品添加剂 海藻酸钾(褐藻酸钾)

1 范围

本标准适用于从海带(*Laminaria*)、巨藻(*Macrocystis*)、泡叶藻(*Ascophyllum*)等褐藻类植物中经提取加工制成的食品添加剂海藻酸钾(褐藻酸钾)。

2 分子式

$(C_6H_7O_6K)_n$

3 技术要求

3.1 感官要求

感官要求应符合表1的规定。

表1 感官要求

项目	要求	检验方法
色泽	白色至黄色	取试样置于白瓷盘中,在自然光下,观察其色泽和状态
状态	纤维状或粒状粉末	

3.2 理化指标

理化指标应符合表2的规定。

表2 理化指标

项目		指标	检验方法
黏度(20 ℃)/(mPa·s)		符合声称	附录A中A.3
干燥减量(*w*)/%	≤	15.0	GB 5009.3 直接干燥法
海藻酸钾含量(以 K_2O 计,以干基计,*w*)/%		15.0~22.0	GB/T 17767.3[a]
pH(10 g/L 溶液)		6.0~8.0	A.4
水不溶物(*w*)/%	≤	0.6	A.5
灰分(以干基计,*w*)/%		24~32	A.6
铅(Pb)/(mg/kg)	≤	4	GB 5009.12
总砷(以 As 计)/(mg/kg)	≤	2	GB/T 5009.11

[a] 试样取测定完干燥减量项的干燥试样;试样溶液制备采用硝酸-高氯酸消煮法。

附　录　A
检验方法

A.1　一般规定

本标准除另有规定外,所用试剂的纯度应在分析纯以上,所用标准滴定溶液、杂质测定用标准溶液、制剂及制品,应按GB/T 601、GB/T 602、GB/T 603的规定制备,试验用水应符合GB/T 6682—2008中三级水的规定。试验中所用溶液在未注明用何种溶剂配制时,均指水溶液。

A.2　鉴别试验

A.2.1　试剂和材料

A.2.1.1　氯化钙溶液:25 g/L。

A.2.1.2　硫酸溶液:1 mol/L。

A.2.1.3　1,3-二羟基萘乙醇溶液(10 g/L):称取约1 g 1,3-二羟基萘溶于100 mL无水乙醇,混匀(现用现配)。

A.2.1.4　盐酸。

A.2.1.5　异丙醚。

A.2.2　试样溶液的制备

称取约1 g试样,溶于100 mL水中备用。

A.2.3　鉴别

A.2.3.1　可溶性试验

试样在水中缓慢溶解形成黏胶状液体,不溶于乙醇和30%以上的乙醇溶液,不溶于三氯甲烷和乙醚,以及pH<3的酸溶液。

A.2.3.2　氯化钙沉淀试验

量取5 mL试样溶液,加入1 mL氯化钙溶液,应立即产生大体积凝胶状沉淀。

A.2.3.3　硫酸沉淀试验

量取10 mL试样溶液,加入1 mL硫酸溶液,应产生重质凝胶状沉淀。

A.2.3.4　海藻酸盐鉴定

量取5 mL试样溶液,加入1 mL新制的1,3-二羟基萘乙醇溶液和5 mL盐酸摇匀。煮沸5 min,放冷,转移至60 mL分液漏斗中,容器用5 mL水洗涤,洗液并入分液漏斗中。加入15 mL异丙醚,振摇提取,分取醚层,同时做空白对照,试样管的异丙醚层与对照管比较,应显深紫色。

A.3 黏度的测定

A.3.1 原理

黏度计的转子在海藻酸钾溶液中转动时，受到黏滞阻力，使与指针连接的游丝产生扭矩，与黏滞阻力抗衡，最后达到平衡时，即可读数。

A.3.2 仪器和设备

旋转黏度计。

A.3.3 测定步骤

A.3.3.1 配制 1% 试样溶液 500 mL～600 mL。称取 5.0 g～6.0 g 试样，加入预先量好的水中，需先按试样量计算出所需水的量，溶解试样时，应先打开电动搅拌机，在搅拌状态下慢慢加入试样，搅拌，直至呈均匀的溶液，放置至气泡脱尽备用。

A.3.3.2 先调整溶液温度为 20 ℃±0.5 ℃，再按黏度计操作规程进行测定，启动黏度计开关以后，旋转约 0.5 min，待读数稳定后，即可读数。

A.3.4 结果计算

A.3.4.1 黏度(数字式黏度计)直接读数。

A.3.4.2 黏度(指针式黏度计)按式(A.1)计算：

$$A = s \cdot \kappa \qquad \cdots\cdots(A.1)$$

式中：

A——黏度，单位为毫帕秒(mPa·s)；

s——旋转黏度计指针指示读数，单位为毫帕秒(mPa·s)；

κ——测定时选用的相应的转子与转速的系数。

试验结果以平行测定结果的算术平均值为准。在重复性条件下获得的两次独立测定结果的绝对差值不得超过算术平均值的 3.0%。

A.4 pH 的测定

配制 10 g/L 的试样溶液，按 GB/T 9724 测定。

A.5 水不溶物的测定

A.5.1 原理

海藻酸钾水溶液通过砂芯坩埚减压抽滤，将残留物洗净后干燥至恒重，以质量分数表示。

A.5.2 仪器和设备

A.5.2.1 真空泵。

A.5.2.2 砂芯坩埚：滤板孔径 16 μm～40 μm。

A.5.3 测定步骤

称取试样约 0.5 g，称准至 0.000 2 g，于 500 mL 烧杯中，加水至 200 mL，盖上表面皿，加热煮沸，保持微沸 1 h(加热时注意搅动)。趁热用已干燥恒重(前后两次质量之差不大于 0.000 2 g 为恒重，冷却操作时需严格保持冷却时间的统一)的砂芯坩埚减压过滤,并用热水充分洗涤烧杯和砂芯坩埚,然后将砂芯坩埚于 105 ℃±2 ℃烘箱内烘至恒重(前后两次质量之差不大于 0.000 3 g 为恒重)。

A.5.4 结果计算

水不溶物的质量分数 w_1 按式(A.2)计算:

$$w_1 = \frac{m_1 - m_2}{m_3} \times 100\% \qquad \cdots\cdots\cdots\cdots(\text{A.2})$$

式中:

m_1——砂芯坩埚与水不溶物的质量,单位为克(g);

m_2——砂芯坩埚的质量,单位为克(g);

m_3——试样的质量,单位为克(g)。

试验结果以平行测定结果的算术平均值为准。在重复性条件下获得的两次独立测定结果的绝对差值不得超过算术平均值的 15%。

A.6 灰分的测定

A.6.1 原理

海藻酸钾在 600 ℃± 25 ℃灼烧完全后残留的无机物质为灰分。

A.6.2 仪器和设备

A.6.2.1 高温炉。

A.6.2.2 电炉。

A.6.2.3 干燥器(内有干燥剂)。

A.6.2.4 天平:感量为 0.1 mg。

A.6.2.5 瓷坩埚。

A.6.3 测定

A.6.3.1 坩埚的恒重

取洁净的瓷坩埚放入高温炉,在 600 ℃± 25 ℃温度下灼烧 30 min,冷却至 200 ℃左右,取出,放入干燥器中冷却至室温,准确称量,并反复灼烧至恒重。

A.6.3.2 灼烧

在已恒重的坩埚中称取干燥减量测定后的试样约 2 g,称准至 0.000 2 g,在电炉上小心炭化至无烟后置入高温炉,于 600 ℃± 25℃灼烧 4 h。冷却至 200 ℃以下后,取出,放入干燥器中冷却 30 min,在称量前如灼烧残渣有炭粒时,向试样中滴入几滴 30%双氧水(H_2O_2)溶液(以刚润湿为好,不宜多加),于电炉上小火蒸干后,再次灼烧至无炭粒即灰化完全,准确称量。重复灼烧至前后两次质量相差不超过 0.002 g为恒重。

A.6.4 结果计算

灰分的质量分数 w_2 按式(A.3)计算:

$$w_2 = \frac{m_6 - m_4}{m_5 - m_4} \times 100\% \qquad \cdots\cdots\cdots\cdots(\text{A.3})$$

式中：

m_4——空坩埚的质量，单位为克(g)；

m_5——灰化前坩埚与试样的质量，单位为克(g)；

m_6——灰化后坩埚与试样的质量，单位为克(g)。

试验结果以平行测定结果的算术平均值为准。在重复性条件下获得的两次独立测定结果的绝对差值不得超过算术平均值的2.0%。

中华人民共和国国家标准

GB 29989—2013

食品安全国家标准
婴幼儿食品和乳品中左旋肉碱的测定

2013-11-29 发布

2014-06-01 实施

中华人民共和国
国家卫生和计划生育委员会 发布

食品安全国家标准

婴幼儿食品和乳品中左旋肉碱的测定

1 范围

本标准规定了婴幼儿食品和乳品中左旋肉碱的测定方法。

本标准适用于婴幼儿食品和乳品中左旋肉碱的测定。

2 原理

试样经过水提取,用高氯酸沉淀蛋白质后过滤。滤液经碱皂化后使溶液中结合态的左旋肉碱游离出来。左旋肉碱与乙酰辅酶A在乙酰肉碱转移酶的催化下反应生成乙酰肉碱和游离的辅酶A。游离的辅酶A和2-硝基苯甲酸反应生成黄色物质,其颜色深浅与游离的辅酶A含量成正比。因游离的辅酶A与左旋肉碱是等摩尔反应关系,可间接求出试样中左旋肉碱含量。

3 试剂和材料

注:除非另有说明,本标准所用试剂均为分析纯,水为GB/T 6682规定的三级水。

3.1 试剂

3.1.1 高氯酸($HClO_4$)。

3.1.2 氢氧化钠(NaOH)。

3.1.3 氢氧化钾(KOH)。

3.1.4 2-硝基苯甲酸($C_{14}H_8N_2O_8S_2$)。

3.1.5 *N*-2-羟乙基哌嗪-*N*-2-乙烷磺酸($C_8H_{18}N_2O_4S$)。

3.1.6 乙二胺四乙酸二钠($C_{10}H_{14}N_2Na_2 \cdot 2H_2O$)。

3.1.7 乙酰辅酶A(AcetylCoA):在2 ℃~8 ℃保存。

3.1.8 乙酰肉碱转移酶(CAT):在2 ℃~8 ℃保存。

3.2 试剂配制

3.2.1 高氯酸溶液(13%):13 mL高氯酸稀释至100 mL。

3.2.2 氢氧化钠溶液(10 mol/L):称取40 g氢氧化钠用水溶解,冷却后稀释至100 mL。

3.2.3 氢氧化钾溶液(4.0 mol/L):称取22.4 g氢氧化钾用水溶解,冷却后稀释至100 mL。

3.2.4 显色储备液:分别称取50 mg 2-硝基苯甲酸、5.96 g *N*-2-羟乙基哌嗪-*N*-2-乙烷磺酸、185 mg乙二胺四乙酸二钠溶于30 mL去离子水中,用10 mol/L NaOH溶液调pH至7.4~7.6,然后用水定容至50 mL。此液置于4 ℃冰箱中可保存3个月。

3.2.5 显色工作液:吸取5.0 mL显色储备液用水定容至25 mL。

3.2.6 乙酰辅酶A(AcetylCoA)溶液:称取20.0 mg乙酰辅酶A溶于2.0 mL水中。临用时配制。

3.2.7 乙酰肉碱转移酶(CAT)溶液:吸取100 μL乙酰肉碱转移酶悬浮液,经1 500 r/min离心10 min,

弃去上层清液，沉淀用 2 mL 水溶解。临用时配制。

3.3 标准品

左旋肉碱标准品($C_7H_{15}NO_3$)：纯度≥98%。

3.4 标准溶液配制

3.4.1 左旋肉碱标准储备液(80 μg/mL)：准确称取 20 mg(精确 0.000 1 g)于 102 ℃±2 ℃烘箱中烘2 h 的左旋肉碱，用水定容至 250 mL 容量瓶中。此液置于 4 ℃冰箱中可保存 1 个月。

3.4.2 左旋肉碱标准工作液：分别吸取左旋肉碱标准储备液 0.5 mL、1 mL、2 mL、3 mL、5 mL 于25 mL 容量瓶中，用水定容至刻度，混匀。此溶液仅限于当天使用。

4 仪器和设备

4.1 分析天平：感量 0.1 mg。

4.2 pH 计：精度 0.01。

4.3 离心机：转速≥1 500 r/min。

4.4 恒温水浴锅：温度可控制在 40 ℃±2 ℃。

4.5 分光光度计。

5 分析步骤

5.1 试样处理

准确称取 5 g(精确 0.000 1 g)混合均匀的试样于烧杯中，用 30 mL 40 ℃温水溶解，转入 100 mL 容量瓶中。加入 10 mL13%高氯酸溶液，混合均匀后静止 20 min。用蒸馏水定容至刻度，混匀，用定量滤纸过滤。

取滤液 20 mL，用 4 mol/L 氢氧化钾溶液调 pH 为 12.5～13.0 后，置于 40 ℃水浴 60 min。冷却后用 13%高氯酸调 pH 为 7.0～7.5。将样液转入 50 mL 容量瓶中，用蒸馏水定容。混匀后置于 4 ℃冰箱中过夜。将试样处理液从冰箱中取出放置至室温，取上清液用 0.45 μm 滤膜过滤后备用。

5.2 标准曲线的绘制

吸取左旋肉碱标准工作液 2.0 mL 于 1 cm 比色皿中，加入 0.8 mL 显色工作液和 100 μL 乙酰辅酶 A 溶液，盖上比色皿盖，混合均匀后放入分光光度计中，分光光度计的波长调为 412 nm，5 min 后归零。迅速加入 100 μL 乙酰肉碱转移酶溶液，混合均匀后放入分光光度计中，反应 10 min 后记录吸光值。以左旋肉碱标准工作液的浓度为横坐标，以吸光值为纵坐标，制作标准曲线。

5.3 试样测定

取 2.0 mL 试样处理液按 5.2 的步骤测定其吸光值。在标准曲线上查得试样待测液的浓度。

6 分析结果的表述

试样中的左旋肉碱的含量 X 以质量分数 mg/100 g 表示，按式(1)计算：

$$X=\frac{c\times 50}{m\times V\times 10}\times 100 \qquad (1)$$

式中：

X ——样品中左旋肉碱含量，单位为毫克每百克(mg/100 g)；

c ——从标准曲线上查得的试样处理液浓度，单位为微克每毫升(μg/mL)；

V ——滤液的体积，单位为毫升(mL)；

m ——试样的质量，单位为克(g)。

计算结果以重复性条件下获得的两次独立测定结果的算术平均值表示，结果保留小数点后一位。

7 精密度

在重复性条件下获得的两次独立测定结果的绝对差值不应超过算术平均值的10%。

8 其他

方法检出限0.6 mg/100 g，定量限为2 mg/100 g。

ICS 71.100.70
Y 42

GB

中华人民共和国国家标准

GB/T 29990—2013

润肤油

Skin care oil

2013-11-27 发布 2014-05-01 实施

中华人民共和国国家质量监督检验检疫总局
中国国家标准化管理委员会 发布

前 言

本标准按照 GB/T 1.1—2009 给出的规则起草。

本标准由中国轻工业联合会提出。

本标准由全国香料香精化妆品标准化技术委员会(SAC/TC 257)归口。

本标准起草单位:上海市日用化学工业研究所(国家香料香精化妆品质量监督检验中心)、强生(中国)有限公司、上海家化联合股份有限公司、广东名臣有限公司、无限极(中国)有限公司。

本标准主要起草人:沈敏、康薇、林利、陈蓓蕾、王寒洲、金其璋、李涛、赵秀婷、徐颖虹。

润　肤　油

1　范围

本标准规定了润肤油的分类、要求、试验方法、检验规则和标志、包装、运输、贮存、保质期。

本标准适用于滋润、保护皮肤为主要目的的油状产品。

2　规范性引用文件

下列文件对于本文件的应用是必不可少的。凡是注日期的引用文件，仅注日期的版本适用于本文件。凡是不注日期的引用文件，其最新版本(包括所有的修改单)适用于本文件。

GB 5296.3　消费品使用说明　化妆品通用标签

GB/T 13531.4　化妆品通用试验方法　相对密度的测定

GB/T 22731　日用香精

QB/T 1684　化妆品检验规则

QB/T 1685　化妆品产品包装外观要求

QB/T 2470　化妆品通用试验方法滴定分析(容量分析)用标准溶液的制备

QB/T 4079—2010　按摩基础油、按摩油

JJF 1070　定量包装商品净含量计量检验规则

定量包装商品计量监督管理办法(国家质量监督检验检疫总局令第 75 号)

化妆品卫生规范

3　分类

根据润肤油的配方组成不同，可分为只含矿油(可添加香精、抗氧化剂)的润肤油(Ⅰ型)、除Ⅰ型外的其他润肤油(Ⅱ型)。

4　要求

4.1　原料

使用的原料应符合《化妆品卫生规范》的要求。使用的香精应符合 GB/T 22731 的要求。

4.2　包装材料

使用的包装材料应符合《化妆品卫生规范》的规定。

4.3　感官、理化、卫生指标

感官、理化、卫生指标应符合表 1 的要求。

表 1 感官、理化、卫生指标

指标名称		指标要求	
		Ⅰ型	Ⅱ型
感官指标	色泽	符合规定色泽	
	气味	符合规定气味，无异味	
	外观	室温下清晰透明，无明显杂质和黑点	
理化指标	相对密度(20 ℃/20 ℃)	规定值±0.02	
	耐热	—	(40±1)℃保持 24 h，恢复室温后其外观与试验前无明显差异
	耐寒	—	(−8±2)℃保持 24 h，恢复室温后其外观与试验前无明显差异
	酸值(以 KOH 计)/(mg/g)	—	≤5
	过氧化值/(mmol/kg)(含植物油产品做此项目)	—	≤10
	酸碱性试验	显中性反应	—
卫生指标	菌落总数	符合《化妆品卫生规范》规定	
	霉菌和酵母菌总数		
	粪大肠菌群		
	金黄色葡萄球菌		
	铜绿假单胞菌		
	铅		
	汞		
	砷		

4.4 净含量

应符合《定量包装商品计量监督管理办法》的规定。

4.5 包装外观

应符合 QB/T 1685 的规定。

5 试验方法

5.1 感官指标

5.1.1 色泽

在室温和非阳光直射下目测观察。

5.1.2 气味

用嗅觉进行鉴别。

5.1.3 外观

在室温和非阳光直射下目测观察。

5.2 理化指标

5.2.1 相对密度

按 GB/T 13531.4 的方法进行。

5.2.2 耐热

5.2.2.1 仪器

恒温培养箱：温控精度±1 ℃。

5.2.2.2 操作

将试样置于预先调节至 40 ℃的恒温培养箱内，经 24 h 后取出，待恢复室温后观察。

5.2.3 耐寒

5.2.3.1 仪器

冰箱：温控精度±2 ℃。

5.2.3.2 操作

将试样置于预先调节至−8 ℃的冰箱内，经 24 h 后取出，待恢复室温后观察。

5.2.4 酸值

按 QB/T 4079—2010 附录 A 执行。

5.2.5 过氧化值

按 QB/T 4079—2010 附录 B 执行。

5.2.6 酸碱性试验

5.2.6.1 试剂和材料

试剂和材料如下：

a) 0.1 mol/L 氢氧化钠溶液：按 QB/T 2470 制备；
b) 95%乙醇(分析纯)；
c) 酚酞指示液(10 g/L)：称取 1.0 g 酚酞，溶于 95%乙醇中，用 95%乙醇稀释至 100 mL；
d) 95%中性乙醇(分析纯)：取适量 95%乙醇，加入几滴酚酞指示剂，用 0.1 mol/L 氢氧化钠溶液滴定至微红色；
e) 蓝石蕊试纸；
f) 红石蕊试纸；
g) 移液管。

5.2.6.2 测定

取试样 5.0 mL，加 95%中性乙醇 5.0 mL，煮沸，用湿润的红石蕊试纸和蓝石蕊试纸浸润溶液应不变色。

5.3 卫生指标

按《化妆品卫生规范》规定的方法检验。

5.4 净含量

按 JJF 1070 中规定的方法测定。

5.5 包装外观

按 QB/T 1685 执行。

6 检验规则

按 QB/T 1684 执行。

7 标志、包装、运输、贮存、保质期

7.1 销售包装的标志

按 GB 5296.3 执行。

7.2 包装

按 QB/T 1685 执行。

7.3 运输

应轻装轻卸，按箱子图示标志堆放。避免剧烈震动、撞击和日晒雨淋。

7.4 贮存

应贮存在温度不高于 38 ℃的通风干燥仓库内，不得靠近水源、火炉或暖气。贮存时应距地面 20 cm，距内墙 50 cm，中间应留有通道。按箱子图示标志堆放，并严格掌握先进先出原则。

7.5 保质期

在符合规定的运输和贮存条件下，产品在包装完整和未经启封的情况下，保质期按销售包装标注执行。

ICS 71.100.70
Y 42

中华人民共和国国家标准

GB/T 29991—2013

香粉(蜜粉)

Loose power

2013-11-27 发布 2014-05-01 实施

中华人民共和国国家质量监督检验检疫总局
中国国家标准化管理委员会 发布

前　　言

本标准按照 GB/T 1.1—2009 给出的规则起草。

本标准由中国轻工业联合会提出。

本标准由全国香料香精化妆品标准化技术委员会(SAC/TC 257)归口。

本标准负责起草单位:上海市日用化学工业研究所(国家香料香精化妆品质量监督检验中心)、北京宏丽源有限责任公司、珀莱雅化妆品股份有限公司、无限极(中国)有限公司、广东名臣有限公司。

本标准主要起草人:沈敏、金大钧、蒋丽刚、李德灵、付艳丽、康薇、宋佳、崔凤玲。

香粉(蜜粉)

1 范围

本标准规定了香粉(蜜粉)的术语和定义、要求、试验方法、检验规则和标志、包装、运输、贮存、保质期。

本标准适用于香粉(蜜粉)。

2 规范性引用文件

下列文件对于本文件的应用是必不可少的。凡是注日期的引用文件,仅注日期的版本适用于本文件。凡是不注日期的引用文件,其最新版本(包括所有的修改单)适用于本文件。

GB 5296.3 消费品使用说明 化妆品通用标签

GB/T 13531.1 化妆品通用试验方法 pH值的测定

GB/T 22731 日用香精

QB/T 1684 化妆品检验规则

QB/T 1685 化妆品产品包装外观要求

JJF 1070 定量包装商品净含量计量检验规则

定量包装商品计量监督管理办法(国家质量监督检验检疫总局令第75号)

化妆品卫生规范

3 术语和定义

下列术语和定义适用于本文件。

3.1

香粉 loose powder

蜜粉

由粉体基质、着色剂、护肤和香精等原料混合而成,用于成人面部的粉状护肤美容品。

4 要求

4.1 原料

使用的原料应符合《化妆品卫生规范》的要求。使用的滑石粉应符合国家对化妆品滑石粉原料的管理要求。使用的香精应符合 GB/T 22731 的要求。

4.2 感官、理化、卫生指标

感官、理化、卫生指标应符合表1的要求。

表 1 感官、理化、卫生指标

指标名称		指标要求
感官指标	色泽	符合规定色泽
	香气	符合规定香型
	粉体	洁净、无明显杂质及黑点
理化指标	细度(0.125 mm)/%	≥97
	pH(25 ℃)	4.5～9.0
卫生指标	菌落总数	符合《化妆品卫生规范》的规定
	霉菌和酵母菌总数	
	粪大肠菌群	
	金黄色葡萄球菌	
	铜绿假单胞菌	
	铅	
	汞	
	砷	

4.3 净含量

应符合《定量包装商品计量监督管理办法》的规定。

4.4 包装外观

应符合 QB/T 1685 的要求。

5 试验方法

5.1 感官指标

5.1.1 色泽

取试样置于白色衬物上，在室温和非阳光直射下目测观察。

5.1.2 香气

取试样用嗅觉进行鉴别。

5.1.3 粉体

取试样置于白色衬物上，在室温和非阳光直射下目测观察。

5.2 理化指标

5.2.1 细度

5.2.1.1 仪器

仪器如下：

a) 标准筛：孔径 0.125 mm(120 目/英寸)，筛子内径约 62 mm；

b) 软毛刷：约宽 4 cm、长 5 cm；

c) 天平：精度 0.01 g。

5.2.1.2 操作程序

称取粉体约 5 g(精确至 0.01 g)，置于 120 目标准筛内，称量粉体、筛子和软毛刷的总质量 m_1，用软毛刷刷落粉体，再次称取未过筛粉体、筛子和软毛刷总质量 m_2。测试结果取两次平行数据的算术平均值。

5.2.1.3 结果计算

按式(1)计算细度 X：

$$X = \frac{m_1 - m_2}{m} \times 100\% \qquad \cdots\cdots(1)$$

式中：

m ——试样的质量，单位为克(g)；

m_1——粉体、标准筛和毛刷的质量，单位为克(g)；

m_2——未过筛粉体、标准筛和毛刷的质量，单位为克(g)。

平行试验结果的绝对误差不大于 0.5%。

5.2.2 pH

按 GB/T 13531.1 中规定的方法测定(稀释法)。

5.3 卫生指标

菌落总数、霉菌和酵母菌总数、粪大肠菌群、金黄色葡萄球菌、铜绿假单胞菌、铅、汞、砷按《化妆品卫生规范》的方法检验。

5.4 净含量

按 JJF 1070 中规定的方法测定。

5.5 包装外观

按 QB/T 1685 执行。

6 检验规则

按 QB/T 1684 执行。

7 标志、包装、运输、贮存、保质期

7.1 销售包装的标志

按 GB 5296.3 的规定执行。

7.2 包装

按 QB/T 1685 的规定执行。

7.3 运输

应轻装、轻卸，按箱子图示标志堆放。避免剧烈震动、撞击和日晒雨淋。

7.4 贮存

应贮存在温度不高于 38 ℃的通风干燥仓库内，不得靠近水源、火炉或暖气，贮存时应距地面至少 20 cm，距内墙至少 50 cm，中间应留有通道，按箱子图示标志堆放，并严格掌握先进先出的原则。

7.5 保质期

符合本标准的运输贮存条件，包装完整、未经启封的情况下，保质期按销售包装标注执行。

ICS 83.140.50
G 43

中华人民共和国国家标准

GB 29992—2013

日用压力锅橡胶密封圈

Rubber sealing rings for pressure cooker

2013-11-27 发布　　2014-12-01 实施

中华人民共和国国家质量监督检验检疫总局
中国国家标准化管理委员会　发布

前言

本标准的第 4.1 条、第 4.2.3 条、第 4.2.4 条、第 4.2.5 条、第 4.2.6 条为强制性的，其余为推荐性的。

本标准按照 GB/T 1.1—2009 给出的规则起草。

本标准由中国石油和化学工业联合会提出。

本标准由全国橡胶与橡胶制品标准化技术委员会密封制品分技术委员会(SAC/TC 35/SC 3)归口。

本标准起草单位:浙江省质量技术监督检测研究院、浙江苏泊尔橡塑制品有限公司、玉环县中德塑胶有限公司、台州倬亿橡塑有限公司、浙江玉环航空塑胶机电厂、上海市质量监督检验技术研究院。

本标准主要起草人:沈振、林盛、董服秀、董服治、沈贤胜、章若红、王锐兰、盛维云、冯晓雷、高苏南、徐德佳。

日用压力锅橡胶密封圈

1 范围

本标准规定了日用压力锅橡胶密封圈(以下简称密封圈)的结构和规格、要求、试验方法、检验规则、标志、包装、运输和贮存。

本标准适用于公称工作压力为50kPa～120kPa,容积不大于18L的日用不锈钢压力锅和铝及铝合金压力锅橡胶密封圈。

2 规范性引用文件

下列文件对于本文件的应用是必不可少的。凡是注日期的引用文件,仅注日期的版本适用于本文件。凡是不注日期的引用文件,其最新版本(包括所有的修改单)适用于本文件。

GB/T 528 硫化橡胶或热塑性橡胶拉伸应力应变性能的测定

GB/T 529 硫化橡胶或热塑性橡胶撕裂强度的测定(裤形、直角形和新月形试样)

GB/T 531.1 硫化橡胶或热塑性橡胶 压入硬度试验方法 第1部分:邵氏硬度计法(邵尔硬度)

GB/T 2828.1 计数抽样检验程序 第1部分:按接收质量限(AQL)检索的逐批检验抽样计划

GB/T 3512 硫化橡胶或热塑性橡胶 热空气加速老化和耐热试验

GB 4806.1 食品用橡胶制品卫生标准

GB/T 7759 硫化橡胶、热塑性橡胶 常温、高温和低温下压缩永久变形测定

GB 13623—2003 铝压力锅安全及性能要求

3 结构和规格

3.1 结构

密封圈结构如图1所示。

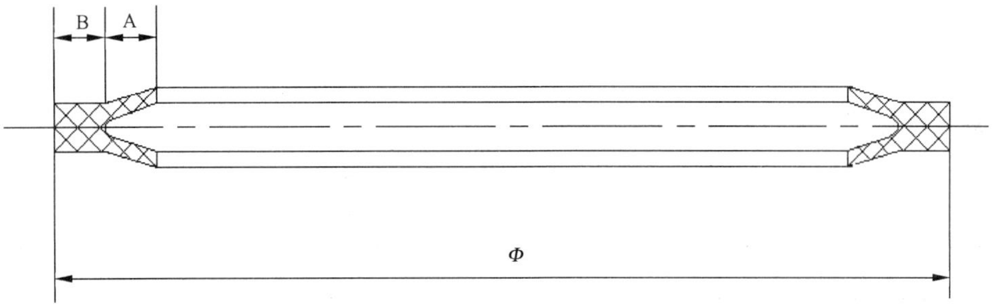

说明:

A ——工作面;

B ——非工作面;

Φ ——密封圈外径。

图1 结构示意图

3.2 规格及尺寸

3.2.1 密封圈的规格以压力锅锅口内径表示，单位为厘米(cm)，取整数，并优先采用偶数系列。密封圈的规格一般为16 cm、18 cm、20 cm、22 cm、24 cm、26 cm、28 cm，也可根据用户提出的规格进行生产。

3.2.2 密封圈的尺寸应符合生产厂家设计图纸要求。

4 要求

4.1 胶料的物理机械性能

密封圈按照硬度等级分为60和70两类，其物理机械性能见表1。

表1 胶料的物理机械性能

序号	项目	单位	硬度等级要求	
			60	70
1	硬度，邵尔A型	—	60±5	70±5
2	拉伸强度，最小	MPa	5.5	5.5
3	拉断伸长率，最小	%	300	250
4	撕裂强度，最小	kN/m	10	10
5	热空气老化，175 ℃，72 h 硬度变化，最大 拉伸强度变化率，最大 拉断伸长率变化率，最大	 — % %	 −5～+5 −20 −25	 −5～+5 −20 −25
6	压缩永久变形，150 ℃，24 h，最大	%	20	20

4.2 成品的要求

4.2.1 感官要求

密封圈成品应色泽均匀、无异味。

4.2.2 外观质量

密封圈的外观质量应符合表2的规定。

表2 外观质量

序号	缺陷名称	合格品要求
1	气泡	不应有
2	修边痕迹	凹陷不大于0.3 mm，工作面处累计不超过周长的1/5，非工作面处累计不超过周长的1/3
3	模痕	允许有轻微的
4	欠硫、海绵状	不应有
5	裂口	不应有

表 2（续）

序　　号	缺陷名称	合格品要求
6	杂质	工作面处不应有；非工作面处允许有，但面积不大于 1 mm²，整个锅圈非工作面处应不多于 2 处
7	皱皮	不应有
8	缺料	不应有

4.2.3　水蒸气老化性能

按 5.8 测定，密封圈累积试验时间 200 h，不出现滴水漏气现象。

4.2.4　成品卫生性能

成品的卫生性能应符合 GB 4806.1 的规定。

4.2.5　耐酸性

密封圈按 5.10 试验后，体积的变化率不得超过 −1%～+25% 的范围。

4.2.6　耐油性

密封圈按 5.11 试验后，质量变化率不大于 20%。

5　试验方法

5.1　胶料的硬度应按 GB/T 531.1 的规定进行。

5.2　胶料的拉伸强度、拉断伸长率应按 GB/T 528 的规定进行，采用Ⅰ型试样。

5.3　胶料的撕裂强度应按 GB/T 529 的规定进行，采用直角形试样。

5.4　胶料的热空气老化应按 GB/T 3512 的规定进行。

5.5　胶料的压缩永久变形应按 GB/T 7759 的规定进行，采用 B 型试样。

5.6　感官及外观检查应在自然光线下用肉眼观察、用鼻嗅。

5.7　成品的断面尺寸用精度不大于 0.02 mm 的量具测量（仲裁时应采用读数显微镜或影像测量仪），外径用Ⅱ尺测量。

5.8　水蒸气老化性能应按附录 A 的规定进行。

5.9　成品卫生性能试验应按 GB 4806.1 的规定进行。

5.10　耐酸性试验应按 GB 13623—2003 中 6.2.24 的规定进行。

5.11　耐油性试验应按 GB 13623—2003 中 6.2.24 的规定进行。

6　检验规则

6.1　出厂检验

6.1.1　胶料以不多于 1 000 kg 为一批，每月不足 1 000 kg 者，以每月为一批。胶料的物理机械性能试验，每批按本标准表 1 中 1、2、3、4 项的规定进行检查。

6.1.2　密封圈以每天不超过 10 000 条为一批，成品的尺寸和外观质量按照 GB/T 2828.1 采用正常检验一次抽样方案要求进行检查，抽样水平和接收质量限按照表 3 的规定执行。

表 3 抽样水平和接收质量限

检验项目	检查水平	接收质量限
尺寸	一般检查水平Ⅰ	AQL 2.5
外观质量	一般检查水平Ⅰ	AQL 4.0

6.1.3 密封圈卫生指标、水蒸气老化性能、耐油性、耐酸性、热空气老化、压缩永久变形每季度检查不少于一次。

6.2 型式检验

型式检验为本标准第 4 章的所有要求，有下列情况之一时，应进行型式检验：

a) 产品转产或新产品定型鉴定时；

b) 正式生产后，若材料、工艺有较大改变，可能影响产品性能时；

c) 正常生产时，每 6 个月不得少于一次检验；

d) 产品停产 3 个月以上，恢复生产时；

e) 出厂检验结果与上次型式检验有较大差异时；

f) 国家质量监督机构提出进行型式检验的要求时。

6.3 合格判定

6.3.1 当胶料的物理机械性能检验结果有一项不合格时，应抽取双倍试样重复该项试验。复试结果有一项不合格时，则该批胶料为不合格品。

6.3.2 当密封圈水蒸气老化性能、耐油性、耐酸性的检查结果有一项不合格时，应抽取双倍试样重复该项试验。复试结果有一项不合格时，则为不合格品。

6.3.3 当成品的尺寸检验不合格时，允许返修一次，再行检验，若仍不合格，则为不合格品；当成品的外观质量检验不合格时，则为不合格品。

7 标志、包装、运输和贮存

7.1 标志

包装上应有标志，至少包括下列内容：

a) 产品名称及规格；

b) 生产厂名称以及适用的压力锅型号；

c) 数量；

d) 生产日期和/或批号；

e) 使用的橡胶材料；

f) 产品执行标准编号。

7.2 包装

包装材料和数量由供需双方协商解决，要确保密封圈不变形。

7.3 运输、贮存

7.3.1 产品在运输和贮存中应避免阳光照射、雨雪浸淋，不应与酸、碱、油类及有机溶剂等影响橡胶质量和有害人体的物质接触或共存，保持清洁。

7.3.2 产品应贮存在通风良好的仓库内，仓库温度保持在 0 ℃～30 ℃、相对湿度不大于 80％，并距离热源 1 m 以外，置放离地面 0.3 m 以上，避免重压。

7.3.3 在上述保管条件下，密封圈的贮存期自制造日起定为 3 年。

附 录 A
（规范性附录）
水蒸气老化性能试验方法

A.1 原理

本试验是将密封圈装入适用的压力锅或者耐压容器中，在规定的蒸汽压力作用下，经过一定时间，观察密封圈的老化性能。

A.2 试样

一般采用规格为 20 cm 的密封圈进行试验，也可根据用户提出的规格进行试验。

A.3 试验设备

A.3.1 试验设备为与密封圈相适用的压力锅或者耐压容器。

A.3.2 试验设备应能经受工作压力不低于 0.12 MPa 的蒸汽压，配备有可控制压力和保证安全的装置。

A.4 试验步骤

A.4.1 室温条件下，在压力锅（或耐压容器）中装入足够量的自来水，将一只试验用密封圈装配在压力锅（或耐压容器）中并密封好。

A.4.2 对压力锅（或耐压容器）进行预加热，使蒸汽压力达到 0.1 MPa±0.02 MPa，预加热时间不得超过 30 min。

A.4.3 保持蒸汽压力 0.1 MPa±0.02 MPa，试验时间 8 h，停止加热。

A.4.4 自然冷却至室温并停放，停放时间不超过 24 h。

A.4.4 按照 A.3.2～A.3.4 的试验步骤，重复试验，当累积保压试验时间（保持蒸汽压力为0.1 MPa±0.02 MPa 的总时间）达到 200 h，停止试验。

A.5 结果判定

当密封圈累积试验时间 200 h，不出现滴水漏气现象时，可判为合格；若密封圈累积试验时间没有达到 200 h，就出现滴水漏气现象时，则判为不合格。

ICS 83.140.40;97.040.20
G 42

中华人民共和国国家标准

GB 29993—2013

家用燃气用橡胶和塑料软管及软管组合件技术条件和评价方法

Rubber and/or plastics hoses and hose assemblies for domestic gas-technical requirements and testing methods

2013-11-27 发布　　2014-12-01 实施

中华人民共和国国家质量监督检验检疫总局
中国国家标准化管理委员会　发布

前　言

本标准的第 4 章和第 6 章为强制性的，其余为推荐性的。

本标准按照 GB/T 1.1—2009 给出的规则起草。

本标准由中国石油和化学工业联合会提出。

本标准由全国橡胶与橡胶制品标准化技术委员会软管分技术委员会(SAC/TC 35/SC 1)归口。

本标准起草单位：苏州市第四橡胶有限公司、无锡市钱氏功能塑胶有限公司、沈阳产品质量监督检验研究院、沈阳橡胶研究设计院。

本标准主要起草人：王增华、钱镭、邱林法、钱毅、张健、王淑丽、何斌、王志刚、富海涛、张婷婷。

家用燃气用橡胶和塑料软管及软管组合件技术条件和评价方法

警告：使用本标准的人员应熟悉正规实验室操作规程。本标准无意涉及因使用本标准可能出现的所有安全问题。制定相应的安全和健康制度并确保符合国家法规是使用者的责任。

1 范围

本标准规定了家用燃气用橡胶和塑料软管及软管组合件的结构和材料、尺寸和公差、外观、技术条件和评价方法、试验频次、标志、包装、运输、贮存和使用。

本标准适用于使用环境温度为－10 ℃～70 ℃，工作压力 3.3 kPa 以下的城镇低压燃气的燃气开关和燃烧器具之间，以及家用瓶装液化石油气的调压器和燃烧器具间连接用的橡胶和塑料软管（以下简称软管）及软管组合件。

2 规范性引用文件

下列文件对于本文件的应用是必不可少的。凡是注日期的引用文件，仅注日期的版本适用于本文件。凡是不注日期的引用文件，其最新版本（包括所有的修改单）适用于本文件。

GB/T 1690　硫化橡胶或热塑性橡胶　耐液体试验方法

GB/T 2941　橡胶物理试验方法试样制备和调节通用程序

GB/T 3512　硫化橡胶或热塑性橡胶　热空气加速老化和耐热试验

GB/T 5563　橡胶和塑料软管及软管组合件　静液压试验方法

GB/T 5564—2006　橡胶和塑料软管　低温曲挠试验

GB/T 5565—2006　橡胶或塑料增强软管和非增强软管　弯曲试验

GB/T 9573　橡胶、塑料软管及软管组合件尺寸测量方法

GB/T 9576　橡胶和塑料软管及软管组合件　选择、贮存、使用和维护指南

GB/T 9577　橡胶和塑料软管及软管组合件　标志、包装和运输规则

GB/T 24134—2009　橡胶和塑料软管　静态条件下耐臭氧性能的评价

HG/T 2185　橡胶软管外观质量

3 基本技术要求

3.1 软管结构

软管的结构如下：

a）软管的结构可为单层或多层（包括铠装软管）；

b）单层结构软管（纯胶管）为黑色，多层结构软管外覆层为桔黄色，也可按客户要求定制。

3.2 尺寸和公差

当按照 GB/T 9573 的方法进行测量时，除另有规定外，软管的尺寸和公差应符合表 1 的规定。

表 1　软管尺寸和公差

公称内径	内径和公差 mm	壁厚和公差 mm	
		软　管	有金属保护的软管
9.0	9.0±0.4	3.0±0.3	>1.5
9.5	9.4±0.4	3.0±0.3	>1.5
13	12.7±0.5	3.3±0.3	>1.8

3.3　材料

3.3.1　软管材料要求应符合表 2 规定。

表 2　材料的要求及试验方法

项目	要求			试验方法
	内衬层	外覆层	纯胶管	
老化性能 70 ℃±1 ℃，96 h 拉伸强度变化率/%　≤ 拉断伸长率变化率/%　≤	 20 20	 20 20	 20 20	GB/T 3512
耐燃气性能 质量变化率/%，　≤	35	35	35	附录 A

3.3.2　所有的试样应从软管上截取，无法从软管上截取时，应使用相同硫化程度的硫化试片进行试验，选用 3 型哑铃试样。

3.3.3　软管的材料为与其用途相适应的橡胶、塑料和增强层材料。

3.4　外观

除另有规定外，软管外观质量应符合 HG/T 2185 的规定。

4　软管性能及评价方法

4.1　当按附录 B 进行试验时，软管耐液体性能必须符合表 3 的规定。

表 3　软管的耐液体性能

项目	要求	试验方法
耐洗涤剂质量变化率/%	≤5	附录 B
耐高温食用油质量变化率/%	≤3	
耐食用油质量变化率/%	≤3	
耐食醋质量变化率/%	≤5	
耐肥皂液质量变化率/%	≤5	

4.2　按附录 C 进行耐燃试验时，试样持续燃烧时间应不超过 5 s。

4.3　当按附录 D 进行耐燃气透过试验时，公称内径小于 9.5 的软管燃气透过量不大于 5 mL/h，公称内径为13，当按GB/T 24134—2009中方法1进行耐臭氧老化试验时，需经96 h，目视检查，无龟裂现象。

4.4　软管燃气透过量不大于7 mL/h。

4.5　取1 m长的软管或一根软管组合件为试样进行气密试验，将其一端堵住成自由端，另一端与气泵或气源相连接，将试样浸入水中，逐渐向管内充气至100 kPa的试验压力，保持1 min，试样应无泄漏等异常现象。

4.6　当按照GB/T 5565—2006中方法A进行弯曲试验时，最小弯曲半径为5倍公称内径，T/D不应小于0.9。

4.7　取长约500 mm的软管为试样进行耐热试验时，放置在温度(100±2)℃恒温箱中48 h，取出后在室温下放置30 min～40 min后，按4.5进行气密试验，无泄露等异常现象。

4.8　当按照附录E进行柔软试验时，软管试样与圆筒的接触角度必须大于110°。

4.9　当按照GB/T 5563中规定的方法进行验证压力试验。试验压力200 kPa，保持30 s，软管应无泄露或损坏。

4.10　取长约120 mm的软管或一根软管组合件为试样进行拉断试验，将试样对称地夹在拉力试验机的上、下夹持器上，启动试验机，拉伸速度(100±10)mm/min，试样拉伸至断裂的最大拉断力不小于0.6 kN。

4.11　当按GB/T 5564—2006中方法B进行低温弯曲试验时，试验温度为(−10±2)℃，以10倍公称内径为最小弯曲半径弯曲试验后，不得有裂缝和其他异常出现。待试样恢复到环境温度(不小于3 h)再进行4.5的气密试验，不得有泄露等异常。

5　试验频次

型式试验和例行试验应符合附录F的规定。

型式试验是那些为确认经特定方法用特定材料制造的软管满足本标准全部要求而进行的试验。该试验应在最长每隔5年，或当制造方法或材料发生变化时重复进行。试验应在所有规格、所有类别和型别上进行，尺寸和结构相同者除外。

例行试验是那些发货之前在每批成品软管上进行的试验。

生产试验是那些在附录G中给出的为控制生产质量而宜实施的试验。附录G中给出的频次仅作指南。

6　标志

软管上连续长度每隔300 mm或单根软管至少表示以下内容：

a)　产品名称、规格；

b)　制造商名称或缩写；

c)　产品标准号；

d)　制造季度和年份；

e)　使用期限。

7　包装、运输、贮存和使用

7.1　包装

7.1.1　软管可盘卷包装于干净的塑料编织袋内或其他能对软管有效防护的包装材料内，盘卷内径不应小于软管内径的15倍。

7.1.2 每件包装内必须附有产品合格证和产品使用说明书，产品使用说明书应至少包含下列适用的内容：

a) 软管的使用长度不应超过 2 m，并不得有接口；临时性使用时，软管长度可小于 5 m；

b) 软管连接处应采用卡箍固定；

c) 软管或软管组合件不得穿越墙、顶棚、地面、窗和门使用；

d) 安装时，弯曲半径应大于 50 mm，禁止在打折、拉伸、扭转、受压状态下使用；

e) 应安装在灶面高度以下，不要靠近火焰，避免火焰烘烤而加速软管老化；

f) 应定期检查软管外观及接头处有无泄漏，若有老化迹象及时更换；

g) 列出 GB/T 9576 规定的贮存、使用条件的相关条款；

h) 软管的贮存期和使用期。

7.2 运输、贮存和使用

7.2.1 软管及软管组合件的运输、贮存应符合 GB/T 9576 和 GB/T 9577 的要求。

7.2.2 在符合 GB/T 9576 的贮存条件下，贮存期不超过 1 年，使用期不超过 3 年。

附 录 A
（规范性附录）
耐燃气试验

A.1 进行耐燃气试验时，在软管内衬层（外覆层）上选取宽 10 mm、长 50 mm、厚 2 mm 的试样，用图 A.1 所示的试验装置，在试验温度为 35 ℃±2 ℃、在纯度为 98％以上的 *n*-戊烷饱和气体环境中放入试样。保持 48 h 后取出并放入直径约 240 mm 的干燥容器中，在室温下大约保持 60 min。然后在 30 min 内测量试样质量，根据式（A.1）算出质量变化率。

$$\Delta_m = \frac{m_2 - m_1}{m_1} \times 100\% \quad \cdots\cdots\cdots\cdots (\text{A.1})$$

式中：

Δ_m ——质量变化率，％；

m_2 ——耐燃气试验后的质量，单位为克(g)；

m_1 ——耐燃气试验前的质量，单位为克(g)。

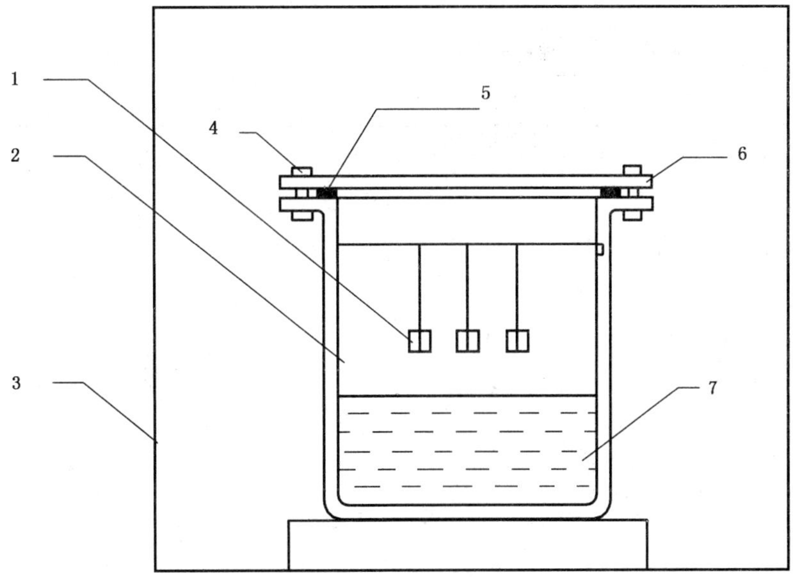

说明：

1——试样；

2——干燥容器；

3——恒温箱；

4——螺栓；

5——密封垫圈；

6——上盖；

7——*n*-戊烷。

图 A.1 耐燃气试验装置

附 录 B
（规范性附录）
耐液体试验

B.1 从软管上取长约50 mm的试样进行耐液体试验，按照GB/T 1690的规定进行，计算出质量变化率。试验条件在表B.1中给出。

浸泡试样时，在两端安装阻止塞以防止浸泡液体进入试样内部。

表B.1 耐液体试验条件

试验项目	试验条件		
	浸泡液	试验温度 ℃	试验时间
耐洗涤剂性	2%*n*-十二烷基苯磺酸钠水溶液	25±5	24h
耐高温食用油性	大豆油	155±5	10s
耐食用油性	大豆油	25±5	24h
耐食醋性	4%醋酸水溶液		
耐肥皂液性	2%十二烷基硫酸钠水溶液		

附 录 C
（规范性附录）
耐燃试验

C.1 取长约 250 mm 的软管做试样。用图 C.1 所示的火口内径为 10 mm 的本生灯，火焰长度约 40 mm，将试样水平放置在距离内焰尖端约 10 mm 的地方（约 800 ℃），经过 5 s 后，熄灭本生灯火焰，测定试样的持续燃烧时间，取 3 个试样的平均值表示。

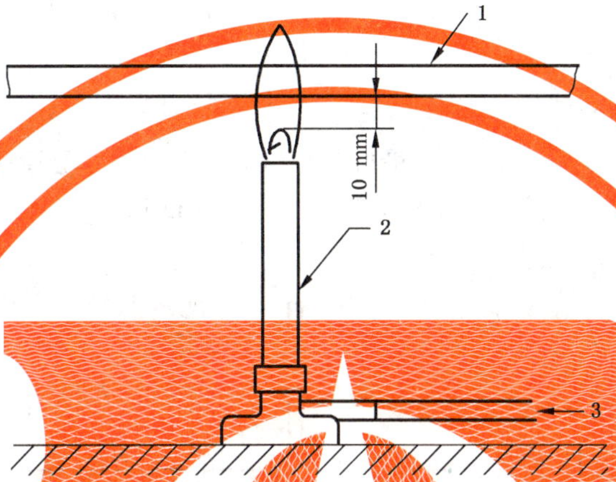

说明：
1——试样；
2——本生灯；
3——煤气。

图 C.1 耐燃试验装置

附　录　D
（规范性附录）
耐燃气透过试验

D.1　概述

本附录规定了耐燃气透过试验的试验装置及试验方法。

D.2　试验装置

将恒温水槽温度调节到 35 ℃±0.2 ℃，最好把丙烷燃气气瓶[4] 及配管一起放在恒温水槽中，或把气瓶和配管部分放在 35 ℃±0.5 ℃的恒温室中，试验装置见图 D.1。

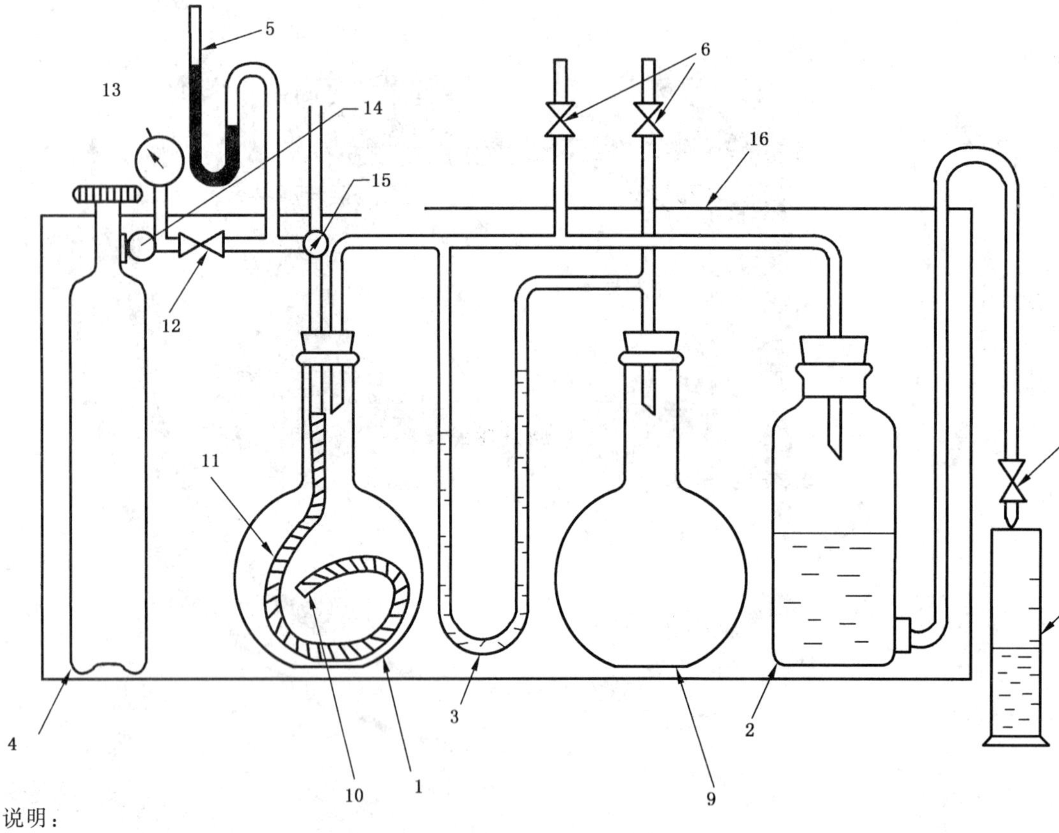

说明：

1——平底烧瓶；
2——吸气器；
3——水柱压力计；
4——丙烷气瓶；
5——水银压力计；
6——节门；
7——节门；
8——量筒；
9——辅助平底烧瓶；
10——塞子；
11——试样；
12——节门；
13——压力表；
14——压力调节器；
15——三通节门；
16——恒温水槽。

图 D.1　耐燃气透过试验装置

D.3 试验方法

选取长约 900 mm 的软管做试样，一端用塞子堵上，另一端接在平底烧瓶[1] 内通过瓶塞的玻璃管上（图 D.1）。在 200 kPa 气压的条件下，检查连接部位和塞子在水中有无泄露现象后。擦干试样表面及其他部分的水分，再将瓶塞及试样重新塞在烧瓶[1] 上，此时应注意不要将试样弄折。

吸气器[2] 中注满浓度为 20%的食盐水，向水柱压力计[3] 里注入燃气饱和蒸馏水。将恒温水槽调节到(35.0±0.2)℃，至少经过 2 h 后，用真空泵抽出试样内的空气，然后用燃气瓶[4] 供给气体（浓度为 98%的丙烷），使试样内部的压力保持水银压力计[5] 在 60 kPa、在关闭节门[6] 的情况下，因气体的透过，水柱压力计[3] 的水平面会发生变化，打开节门[7]，让吸气器[2] 内的食盐水流入量筒[8] 中，通过这种方法，使水柱压力计[3] 的水位相等。

通过量筒[8] 测量的食盐水的体积，就等于由试样内透过的燃气体积的量。试验开始后的 22 h 节门[6] 是打开的，之后关闭节门[6]，测定从第 24 h 到第 30 h 这 6 h 内的燃气透过量，用每小时的透过的毫升数（mL/h）来表示。

附 录 E
（规范性附录）
柔软性试验

E.1 软管进行柔软性试验时，用图 E.1 所示的试验装置，按照表 E.1 的试验条件，选取规定长度的软管试样，将试样放置于相应的圆筒上，在试样两端悬挂上表 E.1 规定质量的物体，1 min 后测量软管试样与圆筒的接触角度。

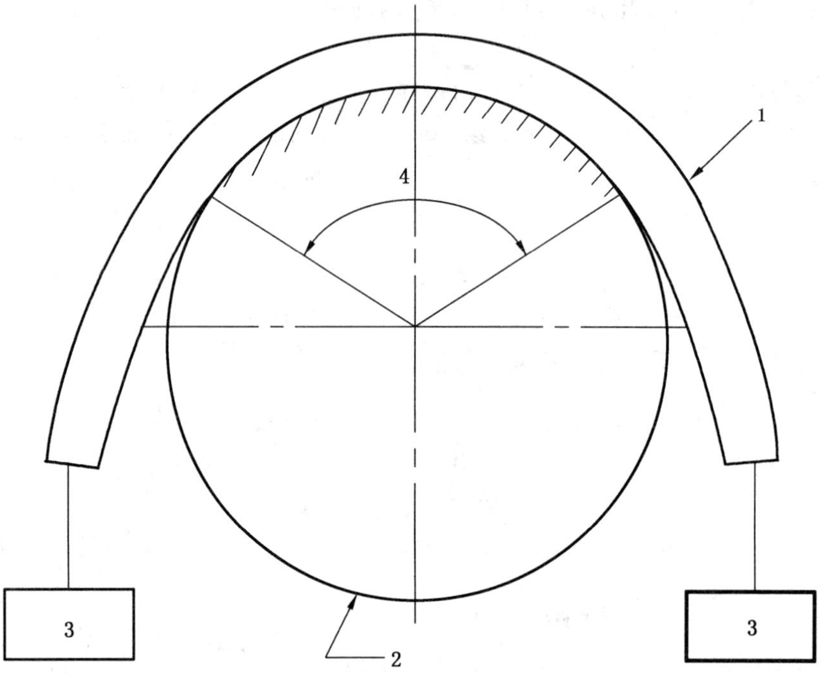

说明：

1——试样；

2——圆筒；

3——悬挂物；

4——接触角度。

图 E.1 柔软性试验装置

表 E.1 柔软性试验条件

公称内径	试样长度 mm	圆筒直径 mm	悬挂物质量 kg
9.0	400	140	1.0
9.5	400	140	1.0
13	500	180	1.5

附 录 F
(规范性附录)
生产软管的型式试验和例行试验

F.1 成品软管的型式试验和例行试验项目和频次在表 F.1 中给出。

表 F.1 型式试验和例行试验

项 目	型式试验	例行试验
尺寸及公差		
内径及公差	×[a]	×
壁厚及公差	×	×
外观	×	×
材料		
老化性能	×	N/A[b]
耐燃气试验	×	N/A
软管		
耐液体试验		
耐洗涤剂性	×	N/A
耐高温食用油性	×	N/A
耐食用油性	×	N/A
耐食醋性	×	N/A
耐肥皂液性	×	N/A
耐臭氧性	×	N/A
耐燃试验	×	N/A
耐燃气透过性能	×	N/A
气密性	×	×
弯曲性能	×	N/A
耐热性能	×	N/A
柔软性(仅用于有金属保护的软管)	×	N/A
耐压性能	×	×
软管的拉断性能	×	×
低温曲挠性能	×	N/A

注 1:软管的外观、尺寸应逐根检验;

注 2:每 50 000 m 产品为一批,每批任选一种规格为代表,任取两根检测气密性、耐压性和软管的拉断性能,不足一批的,每周试验一次。

[a] ×表示试验应进行;

[b] N/A 表示试验不适用。

附　录　G
（资料性附录）
生产试验

G.1　建议的生产试验项目和批次见表 G.1。

表 G.1　生产试验

项　　目	批次试验[a]	定期试验[b]
尺寸及公差		
内径及公差	×[c]	×
壁厚及公差	×	×
外观	×	×
材料		
老化性	N/A[d]	×
耐燃气试验	N/A	×
软管		
耐液体试验		
耐洗涤剂性	N/A	×
耐高温食用油性	N/A	×
耐食用油性	N/A	×
耐食醋性	N/A	×
耐肥皂液性	N/A	×
耐臭氧性	N/A	×
耐燃试验	N/A	×
耐燃气透过性能	N/A	×
气密性	×	×
弯曲性能	N/A	×
耐热性能	N/A	×
柔软性（仅用于有金属保护的软管）	N/A	×
耐压性能	×	×
软管的拉断性能	×	×
低温曲挠性能	N/A	×

[a] 每种规格的产品每 50 000 m 试验 1 个样品；
[b] 每种规格的产品每 12 个月试验 3 个样品；
[c] ×表示试验应进行；
[d] N/A 表示试验不适用。

ICS 27.010
F 10

GB

中华人民共和国国家标准

GB 29994—2013

煤基活性炭单位产品能源消耗限额

The norm of energy consumption per unit product of coal-based activated carbon

2013-11-27 发布　　2014-11-01 实施

中华人民共和国国家质量监督检验检疫总局
中国国家标准化管理委员会　发布

前　言

本标准的第 4.1 条和第 4.2 条为强制性的，其余为推荐性的。

本标准按照 GB/T 1.1—2009 给出的规则起草。

本标准由国家发展和改革委员会资源节约与环境保护司提出。

本标准由全国能源基础与管理标准化技术委员会(SAC/TC 20)和全国煤炭标准化技术委员会(SAC/TC 42)归口。

本标准起草单位:煤炭工业节能技术服务中心、煤炭科学研究总院北京煤化工研究分院、内蒙古太西煤集团兴泰煤化有限责任公司、宁夏华辉活性炭股份有限公司、淮北市协力重型机器有限责任公司。

本标准主要起草人:盛明、梁大明、杨弟元、李国栋、赵胜利、张国光、姜英、兰存良、王学忠、席铁。

煤基活性炭单位产品能源消耗限额

1 范围

本标准规定了煤基活性炭单位产品能源消耗限额的技术要求、统计范围和计算方法、节能管理与措施。

本标准适用于以煤为原料生产活性炭产品企业的单位产品能源消耗的计算、考核，以及对新建项目的能源消耗控制。

2 规范性引用文件

下列文件对于本文件的应用是必不可少的。凡是注日期的引用文件，仅注日期的版本适用于本文件。凡是不注日期的引用文件，其最新版本(包括所有的修改单)适用于本文件。

GB/T 2589 综合能耗计算通则

GB/T 12723 单位产品能源消耗限额编制通则

GB 17167 用能单位能源计量器具配备和管理通则

3 术语和定义

GB/T 12723 中界定的以及下列术语和定义适用于本文件。

3.1

活性炭 activated carbon

由含碳材料制成的外观呈黑色，内部孔隙结构发达、比表面积大($500\ m^2/g \sim 2\ 500\ m^2/g$)、吸附能力强的一类微晶质碳素材料。按制造工艺可以分为柱状活性炭、压块活性炭、原煤破碎活性炭和活性焦。

3.2

活性焦 activated coke

对二氧化硫有特殊吸附性能的活性炭类吸附剂。

3.3

活性炭生产综合能耗 total energy consumption of activated carbon production

统计报告期内，生产活性炭所消耗的各种能源总量。其值等于活性炭生产过程中输入的各种能源折标准煤合计量减去向外输出的各种能源折标准煤合计量。

3.4

活性炭单位产品能源消耗 total energy consumption per unit product of activated carbon

统计报告期内，用单位产量表示的活性炭生产综合能耗。

4 技术要求

4.1 煤基活性炭单位产品能源消耗限定值

电力折标准煤系数采用当量值时，现有煤基活性炭生产企业的单位产品能源消耗限定值应符合

表 1 要求。

表 1　现有煤基活性炭生产企业单位产品能源消耗限定值

类　　别	单位产品能源消耗限定值/(kgce/t)
柱状活性炭	≤4 600
压块活性炭	≤4 800
原煤破碎活性炭	≤4 400
活性焦	≤2 600

4.2　煤基活性炭单位产品能源消耗准入值

电力折标准煤系数采用当量值时，新建或改扩建煤基活性炭生产企业的单位产品能源消耗准入值应符合表 2 要求。

表 2　新建或改扩建煤基活性炭生产企业单位产品能源消耗准入值

类　　别	单位产品能源消耗准入值/(kgce/t)
柱状活性炭	≤4 400
压块活性炭	≤4 600
原煤破碎活性炭	≤4 200
活性焦	≤2 300

4.3　煤基活性炭单位产品能源消耗先进值

电力折标准煤系数采用当量值时，煤基活性炭生产企业或车间通过节能技术改造和加强节能管理，单位产品能源消耗先进值应符合表 3 的规定。

表 3　煤基活性炭生产企业单位产品能源消耗先进值

类　　别	单位产品能源消耗先进值/(kgce/t)
柱状活性炭	≤4 000
压块活性炭	≤4 000
原煤破碎活性炭	≤3 800
活性焦	≤2 000

5　统计范围和计算方法

5.1　能耗统计范围

5.1.1　活性炭生产输入能量包括主要生产系统、辅助生产系统和附属生产系统所消耗的各种一次能源量(原煤、石油、天然气等)、二次能源量(电力、热力、石油制品、焦炭、煤气等)和生产使用的耗能工质(水、氧气、压缩空气等)所消耗的能源，不包括建设和改造过程用能和生活用能(指企业系统内宿舍、学校、文化娱乐、医疗保健、商业服务和托儿幼教等方面用能)。主要生产系统主要包括破碎、成型、炭化、活化、成品处理等工艺环节,辅助生产系统主要包括供电系统、供热系统等,附属生产系统包括生产管理、水处理系统、三废治理等。

5.1.2 活性炭生产输出能量是指活性炭生产系统向外输出的能量。活性炭生产所产生的废气、废液和废渣中未回收使用的、无计量的、没有实测热值以及不作为能源利用的(如直接用于修路和盖房等),均不得计入输出能量。

5.1.3 活性炭生产回收利用的能量,用于本系统时不得作为输入能量计入。向外系统输出时,应计入活性炭向外输出能量。如炉渣、副产蒸汽等向外系统输出时,不得折为标准煤从输入能量中扣除,而应计入活性炭输出能量中。

5.1.4 活性炭生产所必需的安全、环保措施消耗的能量,应计入活性炭能耗。

5.1.5 多用户共享的原料、公用工程(蒸汽、耗能工质等)能耗,应按有关规定合理分摊。

5.2 计算方法

5.2.1 活性炭生产综合能耗的计算

活性炭生产综合能耗按式(1)计算:

$$E=\sum_{i=1}^{n}(E_i \times k_i)-\sum_{j=1}^{m}(E_j \times k_j) \quad \cdots\cdots(1)$$

式中:

E ——活性炭生产综合能耗,单位为千克标准煤(kgce);

E_i ——活性炭生产过程中输入的第 i 种能源实物量,单位为吨(t)或千瓦时(kW·h)或标准立方米(Nm^3);

k_i ——输入的第 i 种能源的折标系数,单位为千克标准煤每吨(kgce/t)或千克标准煤每千瓦时(kgce/kW·h)或千克标准煤每标准立方米(kgce/Nm^3);

n ——输入的能源种类数量;

m ——输出的能源种类数量;

E_j ——活性炭生产过程中输出的第 j 种能源实物量,单位为吨(t)或千瓦时(kW·h)或标准立方米(Nm^3);

k_j ——输出的第 j 种能源的折标系数,单位为千克标准煤每吨(kgce/t)或千克标准煤每千瓦时(kgce/kW·h)或千克标准煤每标准立方米(kgce/Nm^3)。

5.2.2 活性炭单位产品能源消耗的计算

活性炭单位产品能源消耗按式(2)计算:

$$e=\frac{E}{P}\times m \quad \cdots\cdots(2)$$

式中:

e ——活性炭单位产品能源消耗,单位为千克标准煤每吨(kgce/t);

E ——活性炭生产综合能耗,单位为千克标准煤(kgce);

P ——活性炭产品产量,单位为吨(t);

m ——活性炭产品折算系数,计算方法见附录 A。

5.2.3 能源折标准煤系数取值原则

各种能源应以其低位发热量为计算基础折算为标准煤量,以企业在统计报告期内的实测值为准,没有实测条件的,应按 GB/T 2589 中给出的能源折标准煤参考系数折算为标准煤。

低位发热量等于 29 307 千焦(kJ)的燃料,称为 1 千克标准煤(1 kgce)。

6 节能管理与措施

6.1 节能基础管理

6.1.1 企业应定期对煤基活性炭生产的能耗情况进行考核，并把考核指标分解落实到各基层部门，建立用能责任制度。

6.1.2 企业应按要求建立能耗统计体系，建立能耗计算和考核结果的文件档案，并对文件进行受控管理。

6.1.3 企业应根据 GB 17167 的要求配备能源计量器具并建立能源计量管理制度。

6.2 节能技术管理

6.2.1 经济运行要求如下：

——企业应选用达到经济运行状态的专用大型固定设备和通用设备。

——企业应加强设备的维护、检修工作，提高设备的负荷率；应使生产运行设备合理匹配，经济运行；应使设备处于高效率低能耗运行状态；应加强各种管网的维护管理，防止跑、冒、滴、漏的现象发生。

6.2.2 企业应充分将炭化尾气、活化尾气的余热余能回收利用。

6.2.3 企业应对主要耗能设备进行定期监测。

6.2.4 企业应积极推广、应用以下节能技术：

——开发利用高效节能的新技术、新工艺、新设备、新材料。

——推进清洁生产，提高资源利用效率，减少污染物排放量。

——淘汰高能耗、高污染、低效率的工艺和设备。

——推广废气、废水和固体废弃物的综合利用技术。

6.3 监督与考核

企业应建立能耗测试、能耗统计、能量平衡和能耗考核结果的文件档案，并对文件进行受控管理。

附　录　A
（规范性附录）
活性炭产品折算系数的计算方法

A.1　各种不同规格活性炭产品折算系数

各种不同规格活性炭产品折算系数见表 A.1。

表 A.1　各种不同规格活性炭产品折算系数

序号	规格型号	折算系数
1	CTC30(CCl_4 吸附率≥30%)	1.82
2	CTC35(CCl_4 吸附率≥35%)	1.67
3	CTC40(CCl_4 吸附率≥40%)	1.54
4	CTC45(CCl_4 吸附率≥45%)	1.43
5	CTC50(CCl_4 吸附率≥50%)	1.18
6	CTC55(CCl_4 吸附率≥55%)	1.08
7	CTC60(CCl_4 吸附率≥60%)	1.00
8	CTC65(CCl_4 吸附率≥65%)	0.91
9	CTC70(CCl_4 吸附率≥70%)	0.80
10	CTC75(CCl_4 吸附率≥75%)	0.69
11	CTC80(CCl_4 吸附率≥80%)	0.61
12	CTC85(CCl_4 吸附率≥85%)	0.51
13	CTC90(CCl_4 吸附率≥90%)	0.44
14	CTC95(CCl_4 吸附率≥95%)	0.40
15	CTC100(CCl_4 吸附率≥100%)	0.38
16	CTC105(CCl_4 吸附率≥105%)	0.37

A.2　活性炭产品折算系数的计算方法

统计报告期内，活性炭产品的折算系数按式(A.1)计算：

$$m=\frac{\sum_{i=1}^{n}(P_i\times m_i)}{\sum_{i=1}^{n}P_i} \qquad \cdots\cdots(\text{A.1})$$

式中：

m ——煤基活性炭产品折算系数；

P_i ——生产第 i 种规格的活性炭产品产量，单位为吨(t)；

m_i ——第 i 种规格的活性炭产品折算系数，见表 A.1。

ICS 27.010
F 10

中华人民共和国国家标准

GB 29995—2013

兰炭单位产品能源消耗限额

The norm of the energy consumption per unit product of blue-coke

2013-11-27 发布 2014-11-01 实施

中华人民共和国国家质量监督检验检疫总局
中国国家标准化管理委员会 发布

前　言

本标准的第 4.1 条和第 4.2 条为强制性的，其余是推荐性的。

本标准按照 GB/T 1.1—2009 给出的规则起草。

本标准由国家发展和改革委员会资源节约与环境保护司提出。

本标准由全国能源基础与管理标准化技术委员会(SAC/TC 20)和全国煤炭标准化技术委员会(SAC/TC 42)归口。

本标准起草单位：煤炭工业节能技术服务中心、煤炭科学研究总院北京煤化工研究分院、神木县煤化工产业发展领导小组办公室、神木县三江煤化工有限责任公司、神府经济开发区恒源煤化工有限公司。

本标准主要起草人：张国光、姜英、贾志强、尚文智、刘在堂、丁华、连进京、贾建军、王茂义、王建平、盛明、方胜利。

兰炭单位产品能源消耗限额

1 范围

本标准规定了兰炭单位产品能源消耗限额的技术要求、统计范围和计算方法、节能管理与措施。

本标准适用于兰炭单位产品能源消耗的计算、考核以及新建企业或工序的能源消耗控制。

2 规范性引用文件

下列文件对于本文件的应用是必不可少的。凡是注日期的引用文件,仅注日期的版本适用于本文件。凡是不注日期的引用文件,其最新版本(包括所有的修改单)适用于本文件。

GB/T 12723 单位产品能源消耗限额编制通则

GB 17167 用能单位能源计量器具配备和管理通则

GB/T 25212 兰炭产品品种及等级划分

3 术语和定义

GB/T 12723 中界定的以及下列术语和定义适用于本文件。

3.1

兰炭 blue-coke

无黏结性或弱黏结性的高挥发分烟煤在中低温条件下干馏热解,得到的较低挥发分的固体炭质产品。

[GB/T 25212,定义 3.1]

3.2

兰炭产量 output of blue-coke

统计报告期内不同用途合格兰炭产品的总产量,包括兰炭混、兰炭块和兰炭末。

3.3

兰炭混 raw blue-coke

不经过破碎和筛分的兰炭产品,一般粒度小于 50 mm 或小于 80 mm。

[GB/T 25212,定义 3.2]

3.4

兰炭块 sized blue-coke

经过破碎或筛分得到的粒度大于或等于 6 mm 的兰炭产品。

[GB/T 25212,定义 3.3]

3.5

兰炭末 fine blue-coke

粒度小于 6 mm 的兰炭。

[GB/T 25212,定义 3.8]

3.6

兰炭生产综合能耗 comprehensive energy consumption of blue-coke

统计报告期内,兰炭生产所消耗的各种能源总量。其值等于兰炭生产过程中输入的各种能源折标准煤合计量减去向外输出的各种能源折标准煤合计量。

3.7

兰炭单位产品能源消耗　comprehensive energy consumption per unit product of blue-coke

统计报告期内,生产单位合格兰炭产品所消耗的综合能耗量。

4　技术要求

4.1　兰炭生产单位产品能源消耗限定值

电力折标准煤系数采用当量值时,兰炭生产企业或工序的单位产品能源消耗指标限定值应不大于240 kgce/t。

4.2　兰炭生产单位产品能源消耗准入值

电力折标准煤系数采用当量值时,新建或改扩建的兰炭生产企业或工序的单位产品能源消耗指标准入值应不大于210 kgce/t。

4.3　兰炭生产单位产品能源消耗先进值

电力折标准煤系数采用当量值时,兰炭生产企业或工序应通过节能技术改造和加强节能管理,单位产品能源消耗先进值为不大于190 kgce/t。

5　统计范围和计算方法

5.1　能源消耗统计范围及能源折标准煤系数取值原则

5.1.1　统计范围

兰炭生产能源消耗量的统计范围包括主要生产系统和辅助生产系统,不包括建设和改造过程用能和生活用能(指企业系统内宿舍、学校、文化娱乐、医疗保健、商业服务和托儿幼教等方面用能)。主要生产系统包括备煤(不包括选煤)、干馏和煤气净化工段(不包括煤气深度净化)。辅助生产系统包括机修、化验、计量、食堂、浴池、生产管理、调度指挥、安全与环保等所消耗的各种能源。

5.1.2　能源折标准煤系数取值原则

各种能源应以其低位发热量为计算基础折算为标准煤量,以企业在统计报告期内的实测值为准,没有实测条件的,采用附录A中各种能源折标准煤参考系数。

低位发热量等于29 307千焦(kJ)的燃料,称为1千克标准煤(1 kgce)。

5.2　计算方法

5.2.1　兰炭生产综合能耗的计算

兰炭生产综合能耗应按式(1)计算:

$$E=\sum_{i=1}^{n}(E_i\times k_i)-\sum_{j=1}^{m}(E_j\times k_j) \qquad \cdots\cdots(1)$$

式中:

E ——兰炭生产综合能耗,单位为千克标准煤(kgce);

E_i ——兰炭生产过程中输入的第 i 种能源实物量,包括原料煤、电、各种油类等能源,单位为吨(t)

或千瓦时(kW·h)或标准立方米(Nm^3);

k_i ——输入的第 i 种能源的折标系数,单位为千克标准煤每吨(kgce/t)或千克标准煤每千瓦时(kgce/kW·h)或千克标准煤每标准立方米(kgce/Nm^3);

n ——输入的能源种类数量;

m ——输出的能源种类数量;

E_j ——兰炭生产过程中输出的第 j 种能源实物量,包括各类合格兰炭产品、外供干馏煤气(不包括回炉用量)、粗焦油等,单位为吨(t)或千瓦时(kW·h)或标准立方米(Nm^3);

k_j ——输出的第 j 种能源的折标系数,单位为千克标准煤每吨(kgce/t)或千克标准煤每千瓦时(kgce/kW·h)或千克标准煤每标准立方米(kgce/Nm^3)。

5.2.2 兰炭单位产品能源消耗的计算

兰炭单位产品能源消耗按式(2)计算:

$$e=\frac{E}{P} \qquad \cdots\cdots(2)$$

式中:

e ——兰炭单位产品能源消耗,单位为千克标准煤每吨(kgce/t);

E ——兰炭生产综合能耗,单位为千克标准煤(kgce);

P ——合格兰炭产品的产量,单位为吨(t)。

6 节能管理与措施

6.1 节能基础管理

6.1.1 企业应根据 GB 17167 的要求配备能源计量器具并建立能源计量管理制度。

6.1.2 企业应定期对兰炭生产的能耗情况进行考核,并把考核指标分解落实到各基层部门,建立用能责任制度。

6.1.3 企业应按要求建立能耗统计体系,建立能耗计算和考核结果的文件档案,并对文件进行受控管理。

6.2 节能技术管理

6.2.1 经济运行要求如下:

——企业应选用达到经济运行状态的专用大型固定设备和通用设备;

——企业应加强设备的维护、检修工作,提高设备的负荷率;应使生产运行设备合理匹配,经济运行;应使设备处于高效率低能耗运行状态;应加强各种管网的维护管理,防止跑、冒、滴、漏的现象发生。

6.2.2 企业应对主要耗能设备进行定期监测。

6.2.3 企业应积极推广、应用以下节能技术:

——新建或改扩建干馏炉,原则上要求同步配套建设干熄焦装置;

——干馏炉煤气应全部回收利用,不得放空直排或点火焚烧;

——采用先进工艺设备,鼓励应用煤粉生产兰炭;

——推广废气、废水和固体废弃物的综合利用技术。

6.3 监督与考核

企业应建立能耗测试、能耗统计、能量平衡、能耗监督和考核制度及能耗考核结果的文件档案,并对文件进行受控管理。

附 录 A
（资料性附录）
各种能源折算标准煤系数

表 A.1 各种能源折算标准煤系数

能源名称		平均低位发热量	折标准煤系数
原煤		20 908 kJ/kg（5 000 kcal/kg）	0.714 3 kgce/kg
洗精煤		26 344 kJ/kg（6 300 kcal/kg）	0.900 0 kgce/kg
其他洗煤	洗中煤	8 363 kJ/kg（2 000 kcal/kg）	0.285 7 kgce/kg
	煤泥	8 363 kJ/kg～12 545 kJ/kg（2 000 kcal/kg～3 000 kcal/kg）	0.285 7 kgce/kg～0.428 6 kgce/kg
焦炭		28 435 kJ/kg（6 800 kcal/kg）	0.971 4 kgce/kg
原油		41 816 kJ/kg（10 000 kcal/kg）	1.428 6 kgce/kg
重油		41 816 kJ/kg（10 000 kcal/kg）	1.428 6 kgce/kg
煤油		43 070 kJ/kg（10 300 kcal/kg）	1.471 4 kgce/kg
汽油		43 070 kJ/kg（10 300 kcal/kg）	1.471 4 kgce/kg
柴油		42 652 kJ/kg（10 200 kcal/kg）	1.457 1 kgce/kg
煤焦油		33 453 kJ/kg（8 000 kcal/kg）	1.142 9 kgce/kg
渣油		41 816 kJ/kg（10 000 kcal/kg）	1.428 6 kgce/kg
液化石油气		50 179 kJ/kg（12 000 kcal/kg）	1.714 3 kgce/kg
炼厂干气		46 055 kJ/kg（11 000 kcal/kg）	1.571 4 kgce/kg
油田天然气		38 931 kJ/m^3（9 310 kcal/m^3）	1.330 0 kgce/m^3
气田天然气		35 544 kJ/m^3（8 500 kcal/m^3）	1.214 3 kgce/m^3
煤矿瓦斯气		14 636 kJ/m^3～16 726 kJ/m^3（3 500 kcal/m^3～4 000 kcal/m^3）	0.500 0 kgce/m^3～0.571 4 kgce/m^3
焦炉煤气		16 726 kJ/m^3～17 981 kJ/m^3（4 000 kcal/m^3～4 300 kcal/m^3）	0.571 4 kgce/m^3～0.614 3 kgce/m^3
高炉煤气		3 763 kJ/m^3	0.128 6 kgce/m^3
其他煤气	a） 发生炉煤气	5 227 kJ/m^3（1 250 kcal/m^3）	0.178 6 kgce/m^3
	b） 重油催化裂解煤气	19 235 kJ/m^3（4 600 kcal/m^3）	0.651 7 kgce/m^3
	c） 重油热裂解煤气	35 544 kJ/m^3（8 500 kcal/m^3）	1.214 3 kgce/m^3
	d） 焦炭制气	16 308 kJ/m^3（3 900 kcal/m^3）	0.557 1 kgce/m^3
	e） 压力气化煤气	15 054 kJ/m^3（3 600 kcal/m^3）	0.514 3 kgce/m^3
	f） 水煤气	10 454 kJ/m^3（2 500 kcal/m^3）	0.357 1 kgce/m^3

表 A.1（续）

能源名称	平均低位发热量	折标准煤系数
粗苯	41 816 kJ/kg（10 000 kcal/kg）	1.428 6 kgce/m^3
热力（当量值）	—	0.034 12 kgce/MJ
电力（当量值）	3 600 kJ/kW·h[860 kcal/(kW·h)]	0.122 9 kgce/kW·h
蒸汽（低压）	3 673 MJ/t(900 Mcal/t)	0.128 6 kgce/kg

ICS 27.010
F 10

中华人民共和国国家标准

GB 29996—2013

水煤浆单位产品能源消耗限额

The norm of the energy consumption per unit product of coal water mixture

2013-11-27 发布 2014-11-01 实施

中华人民共和国国家质量监督检验检疫总局
中国国家标准化管理委员会 发布

前　言

本标准的第 4.2 条和第 4.3 条为强制性的，其余为推荐性的。

本标准按照 GB/T 1.1—2009 给出的规则起草。

本标准由国家发展和改革委员会资源节约与环境保护司提出。

本标准由全国能源基础与管理标准化技术委员会（SAC/TC 20）和全国煤炭标准化技术委员会（SAC/TC 42）归口。

本标准起草单位：煤炭工业节能技术服务中心、煤炭科学研究总院北京煤化工研究分院、国家水煤浆工程技术研究中心。

本标准主要起草人：张国光、姜英、王国房、盛明、丁华、段清兵、郭志新、张胜局。

水煤浆单位产品能源消耗限额

1 范围

本标准规定了水煤浆单位产品能源消耗限额的技术要求、统计范围和计算方法、节能管理与措施。

本标准适用于水煤浆单位产品能源消耗的计算、考核以及新建企业或车间的能源消耗控制。

2 规范性引用文件

下列文件对于本文件的应用是必不可少的。凡是注日期的引用文件，仅注日期的版本适用于本文件。凡是不注日期的引用文件，其最新版本(包括所有的修改单)适用于本文件。

GB/T 12723 单位产品能源消耗限额编制通则

GB 17167 用能单位能源计量器具配备和管理通则

MT/T 852 煤的哈氏可磨性指数分级

3 术语和定义

GB/T 12723 中界定的以及下列术语和定义适用于本文件。

3.1

水煤浆 **coal water mixture;CWM**

由煤、水和少量添加剂经过加工制成的具有一定粒度分布、流动性和稳定性的浆体。可按用途分为燃料用水煤浆和气化用水煤浆。

3.2

水煤浆产量 **output of coal water mixture**

统计报告期内合格水煤浆产品的总产量。

3.3

分级研磨制浆工艺 **classified grinding pulping process**

采用粗磨和细磨相结合的制浆工艺。

3.4

其他制浆工艺 **other pulping process**

除分级研磨工艺外的其他制浆工艺。

3.5

水煤浆单位产品能源消耗 **energy consumption per unit product of coal water mixture**

用能单位在统计报告期内生产单位合格水煤浆产品的能源消耗量。

4 技术要求

4.1 水煤浆单位产品能源消耗以单位产品的电能消耗量作为统计值。

4.2 水煤浆单位产品能源消耗限定值

现有水煤浆生产企业或车间的单位产品能源消耗限定值应符合表 1 的规定。

表 1　现有水煤浆生产企业或车间单位产品能源消耗限定值

产品用途	原料煤哈氏可磨性指数[a]	生产工艺类型	单位产品能源消耗限定值/(kW·h/t)
燃料	HGI>60	分级研磨制浆工艺	≤35
		其他制浆工艺	≤45
	HGI≤60	分级研磨制浆工艺	≤40
		其他制浆工艺	≤50
气化	—	分级研磨制浆工艺	≤25
		其他制浆工艺	≤30

[a] 依据 MT/T 852。

4.3　水煤浆单位产品能源消耗准入值

新建或改扩建水煤浆生产企业或车间的单位产品能源消耗准入值应符合表 2 的规定。

表 2　新建或改扩建水煤浆生产企业或车间单位产品能源消耗准入值

产品用途	原料煤哈氏可磨性指数[a]	单位产品能源消耗准入值/(kW·h/t)
燃料	HGI>60	≤33
	HGI≤60	≤38
气化	—	≤22

[a] 依据 MT/T 852。

4.4　水煤浆单位产品能源消耗先进值

现有水煤浆生产企业或车间通过节能技术改造和加强节能管理，其单位产品能源消耗先进值应符合表 3 的规定。

表 3　水煤浆生产企业或车间单位产品能源消耗先进值

产品用途	原料煤哈氏可磨性指数[a]	单位产品能源消耗准入值/(kW·h/t)
燃料	HGI>60	≤28
	HGI≤60	≤34
气化	—	≤17

[a] 依据 MT/T 852。

5　统计范围和计算方法

5.1　能源消耗统计范围

水煤浆生产电能消耗量的统计范围包括主要生产系统和辅助生产系统的电能消耗量，不包括建设和改造过程用能和生活用能(指企业系统内宿舍、学校、文化娱乐、医疗保健、商业服务和托儿幼教等方面用能)。主要生产系统包括备煤(不包括选煤)、制浆、储存和添加剂配加等工段。辅助生产系统包括机修、化验、计量、食堂、浴池、生产管理、调度指挥、安全与环保等。

5.2 计算方法

水煤浆单位产品电能消耗应按式(1)计算：

$$e_{\mathrm{CWM}}=\frac{E_{\mathrm{d}}}{P_{\mathrm{CWM}}} \qquad \cdots\cdots(1)$$

式中：

e_{CWM}——水煤浆单位产品能源消耗，单位为千瓦时每吨(kW·h/t)；

E_{d}——水煤浆生产过程中的电能消耗量，单位为千瓦时(kW·h)；

P_{CWM}——合格水煤浆产品产量，单位为吨(t)。

6 节能管理与措施

6.1 节能基础管理

6.1.1 企业应根据 GB 17167 的要求配备能源计量器具并建立能源计量管理制度。

6.1.2 企业应定期对水煤浆生产的能耗情况进行考核，并把考核指标分解落实到各基层部门，建立用能责任制度。

6.1.3 企业应按要求建立能耗统计体系，建立能耗计算和考核结果的文件档案，并对文件进行受控管理。

6.2 节能技术管理

6.2.1 经济运行要求如下：

——企业应选用达到经济运行状态的专用大型固定设备和通用设备；

——企业应加强设备的维护、检修工作，提高设备的负荷率；应使生产运行设备合理匹配，经济运行；应使设备处于高效率低能耗运行状态；应加强各种管网的维护管理，防止跑、冒、滴、漏的现象发生。

6.2.2 企业应对主要耗能设备进行定期监测。

6.2.3 企业应积极推广、应用以下节能技术：

——开发利用高效节能的新技术、新工艺、新设备、新材料；

——推进清洁生产，提高资源利用效率，减少污染物排放量；

——淘汰高能耗、高污染、低效率的工艺和设备；

——推广废气、废水和固体废弃物的综合利用技术。

6.3 监督与考核

企业应建立能耗测试、能耗统计、能量平衡和能耗考核结果的文件档案，并对文件进行受控管理。

ICS 77.040.20
H 26

中华人民共和国国家标准

GB/T 29997—2013

铜及铜合金棒线材涡流探伤方法

Eddy current testing method of copper and copper-alloys rods，bars and wires

2013-11-27 发布 2014-08-01 实施

中华人民共和国国家质量监督检验检疫总局
中国国家标准化管理委员会 发布

前　言

本标准按照 GB/T 1.1—2009 给出的规则起草。

本标准参考采用 ASTM E1606-2009《电工用重拉铜棒的电磁(涡流)检测方法》。

本标准由全国有色金属标准化技术委员会(SAC/TC 243)归口。

本标准负责起草单位:中国有色金属工业无损检测中心、佛山市华鸿铜管有限公司、中铝洛阳铜业有限公司、中铝上海铜业有限公司。

本标准主要起草人:张光济、林国良、李湘海、黎晓桃、奚国平、施海青、张熹、蒋杰、张小青。

铜及铜合金棒线材涡流探伤方法

1 范围

本标准规定了铜及铜合金棒线材进行穿过式和点式涡流探伤的方法、对比试样、仪器设备、操作步骤和结果的评定。

本标准适用于外径 Φ2 mm～Φ100 mm 棒线材表面及近表面缺陷的涡流探伤，其他规格的棒线材可参照本标准执行。

注：棒线材涡流探伤应在传动装置上自动进行，如需采用手动涡流探伤，可由供需双方协商确定。

2 规范性引用文件

下列文件对于本文件的应用是必不可少的。凡是注日期的引用文件，仅注日期的版本适用于本文件。凡是不注日期的引用文件，其最新版本(包括所有的修改单)适用于本文件。

GB/T 5248—2008 铜及铜合金无缝管涡流探伤方法

GB/T 9445—2005 无损检测 人员资格鉴定与认证

GB/T 12604.6—2008 无损检测 术语 涡流检测

3 术语及定义

下列术语及定义适用于本文件。

3.1

(铜棒线)在线涡流探伤方法 on-line eddy current testing method of copper rods, bars and wires

利用电磁感应在铜棒线材表面和近表面产生涡流的原理，对生产过程中的成品和半成品棒线材进行整盘或整卷的探伤方法。

3.2

(铜棒线)离线涡流探伤方法 off-line eddy current testing method of copper rods, bars and wires

利用电磁感应在铜棒线材表面和近表面产生涡流的原理，对生产过程中的成品和半成品棒线材进行逐根或逐条探伤的方法。

3.3

信噪比 signal to noise ratio

在涡流探伤仪器输出端缺陷信号幅度与最大噪声信号幅度之比。

3.4

零电势 difference of induced-potential

检测线圈采用差动连接而在绕组之间形成的感应电压之差。检测线圈内有试件时为有载零电势。检测线圈内无试件时为空载零电势。

3.5

穿过式涡流探伤方法 feed-through eddy current testing method

采用穿过式涡流检测线圈进行涡流探伤的方法。

3.6

点式涡流探伤方法　probe coil eddy current testing method

采用点式涡流检测线圈进行涡流探伤的方法。

3.7

标准渗透深度　standard depth of penetration

涡流在棒线材中渗透深度与被检棒线材电导率、检测频率有关。在涡流检测中，涡流密度降至试样表面涡流密度的 1/e(约 37%)时的深度称为标准渗透深度，其计算见式(1)：

$$\delta = 503.3\sqrt{\rho/\mu_r f} = \frac{503.3}{\sqrt{\mu_r \cdot \sigma \cdot f}} \qquad \cdots\cdots(1)$$

式中：

δ——标准渗透深度，单位为毫米(mm)；

ρ——被检试样的电阻系数，单位为欧姆平方毫米每米($\Omega \cdot mm^2/m$)；

σ——被检试样的导电率，单位为米每欧姆平方毫米[$m/(\Omega \cdot mm^2)$]

f——检测频率，单位为赫兹(Hz)；

μ_r——被检试样的相对磁导率，对于非铁磁性材料，μ_r 近为 1，无量钢。

注：改写 GB/T 12604.6—2008，定义 2.11。

3.8

有效渗透深度　effective depth of penetration

超过一个标准渗透深度，用涡流法检验不连续性缺陷的能力将降低，通常公认的检测冶金或者机械缺陷的极限深度是 3 δ，并且将其称为有效渗透深度。

注：改写 GB/T 12604.6—2008，定义 2.12。

3.9

激励频率　excitation frequency

激励电流的标称频率。

【GB/T 12604.6—2008，定义 2.16。】

3.10

探头　probe

包含激励和接收单元的涡流传感器。

【GB/T 12604.6—2008，定义 4.1。】

3.11

检测线圈填充系数　coil fill factor

对于外穿过式线圈，等于被检件外径横截面积与线圈内径横截面积之比。对于内穿过式线圈，等于线圈外径横截面积与被检件横截面积之比。

【GB/T 12604.6—2008，定义 4.51。】

3.12

端部效应　end effect

是指当检测线圈处于棒线材端部时，由于涡流流动路径发生畸变所产生的干扰信号。

注：改写 GB/T 12604.6—2008，定义 6.27。

3.13

幅度分析　amplitude analysis

对信号幅度进行评价的技术。

【GB/T 12604.6—2008，定义 7.1。】

表 3　标准人工缺陷钻孔尺寸

棒(线)直径 D mm	人工缺陷等级代号	孔径 Φ mm	孔深 h mm	允许偏差 mm
2～30	N-0.6	0.6	0.5 1.0 1.5 2.0	±0.05
	N-0.7	0.7		
	N-0.8	0.8		
	N-1.0	1.0		
>30～100	N-1.2	1.2	1.0 1.5 2.0 2.5 3.0	±0.05
	N-1.4	1.4		
	N-1.6	1.6		
	N-1.8	1.8		
	N-2.0	2.0		
	N-2.2	2.2		
	N-3.0	3.0		

6.5　离线检测的标准人工缺陷样棒(线)长度应大于 2 000 mm,直度不大于 1.5 mm/m,轴向 5 个相同钻孔,2 个钻孔分别距离棒(线)端 100 mm,中间 3 个孔之间的距离为 500 mm,并沿圆周方向相隔 120°分布,可按照图 1a)、图 1b)或图 1c)制作。

单位为毫米

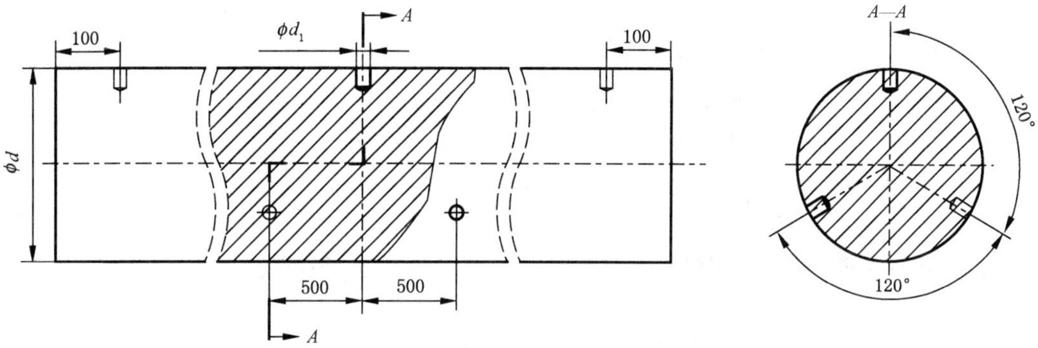

a)

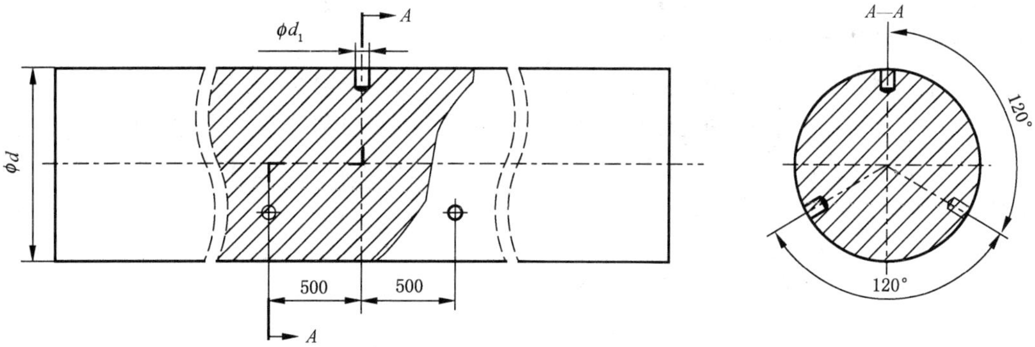

b)

图 1　标准人工缺陷样棒(线)图

单位为毫米

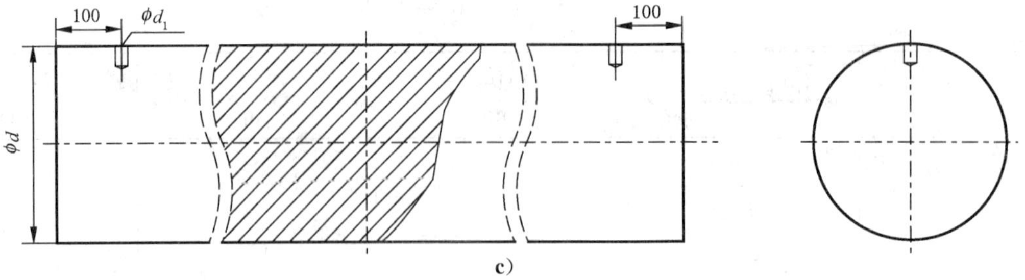

c)

说明：

d_1——标准人工缺陷孔径；

d ——棒线材外径。

图 1（续）

7 操作步骤

7.1 棒线材在进行涡流探伤之前应进行外形尺寸和表面质量的检查。

7.2 涡流探伤仪器和设备应在预热稳定后，方可进行调试、探伤。

7.3 根据被检棒线材的规格，选择同牌号、同状态、同规格的有标准人工缺陷的样棒(线)。

7.4 选择合适的检测线圈和导套，并安装固定好。

7.5 调整设备的主机与工件的同心度。

7.6 调整仪器的参数：选择合适的频率、相位、滤波，确定灵敏度(即增益)。

7.6.1 确定灵敏度时，连续走 5 次，使 5 个人工缺陷都报警。

7.6.2 确定灵敏度时，中间三个人工缺陷的周向灵敏度差不大于 3 dB，信噪比不小于 10 dB。

7.7 正常探伤：在确定灵敏度基础上，再提高 2 dB 灵敏度值，方可对棒线材进行涡流探伤。

7.8 材质含磁性时，可以采用饱和磁化装置，使其被检区域达到磁饱和。

7.9 离线检测：每隔 2 h～4 h 应对 7.6.2 调整的仪器参数进行校验。若发现灵敏度的波动值大于 2dB 时，应对上一次至本次检验之间的棒线材进行复检。

7.10 棒线材的在线检测：没有传动装置时可用手动方法参照离线检测确定灵敏度。在正常探伤时，应开启打标对应装置(或剪切装置)。

8 探伤结果的评定

8.1 没有警报信号的棒线材均为涡流探伤合格。

8.2 对于直状棒线材，有报警信号的均为涡流探伤不合格。如对缺陷信号有疑问，应进行复探。

8.3 对于盘状棒线材，有缺陷信号报警的部位均为涡流探伤不合格部位。可通过打标装置直接在有缺陷的区域上打印标记或进行剪切。标记长度由供需双方协商确定，一般为 300 mm～600 mm，伤点应在标记范围内，并作好缺陷数量的记录。

9 涡流探伤人员的资格

涡流探伤人员必须经过专业培训、考核、持证上岗。

涡流探伤人员资格证书分为三个级别：Ⅰ级为操作工；Ⅱ级和Ⅲ级资格人员有资质出具检测报告；Ⅲ级为仲裁人员。

10 涡流探伤报告

涡流探伤报告应包括以下内容：

a) 生产厂家和委托单位；

b) 牌号、规格、状态和批号；

c) 涡流探伤仪器名称、型号，检测线圈规格，探伤时主要参数，包括激励频率、相位、增益和滤波等；如果是组合式探伤，应分别注明；

d) 探伤速度；

e) 验收等级，使用标准人工样棒(线)的编号，人工缺陷伤形尺寸；

f) 实际探伤数量、合格量和不合格量；

g) 探伤人员及其签章，并注明资格级别；

h) 如果使用饱和磁化，还应记录：磁化电流、磁化电压和剩磁检测值；

i) 涡流探伤标准编号；

j) 探伤日期。

附　录　A
（规范性附录）
铜及铜合金棒线涡流自动探伤设备离线检测综合性能测试方法

A.1　范围

本附录规定了离线检测铜及铜合金棒线材涡流自动探伤设备综合性能的测试条件、方法和测试项目以及应达到的最低性能指标。

A.2　测试条件

A.2.1　涡流探伤仪器和设备应符合本标准第5章的规定。

A.2.2　测试时，应在50 m/min～60 m/min的探伤速度下进行。应如实记录激励频率、增益、相位、滤波、探伤速度、棒线材直径、检测线圈规格等参数。如采用饱和磁化，还应记录磁化电流、磁化电压、剩磁检测值。

A.3　标准人工缺陷样棒（线）

A.3.1　标准人工样棒（线）的制作应符合本标准第6章的规定。

A.3.2　测试用标准人工缺陷样棒（线）的外径应根据被测试设备常用产品的种类，以及该设备所能检测棒线材外径尺寸的上限规格制作。

A.4　测试项目和方法

A.4.1　周向灵敏度差

调节探伤的灵敏度，使标准人工缺陷棒（线）周向120°中间的3个人工缺陷刚好报警，并且连续行走5次都报警。记下此时的增益值。

调节探伤的灵敏度，使标准人工缺陷样棒（线）周向120°中间的3个人工缺陷刚好不报警，并且连续行走5次都不报警。记下此时的增益值。

$$Z = Z_1 - Z_2 \qquad \cdots\cdots(A.1)$$

式中：

Z ——周向灵敏度差，单位为分贝（dB）；

Z_1 ——标准人工缺陷棒（线）中间的3个人工缺陷刚好报警的增益值，单位为分贝（dB）；

Z_2 ——标准人工缺陷棒（线）中间的3个人工缺陷刚好不报警的增益值，单位为分贝（dB）。

A.4.2　信噪比

调节探伤灵敏度的dB值，连续测试5次，使噪声刚好报警，记下此时的增益值。

$$S/N = Z_3 - Z_1 \qquad \cdots\cdots(A.2)$$

式中：

S/N ——信噪比单位为分贝(dB)；

Z_1 ——标准人工缺陷棒(线)中间的3个人工缺陷刚好报警的增益值，单位为分贝(dB)；

Z_3 ——噪声刚好报警的增益值，单位为分贝(dB)。

A.4.3 漏报率

在 Z_1 的探伤灵敏度值的基础上提高灵敏度量2 dB，并且连续行走50次，记下漏报人工缺陷的次数。

$$K_1=[N_1/(N_2\times 50)]\times 100\% \qquad \text{(A.3)}$$

式中：

K_1——漏报率，%；

N_1——漏报人工缺陷的个数；

N_2——标准人工缺陷棒(线)中人工缺陷个数。

A.4.4 误报率

在 Z_1 的探伤灵敏度的基础上提高灵敏度量2 dB，并且连续行走50次，记下超过人工缺陷报警数的误报次数。每次行走中，出现1次及1次以上的误报均记为误报1次。

$$K_2=(N_3/50)\times 100\% \qquad \text{(A.4)}$$

式中：

K_2——误报率，%；

N_3——误报次数。

A.4.5 端部不可检测区(盲区)

在 Z_1 的探伤灵敏度值的基础上提高2 dB，在棒线材的端部效应被切除的前提下，连续测试5次，使得标准人工缺陷样棒(线)两端的2个人工缺陷都报警。

两端的人工缺陷与棒线端之间的距离即为不可检测区的长度。

A.4.6 人工缺陷大小分辨力

人工缺陷大小分辨力按照图A.1制作。在相同的灵敏度dB值条件下，连续测试5次，刚好报警的人工缺陷孔径与刚好不报警的人工缺陷孔径之间的差值即人工缺陷大小分辨力。

$$\gamma=d_1-d_2 \qquad \text{(A.5)}$$

式中：

γ ——人工缺陷大小分辨力，单位为毫米(mm)；

d_1 ——刚好报警的人工缺陷孔径，单位为毫米(mm)；

d_2 ——刚好不报警的人工缺陷孔径，单位为毫米(mm)。

单位为毫米

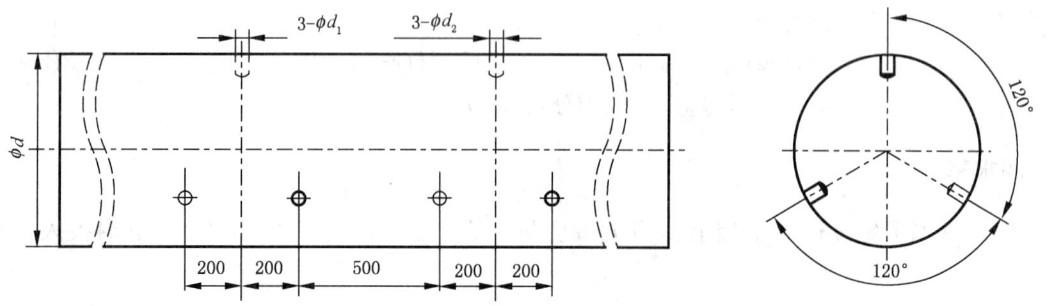

d_1——刚好报警的人工缺陷孔径；

$d_2 = d_1 - 0.2$ mm；

d——棒线材外径。

图 A.1 缺陷大小分辨力样棒(线)

A.4.7 长时间稳定性

在探伤设备连续运行 2 h 之后，重新按照 A.4.1 和 A.4.2 分别测试周向灵敏度和信噪比。连续测试 5 次，其波动值应不大于 2 dB，否则应按 A.4.1 和 A.4.2 重新确定指标参数，方可再进行探伤。

ICS 73.020
D 02

中华人民共和国国家标准

GB/T 29998—2013

铜矿山低品位矿石可采选效益计算方法

Benefit calculation to determine the mining and processing of low-grade ore of copper mine

2013-11-27 发布　　　　2014-08-01 实施

中华人民共和国国家质量监督检验检疫总局
中国国家标准化管理委员会　发布

前　言

本标准按照 GB/T 1.1—2009 给出的规则起草。

本标准由全国有色金属标准化技术委员会(SAC/TC 243)归口。

本标准负责起草单位:云南铜业(集团)玉溪矿业有限公司。

本标准参加起草单位:北京矿冶研究总院、铜陵有色金属集团控股有限公司、江西铜业集团公司、中条山有色金属集团有限公司。

本标准主要起草人:曾庆田、汪德文、冯兴隆、吴东旭、李德、李东林、吴金福、李育强、赵艳伟、何可可、李静、谢卫民、李崇德、吴炳智。

铜矿山低品位矿石可采选效益计算方法

1 范围

本标准规定了铜矿山低品位矿石采选效益计算方法，低品位矿石采选经济临界品位的计算方法以及铜多金属矿伴生可利用组分的折算方法。

本标准适用于露天、地下、露天及地下联合采选的铜矿山企业低品位矿石采选效益计算。

2 规范性引用文件

下列文件对于本文件的应用是必不可少的。凡是注日期的引用文件，仅注日期的版本适用于本文件。凡是不注日期的引用文件，其最新版本(包括所有的修改单)适用于本文件。

GB/T 13471—2008 节电技术经济效益计算与评价方法

3 术语和定义

下列术语和定义适用于本文件

3.1

铜矿山 copper mine

以铜单金属或铜多金属矿为对象的采矿、选矿或堆浸的生产企业。

3.2

低品位矿石 low-grade ore

在矿床工业指标确定的情况下，介于边界品位与工业品位之间的矿石。

3.3

铜当量品位 copper grade equivalent

铜多金属矿石中含有其他可利用组分的情况下，将其他可利用组分的品位，采用盈利法，折算成等量的铜品位，铜品位与折算后的可利用组分等量铜品位之和。

3.4

铜矿山低品位矿石采选项目财务评价 financial evaluation of mining and processing project for low-gradecoppermine

依据国家现行的经济环境(利率汇率水平、价格水平等)和财税政策环境，考察和测算铜矿山低品位矿石采选项目的成本、费用、效益和效率，以判断项目的财务合理性。

4 低品位矿石利用的效益计算

4.1 低品位矿石利用的效益计算综合公式

矿山采选单位重量低品位矿石的净效益 E_1 按式(1)计算：

$$E_1=\alpha_m \varepsilon K(1-\rho)(1-s)+G-C-D-I_c-K_w-T_1 \quad \cdots\cdots(1)$$

式中：

E_1——采选单位重量低品位矿石的净效益，单位为元(元)；

α_m ——可表示铜矿石平均品位 α_{m1}，亦可表示铜当量品位 α_{m2}，%；

ε ——选矿回收率，%；

K ——单位重量低品位矿石选矿后精矿中金属的当前价格（不含税），单位为元每吨（元/t）；

ρ ——采矿贫化率（含一次贫化和二次贫化），%；

s ——销售税金及附加税费率，%；

G ——单位重量低品位矿石政府补助收入或减免税费收入，单位为元（元）；

C ——单位重量低品位矿石的直接成本，单位为元（元）；

D ——单位重量低品位矿石的固定资产和无形资产折旧、摊销费，单位为元（元）；

I_c ——单位重量低品位矿石的销售费用、管理费用、财务费用及其他费用，单位为元（元）；

K_w——单位重量低品位矿石的权益资本成本，单位为元（元）；

T_1 ——单位重量低品位矿石新增的环境保护费用及投资，单位为元（元）。

4.1.1 选矿回收率的计取方法

4.1.1.1 依据相关关系计算选矿回收率

当选矿回收率随矿石入选品位的变化而变化，并与其成正相关关系时，根据选矿厂生产报表，用数理统计中的回归分析方法来确定选矿回收率。即选矿回收率与入选矿石品位之间的关系按式(2)计算：

$$\varepsilon = a + b\alpha' \quad \cdots\cdots(2)$$

$$\alpha' = \alpha_m(1-\rho) \quad \cdots\cdots(3)$$

式中：

a——直线的截距；

b——直线的斜率；

α'——矿石入选品位，以%表示，按式(3)计算。

常数 a 和 b 根据选矿厂生产报表数据采用回归分析方法进行求取。

4.1.1.2 采用选矿试验或选厂平均回收率指标计取

直接采用选矿试验回收率或选厂平均回收率指标作为选矿回收率，此时，选矿回收率 ε 为一常数。

4.1.2 铜矿的品位计取方式

4.1.2.1 单一铜矿的品位

单一铜矿品位采用铜矿床平均品位作为计算依据，品位计为 α_{m1}。

4.1.2.2 铜多金属矿的当量品位计算

铜多金属矿石中含有其他可利用组分的情况下，矿体通常采用铜元素的边界品位指标进行圈定。矿石品位采用当量品位指标（铜品位与折算后的可利用组分等量铜品位之和）的方式来计取，当量品位计算步骤：

a) 计算伴生可利用组分品位折算系数

折算系数采用盈利法计算，既考虑了铜及伴生可利用组分的价格，又考虑了选矿成本因素。其伴生可利用组分品位折算系数按式(4)计算：

$$f_i = \varepsilon_i(H_i - C_i) \times [\varepsilon_z(H_z - C_z)]^{-1} \quad \cdots\cdots(4)$$

式中：

f_i ——i 组分换算成铜品位的折算系数；

ε_i ——伴生有益组分的选矿回收率，%；

H_i——精矿中伴生有益组分的当前价格，单位为元每吨或元每克(元/t 或元/g)；

C_i——伴生组分的单位生产成本，单位为元每吨或元每克(元/t 或元/g)；

ε_z——铜选矿回收率，%；

H_z——精矿中主元素铜金属的当前价格，单位为元每吨(元/t)；

C_z——主要组分铜的单位生产成本，单位为元每吨(元/t)。

b) 计算铜当量品位

铜当量品位按式(5)计算：

$$\alpha_{m2}=\alpha_{m1}+\sum_{i=1}^{n}(f_i \cdot \alpha_i) \quad \cdots\cdots(5)$$

式中：

α_{m2}——铜当量品位，以%表示；

α_{m1}——铜元素的平均品位，以%表示。

5 生产矿山低品位矿石利用成本、效益及经济临界品位计算

5.1 低品位矿石的采选

5.1.1 成本及效益计算

5.1.1.1 选厂生产能力富余

当选厂生产能力富余时，增加处理单位重量低品位矿石，其增加的成本仅包括采矿、矿石运输和选矿成本，不包括矿山和选厂固定费用的分摊。

采选单位重量低品位矿石所需直接成本按式(6)计算：

$$C+D=m_1+m_2+m_3+p \quad \cdots\cdots(6)$$

式中：

m_1——地下矿山包括开拓、采准、切割、供排水、供电、供风、通风和采矿车间制造费用等成本，露天矿山包括剥离、供排水、供电、废石运输和采矿车间制造费用等成本，单位为元每吨(元/t)；

m_2——地下矿山包括回采、出矿、提升等成本，露天矿山为回采成本，单位为元每吨(元/t)；

m_3——矿石运输成本，单位为元每吨(元/t)；

p——选矿成本，单位为元每吨(元/t)。

依据式(2)、式(3)、式(6)与式(1)的相互关系，选厂生产能力富余时，低品位矿石可采选效益按式(7)计算：

$$E_1=\alpha_m[\alpha+b\alpha_m(1-\rho)]K(1-\rho)(1-s)+G-(m_1+m_2+m_3+p)-I_c-K_w-T_1 \quad \cdots(7)$$

5.1.1.2 选厂生产能力饱和

当选厂生产能力饱和时，增加处理单位重量低品位矿石使得相同数量的正常品位矿石将延期处理，矿山服务年限延长，此时，单位重量低品位矿石采选需负担相应的固定费用。

采选单位重量低品位矿石所需直接成本按式(8)计算：

$$C+D=m_1+m_2+m_3+p+f_1/Q \quad \cdots\cdots(8)$$

式中：

f_1——随时间延伸而发生的固定资产折旧和摊销费，单位为元；

Q——选矿厂生产能力，单元为吨每年(t/a)。

依据式(2)、式(3)、式(8)与式(1)的相互关系，选厂生产能力饱和时，低品位矿石可采选效益按式(9)计算：

$$E_1=\alpha_m[\alpha+b\alpha_m(1-\rho)]K(1-\rho)(1-s)+G-(m_1+m_2+m_3+p)-f_1/Q-I_c-K_w-T_1 \quad \cdots\cdots(9)$$

5.1.2 经济临界品位计算

5.1.2.1 选厂生产能力富余

当选厂生产能力富余时，低品位矿石的利用不占据正常品位矿石利用的生产指标，利用低品位矿石的净收益只需满足式(7)中 $E_1\geqslant 0$ 即可，$E_1=0$ 时所对应的 α_{m3} 称为经济临界品位，按式(10)计算：

$$\alpha_{m3}=\left[-aU+\sqrt{(aU)^2-4bU(1-\rho)(G-m_1-m_2-m_3-p-I_c-K_w-T_1)}\right]/[2bU(1-\rho)] \quad \cdots\cdots(10)$$

式中：$U=K(1-\rho)(1-s)$。

采用选矿试验回收率或选厂平均回收率指标时，经济临界品位按式(11)计算：

$$\alpha_{m3}=(m_1+m_2+m_3+p-G+I_c+K_w+T_1)/(\varepsilon U) \quad \cdots\cdots(11)$$

5.1.2.2 选厂生产能力饱和

当选厂生产能力饱和时，利用低品位矿石的净收益有可能小于利用正常品位矿石的净收益，但是矿山的服务年限得以延长，眼前暂时减少的利润在以后利用正常品位矿石中可以得到补偿。

从动态经济观点来看，被推迟利用的正常品位矿石要进行折现，在折现率大于 0 时，未来收益值经折现后都将变小，由于矿产品价格与生产成本具有相对稳定的长期趋势，被推迟的正常品位矿石收益可能增值也可能贬值。

只有目前利用单位重量的低品位矿石所获得的净收益大于现在利用单位重量的正常品位矿石的净收益与未来利用单位重量的正常品位矿石的收益经折现后的差值，则利用低品位矿石是合算的。当两者相等时，即为低品位矿石利用的经济临界品位。令当前和未来利用单位重量的正常品位矿石净收益为 E_2、E_3。

$$E_1=E_2-E_3(1+i_c)^{-n} \quad \cdots\cdots(12)$$

依据式(12)与式(9)的相互关系，此时的经济临界品位 α_{m3} 按式(13)计算：

$$\alpha_{m3}=(-aU+\{(aU)^2-4bU(1-\rho)[G-m_1-m_2-m_3-p-f_1/Q-I_c-K_w-T_1-E_2+E_3(1+i_c)^{-n}]\}^{\frac{1}{2}})/[2bU(1-\rho)] \quad \cdots\cdots(13)$$

采用选矿试验回收率或选厂平均回收率指标时，经济临界品位按式(14)计算：

$$\alpha_{m3}=[E_2-E_3(1+i_c)^{-n}+(m_1+m_2+m_3+p)+f_1/Q+I_c+K_w+T_1-G]\times(\varepsilon U)^{-1} \quad \cdots\cdots(14)$$

式中：$E_2=\overline{\alpha_m}[a+b\,\overline{\alpha_m}(1-\rho)]U+G-(m_1+m_2+m_3+p)-f_1/Q-I_c-K_w-T_1$，

$E_3=\overline{\alpha_m}[a+b\,\overline{\alpha_m}(1-\rho)]K_1(1-\rho)(1-s)+G-(m_1+m_2+m_3+p)-f_1/Q-I_c-K_w-T_1$；

采用选矿试验回收率或选厂平均回收率指标时，

$E_2=\overline{\alpha_m}\varepsilon U+G-(m_1+m_2+m_3+p)-f_1/Q-I_c-K_w-T_1$，

$E_3=\overline{\alpha_m}\varepsilon K_1(1-\rho)(1-s)+G-(m_1+m_2+m_3+p)-f_1/Q-I_c-K_w-T_1$。

式中：

$\overline{\alpha_m}$——正常品位矿石与低品位矿石综合的平均品位，以%表示；

K_1——精矿中金属的长期平均价格，单位为元每吨(元/t)；

n ——矿山剩余服务年限，单位为年(a)。

式(13)和式(14)中，当价格、成本及回收率计取方法确定时，经济临界品位 α_{m3} 的值取决于折现率 i_c 及矿山剩余服务年限 n，且有如下特点：

a) α_{m3}与i_c、α_{m3}与n呈单调递增关系，即矿山剩余服务年限越长或折现率越大，相应的低品位矿石利用的经济临界品位就越高，反之，经济临界品位就越低。

b) 当$i_c=0$或$n=0$时，处理低品位矿石不会导致正常品位矿石的延期处理，即选厂生产能力富余，其计算公式与生产能力富余时是一致的。

c) 当$n\to\infty$时，这时要求处理低品位矿石的收益与处理正常品位矿石的收益一致，因为两者品位不相同，因此在相同销售价格的前提下，这是不可能实现的，说明此时处理低品位矿石是不经济的。

5.2 低品位矿石的开采

5.2.1 可采成本及效益计算

针对将矿石作为最终产品的企业，由于矿石作为直接产品进行销售，所以直接成本中只计算采矿成本和矿石运输成本，即：

$$C=m_1+m_2+m_3 \quad\cdots\cdots(15)$$

效益按式(16)计算。

$$E_1=\alpha_m K_0(1-\rho)(1-s)+G-(m_1+m_2+m_3)-D-I_c-K_w-T_1 \quad\cdots\cdots(16)$$

式中：

K_0——单位重量低品位矿原矿中金属的当前价格(不含税)，单位为元每吨(元/t)。

5.2.2 可采经济临界品位计算

低品位矿石可采经济临界品位α_{m3}计算，依据式(15)与式(16)的相互关系，计算$E_1=0$时所对应的经济临界品位值α_{m3}，计算式如(17)：

$$\alpha_{m3}=(m_1+m_2+m_3+D+I_c+K_w+T_1+G)/[K_0(1-\rho)(1-s)] \quad\cdots\cdots(17)$$

5.3 低品位矿石的选别

5.3.1 可选成本及效益计算

5.3.1.1 选厂生产能力富余

地下开采中，被划入落矿范围内的低品位矿石，会随着正常品位矿石的开采而采下；露天开采中，开采境界内的低品位矿石即使不利用也必须剥离出来；原有地表堆存的低品位矿石，即使不利用，它也已经被采出。在计算此部分低品位矿石的利用效益问题时，由于采矿成本已经分摊到正常品位矿石的开采中去了，因此，采选成本计算时只考虑矿石运输成本和选矿成本；由于选厂生产能力富余，处理低品位矿石不会影响正常品位矿石的生产指标，故不考虑矿山和选厂固定费用的分摊。

单位重量低品位矿石直接成本按式(6)中$m_1=m_2=0$时，计算即可。

单位重量低品位矿石可选效益按式(7)中$m_1=m_2=0$时，计算即可。

5.3.1.2 选厂生产能力饱和

当选厂生产能力饱和时，增加处理单位重量低品位矿石后，相同数量的正常品位矿石将延期处理，矿山服务年限延长，单位重量低品位矿石选别需负担相应的固定费用。

单位重量低品位矿石直接成本按式(8)中$m_1=m_2=0$时，计算即可。

单位重量低品位矿石可选效益按式(9)中$m_1=m_2=0$时，计算即可。

5.3.2 可选经济临界品位计算

5.3.2.1 选厂生产能力富余时

选厂生产能力富余时，可选经济临界品位，按式(10)或式(11)中 $m_1=m_2=0$ 时，计算经济临界品位 α_{m3} 即可。

5.3.2.2 选厂生产能力饱和时

选厂生产能力饱和时，可选经济临界品位，按式(13)或式(14)中 $m_1=m_2=0$ 时，计算经济临界品位 α_{m3} 即可。

6 新建、改扩建矿山低品位矿石可采选效益计算方法

6.1 新建、改扩建矿山低品位矿石采选项目财务和经济评价方法

新建、改扩建矿山低品位矿石可采选效益计算，主要依据项目可行性研究中的财务和经济评价确定。新建、改扩建矿山低品位矿石采选项目财务和经济评价，按 GB/T 13471—2008 中 6.1、6.2、6.3 的方法进行。

6.2 低品位矿石可采选经济临界品位计算

新建和改扩建矿山全部或者部分利用低品位矿石时，经济临界品位 α_{m3} 按式(18)计算：

$$\alpha_{m3}=(C+D+I_c+K_w+T_1-G)/[\varepsilon K(1-\rho)(1-s)] \qquad \cdots\cdots(18)$$

新建矿山全部或者部分利用低品位矿石时，经济临界品位计算式(20)中 $T_1=0$。

改扩建矿山利用低品位矿石时，经济临界品位计算式(18)中的各项，需根据实际情况来确定其计取方法。

6.3 低品位矿石可采选经济临界规模计算

低品位矿石的采选中，当品位确定时，要保证和提高企业的利润水平，需要通过一定的生产规模来降低单位成本，实现规模经济。

单位成本与生产产量规模存在如式(19)所示的函数关系：

$$C_a=xQ^2+yQ+z \qquad \cdots\cdots(19)$$

式中：

Q ——低品位矿石可采选项目生产产量规模，单位为吨(t)；

C_a ——采选低品位矿石时的单位成本，单位为元每吨(元/t)；

x、y、z ——函数关系式常数。

式(19)函数关系式常数的求取，要依据多组单位成本与生产产量规模数据，通过一元二次回归分析求取。

通过计算分析，成本最低时的经济临界规模按式(20)计算：

$$Q_e=-y/(2x) \qquad \cdots\cdots(20)$$

式中：

Q_e——低品位矿石可采选项目经济临界规模，单位为吨(t)。

ICS 77.120.01
Z 60

中华人民共和国国家标准

GB/T 29999—2013

铜矿山酸性废水综合处理规范

The norms for the integrated treatment of copper mine acidic waste water

2013-11-27 发布 2014-08-01 实施

中华人民共和国国家质量监督检验检疫总局
中国国家标准化管理委员会 发布

前　言

本标准按照 GB/T 1.1—2009 给出的规则起草。

本标准由全国有色金属标准化技术委员会(SAC/TC 243)归口。

本标准负责起草单位:北京矿冶研究总院。

本标准参加起草单位:紫金矿业集团股份有限公司、铜陵有色金属集团控股有限公司、江西铜业集团公司、中条山有色金属集团有限公司。

本标准主要起草人:金尚勇、林星杰、杨晓松、曾红、邵立南、廖占丕、吴炳智、张光华、潘斌。

铜矿山酸性废水综合处理规范

1 范围

本标准规定了铜矿山酸性废水处理、回用与排放要求、工艺选择及管理、取样与监测等。

本标准适用于产生酸性废水的铜矿山企业，可作为铜矿山酸性废水处理、回用与排放、废水处理工艺选择及重复利用管理的技术依据。

2 规范性引用文件

下列文件对于本文件的应用是必不可少的。凡是注日期的引用文件，仅注日期的版本适用于本文件。凡是不注日期的引用文件，其最新版本(包括所有的修改单)适用于本文件。

GB/T 1576 工业锅炉水质

GB 5085.1-7 危险废物鉴别标准

GB 5086.1 固体废物 浸出毒性浸出方法 翻转法

GB/T 1576 工业锅炉水质

GB/T 6920 水质 pH 值的测定 玻璃电极法

GB/T 7475 水质 铜、锌、铅、镉的测定 原子吸收分光光度法

GB/T 7477 水质 钙和镁总量的测定 EDTA 滴定法

GB/T 7484 水质 氟化物的测定 离子选择电极法

GB/T 7485 水质 总砷的测定 二乙基二硫代氨基甲酸银分光光度法

GB/T 11893 水质 总磷的测定 钼酸铵分光光度法

GB/T 11901 水质 悬浮物的测定 重量法

GB/T 11912 水质 镍的测定 火焰原子吸收分光光度法

GB/T 11914 水质 化学需氧量的测定 重铬酸盐法

GB/T 12145 火力发电机组及蒸汽动力设备水汽质量

GB/T 13200 水质 浊度的测定

GB/T 16489 水质 硫化物的测定 亚甲基蓝分光光度法

GB 18597 危险废物贮存污染控制标准

GB 18598 危险废物填埋污染控制标准

GB 18599 一般工业固体废物贮存、处置场污染控制标准

GB 25467 铜、镍、钴工业污染物排放标准

GB/T 50050 工业循环冷却水处理设计规范

HJ/T 60 水质 硫化物的测定 碘量法

HJ/T 195 水质 氨氮的测定 气相分子吸收光谱法

HJ/T 199 水质 总氮的测定 气相分子吸收光谱法

HJ/T 212 污染源在线监控(监测)系统数据传输标准

HJ/T 345 水质 铁的测定 邻菲啰啉分光光度法(试行)

HJ/T 353 水污染源在线监测安装技术规范(试行)

HJ/T 355 水污染源在线监测系统运行与考核技术规范(试行)

HJ/T 399　水质　化学需氧量的测定　快速消解分光光度法
HJ 487　水质　氟化物的测定　茜素磺酸锆目视比色法
HJ 488　水质　氟化物的测定　氟试剂分光光度法
HJ 535　水质　氨氮的测定　纳氏试剂分光光度法
HJ 536　水质　氨氮的测定　水杨酸分光光度法
HJ 537　水质　氨氮的测定　蒸馏-中和滴定法
HJ 550　水质　总钴的测定　5-氯-2-(吡啶偶氮)-1,3-二氨基苯分光光度法(暂行)
HJ 557　固体废物　浸出毒性浸出方法　水平振荡法
HJ 597　水质　总汞的测定　冷原子吸收分光光度法
HJ 636　水质　总氮的测定　碱性过硫酸钾消解紫外分光光度法
HJ 637　水质　石油类和动植物油类的测定　红外分光光度法

3　术语和定义

下列术语和定义适合本文件。

3.1

酸性废水　Acid waste water

指铜矿山在采矿过程中产生的pH值低于6的废水。

3.2

废水综合处理　The integration treatment of waste water

指铜矿山酸性废水的源头控制、过程调控、末端治理相结合的集成处理。

3.3

中和污泥　Neutralization sludge

指矿山酸性废水中和处理过程中产生的化学污泥。

4　酸性废水的排放控制及处理回用要求

4.1　露采矿山宜合理控制爆破堆存量,雨季“多爆少存”,旱季“少爆多存”,及时清除边坡斜面残存的岩石及凹陷坑,杜绝雨水积存酸化。

4.2　地采矿山宜对废弃矿井进行固封,使矿井内变成厌氧环境,避免酸性水的产生。

4.3　铜矿山企业应按照“清污分流、雨污分流”原则,在露天采场、废石场、排土场周边建设截洪沟、排水沟等工程设施。

4.4　铜矿山企业应设置酸性水库和酸性废水处理站,对生产过程中产生的酸性废水进行收集、处理,处理后外排废水应满足GB 25467的规定。

4.5　酸性废水宜分质处理、分质回用,有条件时宜优先回收废水中有价金属。

4.6　酸性水库底部及四周应进行防渗、防腐处理,基础必须防渗,防渗层为至少1 m厚黏土层(渗透系数$\leqslant 10^{-7}$ cm/s),或2 mm厚高密度聚乙烯或至少2 mm厚的其他人工材料,渗透系数$\leqslant 10^{-10}$ cm/s。

4.7　酸性废水处理站应设置事故应急防范设施,防止酸性废水外排。

4.8　酸性废水处理产生的中和污泥应按GB 5085、GB 5086.1、HJ 557规定鉴别其性质;根据污泥性质送有资质单位综合回收或自行安全处置,企业自行处置应满足GB 18597、GB 18598、GB 18599的规定。

5　废水处理工艺选择与水质控制指标

5.1　应根据铜矿山酸性废水的水质特点,选择能够稳定处理达标和有利于回用的废水处理工艺,铜矿山酸性废水主要处理工艺及回用水用途见表 1。

表 1　废水主要处理工艺选择

处理方法	原则工艺流程	工艺特点	回用水用途
石灰中和法	废水→沉砂均化→石灰中和→沉淀液固分离→处理后产水	对重金属离子的去除率很高(大于 98%)，基本可处理除汞以外的所有重金属离子，对水质有较强的适应性；工艺流程短、设备简单、石灰就地可取、价格低廉、废水处理费用低；但处理后出水浊度较高、过滤脱水性能差，组成复杂，产生污泥含固率低，仅 1%～2%，污泥量大，综合回收利用与处置难，易造成二次污染	处理后可达标排放，也可用作废石堆场、道路抑尘和湿法收尘用水，还可经回用实验或相似经验证明可行时用作锅炉补给水和工艺用水
高浓度泥浆法(HDS)	废水→沉砂均化→中和反应→沉淀液固分离→处理后产水	处理原理与石灰中和法相同，通过回流底泥，充分利用石灰的剩余碱度，处理同体积废水可比常规方法减少石灰消耗 5%～10%；可提高水处理能力 1～3 倍；产生污泥含固率高，可达 20%～30%，是常规石灰法污泥体积的 1/20～1/30；可显著延缓设备、管道结垢，提高设备使用率；可实现全自动化操作	
硫化-石灰中和法	废水→沉砂均化→硫化→沉淀液固分离→中和反应→沉淀液固分离→处理后产水	当废水中含有有价金属时，可采用该法回收有价金属。硫化法生成的金属硫化物溶解度比金属氢氧化物溶解度小，处理效果比石灰中和法更彻底，且沉淀物不易溶解，沉渣量少，含水率低，便于回收有价金属；但反应过程会产生有毒气体硫化氢，需进行收集处理	
物化-膜法	废水→沉砂均化→中和→沉淀液固分离→出水预处理→多介质过滤→超滤→反渗透或纳滤→深度处理产水	对中和处理后水加入阻垢剂进行预处理降低钙浓度，再经多介质过滤、超滤和反渗透(纳滤)膜系统处理，深度处理出水能达到工业循环水水质标准；浓水采用中和、重金属吸附处理。具有分离效率高、节能环保、设备简单、操作方便；适用于严格控制重金属废水外排地区的污水	

5.2　废水经处理后应采用分质回用方式重复利用，以提高废水重复利用率，不能实现全部回收利用需外排的废水，应符合 GB 25467 的规定。

5.3　采用表 1 废水处理工艺处理后产水回用时，其水质指标应按表 2 要求进行控制。

表 2　废水经处理后产出的回用水水质指标控制要求

序号	检测项目		回用水水质指标控制值(pH 除外)/(mg/L)			
			石灰中和法	高浓度泥浆法	硫化-石灰中和法	物化-膜法
1	pH 值		6～9	6～9	6～9	6～9
2	悬浮物	≤	80	80	80	—
3	总硬度(以 $CaCO_3$ 计)	≤	—	—	—	450
4	Fe	≤	—	—	—	0.3
5	化学需氧量(COD)	≤	60	60	60	20
6	氟化物(以 F 计)	≤	5	5	5	1.0

表 2（续）

序号	检测项目		回用水水质指标控制值(pH 除外)/(mg/L)			
			石灰中和法	高浓度泥浆法	硫化-石灰中和法	物化-膜法
7	总氮	≤	15	15	15	1.0
8	总磷	≤	1.0	1.0	1.0	0.2
9	氨氮	≤	8	8	8	1.0
10	总锌	≤	1.5	1.5	1.5	1.0
11	石油类	≤	3.0	3.0	3.0	0.05
12	总铜	≤	0.5	0.5	0.5	1.0
13	硫化物	≤	1.0	1.0	1.0	1.0
14	总铅	≤	0.5	0.5	0.5	0.05
15	总镉	≤	0.1	0.1	0.1	0.005
16	总镍	≤	0.5	0.5	0.5	0.02
17	总砷	≤	0.5	0.5	0.5	0.05
18	总汞	≤	0.05	0.05	0.05	0.000 1
19	总钴	≤	1.0	1.0	1.0	1.0

6 废水重复利用技术要求

6.1 废水重复利用应遵循分质收集处理、分质回用原则；酸性废水经集中收集处理后出水应根据不同用水要求实现分质回用。

6.2 石灰中和法和高浓度泥浆法(HDS)出水回用时，宜加入适量的缓蚀阻垢剂减缓在输送和使用过程中对管道和设备的结垢和腐蚀作用。

6.3 回用水用作废石堆场、道路抑尘和湿法收尘用水时，应符合 GB 25467 的规定。

6.4 回用水用作锅炉补给水时，应根据锅炉工况，对回用水再进行软化、除盐、离子交换等处理，直至满足相应工况的锅炉水质标准。对于低压锅炉，水质应达到 GB 1576 中锅炉补给水水质的要求；对于中压锅炉，水质应达到 GB 12145 中锅炉补给水水质的要求；对于热水热力网和热采锅炉，水质应达到相关行业标准。

6.5 回用水用作工艺用水时，应符合相关工艺或产品的用水水质指标要求。

7 废水重复利用管理

7.1 使用回用水的用户应进行回用水的用水管理，包括水质稳定、水质水量、输送管网与用水设备监测控制等工作。

7.2 回用水管道要按规定涂有与新鲜水管道相区别的颜色，并标注“回用水”字样。

7.3 回用水管道用水点处要有“禁止饮用”标志，防止误饮误用。

7.4 外排废水排放口应安装计量和在线监测装置，并符合 HJ/T 353、HJ/T 355、HJ/T 212 的要求。

8 取样与监测

8.1 出水取样监测点应设在废水处理设施出口水池，并制订监测计划定期对出水水质进行取样监测分析，以满足排放或回用水质要求。

8.2 监测分析按表3或国家认定的替代方法、等效方法执行。

表3 废水水质测定方法

序号	项目	测定方法标准名称	标准编号
1	pH 值	水质 pH 值的测定 玻璃电极法	GB/T 6920
2	悬浮物	水质 悬浮物的测定 重量法	GB/T 11901
3	总硬度(以 $CaCO_3$ 计)	水质 钙和镁总量的测定 EDTA 滴定法	GB/T 7477
4	浊度(NTU)	水质 浊度的测定	GB/T 13200
5	铁	水质 铁的测定 邻菲啰啉分光光度法(试行)	HJ/T 345
6	化学需氧量(COD)	水质 化学需氧量的测定 重铬酸盐法 水质 化学需氧量的测定 快速消解分光光度法	GB/T 11914、HJ/T 399
7	氟化物(以 F 计)	水质 氟化物的测定 离子选择电极法 水质 氟化物的测定 茜素磺酸锆目视比色法 水质 氟化物的测定 氟试剂分光光度法	GB/T 7484、HJ 487、HJ 488
8	总氮	水质 总氮的测定 碱性过硫酸钾消解紫外分光光度法 水质 总氮的测定 气相分子吸收光谱法	HJ 636、HJ/T 199
9	总磷	水质 总磷的测定 钼酸铵分光光度法	GB/T 11893
10	氨氮	水质 氨氮的测定 气相分子吸收光谱法 水质 氨氮的测定 纳氏试剂分光光度法 水质 氨氮的测定 水杨酸分光光度法 水质 氨氮的测定 蒸馏-中和滴定法	HJ/T 195、HJ 535、HJ 536、HJ 537
11	总锌	水质 铜、锌、铅、镉的测定 原子吸收分光光度法	GB/T 7475
12	石油类	水质 石油类和动植物油的测定 红外光度法	HJ 637
13	总铜	水质 铜、锌、铅、镉的测定 原子吸收分光光度法	GB/T 7475
14	硫化物	水质 硫化物的测定 亚甲基蓝分光光度法 水质 硫化物的测定 碘量法	GB/T 16489、HJ/T 60
15	总铅	水质 铜、锌、铅、镉的测定 原子吸收分光光度法	GB/T 7475
16	总镉	水质 铜、锌、铅、镉的测定 原子吸收分光光度法	GB/T 7475
17	总镍	水质 镍的测定 火焰原子吸收分光光度法	GB/T 11912
18	总砷	水质 总砷的测定 二乙基二硫代氨基甲酸银分光光度法	GB/T 7485
19	总汞	水质 总汞的测定 冷原子吸收分光光度法	HJ 597
20	总钴	水质 总钴的测定 5-氯-2-(吡啶偶氮)-1,3-二氨基苯分光光度法(暂行)	HJ 550